LE DÉROULEMENT DES MONDES

L'instrumentalisation cartographique du néoconfucianisme en Corée et de la Renaissance en France

XVe-XVIe siècles

Points sur l'Asie

Collection dirigée par Philippe Delalande

La collection a pour objet de publier des ouvrages brefs (200 à 250 pages), sur l'actualité politique, économique, sociale, culturelle en Asie. Ils traitent soit d'un pays d'Asie, soit d'un problème régional, soit des relations de ces pays avec le reste du monde. Ces ouvrages s'apparentent à des essais aisément accessibles, mais sur des bases documentaires précises et vérifiées. Ils s'efforcent, au-delà de l'analyse de l'actualité de prolonger la réflexion sur l'avenir. La collection voudrait, autant que faire se peut, pressentir les questions émergentes en Asie. Elle est ouverte à des témoignages, des expériences vécues, des études systématiques. Les auteurs ont tous une connaissance pratique de l'Asie.

Les lecteurs visés sont des personnes soucieuses de s'informer de l'actualité asiatique : investisseurs, négociants, journalistes, étudiants, universitaires, responsables d'ONG, cadres de la fonction publique en relation avec cette Asie en rapide mutation, où vit la majeure partie de la population du monde.

Dernières parutions

Agnès ANDRESY, *Realpolitik chinoise, Sous l'ère Xi Jinping,* 2020.
Audrey BONNE, *La diplomatie culturelle de la République populaire de Chine, Enjeux et limites d'une « offensive de charme »,* 2018.
Philippe DELALANDE, *La Chine de Xi Jinping*, 2018.
Philippe DELALANDE, *La Chine depuis le congrès de 2012*, 2016.
Marion BOTTERO, *Tourisme sexuel et relations conjugales en Thaïlande et en Malaisie*, 2015.
Marie-Liesse LEFRANC, *L'Inde, « pharmacie du Sud ». Son rôle en matière de santé mondiale et commerce international*, 2015.
Peh BUNTONG, *Le développement socio-économique au Cambodge,* 2013.
Camille LAPORTE, *L'aide au développement en Corée du Nord. Efficacité et évaluation*, 2012.
Antoine MAIRE, *La Mongolie en quête d'indépendance*. *Une utilisation stratégique du développement minier,* 2012.
Frédéric BERAHA, *Apprendre de la Chine et s'y orienter*, 2012.
Anna OWHADI RICHARDSON, *Les Instituts Pasteur du Vietnam face à l'avenir. Alexandre Yersin à l'heure d'internet*, 2012.
Olivier van INGELGEM, *L'agriculture sud-coréenne*, 2012.
Tierry GUTHMANN, *Précis de politique japonaise,* 2011.
Yvonne CAPDEVILLE, Dominique LEVESQUE, *La Faculté des Sciences d'Orsay et le Vietnam. De la solidarité militante à la coopération universitaire (1967-2010),* 2011.
Antoine MALINAS, *La lutte des sans-abri au japon*, 2011.

Jérémie Eyssette

LE DÉROULEMENT DES MONDES

L'instrumentalisation cartographique du néoconfucianisme en Corée et de la Renaissance en France

XVe-XVIe siècles

Préface de Jung-Hae Lim

L'Harmattan

Du même auteur

Eyssette J. (2013). Charles de Gaulle et Yi Sun-Shin : Étude comparative de deux stratèges face à l'Histoire, *Association coréenne d'études françaises* (*한국프랑스학회*), vol.83, 385-413.

Eyssette J. (2014). Nicolas Bouvier sur Les Chemins du Hallasan : vers une littérature de voyage réinventée, *Société coréenne de langue et littérature françaises* (*한국불어불문학회*), vol.97, 377-402.

Eyssette J. (2014). Humanisme, Anthropologie et Numérique : L'évolution du concept de culture, *Association coréenne d'études françaises* (*한국프랑스학회*), vol.87, 167-202.

Eyssette J. (2014). Traduction et Supervision de *Jeollanam-do, a land in pictures*. Gwangju : Jeollam-do Culture & Arts Foundation.

Eyssette J. (2015). La Diplomatie d'influence de la France sous Laurent Fabius à l'heure des réseaux numériques, *Association des études de la culture française et des arts en France* (*프랑스문화예술연구*), vol.52, 177-227.

Eyssette J. (2016). La médiologie et le numérique ou la mutation des technologies en médium culturel, *Association coréenne d'études françaises* (*한국프랑스학회*), vol.93, 193-234.

Eyssette J. (2016). L'opéra national de Paris : vers un modèle transversal de gestion culturelle, *Société coréenne de langue et littérature françaises* (*한국불어불문학회*), vol.106, 327-348.

Eyssette J. (2017). L'instrumentalisation culturelle sous Louis XIV ou la théâtralisation de l'absolutisme, *Association coréenne d'études françaises* (*한국프랑스학회*), vol.97, pp. 153-186.

Eyssette J. (2017). The seeds of Africa's Renaissance, *International Journal of Culture and History*, vol.3-1, pp. 98-103.

Eyssette J. (2018). Les politiques linguistiques en RDC ou les limites de la francophonie sélective face à l'approche intégrée anglo-américaine. *Association des études de la culture française et des arts en France* (*프랑스문화예술연구*), vol.63, pp. 477-515.

Eyssette J. (2018). La francophonie réticulaire : fondements et emprise d'un modèle sur les politiques linguistiques francophones en RDC. *Association des études de la culture française et des arts en France* (*프랑스문화예술연구*), vol.65, pp. 455-493.

Eyssette J. (2020) The Democratic Republic of the Congo's Linguistic Temptation: A Comp arative Analysis with Rwanda's Switch-to-English. *The Journal of Asian and African Studies*, vol. 55, Number 4, p. 522-535.

5-7, rue de l'Ecole-Polytechnique, 75005 Paris
http://www.editions-harmattan.fr
ISBN : 978-2-343-21175-6
EAN : 9782343211756

Préface
Par Jung-Hae Lim, directrice de thèse

Quoi de plus déraisonnable que de vouloir comparer le néoconfucianisme à la Renaissance, si ce n'est que de mettre en regard la peinture de paysage et la perspective, traditions picturales qui les caractérisent respectivement, les opposent catégoriquement ? C'est néanmoins ce à quoi nous invitent implicitement les cartes de Yi Hoe et Oronce Fine. Qu'elles en tracent les lignes de force ou le filigrane, peintures de paysage et perspectives constituent l'incipit d'un dialogue cartographique franco-coréen longtemps assourdi : sans peinture de paysage, il eût été impossible à Yi Hoe de faire fi des distances relatives pour inclure la France (*Falanxi*) dans un *Kangnido* (1402) où la Chine des Ming occupe la moitié du plan ; sans perspective unicordiforme, la *Recens et integra orbis descriptio* (1536) n'aurait pu embrasser ni l'orbe dans son intégralité ni donc le royaume de Chosŏn, qu'elle ne nomme pas encore et que les cartographes occidentaux continueront de confondre avec une île jusqu'au milieu du XVIIe siècle. À l'heure où deux corpus parallèles d'investigations universitaires tendent à repousser les frontières et les ressorts des renaissances cartographiques française et coréenne toujours plus loin de leurs foyers traditionnels, ne se doit-on pas de démontrer, par apagogie au moins, que le Chosŏn des Yi et la France des Valois, loin d'être des antipodes, sont les jointures par lesquelles le continent-continuum eurasiatique aurait pu être suturé ?

Le Déroulement des Mondes se propose de réinterpréter des cartes aux gloses convenues à la lumière d'un dialogue dont Jérémie Eyssette construit pas à pas les modalités. Yi Hoe et Oronce Fine parviennent, chacun à sa manière, à faire concorder sur le plan bidimensionnel d'une seule carte le foisonnement des sources dont ils se prévalent : le premier en convoquant rien moins que des cartes de Chine, du Japon, de Koryŏ et de la géomancie ; le second, Ptolémée et portulans. Il ne s'agit pas pour autant d'une étude strictement consacrée à une cartographie en pleine mutation ni à une discipline géographique en pleine expansion. L'originalité de cet ouvrage consiste à montrer qu'à l'image de la première modernité franco-coréenne, vides et silences structurent les cartes analysées ; et qu'une fois mis en résonance, ils en permettent le dialogue. L'éclairage fourni par l'histoire des techniques révèle ainsi que Yi Hoe comme Fine firent fond sur un ensemble de données et d'instruments commun car augmenté d'apports tantôt chinois, tantôt arabo-persans. Or, les préambules de nos deux cartographes taisent également, ou du moins minorent à l'envi, la dimension politique de leurs œuvres. En effet, le constat selon lequel les cartographes dépeignent le monde non tel qu'ils le connaissent mais tel qu'ils voudraient qu'on le perçoive amène l'auteur à explorer l'hypothèse d'une instrumentalisation de la carte. Aussi, le déroulement auquel se réfère le titre peut être appréhendé dans sa dimension géopolitique, et les histoires du Chosŏn et de France peuvent être déchiffrées par le biais d'une légende tacite dont s'inspirent les commanditaires des cartes. Aux théories et techniques cartographiques, aux contextes et concepts des relations internationales, s'ajoute un troisième clivage articulé autour des diglossies entre langues classiques – le chinois, le latin – et langues nationales – le *han'gŭl*, le français. Car, en dernière instance, les cartes de Yi Hoe et Fine sont outillées de l'intérieur par leurs titres, préambules, légendes, nomenclatures et toponymes, tandis que par-delà leur support s'amoncellent les interférences pratiques et morales de la rectification des noms (正名 정명, *chŏngmyŏng*) et de la philologie humaniste dans le Chosŏn du XVe siècle et la France du XVIe siècle.

Soit que s'y miroitent incidemment des processus analogues, soit qu'une concavité longtemps aplanie par les dogmes et les distances en réfléchisse une filiation enfin exhumée, les cartes de Yi Hoe et Fine requièrent d'être enroulées et déroulées autour de plusieurs scytales interprétatives pour que nous en soit révélée toute la polysémie.

J.-H.L.

INTRODUCTION

I. La Renaissance et le néoconfucianisme face à face

A. Premières définitions, foyers secondaires

Chacune perchée sur le finistère opposé de l'Eurasie, la France et la Corée ne semblent avoir en partage qu'un hinterland qui les distancie en même temps qu'il les relie. Les études comparatives qui leur sont consacrées procèdent d'une forme d'orientalisme appliqué à la coréanologie consistant soit à se cantonner à leurs relations diplomatiques (de 1886 à maintenant), soit à ne voir dans la péninsule coréenne qu'un royaume ermite qui s'éveille au monde sous l'occupation japonaise (1905-1945) ; et au-delà de ça, à ne retrouver en Corée que des échos de ce que Chinois et Japonais auraient plus précocement ou mieux fait. Or recouper des matériaux jusque-là parallèles laisse entrevoir une tout autre réalité : avant ce qui a été étiqueté comme la rencontre entre la Corée et une modernité exportée par l'Occident en Extrême-Orient, le royaume de Chosŏn avait bien été le théâtre et l'acteur d'une autre modernité au XVe siècle, modernité pas entièrement déconnectée de ce qui impulsera le grand décloisonnement de l'Europe occidentale et du reste du monde au XVIe siècle. Au lieu de s'ignorer, la France et la Corée n'auraient pas été aussi étrangères qu'une historiographie consacrée le prétend. Cette hypothèse reviendrait, en quelque façon, à rapprocher nos deux finistères pour tenter de bâtir les modalités d'un dialogue et comparer le néoconfucianisme coréen et la Renaissance française – projet comparatif à notre connaissance inédit qui requiert de ce fait une nouvelle grille d'analyse. En effet, les précédents comparatifs abondent entre la sinologie et les études centrées sur l'Occident : François Jullien [1] s'est fait l'apôtre d'une philosophie de l'altérité entre sinologie et hellénisme aux critères souples et variés. Bien avant lui, Gottfried Wilhelm Leibniz, bientôt imité par les philosophes des Lumières, crut voir dans l'Empire chinois l'expression d'un despotisme éclairé, tandis qu'Anne Cheng [2] fait remonter le curseur chronologique d'un éventuel parallélisme avec les Lumières jusqu'au « moment néoconfucéen » de la dynastie des Song (960-1279). La quasi-

---

[1] Nous pensons notamment ici à François JULLIEN, *Traité de l'efficacité*, Paris, Grasset, 1996. Ses recherches se focalisent sur des impensés se logeant dans des écarts de raisonnement : « La seule stratégie que je vois donc pour sortir de cette aporie est d'organiser pas à pas le vis-à-vis, latéralement je l'ai dit, par pas de côté successifs, par décalages et dérangements qui s'enchaînent, en dé- et re-catégorisant, maille après maille, d'un concept au suivant, ceux-ci formant progressivement lexique, autrement dit chemin faisant. » François JULLIEN, *De l'être au vivre. Lexique euro-chinois de la pensée*, Paris, Gallimard, 2015, p. 8.

[2] Anne CHENG, « Chine des Lumières et Lumières chinoises », *Rue Descartes* 2015/1 (n° 84), p. 4-10.

absence de recherches comparatives entre la France et la Corée dans le domaine de l'histoire[3] est en cela le reflet d'un plus vaste déséquilibre dans la littérature universitaire où sinologie et japonologie semblent pour une fois s'être alliées pour, sinon expulser la Corée du cadre géographique et intellectuel dont elle provient – l'Extrême-Orient –, du moins la confiner à un rôle anecdotique. Cette négligence se manifeste de deux façons. D'une part, il est courant de constater que, lorsque des études sont consacrées à ces trois pays comme unité d'analyse ou à un Extrême-Orient aux frontières plus étendues, celles-ci sont l'œuvre d'auteurs ayant une formation en sinologie ou en japonologie ; et la structure et le contenu de leurs contributions ne font donc que refléter des creux cognitifs[4] qui relèguent la Corée à un « angle mort[5] », à un royaume anachronique[6], ou le plus souvent à un produit dérivé

---

[3] Nous renverrons ici à deux articles d'histoire comparative franco-coréenne : Jérémie EYSSETTE, « Charles de Gaulle et Yi Sun-Shin : Étude comparative de deux stratèges face à l'Histoire », *Association coréenne d'études françaises*, vol. 83, 2013, p. 385-413 ; Guillaume TROTIGNON, « L'inégalité face à l'impôt : les visions de François Quesnay et de Chŏng Yagyong », *La Revue de l'étude de la culture française*, vol. 32, 2016, p. 353-383 ; ainsi qu'à la thèse de Guillaume TROTIGNON, *La vertu et l'homme vertueux selon Jean-Jacques Rousseau et Chŏng Yagyong : comparaisons et mise en perspective*, soutenue le 27.09.2019 à l'Université de Montpellier 3. Quant au présent ouvrage, il s'agit d'une version remaniée de la thèse de doctorat de Jérémie EYSSETTE, *Réflexions comparatives sur l'instrumentalisation du néoconfucianisme au Chosŏn et de la Renaissance en France à travers les cartes de Yi Hoe et Oronce Fine (XVe-XVIe siècles)*, soutenue le 23.11.2018 à l'Université de Chosun. Que mes co-directeurs de thèse Im Jung-Hae et Lee Seung-Kwon, les membres du jury Ha Yong-Dong, Min Jin-Young et Yang Mi-Ae, et Olivier Lannuzel, pour ses relectures attentives, en soient ici remerciés.

[4] Symptomatique de cette tendance est l'ouvrage de Jean-Michel Sallmann *Géopolitique du XVIe siècle (1490-1618)* qui exclut la Corée de l'économie de ses chapitres sur l'Extrême-Orient où elle n'est mentionnée qu'incidemment et cède la place à « L'extrême-Orient chinois » (p. 12-22), au « Déclin de la dynastie des Ming » (p. 289-307) et au « Japon des seigneurs de la guerre » (p. 308-332). Cf. Jean-Michel SALLMANN, *Géopolitique du XVIe siècle (1490-1618)*, Paris, Seuil, 2003. Dans sa contribution à *L'histoire du monde au XVe siècle*, Pierre F. Souyri consacre une bonne vingtaine de pages d'une érudition documentée au Japon et à Okinawa. Or les six pages suivantes sur la Corée ne font que résumer une histoire connue des coréanophiles et ne permettent pas de saisir aussi nettement les articulations régionales entre le royaume de Chosŏn et les puissances voisines que celles innervant le Japon, Okinawa et leur périphérie. Pierre F. SOUYRI, « Japon, Corée, Okinawa : des monarchies aux confins du monde chinois », in Patrick BOUCHERON, *Histoire du monde au XVe siècle. 1. Territoires et écritures du monde*, Paris, Fayard, 2012, p. 366-399. Pour sa part, dans son néanmoins monumental *Extrême-Orient*, Philippe Pelletier ne consacre que deux sous-chapitres à la Corée à proprement parler (« Les apports cartographiques du *Kangnido* » (p. 169-174) et « La Corée, une île provisoire » (p. 218-227), in Philippe PELLETIER, *L'Extrême-Orient. L'invention d'une histoire et d'une géographie*, Paris, Gallimard, 2011, c'est-à-dire seize pages sur six cent soixante-quatorze.

[5] *Ibid.*, p. 219.

[6] Éric Bidet et Stéphane Bois remarquent que le surnom de « royaume ermite » affublé à la Corée – et qui tente de saisir le fait qu'elle se serait retirée du monde – « venait de la propension des Coréens à éviter toute relation avec l'extérieur, en particulier avec les

de la Chine plurimillénaire et un passeur passif de sa culture vers un Japon autrement plus raffiné[7]. Mais il serait peu gracieux de ne pas reconnaître le mérite premier de chercheurs qui se sont aventurés en dehors de leur pré carré académique. D'autre part, le tort consistant à minimiser le rôle de la Corée dans le cours d'une longue histoire extrême-orientale peut aussi être attribué aux coréanologues eux-mêmes, trop frileux pour donner suite à l'évocation d'un parallélisme incertain entre les appendices antipodiques de la masse continentale eurasiatique. En transposant le mythe né au siècle des Lumières, Pierre F. Souyri en fait « une sorte de monarchie absolue éclairée[8] » ; Philippe Thiébault se demande s'il y eut une Renaissance en Corée et en Chine[9] ; tandis que Pascal Dayez-Burgeon, en prenant le parti de « ne pas craindre les comparaisons internationales qui éclairent les faits[10] », avance que « le XVe siècle fut indubitablement une renaissance et un apogée […], un âge de paix, de prospérité et de renouveau[11] ». Mais là non plus son propos n'est pas comparatif puisque son livre retrace la seule histoire de la Corée.

Pour apporter des éléments de réponse à ces vastes problématiques, reprenons le fil de la réflexion de deux figures qui font autorité dans les champs des études sur la Renaissance en Europe et sur le néoconfucianisme en Extrême-Orient, Peter Burke et Theodore de Bary dans leur ouvrage respectif *La Renaissance européenne* (2000) et *The rise of Neo-Confucianism in Korea* (1985). Peter Burke présente au moins trois grands ensembles de prismes qui, sans s'exclure mutuellement, mettent l'accent sur différents aspects de la Renaissance et en nuancent donc notre compréhension. Le premier assimile la Renaissance à un chrononyme et procède à son découpage chronologique en trois phases : la redécouverte de

---

"barbares aux yeux ronds et au long nez" d'Occident. Le pays avait toutefois depuis plusieurs siècles des relations régulières, quoique parfois forcées, avec la Chine, le Japon ou la Mandchourie ». Éric BIDET, Stéphane BOIS, « Au pays du matin clair », in Éric BIDET, Stéphane BOIS, *La Corée, le voyage vers l'Est*, Paris, Éditions la Bibliothèque, 2007, p. 6.

7 Pierre Chaunu cristallise bien cet a priori en niant aux Coréens l'invention de l'imprimerie : « Que signifient, en effet, les caractères mobiles quand ils se comptent par milliers et que manque un alphabet ? Cette "imprimerie" est seulement de la sculpture sur bois, éventuellement sur métaux. » Tout ceci en vue de mieux faire l'éloge des Japonais, « récepteurs polyvalents », « champions de l'acculturation » et du Japon : « Le bénéficiaire en fin de course d'une chaîne de mutations par acculturation peut réussir plus vite et mieux. » CHAUNU Pierre, *Danse avec l'Histoire*, Paris, Éditions de Fallois, 1998, p. 167-176.

8 Pierre F. SOUYRI, « Japon, Corée, Okinawa : des monarchies aux confins du monde chinois », *op. cit.*, p. 390.

9 Philippe THIÉBAULT, *La pensée coréenne. Aux sources de l'Esprit-Cœur*, Paris, Autres Temps, 2006, p. 119.

10 Pascal DAYEZ-BURGEON, *Histoire de la Corée. Des origines à nos jours*, Paris, Tallandier, 2012, p. 14.

11 *Ibid.*, p. 73.

la culture classique ; la maîtrise de cette culture classique par une imitation qui, tournant à l'émulation, en fait un phénomène polycentrique ; et sa modification délibérée[12]. La deuxième focale n'est pour ainsi dire que reprise de la précédente, mais une reprise elle aussi plus aboutie. De trois nous passons à cinq phases car à une périodisation temporelle s'ajoute son complément géographique. Ainsi, la redécouverte de l'Antiquité a bien eu lieu en Italie du début du XIVe siècle à la fin du XVe siècle. En un deuxième temps, des phénomènes de réception et de résistance se propagent dans le reste de l'Europe. Puis la haute Renaissance, de 1490 à 1530 environ, se caractérise par le fait que les « renés » rivalisent avec leurs aînés sur un pied d'égalité. La Renaissance tardive, de 1530 à 1630, qualifie ensuite le laps de temps où les décalages s'estompent et s'uniformisent jusqu'à finalement céder le pas à une domestication qui, elle, met un point d'honneur à se défaire du moule renaissant. Cette dernière étape n'insiste plus tant sur le préfixe *re-* ; au lieu de cela, elle opère un décalage au sens où le conçoit l'helléniste et sinologue François Jullien : « *Décaler* s'entendant aux deux sens du terme : opérer un certain déplacement par rapport à la normale (celle de nos habitudes de pensée) en passant d'un cadre à l'autre [...] qui fasse bouger nos représentations et remette en mouvement la pensée ; et aussi *décaler* au sens d'enlever la cale : pour commencer d'apercevoir ce contre quoi nous ne cessons de tenir calée la pensée mais que, par là même, nous ne pouvons pas penser[13]. » Le troisième modèle proposé par Peter Burke renvoie d'ailleurs à cette ultime phase et privilégie la réception à la transmission, ou plutôt la part de créativité qu'implique la démarche consistant à véhiculer une tradition donnée : « envisager la Renaissance [...] c'est mettre l'accent sur la réception, au sens de processus actif d'assimilation et de transformation (non de simple diffusion) des idées antiques ou italiennes » ou encore « [...] la réception ou la consommation [est] une forme de production soulignant la créativité des actes d'appropriation, d'assimilation, d'adaptation, de réaction, de riposte et même de rejet[14] ». Or les explications de Peter Burke n'épuisent pas entièrement le phénomène de renaissance entendu en dehors d'une pensée historique strictement européenne et il est alors instructif de les compléter avec celles de Theodore de Bary à partir de jointures nodales, hypothétiques ou peut-être tangibles, où les mondes et modes de pensée eurasiatiques pourraient se rejoindre. Theodore de Bary récapitule tout d'abord les moyens par lesquels il nous est donné d'identifier l'apparition du néoconfucianisme coréen par rapport au confucianisme lui-même mais aussi par rapport à son modèle chinois, et ceux-ci sont au nombre de trois : les institutions ; un corpus de textes où à travers relectures et commentaires pointe le renouveau de

---

12 Peter BURKE, *La Renaissance européenne,* Paris, Seuil, 2000, p. 23-96.
13 François JULLIEN, *Traité de l'efficacité*, *op. cit.*, p. 8-9.
14 Peter BURKE, *La Renaissance européenne*, *op. cit.*, p. 14-15.

doctrines ensevelies – littéralement ou sous des annotations stériles – durant deux millénaires ; et enfin certains concepts sur lesquels nous n'aurons de cesse de « butiner pour mieux en recueillir la quintessence », comme aimait à le dire l'une des figures de proue du néoconfucianisme coréen, Yi I (1536-1584), Yulgok de son nom de plume. L'on pourrait ajouter aux médiums de transmission institutionnels, textuels et conceptuels la contribution de certains personnages dont les analyses ont facilité le saut qualitatif propre à un renouveau tout en incitant les historiens à restituer la place de l'homme et du prisme prosopographique dans le récit national coréen. Dans cette veine, l'historiographie coréenne a mis à l'honneur An Hyang (1243-1306), U Tak (1263-1342), Yi Che-hyon (1287-1367) et Paek I-jong (1247-1323) au détriment d'une liste plus étendue mais non exhaustive telle que la proposait le mausolée Munmyo (文廟 문묘) dédié aux « dix-huit sages du pays de l'Est[15] ». Car l'on aurait tort d'oublier qu'avant d'être un mode de vie et de pensée pluriséculaire, le confucianisme est le fait d'un homme, Kong de son nom de famille, Qiu de son prénom et Zhongni de son prénom de lettré – ce n'est qu'au XVIIe siècle que maître Kong, ou Kong-fuzi, a été connu de l'Occident sous la forme latinisée de Confucius. Au Ier siècle av. J.-C., l'historien de la dynastie Han Si Ma Qian (司馬遷, 145-86 av. J.-C.) remplit les blancs des annales pour lui consacrer une biographie romancée[16]. Tout comme Léon Vandermeersch et Anne Cheng ont pu dire du confucianisme – qui par rapport au taoïsme et au bouddhisme ramène ses préoccupations aux valeurs et à l'échelle sociale de l'homme – qu'il était une forme d' « humanisme extrême-oriental »[17] ou de pari sur l'homme[18], il est bien connu que les humanistes s'approprièrent la maxime de Protagoras énonçant que le monde tel que l'homme le conçoit et le construit lui est commensurable. Nous ne serons donc pas surpris de constater que les biographies et autobiographies – plus rares – constituent un genre de récit historique privilégié par les hommes de la Renaissance eux-mêmes : Leon Battista Alberti compose ce que d'aucuns considèrent comme une

---

[15] Il s'agit de Seol Chong (650-740), Choe Chiwon (857-?), An Hyang (1243-1306), Jeong Mongju (1337-1392), Gim Goenpil (1454-1504), Jeong Yeochang (1450-1504), Jo Gwangjo (1482-1519), Yi Eonjeok (1491-1553), Yi Hwang (1501-1560), Gim Inhu (1510-1560), Yi I (1536-1584), Seong Hon (1535-1598), Gim Jangsaeng (1548-1631), Jo Heon (1544-1592), Gim Jip (1574-1656), Song Siyeol (1607-1689), Song Jungil (1606-1672) et Bak Sechae (1631-1695). Cette liste est établie par Suk-won OH, *Dohak in Korean Confucianism*, in Flora BLANCHON, Rang-Ri PARK-BARJOT, *Le nouvel âge de Confucius, Modern Confucianism in China and South Korea*, PUPS, Paris, 2007, p. 110.

[16] Annping CHIN, Confucius, *Un sage en politique*, Paris, Seuil, 2010, p. 21-27.

[17] Léon VANDERMEERSCH, « Avant-propos », in Yuzo MIZOGUCHI, Léon VANDERMEERSCH, *Confucianisme et sociétés asiatiques*, Paris, L'Harmattan-Sophia University, 1991, p. 12.

[18] Anne CHENG, « Le pari de Confucius sur l'homme », in Anne CHENG, *Histoire de la pensée chinoise*, Paris, Seuil, 1997, p. 61-93 ; Anne CHENG « Introduction », in CONFUCIUS, *Entretiens de Confucius*, Paris, Seuil, 1981, p. 18.

autobiographie en latin, néanmoins à la troisième personne, vers 1438 ; Giorgio Vasari, *Les Vies des meilleurs peintres, sculpteurs et architectes* en 1550 ; et, plus proche de notre sujet, André Thévet fait figurer Oronce Fine dans *Les vrais pourtraits et vies des hommes illustres* en 1584. Comme le remarque fort à propos Jean-Claude Schmitt, à partir du XVᵉ siècle « les peintres signent et datent leurs tableaux, en revendiquent la paternité tout en faisant de leur œuvre un événement qu'ils inscrivent dans une histoire à la fois individuelle et collective[19] ». Il ne fait aucun doute que les auteurs susdits reconnaissaient leur dette envers Plutarque dont les *Vies parallèles des hommes illustres* ou *Vies parallèles* (composées entre 100 et 120) crée le genre littéraire et le paradigme historique tout en incitant à une forme précoce de concordance des temps, puisque son ouvrage met en regard un personnage grec et son double romain. Peter Burke non plus n'échappe pas au modèle anthropocentrique, puisque parmi ses nombreuses définitions figure celle d'une Renaissance qui s'étendrait de Pétrarque à Descartes[20]. Dans une histoire qui se narre donc au travers des miroirs que lui tend l'homme, notre étude s'arrêtera donc sur certains éléments de la vie de deux cartographes, Oronce Fine (1494-1555) et Yi Hoe (李薈 이회, 1354-1409) dont les cartes elles-mêmes s'apprécient à l'aune des règnes de leurs monarques (François Ier, Henri II ; Sejong, Sejo) et d'insignes humanistes et lettrés-fonctionnaires (Joachim du Bellay, Guillaume Budé ; Chŏng Inji, Chŏng Dojŏn) pour ne citer que quelques-unes des figures qui marquèrent de leur sceau la destinée et, là encore, le récit de leur royaume. Or une « histoire-bataille dont les vainqueurs (Mozart, Rousseau, les rayons X) et les vaincus (Salieri, Bonald, les rayons N) sont déterminés par la postérité[21] » ne rendrait pourtant pas assez compte de la diversité des destins et il nous a semblé que Fine et Yi Hoe pouvaient raviver l'intérêt porté non plus aux hagiographies classiques de saints ou d'empereurs ni aux *Vies minuscules*[22] rejetées à l'arrière-plan de la grande Histoire, mais à cet entrelacs guilloché par des « seconds couteaux[23] ». Car tout le paradoxe du rôle ni tout à fait majuscule ni entièrement minuscule que jouèrent Fine et Yi Hoe réside peut-être dans le fait que leurs cartes exercèrent une influence et

---

[19] Jean-Claude SCHMITT, « Individuation et saisie du monde », in Patrick BOUCHERON, *Histoire du monde au XVᵉ siècle. 2. Temps et devenirs du monde,* Paris, Fayard, 2012, p. 641.

[20] Peter BURKE, *La Renaissance européenne, op. cit.*, p. 9.

[21] Pascal ORY, *L'Histoire culturelle*, Paris, PUF, 2011, p. 14.

[22] Pierre MICHON, *Vies minuscules*, Paris, Gallimard, 1996.

[23] « Ces "seconds couteaux", à l'aune desquels peuvent se mesurer comme en creux les formes idéales d'une carrière d'homme de lettres et les figures imposées de l'ethos humaniste, ne sont ni des auteurs mineurs, des suiveurs sans envergure voire des imitateurs ratés, ni des protecteurs se rêvant en nouveaux Mécènes ». Clémence REVEST, « Les "sympathisants" de l'humanisme : le cas des frères Giobbe, Lazarino et Giona Resta », in François BRIZAY, Véronique SARRAZIN, *Érudition et culture savante de l'Antiquité à l'époque moderne*, Rennes, Presses Universitaires de Rennes, 2015, p. 204.

un pouvoir de fascination allant bien au-delà de fonctions officielles qui les privaient de toute prérogative décisionnaire.

Pour autant, la tradition extrême-orientale est plus encline à mettre en sourdine une prosopographie pompeuse en ce qu'il est moins question d'une histoire idéalisant des personnages que de personnages incarnant à l'occasion des idées. C'est cet angle d'attaque qu'adopte Theodore de Bary pour définir le néoconfucianisme par grands ensembles de concepts dont leurs penseurs ne seraient que de simples véhicules, tantôt relayeurs et façonneurs de sens, tantôt commentateurs aux gloses inspirées, de toute façon toujours en arrière-plan d'un courant débordant le cadre et l'empreinte d'un seul individu, d'une seule génération ou d'un seul royaume. Il est peut-être utile à ce stade de souligner que le nom de Confucius, tel qu'il est latinisé, a été forgé par les missionnaires européens aux XVIIe et XVIIIe siècles et, qu'en réalité, le terme néoconfucianisme n'a pas d'équivalent direct en Orient, si ce n'est, ironiquement, sa retraduction peu usitée 新儒教注意 (*xin rujiao zhuyi*) qui s'inspire de 儒教 (*rujiao*, confucianisme)[24]. Theodore de Bary, tout en admettant l'existence de plusieurs écoles en son sein, préfère le définir en fonction de six critères qu'il établit comme étant : *daoxue* (道學), l'étude de la voie ; *shixue* (實學), les études pratiques ; *xinxue* (心學) ou *xinfa* (心灋), l'étude du cœur ; *shengxue* (聖學), l'étude des sages ; *lixue* (理學) et *xinglixue* (性理學[25]), l'étude du principe et l'étude de la nature humaine ; *daotong* (道統), la voie orthodoxe[26]. De la même manière que Peter Burke caractérise la Renaissance

---

[24] Lorsque des termes ou concepts renvoient directement à l'histoire de Chine ou au chinois classique, nous les retranscrirons selon le système *pinyin*. Lorsque nous nous référerons à des termes portant sur l'histoire de Corée, notamment après l'invention du *han'gŭl* (1446), nous écrirons, au côté des caractères chinois (encore préférés jusqu'à l'officialisation du *han'gŭl* en 1894 et bien après), leur équivalent en *han'gŭl* selon le système McCune-Reischauer tel que le propose l'Université de Pusan, « Korean Romanization Converter », in http://roman.cs.pusan.ac.kr/input_eng.aspx (consulté le 01.09.2020). Le *han'gŭl* faisant encore l'objet de trois systèmes de romanisation (Yale, McCune-Reischauer et une romanisation réformée, actuellement privilégiée par les Coréens) et nos sources puisant dans différentes langues et allégeances phonétiques, il nous est arrivé de reprendre la version la plus courante pour alléger le texte.

[25] Pour une discussion approfondie sur les multiples facettes du concept de *sŏngnihak* (性理學 성리학), voir Mun-Sik, KANG, « 集賢殿출신 官人의 學問觀과 政治觀 », *한국사론* 39, 서울대국사학과, 1998, p. 99-108. Hong-Gab Park précise le lien entre la philosophie *sŏngnihak* et la langue coréenne comme suit : « L'intérêt du roi Sejong pour les nouveaux caractères [*han'gŭl*] s'explique par la nécessité d'une éducation pour les masses et l'application d'une loi pour l'éthique pratique fondée sur la philosophie *sŏngnihak* (性理學). » Hong-Gap PARK, « 집현전 학사 최만리의 정치활동 », *민족문화* 37, 2011, p. 213-314. Les citations tirées d'ouvrages en anglais et en coréen ont été traduites par l'auteur.

[26] Theodore de BARY, « Introduction », in Theodore de BARY, Jahyun KIM HABOUSH, *The rise of Neo-Confucianism in Korea*, New York, Columbia University Press, 1985, p.

par l'importance du processus de réassimilation d'idées antiques et de leur transformation en contexte, ou que « Dürer admet comme un fait généralement reconnu que l'art de la peinture a été "remis au jour par les Italiens" (*wieder durch die Walchen an Tag gebracht*) ou "le fil en a été repris" (*wieder angespunnen*)[27] », Theodore de Bary signale dans sa sixième acception du néoconfucianisme qu'au sein même de l'école de Cheng-Chu coexistent « des usages très différents de ce terme [*daotong*] selon que sont mis en avant, comme le fit Zhu Xi, les éléments inspirants et prophétiques et la réinterprétation de la Voie, ou la transmission autoritaire et la filiation scolastique[28] ». En somme, la légitimité d'une doctrine n'est garantie ni par sa reproduction à l'identique ni par ses mutations plus ou moins délibérées. En convoquant Zhu Xi sur ce point précis, Theodore de Bary insiste sur ce fait :

> En soi *tung* n'implique pas nécessairement une succession directe. Dans l'usage associé qu'il est fait de *cheng-tung* comme « succession légitime », il n'existe aucune implication nécessaire qui voudrait qu'un règne dynastique légitime soit quelque chose donné ou directement conféré par une dynastie à son successeur. De la même manière, lorsque Zhu Xi évoquait *tao-tung*, il [...] mettait surtout en exergue la réappropriation de la Voie après un long laps dans la transmission. Dans les deux cas, *tung* est investi du sens de « contrôler », « rassembler », « coordonner ». Avec Zhu Xi, c'est la repossession effective ou reconstitution de la Voie qui est inhérente au *tao-tung*, tout comme *cheng-tung* signifiait la repossession effective ou reconstitution de l'empire, souvent après une période de désunion[29].

L'orthodoxie de la transmission et de l'héritage intellectuel constitue un pan d'autant plus sensible de l'histoire de la Renaissance et du néoconfucianisme qu'aucun de ces deux courants, ni même leurs aînés grec et chinois, n'a initialement sourdi de France ni de Corée. L'enjeu s'avère en effet déterminant dans un cas comme dans l'autre car, en naturalisant une tradition deux fois millénaire, Français et Coréens polissent leur subconscient individuel et collectif. En se repositionnant dans la droite lignée de cette matrice civilisationnelle, France et Corée entreprennent également d'aimanter le nucléus du roman historique de leur région respective (l'Extrême-Occident et l'Extrême-Orient) et revendiquent leur

---

1-58. Dans la littérature occidentale, ce serait la définition que fournit Johan Huizinga de l'humanisme comme « bâton de voyage pour l'humanité » qui refléterait le mieux ces courants transhistoriques. Johan HUIZINGA, *Le problème de la Renaissance*, *op. cit.*, p. 9.

27 *Ibid.*, p. 15.

28 Theodore de BARY, « Introduction », *op. cit.*, p. 16.

29 *Ibid.*, p. 16.

droit à hériter de et à accueillir sur leur territoire géographique ainsi que dans leur cartographie intellectuelle le centre de gravité d'une culture partagée pour in fine s'assumer comme grand laboratoire d'une histoire en perpétuel devenir. Ce que Theodore de Bary formule très pertinemment au sujet de la Corée et du confucianisme pourrait aussi bien être extrapolé à la France du XVIe siècle et aux valeurs humanistes extraites de l'Antiquité grecque :

> La même conception de la Voie (les traditions) « perdue » pendant des siècles et seulement retrouvée bien plus tard par les frères Cheng et Zhu Xi, signifiait que les Coréens aussi pouvaient la considérer comme quelque chose qu'ils pouvaient se réapproprier directement sans éprouver le besoin d'une intermédiation quelconque par les Chinois [...]. L'on pourrait estimer que les Coréens auraient repris à leur compte une transmission indigène perdue du Tao incluant une vision structurée du monde fondée sur des valeurs confucéennes, tout en développant leur propre version authentique de la Voie. Il restait une marge dans laquelle l'identité coréenne pouvait s'affirmer, suffisamment importante pour que la dynastie Yi prétende qu'elle était plus orthodoxe que les Ming eux-mêmes dans leur fidélité à un héritage commun[30].

Les Valois, et François Ier en tête, n'ont-ils pas prétendu à la couronne du Saint Empire et à une forme de réappropriation culturelle par le truchement des foyers bellifontain et ligérien ? En juxtaposant des tendances similaires, quitte à éviter des divergences considérables de contenu idéologique, cette étude nous permettra-t-elle de mieux cerner les renaissances française et coréenne ? Rien n'est moins sûr. Est-il même raisonnable de vouloir modéliser le phénomène de renouveau culturel au-delà de frontières spatio-temporelles conventionnelles, là où les objectivations de l'histoire extrême-orientale échapperaient aux critères de la rationalité européenne et où celles de l'histoire européenne se déroberaient face aux cheminements pourtant pluriels qui se diffractent au sein de cette énigmatique Voie ? Voilà toute la tâche qui incombe à quiconque voulant penser les deux extrémités de l'Eurasie l'une par rapport, et non par opposition, à l'autre ; à quiconque voulant repenser un cadre qui permettrait de les mettre en regard.

B. Des perspectives et des paysages pour effacer l'illusion d'un micro et d'un macro

La vue est justement l'un des sens les plus sollicités par la Renaissance, qui rééduque le regard des femmes et des hommes, donne aux yeux et aux

---

30 *Ibid.*, p. 17.

représentations que les peintres lui offrent une place centrale[31]. Si l'on en croit John Short, les lettrés-fonctionnaires du Chosŏn ne négligeaient pas non plus la dimension visuelle de l'entreprise qui leur échut : « La description dans les *Annales* de la vie curiale reflète l'importance de la visualisation sous le Chosŏn. Tout était consigné en temps et en lieu et des techniques de représentation visuelle furent élaborées et améliorées. C'est au Tohwasŏ [圖 畫 署] (Institut de cartographie et de peinture) que les techniques de dessin et peinture furent affinées et perfectionnées par un groupe d'artistes qualifiés[32]. » Et c'est autour de 1430, soit simultanément, que Leon Battista Alberti rédige son *De pictura* et conceptualise les dispositifs de *perspectiva artificialis* et de *prominentia* (théorie du relief), œuvre qui entérine la « conquête de la tridimensionnalité fictive[33] ». Dans ses *Histoires de peintures*[34], l'historien de l'art Daniel Arasse nous rappelle qu'avant d'établir un point de fuite vers lequel convergent toutes les lignes puis un point de distance qui permet de représenter la dimunition des objets dans la profondeur fictive en fonction de la position de l'observateur, la première opération du peintre est le cadrage ou, comme le formulait Alberti, la « fenêtre à travers laquelle on contemple l'*historia*[35] ». Un peu comme le système de perspective monofocal a longtemps prévalu, c'est une vision eurocentrée et exclusive de la découverte de l'Amérique – récemment rebaptisée la rencontre des mondes par respect pour les Amérindiens, ainsi que pour les Vikings et les Polynésiens qui l'avaient déjà accostée par l'Atlantique et le Pacifique – et de la Renaissance, récemment revisitée par les médiévistes et par une histoire plus globale où le monde arabe joue un

---

[31] Ce point est largement contesté par Robert Mandrou qui parle d'une « primauté de l'ouïe et du toucher » et du « rôle secondaire de la vue ». Robert MANDROU, *Introduction à la France moderne (1500-1640), Essai de psychologie historique*, Paris, Albin Michel, 1998, p. 76-82. Alain Croix lui emboîte le pas lorsqu'il affirme que « le son, le bruit constituent un environnement très prégnant [...]. Il semble bien même que Robert Mandrou ait eu raison de privilégier l'oreille parmi les sens des "savants" : le poète n'écrit pas, il chante. Ronsard ne retient de la mer que ses bruits, flatte la "divine oreille" du roi et s'en va "tanter l'oreille de Marguerite et dans son palais chanter". » Alain CROIX, « L'homme et son entourage », in Alain CROIX, Jean QUÉNIART, *Histoire culturelle de la France, 2. De la Renaissance à l'aube des Lumières*, Paris, Seuil, 2005, p. 63-64. Plus récemment, Léonard Dauphant a fait siennes ces mêmes thèses. Léonard DAUPHANT, *Géographies, Ce qu'ils savaient de la France (1100-1600)*, Paris, Champ Vallon, 2018. Nous remarquerons qu'en l'absence d'enregistrements d'époque, tous ces témoignages sonores n'ont pu traverser les siècles que grâce à leur fixation écrite (poèmes rédigés sur papier, partitions sur parchemins ou tablettes) déchiffrables grâce à la vue. Nous avons donc privilégié les supports visuels en ce qu'ils offrent un socle interprétatif moins subjectif.

[32] John Rennie SHORT, *Korea, A Cartographic History*, Chicago, University of Chicago Press, 2012, p. 17.

[33] Isabelle BOUVRANDE, « *De pictura* de Leon Battista Alberti », in Patrick BOUCHERON, *Histoire du monde au XVe siècle. 1. Territoires et écritures du monde*, Paris, Fayard, 2012, p. 564.

[34] Daniel ARASSE, *Histoires de peintures*, Paris, Gallimard, 2004, p. 87.

[35] Isabelle BOUVRANDE, « *De pictura* de Leon Battista Alberti », *op. cit.*, p. 565.

rôle clé, qui s'est longtemps imposée aux historiens. Pourtant, une prise en compte du foisonnement des possibles d'alors met en avant le fait que ce système de perspective n'était pas unique, que le jouet conceptuel des Alberti, Brunelleschi et Masaccio était alors en concurrence avec le système de Ghiberti, soit une perspective bifocale centralisée avec deux points de fuite correspondant aux deux yeux ; et le système bifocal latéralisé de Paolo Uccello où un point de fuite à l'extrême gauche constitue le symétrique d'un autre point de fuite à l'extrême droite[36]. Et en continuant de filer une métaphore où perspectives artistiques et historiques se côtoient, il nous faudrait peut-être, pour faire écho aux débats sur la pluralité des Renaissances[37], poser un cadre – au moins – bifocal qui intègre un point de fuite français et un point de fuite coréen. Ces considérations sont d'ailleurs moins éloignées de notre sujet qu'elles ne pourraient le paraître : l'Institut royal de peinture coréen que nous évoquions était en même temps le bureau officiel de la cartographie du Chosŏn ; et fleurissent, en Europe, au même moment et aux mêmes endroits des techniques pour mesurer l'espace et le temps grâce aux horloges mécaniques et à la cartographie.

Évidemment, il serait sacrilège de vouloir transposer les règles de la perspective du *Quattrocento* à la cartographie coréenne et d'y faire littéralement mourir le point de fuite oriental de notre étude à une longitude où il n'avait pas été pensé. Hâtons-nous donc de préciser que, parmi les traditions qui enrichissent la peinture orientale – à laquelle la cartographie extrême-orientale doit autant que la cartographie occidentale à la perspective –, la peinture de paysage se caractérise justement par l'absence de perspective stricto sensu et que la profondeur d'un tableau sollicite bien plus l'intelligence visuelle de l'observateur, à qui il incombe d'opérer les réajustements nécessaires entre les différents pans et plans du tableau qui ne s'harmonisent qu'à proportion de sa faculté à faire abstraction d'une échelle comme on l'entend au sens moderne du terme. Comme nous l'analyserons plus en détail au cours des pages qui suivent, François Cheng préfère évoquer « trois lointains, ou trois distances[38] » (profonde, élevée et plate) pour interpréter le langage pictural extrême-oriental et expliquer la manière dont le peintre résout les problèmes du rapport et de la proportion – *commensuratio* écrivait Alberti dans le *De pictura* avant que le terme « perspective » ne passe à la postérité – entre les éléments du tableau. Dans le paysage qu'offre à contempler la carte extrême-orientale plus que dans la mise en perspective occidentale, le micro et le macro sont invités à faire bon ménage, bon gré mal gré. Voici ce qu'en dit Anne Cheng et qui pourrait tenir

---

[36] Daniel ARASSE, *Histoires de peintures*, *op. cit.*, p. 51-53.

[37] Marie-Sophie MASSE, Michel PAOLI, *La Renaissance ? Des Renaissances ? (VIIIe-XVIe siècles)*, Paris, Klincksieck, 2010.

[38] François CHENG, *Vide et plein, le langage pictural chinois*, Paris, Seuil, 1991, p. 103.

lieu de passerelle entre la peinture de paysage comme pensée non verbale et ses implications intellectuelles :

> Il en est de la pensée en Chine comme de la peinture de paysage : les Chinois n'ont jamais éprouvé le besoin de reconstituer la vision en perspective qui supposent un point de vue idéal. Ils lui ont toujours préféré une « perspective cavalière » où l'œil qui regarde fait partie du paysage et évolue avec lui. De la même façon qu'en peinture le regard est toujours en situation, l'intellect qui tente de discerner des repères est lui aussi en situation, il décide et fait la part des choses au fur et à mesure qu'il progresse dans les discours, sans chercher à établir de règles absolues et définitives[39].

Dans cette perspective cavalière, la France pourra ressortir plus nettement de l'horizon jauni et corné du *Kangnido* – la plus ancienne carte du monde levée en Corée (1402) – tel un détail sur lequel un peintre de paysage aurait zoomé ; et la Corée être réinsérée par anamorphose dans la pluralité des techniques de perspective qui ne survécurent guère à la Renaissance. Car la cartographie française du XVIe siècle, augmentée des apports de la perspective, avait embrassé et l'orbe et la Corée sans savoir ni la nommer ni la localiser, quand la cartographie coréenne du XVe siècle avait situé et nommé la France (法里昔 *Falixi*) sans s'embarrasser de projections ni de circumnavigations. François Cheng précise pourtant qu'à la fin de la dynastie des Song, Ma Yuan et Xia Gui « inventent une sorte de perspective *décentrée* où, mettant l'accent sur un coin donné du paysage, ils incitent d'autant plus efficacement le regard imaginaire du spectateur à se porter vers quelque chose d'informulé et de nostalgique qui, bien qu'apparemment invisible, devient désormais le véritable “sujet” de l'œuvre[40] ». C'est donc par cette même distorsion des échelles, avec laquelle la tradition picturale extrême-orientale semble a priori plus à l'aise que son extrême opposé, que nous souhaiterions réintégrer une histoire extra-européenne, souvent laissée hors champ, aux récits de la Renaissance occidentale. Cette démarche s'accommoderait d'autant mieux aux cartographies de la Renaissance et du néoconfucianisme que celles-ci s'efforçaient justement de repenser le lien – ou du moins l'absence d'une dichotomie tranchée entre chorographie et géographie mondiale – entre le royaume d'où est originaire le cartographe à l'œuvre et l'altérité du monde à l'aune de laquelle il lui faut redéfinir son identité.

Sans être la victime consentie d'un présentisme où sévit le culte de la mondialisation et son lot de théories historiques globales et connectées, il est

[39] Anne CHENG, *Histoire de la pensée chinoise*, *op. cit.*, p. 151.
[40] François CHENG, *Vide et plein, le langage pictural chinois*, *op. cit.*, p. 23.

salutaire de souligner avec Jerry Brotton que « chaque génération crée une version de la Renaissance européenne à son image[41] ». En effet, alors que les contemporains du XVIe siècle opposaient à un âge d'or antique qu'ils souhaitaient restaurer les ténèbres du Moyen Âge, les historiens du XIXe siècle nuancèrent et sophistiquèrent le concept de Renaissance : Jules Michelet[42] en fait un chrononyme synonyme de découverte de l'homme et du monde ; Jacob Burckardt[43] lui retrouve son lieu de naissance, l'Italie. En guise de réponse à l'éventualité d'une multiplicité de Renaissances, Jerry Brotton avait préféré employer l'expression d'une « série de "Renaissances"[44] ». Le terme de « série » est significatif car il implique un début et une fin dans le temps comme dans l'espace. Entre ceux-ci, il suppose également un certain nombre de répliques ou variantes, et une continuité qui, si elle ne les dote pas d'une ressemblance immédiate, leur garantit au moins d'appartenir à une même lignée. Enfin, il laisse entendre un mouvement général, une tendance de fond ou, pour reprendre un langage plus cartographique, une orientation.

Nous développerons ici quelques réflexions à partir de la notion de « série de Renaissances » car elle permet de préciser certains repères spatiaux et temporels et de démêler quelques apories dans la définition de la Renaissance telle qu'elle a été énoncée jusqu'ici. En soutenant que « l'Europe de la Renaissance s'est définie et mesurée à l'aune de l'opulence et de la splendeur de l'Orient[45] », Jerry Brotton décloisonne le cadre spatial où des délimitations eurocentrées nous empêchaient d'épuiser le sens d'un phénomène plus vaste et plus complexe. Ce décentrement du regard vers l'Est n'est en réalité pas nouveau car avant lui, Peter Burke, dans son maître ouvrage *La Renaissance européenne*, se proposait déjà de « voir la culture de l'Europe occidentale comme une parmi d'autres : elle coexiste et interagit avec ses voisines, en particulier Byzance et l'Islam, qui ont eu tous deux leur propre "renaissance" de l'Antiquité grecque et romaine [46] ». Cet élargissement de la focale, en l'occurrence son orientalisation, présente trois avantages pour notre recherche. Il permet tout d'abord de battre en brèche la stérilité obscurantiste que les définitions de la Renaissance du XVIe siècle et du XIXe siècle serinaient à l'envi, car c'est justement durant le bas Moyen Âge que le monde arabo-musulman atteint son acmé, plus précisément entre les IXe et XIVe siècles, et que les écoles d'Athènes et d'Alexandrie, transférées à Bagdad[47] mais également à Cordoue, Byzance et dans la Sicile

[41] Jerry BROTTON, *Le Bazar Renaissance*, *op. cit.*, p. 19.

[42] Jules MICHELET, *Histoire de France au XVIe siècle, La Renaissance*, 1855.

[43] Jacob BURCKHARDT, *Die Kultur der Renaissance in Italien*, Basel, Phaidon, 1860.

[44] Jerry BROTTON, *Le Bazar Renaissance*, *op. cit.*, p. 33.

[45] *Ibid.*, p. 49.

[46] Peter BURKE, *La Renaissance européenne*, *op. cit.*, p. 11.

[47] « Les Arabes aussi ont joué un grand rôle dans la transmission de la tradition grecque, en particulier du IXe au XIVe siècle. Les célèbres écoles d'Athènes et d'Alexandrie s'étaient

du roi Roger II, fleurissent pour non seulement préserver l'héritage grec mais aussi pour, la plupart du temps, l'améliorer. Cette orientalisation de la Renaissance rapproche également le curseur géographique de notre deuxième pôle d'intérêt, l'Extrême-Orient, jusqu'où les conquêtes mongoles charrièrent, entre autres, certaines connaissances arabo-persanes, notamment lorsque la dynastie Yuan (1271-1368) régna – dynastie qui adopta le néoconfucianisme comme idéologie de l'Empire à partir duquel il se propagea en Corée au cours des XIIIe et XIVe siècles. Enfin, il invite à dépasser la dialectique entre une « prémodernité » et une modernité, répondant par là à l'appel d'éminents chercheurs à considérer les études coréennes comme des « humanités intégrées » : « l'idée que la modernité représente le progrès et qu'elle est supérieure à la prémodernité n'est pas forcément correcte et [...], pour résoudre les problèmes liés à l'étude de la modernité et à la quête d'alternatives, les principes d'une étude de la prémodernité peuvent offrir une source de connaissances utiles [48] ». Cet aperçu bien trop sommaire de la tectonique des influences culturelles eurasiatiques sera bien entendu étoffé dans notre étude. Pour l'heure, il nous permet d'exclure l'impossibilité théorique d'une disjonction absolue entre le Chosŏn au XVe siècle et la France au XVIe siècle ; et d'échafauder l'hypothèse d'une influence – tout adventice qu'elle ait pu être – commune dans ce qui constitua les renouveaux d'une antiquité confucéenne pour les Coréens et gréco-latine pour les Français. Car notre étude montrera que les deux extrêmes eurasiatiques que sont la France et la Corée se rejoignent non par « une mer de petites dimensions » comme le notait Christophe Colomb en marge de l'*Imago mundi* de Pierre d'Ailly[49], mais par les voies d'un continent-continuum jalonnées par des « points communs ou des espaces de rencontres (Inde, Perse)[50] » au-delà du monde métaméditerranéen.

---

transférées à Bagdad. Les érudits musulmans écrivaient des commentaires de Platon et d'Aristote. Le philosophe Ibn Sina (qu'on appelait en Occident Avicenne) était néoplatonicien, tandis qu'Ibn Ruchd (Averroès) était aristotélicien. Plusieurs auteurs antiques dont Aristote, Ptolémée, Hippocrate et Galien ont été traduits en latin au Moyen Âge à partir de traductions arabes de l'original grec. » *Ibid.*, p. 34.

48 Hee-Byoung PARK, « Korean Studies as Integrated Humanities », *Korea Journal*, vol. 46, n° 1, Spring 2006, p. 231. Baek-Yung Kim, cherchant lui des alternatives à une « histoire nationale », estime que : « If the main task of Korean studies in the 1980s was to evade the intellectual trap of modernization, then the key task in the twenty-first century is that of finding ways to reorganize the experiences of "national history" into the universal terms of "human history" and "global history". » Baek-Yung KIM, « Korean Studies between the Social Sciences and Historical Studies: Debates over Modern and Contemporary Korean History », *Korea Journal*, vol. 51, n° 3, Autumn 2011, p. 134.

49 Jérôme BASCHET, « Le Journal de bord de Christophe Colomb », in Patrick BOUCHERON, *Histoire du monde au XVe siècle. 1. Territoires et écritures du monde*, Paris, Fayard, 2012, p. 709.

50 Philippe PELLETIER, *L'Extrême-Orient. L'invention d'une histoire et d'une géographie*, *op. cit.*, p. 80.

Qu'il n'existe pas de frontières entre l'Europe de la Renaissance et un premier Orient proche, celui du monde gréco-byzantin – voire un second Orient plus lointain d'où viennent épidémies, hérésies et peuples destructeurs, de Gog et Magog aux envahisseurs mongols[51] –, aussi étanches que certains présupposés solidement enracinés veuillent nous le faire croire[52] peut se démontrer à différents niveaux et moments de l'histoire eurasiatique. Au plan mythologique et sémantique, Edith Hamilton[53] nous rappelle que le nom même d'Europe vient d'Asie : née dans la Phénicie du roi Sidon, Europe aurait, par l'entremise de Cupidon, séduit Zeus, qui sous l'apparence d'un taureau l'aurait ravie jusqu'en Crète, donnant ainsi son nom à la partie occidentale de l'Eurasie. Dès les premières pages de son ouvrage pionnier, *Les Origines de la pensée grecque*, Jean-Pierre Vernant avertit ses lecteurs que, « en plein renouveau orientalisant, l'Hellénisme s'affirme en tant que tel face à l'Asie, comme si, par le contact renoué avec l'Orient, il prenait mieux conscience de lui-même[54] ». Et c'est de la même aimantation qu'il est question dans l'*Histoire de Rome*, lorsque Pierre Grimal rapporte que « toutes ces merveilles n'avaient pas été inventées par les Étrusques ; ils en avaient trouvé les modèles en Asie, d'où, peut-être, certains d'entre eux étaient originaires ; ils continuaient d'ailleurs à entretenir un commerce actif avec les régions les plus lointaines de la Méditerranée orientale[55] ». Nous ne serons donc pas surpris de redécouvrir qu'en plein XVIe siècle la France tourne le dos à l'Amérique et donne à sa Renaissance la même orientation[56].

---

[51] C'est le médiéviste Jacques Le Goff qui établit cette distinction entre deux Orients au Moyen Âge. Jacques LE GOFF, *L'Europe est-elle née au Moyen Âge ?* Paris, 2003, p. 20.

[52] Pour les clercs du Moyen Âge, « la frontière entre l'Europe et l'Asie était le fleuve Tanais, le Don, qui se jette dans la mer d'Azov, ce qui inclut la Bielorussie et l'Ukraine actuelle, mais entame à peine la Russie ». *Ibid.*, p. 21. « Chez Hérodote, la coupure Ouest-Est est un axe méridien […], une direction d'alignement. Il suit le cours du Nil, Rhodes, Byzance, les bouches du Borysthène. Chez Hippocrate, il passe dans la mer Égée opposant la Grèce libre à l'Asie mineure soumise. Dans la Grèce archaïque, la mer Égée constitue l'aire centrale de l'univers. » Philippe PELLETIER, *L'Extrême-Orient. L'invention d'une histoire et d'une géographie*, *op. cit.*, p. 120.

[53] Edith HAMILTON, *La mythologie, ses dieux, ses héros, ses légendes*, Alleur, Marabout, 1997, p. 97-100.

[54] Jean-Pierre VERNANT, *Les origines de la pensée grecque*, Paris, PUF, 10e édition, 2004, p. 7.

[55] Pierre GRIMAL, *Histoire de Rome*, Paris, Fayard, 2003, p. 17. En plus de son ascension, un vaste Orient serait en partie responsable de la chute de Rome selon des historiens comme Cyrille Coutansais, qui émettent l'hypothèse que Rome, dépendant du blé provenant de Sicile et d'Alexandrie, aurait doublement souffert de la confrontation avec la Perse mais aussi de l'avènement de l'Empire aksoumite d'Éthiopie et de son contrôle de l'accès à la mer Rouge dès 242, deux conjonctures qui l'aurait coupée de sa manne céréalière – le blé – et plus généralement des routes des épices et de la soie. Cyrille COUTANSAIS, *Une histoire des empires maritimes*, Paris, CNRS Éditions, 2016.

[56] Alain Croix illustre cette orientation en précisant qu' « il paraît au milieu du [XVIe] siècle encore deux fois plus de livres consacrés à la Turquie qu'à l'Amérique, un succès asiatique relayé ensuite par la vogue des ouvrages consacrés aux missions extrême-orientales ».

Dans une symétrie toute relative, c'est par l'ouest que la Corée se civilise. Les Coréens tirent les origines de leur langue et de certains mythes d'un substrat ouralo-altaïque, à commencer par le mythe fondateur de Tan'gun[57], qui le 3 octobre 2333 avant notre ère aurait fondé le royaume de l'ancien Chosŏn (2333-108 av. J.-C.), la légende du roi Kija (XIIe siècle av. J.-C.), qui aurait apporté la civilisation et l'écriture à la péninsule, légende que les historiens contestent pour lui substituer des preuves plus tangibles attestant la transmission d'éléments de la culture chinoise et confucéenne à la période des Royaumes combattants (403-221 av. J.-C.)[58], puis de manière plus proche et plus tangible, la diffusion de la synthèse néoconfucéenne effectuée par Zhu Xi (1130-1200) sous le royaume précédant l'autre Chosŏn (1392-1897), le royaume de Koryŏ (918-1392). Mais la Chine ne fut pas l'unique foyer de ces vagues d'acculturation puisqu'au VIIIe siècle le moine bouddhiste Hyecho se rendit à pied de Corée jusqu'en Inde et l'*Histoire de Koryŏ* (高麗史 고려사, *Koryŏsa*, XIe siècle) consigne la présence de marchands arabes à Pusan. Cela étant posé, rien ne prouve à ce stade que néoconfucianisme et Renaissance aient pu être influencés par des sources vaguement communes et encore moins qu'ils aient pu exercer une forme d'emprise l'un sur l'autre. Tout ce que nous pouvons avancer pour le moment, c'est que, éprouvant une certaine frilosité marine, Français et Coréens cherchaient les sources de leur salut spirituel ou intellectuel sur la terre ferme qui les reliait plutôt que dans les aléas d'un cabotage côtier ou d'une navigation hauturière aux issues souvent funestes. Cela ne revient pas à dire non plus que notre étude explorera systématiquement toutes les courroies de transmission entre la France et la Corée, mais plutôt que nous ne refuserons pas d'y recourir pour donner plus de substance et de crédibilité, quand le besoin s'en fera ressentir, à l'observation que, si certains paramètres vaguement similaires – l'avènement d'un royaume et de ses attributs (lois, impôts, institutions, armée) ; une révolution intellectuelle au cœur de laquelle les valeurs de l'humanisme et du néoconfucianisme placent l'homme ; une conjoncture internationale avec une puissance hégémonique d'abord menaçante puis sur le déclin (la Chine et l'Empire des Habsbourg) ; un renouveau des perspectives économiques et des statuts sociaux, pour n'en citer que quelques-uns – existent, ils ne sont peut-être pas que le fruit du hasard.

Alain CROIX, « Approfondissements », in Alain CROIX, Jean QUÉNIART, *Histoire culturelle de la France, 2. De la Renaissance à l'aube des Lumières*, Paris, Seuil, 2005, p. 127.

[57] L'historien Pascal Dayez-Burgeon démontre dans le chapitre « Au temps des princes chamanes » que les éléments du conte comme l'ourse, la montagne sacrée et notamment le bouleau magique peuvent être retrouvés dans les traditions mystiques et dans la géographie sibériennes. Pascal DAYEZ-BURGEON, *Histoire de la Corée. Des origines à nos jours*, *op. cit.*, p. 33-35.

[58] Jang-Tae KEUM, *Confucianism and Korean thoughts*, Seoul, Jimoondang, 2000, p. 34.

Pour structurer les modalités d'un possible dialogue franco-coréen, il nous faut planter les bornes d'une temporalité ceignant ces espaces sommairement balisés. Les historiens les moins chronophages comme Bartolomé Bennassar et Jean Jacquart font remonter les prodromes de la Renaissance à 1490[59]. Moins avares en décennies, les chercheurs qui reconnaissent un apport oriental à la Renaissance n'hésitent pas à prendre un repère chronologique ami de la mémoire, soit 1400-1600[60]. Or il est intéressant de constater que ce choix de périodisation coïncide avec celui d'un coréanologue et expert en cartographie comme John Short, qui fait correspondre à la première phase du Chosŏn « son équivalent temporel dans la première modernité européenne, c'est-à-dire plus ou moins entre 1400 et 1600 [61] ». Étirer la frise chronologique de la Renaissance vers l'amont ne devrait pas déplaire aux médiévistes qui aiment à rappeler que le Moyen Âge lui-même fut le théâtre de plusieurs renaissances – carolingienne puis au XIIe siècle – et que, si Renaissance il y eut, la paternité lui en revient[62]. Nous ne rajouterons donc qu'un siècle à une vision étriquée d'une Renaissance cloisonnée au seul XVIe siècle – et irrévérencieuse vis-à-vis d'un Moyen Âge auquel elle doit tant – pour nous concentrer sur les XVe et XVIe siècles, un clin d'œil par rapport au long Moyen Âge de Jacques Le Goff, « qui s'inscrit entre les mutations du monde gréco-romain aux IIe et IIIe siècles et les changements fondamentaux qui interviennent à la fin du XVIIIe siècle et dans la première moitié du XIXe siècle avec la Révolution française et la révolution industrielle[63] ». Mais notre XVe siècle ne sera ni entièrement celui des médiévistes, puisque nous y verrons la matrice du renouveau cartographique qui atteindra son apogée au XVIe siècle, ni celui de l'Europe exclusivement, puisque notre perspective bifocale nous amènera aussi au royaume de Chosŏn. En cela, loin de nous l'intention de contribuer « aux interminables débats sur la notion de Renaissance [qui] n'éclaircissent guère les choses […]

59 Bartolomé BENNASSAR, Jean JACQUART, *Le XVIe siècle*, Paris, Armand Colin, 2013, p. 79-80.

60 Jerry Brotton reprend les mêmes délimitations pour cerner « la période que l'on appelle la Renaissance – les années 1400-1600 » (cf. Jerry BROTTON, *Le Bazar Renaissance*, *op. cit.*, p. 13) ; alors que selon Eugenio Garin, « la Renaissance […] se situe entre le milieu du XIVe siècle et la fin du XVIe siècle » (cf. Eugenio GARIN, *L'homme de la Renaissance,* Paris, Seuil, 2002, p. 7).

61 John Rennie SHORT, *Korea, A Cartographic History*, *op. cit.*, p. xi.

62 Johan Huizinga explore « des représentations d'une époque à mi-chemin entre le Moyen Âge et la Renaissance ou plus exactement d'une époque où Moyen Âge et Renaissance se mêlent et se confondent. [Il] rejette les chronologies tranchées, la délimitation trop schématique des époques. Car l'histoire est une continuité, un flux de courants divers, les uns foisonnant, les autres décroissant […]. L'historiographie doit se préserver d'omettre ou d'enjamber trop facilement la complexité de la durée historique au point d'étiqueter la Renaissance comme simple regain de l'Antiquité après la longue nuit du Moyen Âge ». Johan HUIZINGA, *Le problème de la Renaissance*, *op. cit.*, p . 5.

63 Jacques LE GOFF, « Du Moyen Âge à l'Europe d'aujourd'hui », XIVe Conférence Marc-Bloch, juin 1992, p. 5.

parce qu'ils ne concernent qu'une toute petite Europe[64] », débats que récrimine ainsi Patrick Boucheron. Au contraire, nous voudrions plutôt montrer que, dans une perspective comparative franco-coréenne et à l'abri de toute tentation généralisante, puisque nous nous limiterons autant que faire se peut à l'instrumentalisation cartographique, la Renaissance ne fut pas l'apanage d'une toute petite Europe mais puisa plutôt ses ressorts, comme le reconnaît d'ailleurs le même auteur dans une autre publication, dans un « système spatial puissamment articulé aux vastes horizons interconnectés[65] » qui débouchent de loin en loin sur le néoconfucianisme coréen. En effet, l'erreur consistant à distinguer une micro-histoire d'une macro-histoire nous ferait oublier que le microcosme de la péninsule italienne contient en lui, sinon toutes, du moins bon nombre des possibilités qui traversèrent l'Eurasie au gré des ondes et séries de Renaissances. Selon les spécialistes du *Quattrocento*, bien que la Renaissance italienne soit avant tout toscano-centrique, la Toscane n'en représente pas moins un cas particulier tandis que d'autres foyers comme Naples ou encore des zones de confins comme les Marches et la Savoie présentent des cas différenciés d'assimilation ou de rejet[66]. Pour le royaume de France et un cartographe comme Fine, originaire justement du Dauphiné voisin, la notion de *marche* cette fois-ci entendue comme ancêtre de la frontière moderne et la représentation de zones limitrophes au territoire de son commanditaire sont d'un intérêt capital : jusqu'où le royaume de France compte-t-il exercer son influence politique et culturelle et comment Fine compte-t-il représenter ce rayonnement par la cartographie ? Une partie de la nécessité de relater une histoire comparative extra-européenne réside dans le fait que, la notion de frontière n'étant pas plus clairement définie dans les relations de la Corée du Chosŏn avec les puissances voisines, un cartographe comme Yi Hoe, lettré-fonctionnaire sous Koryŏ puis sous la nouvelle administration du Chosŏn, sera particulièrement soucieux de dépeindre et légitimer son royaume comme foyer néoconfucéen dans la nouvelle grammaire des codes géopolitiques mais aussi graphiques et culturels. Très tôt la carte devient un élément d'encodage de la restructuration d'un ordre politique et symbolique qui est en train de se jouer à un moment charnière entre ce qui, du point de

[64] Patrick BOUCHERON, « Introduction », in Patrick BOUCHERON, *Histoire du monde au XVe siècle. 1. Territoires et écritures du monde*, Paris, Fayard, 2012, p. 39.

[65] Patrick BOUCHERON, *Inventer le monde. Une histoire globale du XVe siècle*, Paris, La Documentation française, dossier 8090, novembre-décembre 2012, p. 11. Pour justifier la démarche consistant à consacrer au XVe siècle une histoire du monde et un numéro spécial à la Documentation française, le même auteur explique quelques pages plus tôt que « ce que nous appellerons ici "le monde du XVe siècle" n'est rien d'autre que la juxtaposition de mondes fractionnés mais qui commencent – et c'est tout l'intérêt de la découpe chronologique que nous proposons – sinon à s'unifier, du moins à interconnecter leurs espaces, leurs savoirs et leurs temporalités. » *Ibid.*, p. 8.

[66] Marie-Sophie MASSE, Michel PAOLI, *La Renaissance ? Des Renaissances ? (VIIIe-XVIe siècles)*, *op. cit.*

vue cartographique en tout cas, différencie certainement les représentations du Moyen Âge et de la Renaissance et celles du Koryŏ et du Chosŏn. Gari Ledyard l'a énoncé on ne peut plus explicitement :

> Il ne s'agit pas d'un accident si parmi les premiers projets culturels de ce nouveau régime [Chosŏn] l'on trouve une carte du monde et une carte des cieux et de la terre eux-mêmes redéfinis et revendiqués au sein d'une révolution culturelle coréenne ayant pour fin de démontrer la légitimité cosmique de la nouvelle dynastie. Il ne s'agit pas non plus d'une coïncidence si l'officiel en charge de ces projets, Kwŏn Kŭn, était l'un des lettrés-fonctionnaires clés parmi les réformateurs[67].

Quant au lien entre culture et pouvoir en France, il a été démontré ailleurs que les grandes constructions et entreprises culturelles comme le château de Chambord, la chanson du chevalier Bayard ou encore l'édification du Collège de France ont été motivées en partie par la volonté de compenser des revers de François Ier comme la non-élection à la couronne impériale (1519), la défaite de Pavie (1525) ou le retard pris par rapport au modèle universitaire d'Alcala de Henares ou le Collège de Louvain[68]. Bien que biographe, Giorgio Vasari fut le premier à considérer la Renaissance comme « un événement historique nettement défini dans le temps appliqué spécialement au renouveau des arts. Il emploie ce mot comme un terme technique de l'histoire de l'art et pour la première fois tire du verbe latin *renasci* le mot italien dont l'équivalent est notre mot renaissance[69] ». En ce qui a trait à l'histoire de l'art français, la Renaissance émanerait du gothique flamboyant pour déboucher sur le classicisme et le baroque, en ayant été traversée par le maniérisme, l'italianisation, l'imitation puis la francisation bellifontaine. Suivant ce fil interprétatif, cette étude contribuera à montrer qu'en plus des domaines auxquels il est convenu de l'associer (arts, littérature, humanités en général), la Renaissance peut également être comprise à travers une forme de géographie esthétisée et politisée, l'instrumentalisation cartographique. Premier lecteur royal occupant la chaire de mathématiques, Fine et ses cartes notamment participeront de cet effort de sublimer les contingences matérielles du règne de son monarque par des conquêtes immatérielles. L'instrumentalisation de l'image n'est pas

---

67 Gari LEDYARD, « Cartography in Korea », in Catherine DELANO SMITH, Nathan SIVIN, Cordell YEE, et al., *The History of Cartography*, vol. 2, livre 2, Chicago, J.B. Harley et D. Woodward, 1994, p. 245.

68 Nous renverrons ici aux contributions d'Antonio ALVAR EZQUERRA, « Le modèle universitaire d'Alcala de Henares », et Jean-Claude MARGOLIN, « Érasme et le "Collegium Trilingue Lovaniense" », in Marc FUMAROLI, *Les origines du Collège de France (1500-1560)*, Paris, Éditions Klincksieck, 1998, p. 209-256, p. 257-278.

69 Johan HUIZINGA, *Le problème de la Renaissance*, Paris, Casimiro, 2015, p. 13.

nouvelle et nous n'évoquerons pas ici le rôle de l'icône dans la peinture chrétienne, mais avec la perspective elle va acquérir une nouvelle dimension puisqu'un Masaccio, ambassadeur de la *commensuratio*, de la *dignitas* et de la *res publica*, va peindre au service de Côme de Médicis et se démarquer du style gothique qui prévalait à la cour de Palla Strozzi, le rival politique de son protecteur. En s'appuyant sur les grilles de lecture d'Erwin Panofsky et de Pierre Francastel, Daniel Arasse a montré que la perspective – dans le prolongement de laquelle s'inscriront les différentes projections employées par Fine – contribuait à la production d'une vision déthéologisée du monde et à la construction d'un monde ouvert aux actions et aux intérets de l'homme[70]. À l'inverse du mouvement actuel si bien décrit par Georges Corm où prévaut dans certains milieux un recours à la religion qui « provient de la nécessité de donner un vernis de légitimité à des actions politiques qui, au regard des critères classiques de l'humanisme moderne tel que façonné depuis la philosophie des Lumières et la Révolution française, en manqueraient totalement[71] », les cartographes de la Renaissance, et nous verrons dans quelle mesure ceux du Chosŏn aussi, désacralisent la cartographie pour asseoir le pouvoir de leurs commanditaires humanistes et néoconfucéens, ou en tout cas se réclament de ces courants lorsque les besoins de leur cause politique les y contraignent. L'instrumentalisation des cartes comprise comme la systématisation et l'esthétisation d'omissions et de déformations intentionnelles ne serait alors que le corollaire d'un phénomène que Patrick Boucheron identifie ainsi : « L'humanisme de la Renaissance [...] peut être défini comme le surinvestissement idéologique d'États en mal de légitimité[72]. »

[70] Daniel ARASSE, *Histoires de peintures*, *op. cit.*, p. 64-67.

[71] Georges CORM, *La question religieuse au XXIe siècle*, Paris, La Découverte, 2007, p. 33-34.

[72] Patrick BOUCHERON, *Inventer le monde. Une histoire globale du XVe siècle*, *op. cit.*, p. 28. Avant cela, « en écrivant son *Histoire de la Renaissance de la liberté en Italie* (1832), Sismondi a appliqué ce mot au domaine de la pensée politique ». Johan HUIZINGA, *Le problème de la Renaissance*, *op. cit.*, p. 23. Jerry Brotton démontre qu'humanisme et politique sont indissociables de la manière suivante : « L'étude des textes antiques donnait les compétences pratiques nécessaires à une future carrière d'ambassadeur, de juriste, d'ecclésiastique, ou de secrétaire au sein des administrations, bureaux hiérarchisés en voie d'émergence dans toute l'Europe du XVe siècle. La formation humaniste comprenant l'art de traduire, de rédiger des lettres, de parler en public, était perçue comme une éducation éminemment "vendable" à ceux qui souhaitaient entrer dans les rangs de l'élite sociale [...] L'humanisme de la Renaissance avait une finalité clairement pragmatique : fournir un cadre de référence pour faire carrière et notamment préparer des hommes à gouverner. » Jerry BROTTON, *Le Bazar Renaissance*, *op. cit.*, p. 80.

II. Les fondements d'un dialogue cartographique franco-coréen

Le choix de cartes comme objets d'étude s'est donc imposé à nous pour l'ensemble des raisons qui précèdent et que nous ramènerons à trois. Par le cadre qu'elles fournissent, les cartes aident d'abord à délimiter un espace matériel. Les cartes du Chosŏn au XVe siècle dépeignent un monde où figure la France ; celles du XVIe siècle français n'identifient pas encore la Corée mais représentent un Extrême-Orient « en construction » ; toutes témoignent en tout cas d'une conscience relative d'antipodes inclusifs et non plus mythologiques ou théologiques. Ensuite, elles dessinent également un espace de réflexion : en tant qu'interprétations de la réalité, les cartes et leurs cartographes ont recours à des outils technologiques et conceptuels pour appréhender un environnement que néoconfucéens comme humanistes tentaient de redéfinir. Dans cette entreprise, ils durent s'inspirer autant que s'émanciper d'autres domaines comme l'histoire, l'astronomie ou la littérature ainsi que des croyances jusque-là prédominantes – ici le catholicisme, là le bouddhisme ou le shamanisme. La carte est donc autant le miroir d'un avènement disciplinaire qu'une fenêtre sur la mosaïque des disciplines qui l'enrichissent. Enfin, le réagencement des savoirs auquel procède la géographie en général, et la cartographie en particulier, sera en partie tributaire de l'ordre politique que les Yi et les Valois cherchent à imposer, si ce n'est sur la scène internationale, du moins sur leur propre territoire. Fruit d'un labeur à quatre mains, les cartes sont en cela des exemples types d'instrumentalisation politique où les dessins du cartographe relayent les desseins de son commanditaire.

En apparence autant séparées par leurs longitudes que par les systèmes qui les agréent, et vaguement réconciliées par leurs latitudes, les cartographies de la France et de la Corée recèlent des dissemblances qui les unissent et des points communs qui, nous aurions tort de ne pas l'admettre, semblent paradoxalement les distinguer l'une de l'autre. Dans son étude sur la *Cartographie de la France et du monde de la Renaissance au Siècle des lumières*, Monique Pelletier reconnaît que « la Renaissance est une période que l'on pense connaître parce que les documents majeurs qui ont survécu ont été bien étudiés, voire reproduits. Mais de nombreux points sont loin d'avoir été complètement élucidés [73] ». Ainsi en va-t-il de l'examen de l'humanisme et du néoconfucianisme comme courants de pensée abordés depuis la perspective disciplinaire de l'histoire des idées, qui achoppe souvent sur une dissociation nette et précise entre, d'une part, l'humanisme/néoconfucianisme et la religion – christianisme ou bouddhisme – à laquelle il leur arrive d'avoir recours et, d'autre part, entre le Moyen Âge

---

[73] Monique PELLETIER, *Cartographie de la France et du monde de la Renaissance au Siècle des lumières*, Paris, Éditions de la Bibliothèque nationale de France, 2002, p. 6.

et la Renaissance en France, le Koryŏ (高麗 고려) et le Chosŏn (朝鮮 조선) en Corée, ces collusions ayant pour conséquence de diluer l'essence de la Renaissance et du néoconfucianisme dans les courants de leur passé respectif immédiat et non plus d'y voir une restitution de l'Antiquité par ailleurs souvent exagérée. A contrario, une étude approfondie de la cartographie durant le XVIe siècle français et le XVe siècle coréen révèle que la géographie, en tant que discipline naissante, se distingue nettement de la théologie et de la géomancie, et que, malgré les efforts de synthèse entre l'héritage théorique ptoléméen et sinocentrique et les connaissances plus empiriques du Moyen Âge et du Koryŏ, un saut qualitatif accentué certes par des découvertes maritimes mais surtout par des inventions et des échanges entre différents foyers civilisationnels singularise les cartographies française et coréenne de leurs devancières et contribue en cela à étayer la thèse soutenue ici, selon laquelle l'émergence de nouvelles disciplines et pratiques profanes – en première partie la géographie, en deuxième, son instrumentalisation politique, et en troisième, celle de langues dites nationales, c'est-à-dire le français et le *han'gŭl* – caractérise une Renaissance française et un néoconfucianisme coréen qui ne sont ni seulement antiques par restitution ni trop teintés d'influences récentes par inertie, mais quelque chose d'autre, que la seule croisée de ces grilles herméneutiques ne suffit plus à expliquer.

A. État des lieux de la recherche en France et nouvelles orientations analytiques

Au sein du corpus géographique de la France du XVIe siècle, plusieurs raisons nous ont conduit à choisir les travaux d'Oronce Fine (1494-1555). Tout d'abord, la profusion de son œuvre et la polymathie de son savoir en firent un savant complet pour son époque. Il fut en effet l'auteur de différents traités d'astronomie, de géométrie, de mathématiques mais également de géographie[74]. Ceci nous permettra de mieux cerner en quoi sa contribution géographique se rattache aux autres branches du savoir. Il a en outre traduit du latin au français comme du français au latin les traités qu'il

[74] Parmi ces œuvres le plus souvent citées, signalons : *Protomathesis* (1530) ; *Epitre Exhortative, Touchant la Perfection & Commodite des Ars Liberaulx Mathematiques* (1531) ; *De Mundi Sphaera, sive Cosmographia, primáve Astronomiae parte. Libri V. Ab ipso Authore recogniti, aucti, ac prorsus renovati : seorsúmq[ue] in studio sorum gratiam absque commentariis recenter impressi* (1532) ; *Quadratura circuli, tamdem inventa & clarissimè demonstrata. De circuli mensura, & ratione circumferentiae ad diametrum, demonstrationes duae. De multangularum omnium & regularium figurarum descriptine, liber hactenus desideratus. De invenienda longitudinis locorum differentia, aliter quàm per lunares eclipses, etiam dato quovis tempore, liber admodum singularis. Planisphaerium geographicum, quo tum longitudinis atque latitudinis differentiae, tum directae locorum deprehenduntur elongationes* (1544).

composait ou qu'il citait – compétence qui suffirait à en faire un humaniste honorable. Très tôt soucieux de diffuser ses connaissances, il entama sa longue carrière académique comme professeur de mathématiques dès l'âge de vingt-deux ans, avant d'être promu proviseur d'un collège d'étudiants dauphinois à l'Université de Paris, où il fut remarqué par François Ier, qui le nomma ensuite lecteur royal en 1530, fonction qu'il occupa jusqu'à sa mort en 1555. En ce qui a trait à ses compétences géographiques, Fine ne peut être étiqueté comme un simple « géographe de cabinet » ou « arpenteur de bibliothèque », qui n'aurait jamais rien vu d'autre que « les araignes en [ses] chambres d'études », selon le bon mot d'André Thevet, qui critiquait ainsi son rival François de Belleforest[75]. Érudit reconnu, versé aussi bien dans les dernières théories parues que dans celles des Anciens, il avait également fait l'expérience de première main du terrain en procédant à des relevés géographiques *ad vivum* de son propre pays, le Dauphinois[76] ; et participé à la résolution de conflits juridiques portant sur les propriétés respectives de l'Université et des moines de Saint-Germain[77]. Cette double expertise, pratique et théorique, se révélera cruciale à l'heure de mettre en adéquation la science des Anciens avec les apports empiriques des portulans médiévaux ou des découvertes et inventions contemporaines.

Pour ce qui est de la littérature universitaire abordant l'œuvre de Fine, trois vagues successives d'écrits ont enrichi notre enquête grâce à la complémentarité de leurs éclairages. Nous nous devons de commencer par mentionner l'âpreté des critiques de l'un de ses anciens élèves, Jean Borrel[78], qui réfuta sa démonstration de la quadrature du cercle, et surtout de Pedro Nunes[79], plus exhaustif, qui consacre un traité entier à la démonstration de l'ensemble des erreurs commises par notre géographe. Bien qu'en partie motivées par une émulation scientifique, ces cautions ne sont toutefois pas dépourvues de bien-fondé et constituent un premier avertissement quant aux limites des nouveaux savoirs circulant à la Renaissance. Il sera donc nécessaire de faire la part entre les avancées épistémologiques effectuées par Fine et, au sein de ses erreurs, celles dont il était conscient et celles qu'il ne

---

75 Lucile HAGUET, « Les géographes de cabinet, XVIe-XVIIIe siècle. De l'humaniste à l'érudit des Lumières », in Catherine HOFMANN, *Artistes de la carte. De la Renaissance au XXIe siècle*, Paris, Autrement, 2012, p. 40.

76 Lucien GALLOIS, « Un géographe dauphinois : Oronce Fine et le Dauphiné sur sa carte de France de 1525 », *Recueil des travaux de l'Institut de géographie alpine*, t. 6, n° 1, 1918, p. 9.

77 Jean-Baptiste Louis CREVIER, « Histoire de l'Université de Paris », in Angela AXWORTHY, *Le mathématicien renaissant et son savoir. Le statut des mathématiques selon Oronce Fine*, Paris, Classiques Garnier, 2016, p. 22.

78 Jean BORREL, *Confutatio quadraturæ circuli libri ab Orontio Finæ factæ*, in *Opera geometrica, quorum tituli sequuntur*, Lyon, T. Bertellus, 1554.

79 Pedro NUNES, *De erratis Orontii Finæi Regii Mathematicarum Lutetiæ Professoris*, Coimbra, J. Barreira et J. Alvares, 1546.

soupçonnait pas, tout en examinant les moyens qu'il proposait pour y remédier. Entre la fin du XIXe siècle et le début du XXe siècle, une deuxième vague de publications est impulsée principalement par les écrits de Lucien Gallois, dont la thèse puis les articles[80] rendent ainsi justice à l'étendue des compétences théoriques et techniques de Fine, figure souvent éclipsée par la notoriété d'autres humanistes comme Guillaume Budé ou Joachim du Bellay. Ce nouvel élan académique coïncide, comme au temps de Fine, avec l'avènement d'une nouvelle école de géographie française entraînée cette fois-ci par un Paul Vidal de la Blache qui ne se désintéressait pas non plus à l'Eurasie, comme en atteste sa *Carte de la Route de la Soie* (1897). Quoi qu'il en soit, c'est non seulement à la teneur du succès dont Fine jouit de son vivant qu'il faut apprécier sa trajectoire[81] – il fut en effet le premier titulaire de la chaire de mathématiques au Collège de France – mais en outre à celle que lui confère la postérité. En cela, une troisième et dernière vague de publications plus récentes s'est révélée péremptoire dans l'orientation de nos recherches puisqu'elle prouve que le sillage laissé par Oronce Fine ne s'est pas encore effacé et les réflexions qu'il a mises en mouvement continuent de susciter des débats au sein comme au-delà d'une géographie de la Renaissance convenue. Les travaux de Monique Pelletier[82], de Jerry Brotton[83] et d'Angela Axworthy[84] ont ici tout particulièrement retenu notre attention. La thèse d'Angela Axworthy s'est révélée précieuse tant par ses sources que par ses analyses taxonomiques. Or, un pan essentiel de l'œuvre de Fine n'apparaît qu'à travers les applications cartographiques des différentes disciplines qu'il convoque :

> Notre principale intention, dit-il dans la légende de la *Nova totius Galliae descriptio* (1538), a esté pour satisffaire à la requeste daulcuns bons personnages, de faire une générale réduction de toute la Gaule et de généralement descripre et réformer longitudes et

---

[80] Il s'agit de la thèse de Lucien GALLOIS, *De Orontio Finaeo gallico geographo*, Paris, E. Leroux, 1890. Parmi les publications ultérieures sur le même sujet, notons : Lucien GALLOIS, « La grande carte de France d'Oronce Fine », *Annales de Géographie*, t. 44, n° 250, 1935, p. 337-348 ; Lucien GALLOIS, « Oronce Fine et sa grande carte de France de 1525 », *Bulletin de l'Association de géographes français*, n° 99, 13e année, juillet-octobre 1936, p. 107-115.

[81] Il était apprécié aussi bien d'ambassadeurs étrangers et grands de ce monde qui venaient assister à ses démonstrations scientifiques que de classes plus modestes reconnaissantes de sa volonté de diffuser cartes, livres et connaissances.

[82] Monique PELLETIER, *Cartographie de la France et du monde de la Renaissance au Siècle des lumières*, *op. cit.* ; Monique PELLETIER, *De Ptolémée à La Guillotière (XVe-XVIe siècle). Des cartes pour la France, pourquoi, comment ?*, Paris, CTHS, 2009.

[83] Jerry BROTTON, *Une histoire du monde en 12 cartes*, Paris, Flammarion, 2012.

[84] Angela AXWORTHY, *Le mathématicien renaissant et son savoir, Le statut des mathématiques selon Oronce Fine*, Paris, Classiques Garnier, 2016 ; Isabelle PANTIN, Angela AXWORTHY, Pascal BRIOIST, et al., *The worlds of Oronce Fine*, Donington, Alexander Marr, 2009.

> latitudes et situation des lieux principaulx, bortz maritimes, fleuves et montz plus notables pour préparer la voye à chascun de lamplier et corriger à son plaisir. Plaise donc à toutes gens de bonne sorte bénignement supporter les faultes et prendre en gré ce labeur pour le présent, en attendant mieulx ou de moy ou d'ung aultre quand il plaira à Dieu[85].

De son propre aveu, Fine entendait la cartographie comme l'ébauche d'une œuvre collective et, à l'image de la géographie, comme une discipline en construction, plus que comme un exercice de style venant faire le pendant d'une économie théorique figée. Les principaux mérites de Monique Pelletier tiennent au fait qu'elle ait, quant à elle, privilégié une chronologie plus souple, incluant XVe et XVIe siècles, et souligné ainsi les filiations entre des cartographes antérieurs à Fine et ceux lui succédant et sur lesquels elle s'arrête plus longuement, comme Guillaume Postel, Nicolas de Nicolay, Jean Jolivet et notamment François de La Guillotière[86]. Or, de ce fait, elle relègue Fine à un rôle de passeur plus que de précurseur – rôle qu'elle octroie à La Guillotière – alors que l'un des principaux arguments des pages qui suivent consistera justement à mettre en lumière les facettes jusqu'alors inédites des travaux de Fine et de montrer comment elles infléchiront les recherches de ses héritiers scientifiques. Enfin, le projet de Jerry Brotton[87] nous a fourni de nombreuses informations et a été une source constante de stimulation intellectuelle, notamment dans les parallèles qu'il excave entre différentes époques et cultures. Toutefois, l'étendue de son étude (douze cartes pour douze thématiques étalées sur cinq continents et trois millénaires) nous a semblé trop ambitieuse pour pouvoir tirer des conclusions valides et applicables à une comparaison circonscrite aux seules France et Corée. C'est pourquoi, tout en retenant la richesse d'une approche transversale et multiculturelle, nous avons pensé que se focaliser sur les cartes figurant les royaumes respectifs de deux cartographes seulement renforcerait la pertinence de nos conclusions et nous garderait de suivre les ornières de la *world history* et de la *global history* trop amples pour s'ajuster aux dimensions raffinées de nos deux appendices eurasiatiques.

---

85 Oronce FINE, « Légende de la *Nova totius Galliae descriptio* » (1538), in Lucien GALLOIS, « Oronce Fine et sa grande carte de France de 1525 », *Bulletin de l'Association de géographes français*, n° 99, 13e année, juillet-octobre 1936, p. 113.

86 Cf. Monique PELLETIER, *De Ptolémée à La Guillotière (XVe-XVIe siècle). Des cartes pour la France, pourquoi, comment ?*, *op. cit.*

87 Jerry BROTTON, *Une histoire du monde en 12 cartes*, Paris, Flammarion, 2012.

B. État des lieux de la recherche en Corée et impasses comparatives

Pour tenter de discerner une tête de pont à laquelle arrimer notre analyse comparative et trouver un équivalent aux cartes de Fine en Corée, il est instructif de prendre comme point de départ le préambule du *Kangnido* (混一疆理歷代國都之圖 혼일강리역대국도지도, *Honilkangniyŏktaekuktochido*, ou *Carte des régions et terres intégrées des capitales et pays historiques*, 1402[88]), la plus ancienne carte asiatique du monde, figurant l'Extrême-Orient, l'Eurasie et l'Afrique dans leur intégralité et dont l'amplitude des territoires représentés ne sera dépassée que par les cartes de Matteo Ricci (1552-1610), importées par le royaume de Chosŏn au XVIIe siècle[89]. Dans son préambule, Kwŏn Kŭn (權近 권근, 1352-1409) y énonce que, « en étudiant les cartes, on peut connaître les distances terrestres et faciliter ses tâches administratives [90] ». Ce commentaire laconique renferme en lui les deux traditions géographiques coréennes du début du XVe siècle, telles que John Short les détaille dans la dernière étude la plus aboutie sur les différents niveaux d'interprétation de la cartographie coréenne, à savoir *Korea, A Cartographic History* (2012). L'auteur y distingue en effet deux tendances de fond : « L'enfance de la cartographie coréenne se caractérise par deux éléments : la conception de cartes mondiales positionnant la nation dans un ordre sinocentrique et la conception de cartes nationales destinées à administrer le pays[91]. » D'emblée, cette affirmation nous rend la cartographie coréenne moins ésotérique en ce que la division, ainsi établie, de cette discipline entre une géographie

---

88 Il est attesté que la première version fut levée en 1402. Avant d'être égarée, elle servit de modèle à une version ultérieure – la plus ancienne nous soyant parvenue – que Kenneth Robinson a récemment pu dater de 1479-1485. Kenneth ROBINSON, « Chosŏn Korea in the *Ryūkoku Kangnido*: Dating the Oldest Extant Korean Map of the World (15th century) », *Imago Mundi* (Vol. 59, Part 2, 2007): 177-192. D'après le conservateur du Musée National de Corée (국립중앙박물관), cet exemplaire a probablement été dérobé par Toyotomi Hideyoshi lors des guerres Imjin (1592-1598). Sang-Hoon JANG, « 참관기 : 일본 류코쿠 대학 『혼일강리역대국도지도』 », *한국고지도연구*, 1(1), 2009, p. 121. Il est actuellement conservé à l'Université de Ryūkoku à Kyoto et porte donc le nom de *Kangnido* Ryūkoku. Il est généralement considéré comme étant le plus proche de l'original. Les trois autres versions (Honmyōji, Honkōji et Tenri) furent copiées dans les années 1560 puis également spoliées lors des invasions de Hideyoshi. Il est donc imprudent de publier la version du *Kangnido* Honkōji en la datant de 1470, voir Pierre SINGARAVÉLOU, Fabrice ARGOUNÈS, *Le monde vu d'Asie*, Paris, Seuil, 2018, p. 96-97.

89 Chang-Mo CHOI, « 조선시대 古地圖의 아라비아-아프리카 이해 소고 », *한국고지도연구학회학술대회*, 2012, p. 25.

90 Cette citation du préambule du *Kangnido* comme celles tirées des pages qui suivent reprendront la traduction de Séverine Weiss dans Kŭn KWŎN, « Préambule du *Kangnido* », in Jerry BROTTON, *Une histoire du monde en 12 cartes*, Paris, Flammarion, 2012, p. 136.

91 John Rennie SHORT, *Korea, A Cartographic History*, *op. cit.*, p. 17.

mondiale saisie sur des planisphères et une chorographie circonscrite au territoire national qui n'est unifié qu'en tant qu'agrégat de cartes provinciales, charrie en elle, sans s'y référer – ne nous hâtons pas à ce stade d'exclure la possibilité d'influences mutuelles sur lesquelles nous nous pencherons plus bas –, les échos d'une classification ptoléméenne qui scindait elle aussi la géographie mondiale, basée sur les sciences mathématiques, et la chorographie, fondée sur des observations empiriques[92]. Par ailleurs, l'étude pionnière menée par Gari Ledyard[93] – la plus exhaustive sur les sources philosophiques et les réalisations géographiques coréennes – a, depuis sa parution en 1994, moins été remise en cause qu'utilisée comme tremplin à de nouvelles recherches, à l'instar de celles de Jerry Brotton, qui associe une carte à douze finalités, domaines d'action ou de réflexion – la science, les échanges, la foi, l'empire, la découverte, la mondialisation, la tolérance, l'argent, la nation, la géopolitique, l'égalité, l'information – et s'évertue à remettre ces douze cartes dans le plus large contexte socioculturel que ces thématiques appellent. Il n'en reste pas moins que son *Histoire du monde en 12 cartes* relègue les éléments comparatifs à un arrière-plan, privilégiant ainsi la narration et le détail de l'*historia* à l'analyse minutieuse des éléments qui pourraient faire entrer en résonance longitudinale l'Orient et l'Occident dans ce corpus cartographique dont les caractéristiques trop bigarrées rendent toute prétention à la cohérence insoutenable. Sans même s'aventurer sur les *terrae incognitae* comparatives, Gari Ledyard reconnaissait qu'« il reste beaucoup à faire pour mettre en relation les cartes coréennes avec les tendances de fond sociales, économiques, intellectuelles et artistico-historiques de l'histoire coréenne. À moins que nous en prenions la pleine mesure, le sens profond de nombreuses cartes coréennes nous échappera[94] ». En effet, alors qu'une revue européenne comme *Imago Mundi* fut créée en 1935, l'*Association de culture, d'histoire et de géographie coréennes* ne le fut qu'en 1988 ; et le *Journal de géographie culturelle et historique* qu'en 1989. Yu Woo-ik impute une partie de ce retard et de ce mépris pour les études géographiques à l'impérialisme nippon :

---

92 La définition exacte du maître alexandrin stipule : « La géographie est une représentation en image de l'ensemble du monde connu ainsi que des phénomènes qui s'y déroulent. Elle diffère de la chorographie en ceci que cette dernière [...] examine plus complètement les détails des plus petits lieux possibles tels que ports, fermes, villages, cours des fleuves, etc. [...] La chorographie exige l'art pictural et l'on ne peut y réussir qu'en étant peintre [...]. Qui plus est, la chorographie n'a pas besoin des mathématiques qui constituent une partie importante de la géographie [...] montrer toutes ces choses à l'intelligence humaine, telle est la tâche grandiose et passionnante des mathématiques. » Claude PTOLÉMÉE, « Géographie », in Daniel BOORSTIN, *Les découvreurs*, Paris, Robert Laffont, 1988, p. 148.

93 Gari LEDYARD, « Cartography in Korea », *op. cit.*

94 *Ibid.*, p. 237.

> L'Empire japonais a systématiquement bloqué les études portant sur le territoire national coréen et sur l'éducation géographique. Il a déformé et manipulé le point de vue coréen sur le territoire national et la géographie pour justifier et perpétuer la présence coloniale. […] les trente-six années de règne colonial furent complètement dépourvues de toute étude ou éducation géographique digne de ce nom. Pas le moindre département de géographie coréenne ne fut accepté à l'Université ni dans les lycées. Sans exception, tous les professeurs étaient forcés d'enseigner seulement la géographie japonaise[95].

Or, pour douloureuse que cette période ait été, les Coréens ne peuvent lui imputer tous leurs maux, et dans un article intitulé « Il n'y pas de Corée dans les études sur la culture coréenne », Myeong-Gu Kang suggère que dans le domaine des *Cultural Studies*, la Corée a trop systématiquement importé l'esprit de théories qu'il modélise en quatre branches, toutes prégnantes d'emprunts qui ne peuvent entièrement seoir aux particularités de la péninsule : l'importation ou l'adoption sans regard critique des théories occidentales ; l'imposition forcée du cadre théorique occidental ; l'appropriation et l'interprétation de théories occidentales à la réalité coréenne ; et la mise en contexte historique et régionale de théories occidentales reléguées à un plan secondaire[96]. Depuis le début des années 1990, une série d'ouvrages, de séminaires et d'études spécialisées et interdisciplinaires a été consacrée à la recherche géographique en se fixant l'objectif de passer outre les filtres décrits ci-dessus, venant ainsi combler les carences accumulées et les biais impatronisés. Nous nous sommes notamment appuyé ici sur les recherches de John Short[97], de Lee Jungshin[98],

---

[95] Woo-ik YU, « Preface », in « Korean Geography and Geographers », *The organizing committee of the 29th international geographic congress*, Seoul, Hanul Academy, 2000, p. 11.

[96] En coréen, les termes forgés dans cette taxonomie sont : «수입(importation): 서구 이론의 무비판적 수용», «서구이론의 틀에 끼워 맞추기 (imposition)», «활용하기 (appropriation): 서구 이론의 해석과 적용», «지역적 역사적 맥락 (local/historical context-bound)» Myeong-Gu KANG, « 한국문화연구에는 한국이 없다 », 지식생산의 식민성을 넘어서 2002 년 가을철 정기학술대회, 2002.10, p. 222-226. Le point de vue de Myeong-Gu Kang n'est pas isolé. De nombreux chercheurs dénoncent la surimposition d'un cadre de pensée occidental à la culture coréenne. Nous citerons notamment Won-Dam Baek lorsqu'il constate que : « la recherche culturelle asiatique souffre d'autres limites que celles qui lui sont propres. Il s'agit d'un processus d'acceptation de théories qui ajoute la théorie occidentale à l'histoire. Ce problème n'a pas été temporaire et a ensuite perduré. » Won-Dam BAEK, « 아시아 문화연구는 지속 가능한가?, 다시 문화연구 말하기 », 성공회대학교 인터뷰, 2015 년 5 월 14 일, p. 186.

[97] John Rennie SHORT, *Korea, A Cartographic History*, *op. cit.*

[98] Jungshin LEE, « Korean's Perception of the Liaodong Region During the Chosŏn Dynasty », *International Journal of Korean History*, vol. 21, n° 1, February 2016, p. 47-85.

de Sung Bae Woo[99], de Yi Chan[100] et celle précédemment citée de Gari Ledyard. Parmi celles-ci, le travail de John Short est sans aucun doute le plus ambitieux, car il se propose de combler une double carence qu'il résume ainsi : « Il n'existe aucune étude traitant soit de la totalité des représentations cartographiques coréennes soit spécifiquement de la représentation cartographique occidentale de la Corée[101]. » Il y ébauche même un parallèle intéressant, mais dans notre perspective bien trop timide, entre le *Kangnido* et l'édition d'Ulm de la *Géographie* de Ptolémée (1482), deux versions cartographiques quasiment synchrones du monde à la fin du XVe siècle, se fondant en effet sur la réédition du *Kangnido* Ryūkoku de 1485 pour feindre cette synchronicité[102]. Mais la comparaison est ensuite tuée dans l'œuf au motif que l'Europe n'avait pas encore pris connaissance du Nouveau Monde, mais surtout que les techniques d'impression avaient transformé les cartes en un vecteur de diffusion des connaissances, tandis que les quatre versions peintes à main levée du *Kangnido* – Ryūkoku, Honmyōji, Honkōji et Tenri – en faisaient des fenêtres ouvertes aux seules élites et tournées vers un monde révolu. Il convient cependant de prendre en compte que, contrairement à notre approche comparative, le propos de son ouvrage était d'examiner spécifiquement les représentations que les Coréens pouvaient avoir des Occidentaux et vice versa. Pour notre part, nous nous permettons d'avancer que point n'est besoin de se mettre en quête d'une synchronicité exacte pour mettre en parallèle deux hommes, deux œuvres ou deux cultures. Nous nous sommes ici plutôt attaché à retrouver une similitude de contextes et de processus forgeant, d'un côté de l'Eurasie, le foisonnement renaissant et humaniste du XVIe siècle français et, de l'autre, toutes choses étant égales par ailleurs, l'effervescence néoconfucéenne du XVe siècle coréen. Philippe Pelletier nous conforte dans cette perspective lorsqu'il affirme :

> Quant à la Corée, [...] la cartographie, renouvelée et dégagée des traditionnelles conceptions géomantiques, connaît tout au long du XVe siècle coréen une sorte d'âge d'or. Se succède ainsi toute une génération de souverains que l'on peut qualifier de « rois géographes » (Yi Sŏnggye, Taejong, Sejong, Yejong...) qui font

---

99 Bae Woo SUNG, « Chosŏn Maps and East Asia, Mapping the World : the ChosŏnWorldview as seen through old Maps », *Korea Journal*, vol. 48, n° 1, Spring 2008, p. 46-79.

100 Honggyu CHE, « Map commentaries », in Chan YI, *Old Maps of Korea*, *Han'guk ko chido,* Seoul, Han'guk Tosogwanhak Yon'guhoe, 1977.

101 John Rennie SHORT, *Korea, A Cartographic History*, *op. cit.*, p. x.

102 *Ibid.*, p. 6.

réaliser des cartes magnifiques par une série de géographes (Yi Hoe, Sin Suk-chu…)[103].

En remontant aux sources de cet âge d'or cartographique, c'est-à-dire au premier géographe cité par Philippe Pelletier, Yi Hoe, et à son roi, Taejong, nous retombons bien sur le *Kangnido*, dont nous citions un extrait du préambule pour amorcer notre réflexion. Le fait que le *Kangnido* de 1402 soit en même temps la plus ancienne carte du monde produite en Asie et l'acte de naissance sans faire-part du royaume de Chosŏn, fondé dix années auparavant, nous amène à jeter notre dévolu sur cette carte. Mais contrairement aux nombreuses recherches qui la mettent en regard avec d'autres cartes coréennes, chinoises et japonaises, nous souhaiterions montrer que, au-delà d'un cadre régional, un dialogue cartographique eurasiatique est non seulement possible mais nécessaire pour apprécier à leur juste valeur les cartes de Fine et Yi Hoe.

C. Cartes et miroirs du monde

En l'an 1400, soit deux années avant la confection du *Kangnido*, Yi Hoe leva une carte de la Corée, le *P'altodo* (八道圖 팔도도) ou *Carte des huit provinces*, qui d'après Gari Ledyard aurait été la source principale d'inspiration du tracé de la Corée dans le *Kangnido*[104], un rouleau de soie de 164 × 171,8 centimètres pour l'exemplaire de Ryūkoku. Cette présence sous-jacente d'une chorographie camouflée dans une mappemonde semble, sinon contredire, du moins apporter un nouvel éclairage sur la prétendue division entendue entre cartes mondiales et nationales que soulignait John Short. Après tout, le préambule du *Kangnido* ne précise pas si la connaissance des distances terrestres et la facilitation des tâches administratives peuvent découler ou pas d'un seul et même document. Côté français, Fine, au sein d'un riche corpus cartographique, a produit deux cartes représentatives des deux grands axes d'étude de la conception ptoléméenne : une carte de France, la *Nova totius Galliae descriptio* (1525), de 58 × 79 centimètres dans sa

---

103 Philippe PELLETIER, *L'Extrême-Orient. L'invention d'une histoire et d'une géographie*, *op. cit.*, p. 163.

104 « Yi is known to have produced a map of Korea, called the *P'altodo* (*Map of the Eight Provinces*), and it was probably a version of this that appears on the *Kangnido.* In any case, this version is the oldest Korean map of Korea to survive. » Gari LEDYARD, « Cartography in Korea », *op. cit.*, p. 247. Il précise quelques pages plus loin : « It is the Korea portion of the *Kangnido,* drawn originally by Yi Hoe with Kwŏn Kŭn's guidance, that is the most likely correspondent to item 2, Yi Hoe's *P'altodo* (*Map of the Eight Provinces*). » *Ibid.*, p. 289. Voir aussi Kenneth ROBINSON, « Chosŏn Korea in the Ryūkoku *Kangnido*: Dating the Oldest Extant Korean Map of the World (15th century) *Imago* », *op. cit.*, p. 179.

version conservée la plus ancienne (1538), et une carte du monde, la *Recens et integra orbis descriptio* (1536), de 51 × 57 centimètres. Derrière ce clivage spécieux, le modus operandi de Fine rappelle celui de Yi Hoe car il s'attelle bien à « insérer sa Gaule-France dans la carte du monde[105] ». En dessinant ces couplages qui figuraient le monde comme leur royaume, Fine et Yi Hoe semblent avoir voulu s'affranchir de la frontière traditionnelle qui empêchait alors géographies mondiale et provinciale de communiquer entre elles. Tout comme Yi Hoe et Fine tentent d'appréhender le monde à travers la représentation de leur royaume, à notre tour, pourquoi ne pas voir dans l'un de ces deux royaumes des confins du monde un reflet lointain de l'autre qui puisse nous révéler ce que d'autres miroirs déviaient ou rendaient insignifiant ? Pour s'adonner à cet exercice, nous tenterons de faire dialoguer une carte du monde, la *Recens et integra orbis descriptio* (1536), avec son pendant, le *Kangnido* à travers ses versions de 1402 et Ryūkoku (1485) ; et une carte de France, la *Nova totius Galliae descriptio* (1538), avec son équivalent coréen, le *P'altodo* (1400). Notre jeu de correspondances eût été parfait si le temps, ce grand destructeur, n'avait pas fait disparaître, probablement par le truchement des invasions japonaises d'Hideyoshi, le *P'altodo*. Nous avons malgré cela décidé de conserver ce quarté cartographique comme point d'ancrage à notre examen comparatif dans la mesure où de nombreux experts s'accordent à dire que la représentation de la Corée sur le *Kangnido* fut très probablement calquée du *P'altodo*. Enfin, même s'il existe d'autres occurrences de binômes monde-royaume[106], ceux-ci surviennent plus tard dans le développement de la Renaissance française et du néoconfucianisme coréen, et il nous a paru chronologiquement plus logique de remonter au plus proche des origines de ces deux mouvements pour apprécier l'influence de ces deux cartographes sur leurs fortunes ultérieures. À ce titre, les cartes sélectionnées ici ne sont pas les simples témoignages d'une actualité éphémère, puisque les documents qui nous sont parvenus aujourd'hui sont en fait des rééditions de versions originales perdues : la *Nova totius Galliae descriptio*, initialement conçue en 1525, fut rééditée en 1538, 1546, 1553 et 1557 ; et, dans une plus ample mesure, le *Kangnido* couvre presque tout le XVe siècle puisque, dessiné pour la première fois en 1402, sa plus ancienne version disponible daterait de 1485. Dans le laps de temps qui sépare leur genèse des versions posthumes à leur premier cartographe, ces cartes furent le réceptacle de différentes strates d'actualisation de données, rendant ainsi leur analyse plus complexe mais

---

105 Monique PELLETIER, *Cartographie de la France et du monde de la Renaissance au Siècle des lumières*, *op. cit.*, p. 11.

106 Nous pensons notamment ici à *La Vraye et Entiere Description du royaulme de France et ses confins* (1570) et la *Polo aptata nova charta universi* (1578) de Guillaume Postel ; la *Cosmographie universelle* (1575), le *Grand Insulaire* (1586) et les cartes de France d'André Thevet.

ouvrant également des interstices interprétatifs autrement plus riches que si elles avaient été dispensées de cette épaisseur diachronique.

Parfois appelées « portraits », les cartes de France et de Corée sont les visages de leur royaume, visages au sens latin du terme *visus* « ce qui est vu – passif, car aucun "je" ne peut voir son visage sinon dans le regard de l'autre [107] ». Au-delà des paradoxes énoncés plus haut, notre gageure consistera à s'appuyer sur ce visage de Janus, composé par les cartographies française d'un côté et coréenne de l'autre, pour mettre en lumière non seulement leurs qualités respectives, mais aussi des éléments tapis dans leurs zones d'ombre que des exégèses plus classiques n'ont jusque-là pas réussi à débusquer. Même si nous ne céderons pas si facilement aux sirènes du *kairos* académique qui voit triompher les théories des histoires connectées chères à Serge Gruzinski et Sanjay Subrahmanyam, il nous faut néanmoins reconnaître l'utilité dans notre démarche de ce que ce dernier a appelé la « reconnaissance préalable d'un certain parallélisme de structures[108] » que nous avons identifié dans notre cas comme la construction d'un royaume ; une révolution intellectuelle ; une conjoncture internationale instable ; et un renouveau des perspectives économiques et des statuts sociaux. Comme Sanjay Subrahmanyam, nous ne nous arrêterons pourtant pas à cette forme de « congruence antérieure[109] » et nous nous concentrerons sur les actes qui ont produit la commensurabilité plutôt que « de poser comme principe que les cultures visuelles étaient commensurables ou incommensurables[110] » par nature. En revanche, nous ne nous baserons pas sur « une exploitation intensive des archives du contact entre deux civilisations[111] » – méthodologie et principe d'équité documentaire qui donnent une grande partie de sa valeur au travail de Romain Bertrand[112] – pour la simple raison que contact direct il n'y eut ; pas plus que nous ne ferons la part belle – ce qui pourrait faire l'objet d'une critique plus fondamentale – aux archives respectives des Yi et des Valois, mentionnées en mode mineur, car notre tâche consiste plus à établir un dialogue cartographique en faisant converger deux corpus

---

[107] Thierry GRILLET, *Homère, Virgile, Indignez-vous !* Paris, First, 2015, p. 51.

[108] Sanjay SUBRAHMANYAM, *L'éléphant, le canon et le pinceau, Histoires connectées des cours d'Europe et d'Asie. 1500-1750*, Paris, Alma éditeur, 2016, p. 14.

[109] *Ibid.*, p. 61.

[110] *Ibid.*, p. 293.

[111] Patrick BOUCHERON, *Inventer le monde, Une histoire globale du XVe siècle*, Paris, La Documentation française, dossier 8090, novembre-décembre 2012, p. 6.

[112] La mise en garde de Romain Bertrand guidera chacune des pages de notre recherche : « Les modalités de comput du temps, les notions du proche et du lointain, les conceptions de l'intimité et de l'individualité, la grammaire des affections et des appartenances, l'idée même de ce que sont une "culture" et une "nature", le rapport aux morts et aux Anciens : rien ne doit être tenu pour connu du monde des acteurs, tant se recoupent, dans la situation particulière qui nous intéresse, le risque de l'anachronisme et le péril de l'européocentrisme. » Romain BERTRAND, *L'Histoire à parts égales*, Paris, Seuil, 2011, p. 23.

académiques d'analyses ultérieures jusque-là parallèles dont la qualité fait autorité dans leur champ respectif. En effet, malgré le fait d'avoir sélectionné deux royaumes, de nous être centré sur un seul siècle essentiellement pour chacun et un seul domaine disciplinaire – la cartographie –, il nous a paru que, pour une recherche comparative pionnière en la matière, le corpus était déjà assez conséquent. Dans le même esprit qui anima les humanistes de la Renaissance et les lettrés-fonctionnaires néoconfucéens, nous procéderons donc à un exercice de synthèse des analyses des seiziémistes, coréanologues et spécialistes en cartographie les plus compétents, sans pour autant délaisser certains documents sources lorsque cela sera jugé nécessaire. Nous pensons néanmoins avoir compensé ce qui pourrait être perçu comme une lacune dans notre travail par le regain d'intérêt que supposera la mise en perspective et en regard situationnel de documents jusque-là considérés comme trop distants ou disjoints pour être rapprochés, mis en résonance et comparés. Nous prêterons d'autant plus d'importance à la « non-rencontre » au sens où l'entendent Guillaume Calafat et Romain Bertrand, c'est-à-dire « l'absence de scène historiographique commune[113] » où ce qui fait événement pour une culture manque à trouver un écho chez son homologue, que cette non-rencontre entre le Chosŏn du XVe siècle et la France du XVIe siècle fut littérale. Tout le paradoxe de notre démarche peut donc se résumer à ceci : sans avoir recours aux mêmes références scientifiques, sans rivaliser avec les mêmes puissances politiques, sans même parler la même langue et le même langage pictural, Yi Hoe, les cartographes anonymes du *Kangnido* Ryūkoku, puis Fine se parlent et nous parlent d'un monde révélé par la carte, un monde « où s'établissent à certains moments, entre certains de leurs secteurs sociaux, des points de passage [...] de petites enclaves intermittentes fonctionnant à la manière de ponts ouvrants, soigneusement gardés et qui ne rapprochent les mondes que par à-coups[114] ». C'est en tout cas ce que l'économie de notre thèse à chercher à souligner.

La première partie de cette thèse explorera les théories cartographiques et les instruments scientifiques qui ont à des degrés divers façonné les cartes de deux des plus brillants cartographes de leur siècle : le *P'altodo* (1400) et le *Kangnido* (1402) de Yi Hoe, et la *Nova totius Galliae descriptio* (1525) et la *Recens et integra orbis descriptio* (1536) d'Oronce Fine. Afin d'introduire notre sujet et de camper nos deux cartographes dans les paradigmes opérant à leur époque, nous entamerons notre examen par une présentation des différentes traditions intellectuelles qui nourrissent leurs cartes, des concepts qui les articulent aux présupposés qui les mettent en formes. Pour nécessaire qu'il soit, cet exposé n'occupera qu'une position liminaire dans notre étude

---

[113] Guillaume CALAFAT, « Du kaléidoscope à la traduction dense : l'histoire d'une non-rencontre », *Revue d'histoire moderne et contemporaine* 2013/1 (n° 60-1), p. 308.

[114] Romain BERTRAND, *L'Histoire à parts égales*, *op. cit.*, p. 19.

car, au lieu de nous fournir des clés d'interprétation qui puissent ouvrir la voie à un dialogue cartographique, nous verrons qu'au contraire, à n'en rester qu'au plan épistémologique, nous aurions tôt fait de nous engager dans l'impasse qui a justement empêché jusqu'ici qu'une comparaison cartographique franco-coréenne voie le jour. Nous nous focaliserons donc moins sur l'examen des circulations de connaissances abstraites en Eurasie que sur celui des circulations de biens et parmi ceux-ci d'outils de mesure scientifiques tels que l'appréhende la théorie de l'histoire des techniques pour tisser un canevas, qui, bien que sous-jacents aux cartes étudiées, les reliera et renforcera la pertinence de notre projet comparatif. Cet éclairage arrière sur les dessous technologiques des cartes nous permettra d'apprécier le fait souvent négligé que les cartographes du *Kangnido* disposaient d'instruments aux fonctions et degrés d'exactitude relativement semblables à ceux auxquels Fine aura recours un bon siècle plus tard, en raison d'une précocité et parfois, comme nous le démontrerons de manière plus nuancée, d'une influence de l'Orient sur l'Occident au cours de ce qu'il est convenu d'appeler la première modernité. Il nous reviendra de faire la part entre les erreurs d'estimation dues au stade de perfectionnement des outils utilisés et celles commises en dépit de leur relative adéquation avec la réalité du terrain pour comprendre en quoi les atours de leurs cartes sont en fait moins dépareillés que si celles-ci n'avaient été que la résultante de présupposés culturels et scientifiques.

Ayant conclu que les cartographes du *Kangnido* et Fine n'obéissaient pas qu'à leurs instruments mais consentaient eux-mêmes à être les instruments des commanditaires auxquels leurs œuvres étaient destinées, nous consacrerons la deuxième partie à la plus grande conjoncture géopolitique du XVe siècle coréen et du XVIe siècle français. Cette orientation se justifie par le fait que Yi Hoe comme Oronce Fine furent respectivement nommés lettré-fonctionnaire et lecteur royal par Taejong et François Ier et qu'à ce titre l'hypothèse que leurs cartes n'aient pas été que de simples représentations scientifiques et artistiques mais également des feuilles de route pour les politiques nationales et internationales de leur monarque mérite d'être évaluée. Nous essaierons en particulier de croiser les lignes événementielles de la période étudiée avec un examen minutieux des théories des relations internationales dont s'inspiraient les dirigeants de la France et du Chosŏn pour déceler une pratique consistant à divulguer, dissimuler, déformer ou simplement omettre certaines informations pour des raisons politiques, pratique que nous nommerons instrumentalisation cartographique. Pour cela, il nous sera nécessaire de transcender la dialectique entre une carte-instrument et une carte-image [115] puisque l'instrumentalisation cartographique visera précisément à refléter l'image d'un monde dont

[115] George KISH, *La carte : image des civilisations*, Paris, Seuil, p. 9-10.

cartographes et commanditaires peuvent faire l'usage. Dans sa nouvelle *De la rigueur de la science*[116], Jorge Luis Borges nous a pourtant bien averti que toute carte était un simulacre du réel en ce qu'elle ne peut, si nous voulons la tenir en main ou du moins l'embrasser du regard, recouvrir point par point, isoplèthe par isoplèthe, toute l'étendue de la surface choisie. S'il est dans la nature des cartes de mentir ou du moins de simuler une réalité, cela ne nous dispense pas pour autant d'un travail d'identification des zones où Yi Hoe et Fine prirent le plus de libertés par rapport à leurs outils et connaissances scientifiques, ni d'une cryptanalyse à même de casser leurs codes respectifs, constitutifs d'un double langage cartographique qui distingue des zones en clair où le monde apparaît tel qu'ils le connaissent de zones en crypté où le monde est présenté tel que leur monarque souhaiterait qu'on le perçoive. Pour nous mettre à l'abri de la tentation téléologique à laquelle le demi-millénaire nous séparant des cartes commentées nous expose, nous soulignerons les digressions anachroniques dont les cartes étudiées furent elles-mêmes l'objet en leur temps. Car c'est bien de cette souplesse diachronique que se nourrit un dialogue dans le dialogue entre une première parution égarée et les éditions qui lui survécurent. Dans la trentaine d'années qui séparent la première version de la *Nova totius Galliae descriptio* de 1525 de sa cinquième édition en 1557 et dans les huit décennies qui séparent le premier *Kangnido* de 1402 de la première version nous étant parvenue (1485), si des cartographes et leurs commanditaires éprouvèrent le besoin de les rééditer presque à l'identique, c'est très certainement que ce que virent et projetèrent nos deux cartographes dépassait déjà largement le truisme d'un instantané et contenait un matériau suffisamment riche et de ce fait malléable pour qu'il s'adresse à une postérité proche ou plus lointaine.

La troisième et dernière partie se penchera sur la *graphie* contenue dans le terme géo-*graphie* dont les étymologies et significations occidentales comme extrême-orientales admettent toutes l'acception d'une écriture du monde. Pour ce faire, nous ne nous arrêterons pas à une onomastique des toponymes ; nous tenterons de démontrer par un examen étymologique que les termes qu'emploient Yi Hoe et Fine pour baptiser leur carte – *descriptio* et *to* (圖 도) –, que le choix de la langue dans laquelle ils y recourent et de celle dans laquelle s'inscrivent les plus vastes efforts de moralisation et législation dans leur royaume contribuent tous à leur manière à faire de la langue l'attribut le plus tranchant de l'ordre au service duquel elle s'exprime. Nous analyserons en particulier la façon dont l'usage des langues dans les cartes de Yi Hoe et Oronce Fine est révélateur, d'une part, des diglossies entre latin et français, chinois classique et *han'gŭl* ; et d'autre part, de l'instrumentalisation de la langue sur et par-delà le support cartographique.

[116] Jorge Luis BORGES, « De la rigueur de la science », in Anne Rooney, *Cartes. Chroniques du monde connu*, Paris, Chroniques éditions, 2018, p. 6.

Nous essaierons in fine d'évaluer jusqu'où les entreprises linguistiques française et coréenne ont su se porter garantes des valeurs que la philologie humaniste et la théorie de la rectification des noms (正名 정명, *chŏngmyŏng*) avaient pensé pouvoir incruster dans leurs aînées, les langues référentielles que furent le grec et le chinois classique.

Les conclusions de chacune des parties de cette thèse tenteront de soupeser la validité des trois hypothèses formulées en introduction. Premièrement, en gardant à l'esprit le parti diachronique de notre périodisation qui s'est focalisée sur le XVe siècle coréen et le XVIe siècle français, est-il raisonnable d'affirmer que la cartographie finienne ait pu bénéficier d'idées et d'outils qui, s'ils ne provenaient pas directement du Chosŏn, ont en tout cas été colportés le long de voies d'échanges eurasiatiques à très faible pente ? Deuxièmement, ayant posé que Fine et Yi Hoe utilisaient des instruments aux fonctions très semblables, jusqu'à quel point une lecture géopolitique de leurs cartes, et non plus strictement technologico-déterministe, contribue-t-elle à expliquer le décalage entre d'un côté, la représentation du monde tel qu'ils le connaissaient et celle du monde tel qu'ils le dépeignirent ; et de l'autre, entre leurs représentations du monde mises face à face ? Enfin, et en suivant le mouvement général de notre réflexion qui est partie des dessous scientifiques des cartes pour ensuite se frayer un cheminement entre leurs reliefs conjoncturels et finalement s'atteler à déchiffrer leurs motifs les plus explicites – les langues –, est-il possible de dédoubler la comparaison linguistique franco-coréenne d'un parallélisme entre la réappropriation des langues et des valeurs dont elles héritèrent de leurs antiquités respectives ? Décidément peu encline aux coïncidences, notre contribution espère fournir un cadre pour repenser l'instrumentalisation cartographique, réaffirmer l'importance de la Corée dans le plus vaste écheveau des recherches sur l'Extrême-Orient et redéfinir les confluences des deux courants qui traversèrent l'existence et les œuvres de Yi Hoe et Oronce Fine – le néoconfucianisme et la Renaissance.

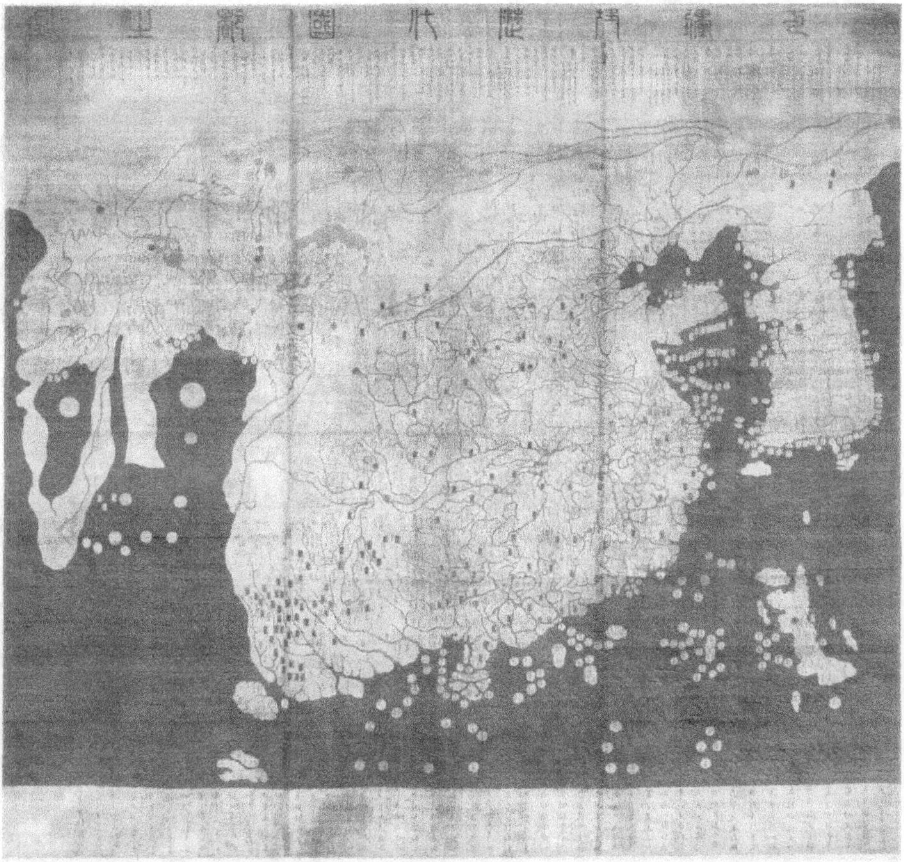

1. *Carte des régions et terres intégrées des capitales et pays historiques* (混一疆理歷代國都之圖 혼일강리역대국도지도, *Honilkangniyŏktaekuktochido*) ou *Kangnido* Ryūkoku (164 × 171,8 cm). Initialement conçu par Yi Hoe en 1402, l'exemplaire reproduit ici est daté des années 1479-1485. Bibliothèque de Ōmiya, Université de Ryūkoku, Kyoto, Japon.

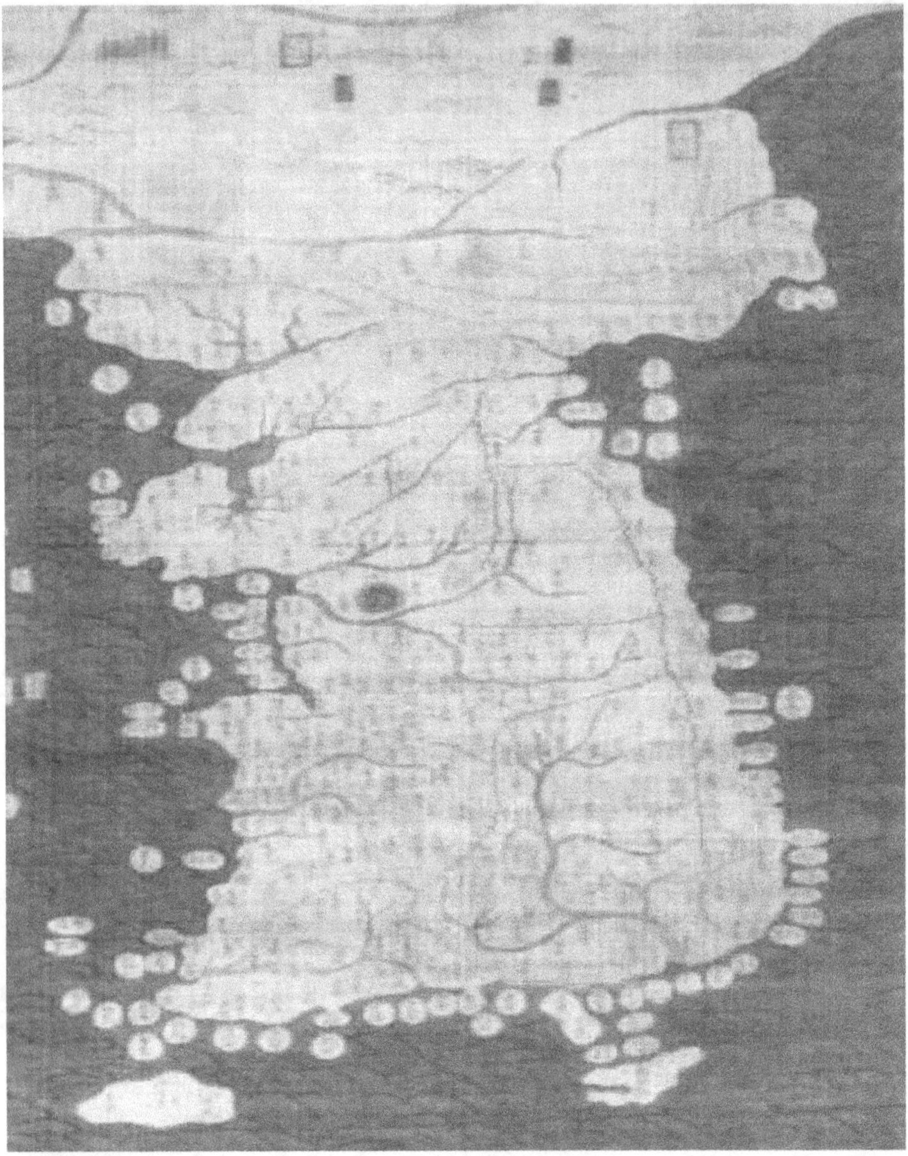

2. Détail de la péninsule coréenne sur le *Kangnido* Ryūkoku probablement inspiré de la *Carte des huit provinces* (八道圖 팔도도, *P'altodo*), également tracée par Yi Hoe en 1400 mais perdue depuis. Bibliothèque de Ōmiya, Université de Ryūkoku, Kyoto, Japon.

3. *Recens et integra orbis descriptio*, Oronce Fine, 1536 (51 × 57 cm en deux feuilles assemblées). Cliché BNF, Cartes et Plans, Rés. Ge DD 2987 (63).

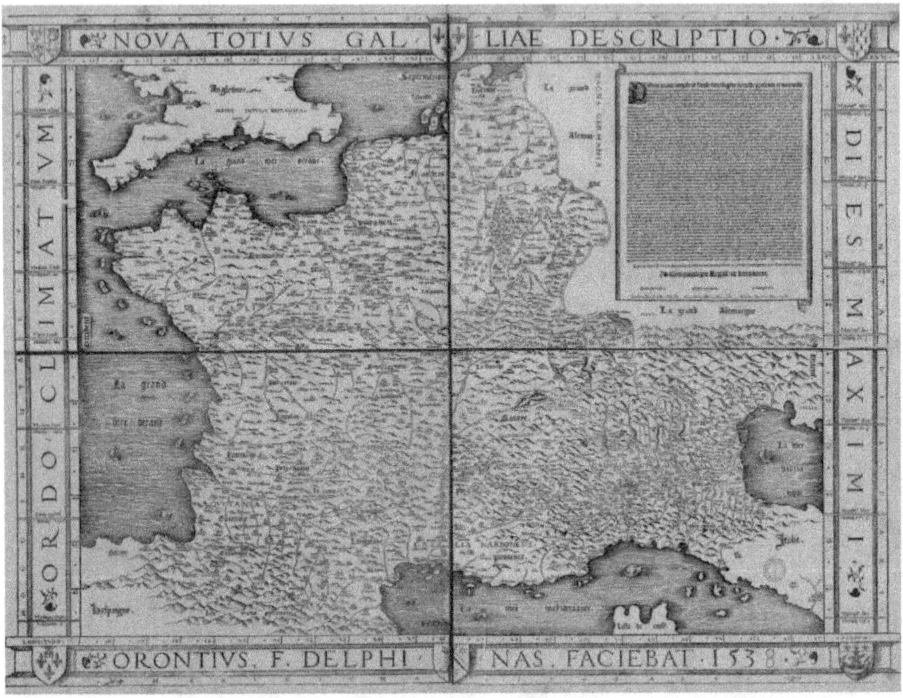

4. *Nova totius Galliae descriptio*, conçue par Oronce Fine une première fois en 1525 et perdue, puis ci-dessus dans la version de 1538 (58 × 79 centimètres en quatre feuilles assemblées), Bibliothèque de l'Université de Bâle, Kartenslg AA 123, Suisse. Il existe trois autres versions datant de 1546, 1553 et 1557.

PREMIÈRE PARTIE : SOURCES ET RESSORTS D'UNE CARTOGRAPHIE RÉINVENTÉE

Une littérature déjà bien fournie prend pour logiciels d'origine des cartes de Fine et de Yi Hoe les sciences ptoléméenne et sinocentrique, que nous analyserons puis comparerons dans le premier chapitre en essayant notamment d'associer le désir de Fine de restaurer les mathématiques comme propédeutique à toute connaissance – dont l'éclosion d'une discipline géographique indépendante – à un équivalent dans le développement de la géographie en Corée. Or considérer Fine et Yi Hoe comme simples disciples de leurs illustres aînés pourrait faire écran à une compréhension plus affinée des apports complémentaires de traditions cartographiques, parfois plus récentes, en tout cas polymorphes, que nous nous proposons d'explorer dans le deuxième chapitre : celles des portulans et des contemporains de Fine en Occident et celles de la géomancie, de Koryŏ, du Japon et ses *Gyokizu* ou cartes *Gyoki* (jap. 行基図, co. 행기도,) en Extrême-Orient. Ces deux faces de Janus se tourneraient le dos sans les échanges véhiculés et agrémentés par le monde arabo-musulman qui prendra progressivement la place, dans notre examen comme ce fut le cas jadis, d'une passerelle entre nos deux extrémités eurasiatiques ainsi remises face à face. Le troisième chapitre sera donc consacré aux zones de recoupement et d'exclusion que des transferts et des pratiques techniques auraient pu projeter sur le rendu final des cartes de Fine et Yi Hoe. En cela, nous déplacerons le débat, qui oppose les défenseurs de la contribution arabo-musulmane à la Renaissance à leurs détracteurs, du plan de l'histoire des idées[117] – dont la prédilection par l'institution universitaire peut expliquer une impasse comparative entre cartographies occidentale et orientale – au plan plus prosaïque de l'histoire des techniques. Cet éclairage arrière sur les rouages matériels du processus de conception des cartes visera d'une part à mesurer la part de déterminisme qui caractérisait et rapprochait les cartographies française et coréenne, mais également à rééquilibrer des analyses qui voudraient que la Renaissance et le néoconfucianisme n'aient été que des courants intellectuels, en baignant ces concepts dans leur écrin technologique. Tout en reconnaissant la part d'erreurs commises par Fine et Yi Hoe, le quatrième chapitre mettra en évidence le saut qualitatif que leurs travaux supposèrent au cours des longs XVe et XVIe siècles coréen et français.

[117] Deux œuvres caractéristiques de ces postures antagoniques sont celles de Danielle JACQUART, *L'épopée de la science arabe*, Paris, Gallimard, 2005, et de Sylvain GOUGUEHEIM, *Aristote au Mont Saint-Michel. Les racines grecques de l'Europe chrétienne*, Paris, Seuil, 2008.

Chapitre 1 – Les ressorts traditionnels et taxonomiques d'un renouveau cartographique

A. Fine, disciple de Ptolémée

L'action combinée de deux catalyseurs, indépendants l'un de l'autre mais simultanés, va amorcer l'émergence de la géographie, non comme discipline mère reconnue de tous, mais comme un champ d'études en lente expansion : la redécouverte de Ptolémée ainsi que les grandes découvertes des argonautes qui vinrent préciser ou infirmer les données d'un savoir pétrifié en Europe durant treize siècles, mais désormais en mouvement. En ce qui a trait au legs hellénique, la *Géographie*[118] de Claude Ptolémée, ignorée par l'Occident médiéval, est traduite en latin probablement par l'érudit byzantin Manuel Chrysoloras à Florence en 1409. « À partir de 1475, l'imprimerie lui donne une impulsion nouvelle et les éditions se multiplient : Vicence (1475), Bologne (1478), Rome (1478, 1490), Ulm (1482), Rome à nouveau (1507, 1508), Venise (1511) et Strasbourg (1513)[119] » ; tandis que la première édition publiée en France, à Lyon, ne date que de 1535. Dans les deux premiers livres, Ptolémée expose les méthodes de calculs orthonormés, qu'il tient de la géométrie euclidienne ; et dans les six derniers, un classement bibliographique de villes et localités qu'il reprend cette fois-ci de Callimaque. C'est en prenant connaissance de la méthode adoptée par Fine au moment de lever une carte que l'on mesure sa dette envers son aîné. Dans un premier temps, les cartes de Fine ne sont pas dessinées spontanément de la main d'un artiste, puisque leurs pointillés s'insèrent en fait dans un quadrillage géométrique. Dans son *De cosmographia*, il confie qu'« il place d'abord les points connus, puis il dessine le réseau hydrographique et termine par la figuration du relief et des côtes[120] », dessin qui servira de modèle à ses gravures sur bois à partir desquelles sont effectuées les impressions. Il se base pour cela sur les indications fournies dans les deux premiers livres de la *Géographie* de Ptolémée, où ce dernier avait consigné les coordonnées orthonormées de quelque huit mille villes. En effet, bien que dans notre esprit le géographe alexandrin soit souvent associé à l'image d'un œkoumène axé autour de la Méditerranée d'où s'étirent trois continents – l'Europe, l'Asie et ce qu'il appelait alors la Libye pour l'Afrique –, l'héritage ptoléméen n'est pas tant pictural que méthodique – de Ptolémée, il ne nous reste aucune carte et nous ne sommes d'ailleurs pas sûrs qu'il en ait

---

[118] Il s'agit du *Γεωγραφική Υφήγησις* latinisé en *Geographike Hyphegesis* et rédigé vers l'an 150. Ce manuel de géographie deviendra célèbre sous le seul nom de *Géographie*.

[119] Numa BROC, « Quelle est la plus ancienne carte "moderne" de la France ? », *Annales de Géographie*, t. 92, n° 513, 1983, p. 521.

[120] Monique PELLETIER, *Cartographie de la France et du monde de la Renaissance au Siècle des lumières*, *op. cit.*, p. 11.

jamais tracé lui-même, toutes celles qui se sont inspirées de sa *Géographie* lui étant posthumes. Il lègue un dispositif consistant, par le truchement d'un graticule, à définir un lieu géographique comme un point géométrique issu de l'intersection de deux lignes (un méridien et un parallèle) et à fixer les coordonnées longitudinales et latitudinales sur une carte en nombre de degrés s'inscrivant dans un cercle de 360 degrés[121]. La méthode employée par Fine pour calculer, par exemple, la longitude d'un point, qu'il déduit de la différence des deux heures auxquelles passait la lune sur le méridien d'origine et le point cherché, met en lumière aussi bien la filiation qui l'unit à Ptolémée que leur dépendance vis-à-vis de l'astronomie, ce qui incitera bon nombre d'éditeurs à traduire l'œuvre pionnière comme la science qu'ils pratiquent comme *Cosmographia*, et ce tout au long du XVIe siècle. D'ailleurs, Jerry Brotton remarque très justement à ce sujet que « nous avons tendance à considérer la cartographie comme la science des représentations spatiales mais Ptolémée proposait un monde mesuré selon le temps, non selon l'espace[122] ». De même que cette méthode de calcul avait permis à Ptolémée de concevoir un monde terraqué campé sur l'œkoumène et non plus cerné, selon la vision homérique, par un océan inhabitable, de même le report sur un plan bidimensionnel de coordonnées recalculées débouche sur une carte graduée comme la *Nova totius Galliae descriptio*, que Fine a complétée selon les informations inégales qu'il tenait de ses propres calculs, de portulans et de cartes provinciales[123]. Outre le carroyage longitudinal et latitudinal, l'autre vestige de la tradition ptoléméenne identifiable sur la *Nova totius Galliae descriptio* prend la forme d'une division en climats (*Ordo Climatum*) qui correspondent aux indications de Ptolémée dans l'édition d'Oessler et d'Uebelin[124]. Toutefois, il semble s'agir d'un ultime hommage au maître plus que d'une nécessité scientifique, puisque l'usage toujours plus rigoureux des coordonnées rend surannées ces sept zones thermiques parallèles, qui disparaissent ensuite de la cartographie française au XVIe siècle.

---

121 Gilles TIBERGHIEN, *Finis Terrae. Imaginaires et imaginations cartographiques*, Paris, Bayard, 2007, p. 91-92.

122 Jerry BROTTON, *Une histoire du monde en 12 cartes*, *op. cit.*, p. 57.

123 Bien avant que ne lui soient ouvertes les portes du Collège de France, Fine, impliqué qu'il est dans des travaux éditoriaux, a accès aux tout derniers ouvrages scientifiques de son temps entre 1515 et 1520. Cf. Jean-Jacques BRIOIST, « Oronce Fine and cartographical methods », in Alexander MARR, *The worlds of Oronce Fine, Mathematics, Instruments and Print in Renaissance France*, Donington, Shaun Tyas, 2009, p. 138-142.

124 Lucien Gallois, dans son étude sur *La grande carte de France d'Oronce Fine*, en précise ainsi le sens : « Des divisions y marquent la limite des plus longs jours par quarts d'heure, de 15 heures au Sud à 16 h et demie au Nord. Et ces limites correspondent sur la bordure de gauche à des indications relatives, comme il est dit, "aux climats" depuis le milieu du cinquième climat qui correspond au jour de 15 heures, jusqu'au milieu du huitième climat, faisant face au plus long jour de 16 h et demie. » Lucien GALLOIS, « La grande carte de France d'Oronce Fine », *op. cit.*, p. 346.

Avisé du double apport ptoléméen – géométrique et bibliographique – notre œil, en balayant du regard la *Recens et integra orbis descriptio* mais aussi la *Nova totius Galliae descriptio*, saisit mieux en quoi le parti pris scientifique de Fine récuse plusieurs éléments de base de la cartographie médiévale, que nous devons sommairement identifier. Selon les recommandations de Ptolémée, la carte est orientée vers le nord et met au ban de la cartographie renaissante la vision d'un monde *orienté*, comme son étymologie *oriens* l'indique justement, vers la lumière édénique du soleil levant, c'est-à-dire plaçant l'est au sommet de la carte. Au lieu de laisser par prudence scientifique ou simple humilité des taches vierges sur les territoires méconnus et d'y écrire, comme Fine, *desertum*, *terra incognita* ou encore *Terra* [*Australis*] *recenter inventa sed nondum plene cognita*, les cartes les plus représentatives du Moyen Âge, alors appelées *mappae mundi*, se peuplaient de légendes et de symboles d'autant plus présents que l'on s'éloignait de leur centre et étaient toutes laurées d'un océan. Mais cette tradition ne s'arrête pas là et Pierre Ageron signe un article érudit sur Samuel Bochart (1599-1667) qui s'employa, encore au XVIIe siècle, à composer « deux ouvrages extraordinaires et monumentaux : sa *Geographia sacra* (Caen, 1646) sur les peuples de la Bible et les Phéniciens, et son *Hierozoicon* (Londres, 1663), traité de zoologie sacrée[125] ». Fine, lui, aura fait fond sur les découvertes des argonautes qui expose la Terre comme un espace fini et désormais circumnavigué, bouleversant ainsi le rapport de proportions entre les données empiriques avalisées par les avancées scientifiques de l'époque et la part d'inconnu dont s'était emparée l'Église et qu'elle avait couverte d'un voile théologique, voire superstitieux. Rien ne laisse supposer non plus que les cartographes des *mappae mundi* – comme celle de Hereford (vers 1300) – aient eu conscience de la rotondité de la Terre, déjà imaginée par Thalès de Milet vers 650 avant J.-C. À la différence de la forme sphérique que lui donne Fine, plus évidente sur la *Recens et integra orbis descriptio* que sur la *Nova totius Galliae descriptio*, et bien plus explicite encore sur les globes qu'il confectionne, la chrétienté se figurait la Terre aussi plate qu'une hostie. En se réclamant de Ptolémée, la cartographie de Fine marche bien sur les brisées de l'Église et de la vision du monde héritée du Moyen Âge.

B. Yi Hoe met le Chosŏn sous pli sinocentrique

À première vue, rien ne se passe comme si le *Kangnido* servit à revendiquer le statut de la dynastie Yi dans la métagéographie extrême-orientale. En partant du centre de l'image, il ne paraît pas déparer la tradition

[125] Samuel BOCHART, « Lettre à Johan Smit de 1621 », in Pierre AGERON, « Dans le cabinet de travail du pasteur Samuel Bochart, L'érudit et ses sources arabes », in François BRIZAY, Véronique SARRAZIN, *Érudition et culture savante de l'Antiquité à l'époque moderne*, Rennes, Presses Universitaires de Rennes, 2015, p. 117.

sinocentrique, puisque la Chine des Ming est placée au milieu et occupe plus ou moins les deux tiers de la surface de ce rouleau de soie de 164 × 171,8 centimètres où serpente sa muraille. Cette profession de foi sinophile où se confondent l'Asie et la Chine est d'ailleurs tellement prononcée que le sous-continent indien – pôle civilisationnel pourtant connu des Coréens – semble absorbé par la masse continentale chinoise[126]. C'est ce qui fait dire à Oh Sang-Hak que « seule la Chine était significative pour le Chosŏn. Aucun autre pays n'était nécessaire. Donc, la plupart des pays autour de la Chine en dehors du Japon et des îles de Ryukyu ont disparu[127] ». De plus, les franges supérieures et inférieures de la carte sont calligraphiées verticalement de toponymes égrainant de droite à gauche capitales historiques, provinces, préfectures ainsi que certains lieux mythologiques. Le préambule du *Kangnido* donne plus de consistance encore à cette première impression. Il commence par ce truisme : « Le monde est très grand », comme pour justifier l'angle d'attaque sinocentrique que laisse transparaître la phrase suivante : « Nous ne savons pas combien de dizaines de millions de *li* séparent le centre de la Chine des quatre mers, aux confins du monde[128]. » L'auteur du préambule, Kwŏn Kŭn, entonne par là un air ethnocentrique qui revient à ne reconnaître dans le centre du monde et celui de la Chine qu'un seul et même point. Quant à l'allusion aux quatre mers, elle remonte au *Classique des Documents* (尚書, Xe siècle av. J.-C.) lorsque la Chine prenait pour points cardinaux le lac Baïkal au nord, la mer de Chine méridionale au sud, la mer de Chine orientale à l'est et le lac Qinghai à l'ouest. L'orientation au nord est pourtant conservée au détriment d'une autre tradition chinoise, qui voulait que l'empereur contemple le monde en se plaçant face au sud, croyance qui sera renforcée par l'invention de la boussole – 指南针, *zhinanzhen* en chinois, ou littéralement aiguille pointant vers le sud. La filiation chinoise est en outre rendue évidente par la profusion et l'exactitude de données relatives aux villes et aux fleuves, données plus abondantes qu'en tout autre endroit de la carte, Corée comprise. D'ailleurs, le préambule ne fait aucun secret des emprunts qu'il doit au *Shengjiaoguangbeitu* (聲教廣被圖, XIVe siècle) ou *Carte pour la diffusion de l'instruction*, de Li Zemin, et au *Hunyijianglitu* (混一疆理图, XIVe siècle) ou *Carte fusionnée des régions et du relief*, de Qing Jun, qui aurait été rapportée d'un voyage en Chine par Kim Sa-hyong, le « Chancelier de Gauche » également mentionné. Mais par-delà cette reconnaissance d'apparat, il ne faut pas exclure que Yi Hoe ait eu accès à bon nombre d'autres documents que le préambule se garde bien de mentionner, lui permettant de répertorier 4 428 noms en tout, dont 640 pour les régions à

[126] Nous reviendrons sur les raisons de la « disparition » de l'Inde dans le Chapitre 3.
[127] Sang-Hak OH, « 조선시대 세계지도와 중화적 세계인식 », *한국고지도연구*, 1(1), 2009, p. 10.
[128] Kŭn KWŎN, « Préambule du *Kangnido* », *op. cit.*, p. 136.

l'ouest de la sphère confucéenne (Perse, Afrique, Europe) et 425 pour le seul Chosŏn[129]. Oh Gil-Sun observe certaines correspondances entre les noms de la 元經世大典地理圖 (*L'Encyclopédie des institutions et des cartes géographiques de la dynastie Yuan*) – dont on ne connaît pas la date exacte de confection mais dont s'inspirent le 經世大典 (*Le grand code civil*) paru en 1331 puis le 元史 (*Histoire des Yuan*) de 1369 – et le *Kangnido* ; mais face à l'étendue des documents consultés et l'absence de preuves tangibles, il se refuse à établir une filiation directe[130]. Philippe Pelletier impute cette richesse toponymique, non pas à Li Zemin, mais au *Yuditu* (輿地圖, *Carte de la Terre*, 1320) de Zhu Siben[131], tandis que John Short y voit le reflet d'une autre carte du monde tracée en 1389, le *Daminghunyitu* (大明混一圖) ou *Carte intégrée des Grands Ming*[132]. Enfin, Han Young-woo suggère que la raison pour laquelle aucune allusion n'est faite au *Daminghunyitu* dans le préambule tient au fait que ses dimensions étaient tellement grandes qu'il aurait été impossible de le transporter de Chine en Corée[133]. Plutôt que de nous égarer dans un jeu de conjectures, il sera ici plus constructif de rappeler que le cartographe Yi Hoe n'est pas l'auteur de son préambule – il s'agit en l'occurrence de l'un des architectes idéologiques du néoconfucianisme au début du Chosŏn, Kwŏn Kŭn –, que ce dernier n'est pas l'un des commanditaires de cette carte – le Chancelier de gauche Kim (Sahyong), de Sangju, et le Chancelier de droite Yi (Mu) de Tanyang –, et qu'eux-mêmes professaient une allégeance sans faille envers leur souverain à qui elle fut en

---

[129] Pour des études plus approfondies sur la toponymie du *Kangnido*, nous renverrons à : Nurlan KENZHEAKHMET, « The place names of Central Asia in the *Kangnido* », *Journal of Asian History* (49) 2015, 1/2, p. 141-160 ; KENZHEAKHMET Nurlan, « The Place Names of Euro-Africa in the *Kangnido* », *op. cit.*, p. 106-125 ; Angelo CATTANEO, « World Cartography in the Jesuit Mission in China. Cosmography, Theology, Pedagogy », in Artur K. WARDEGA, *Education for New Times: Revisiting Pedagogical Models in the Jesuit Tradition*, Macau, Macau Ricci Institute, 2014, p. 71-86 ; Gil-Sun OH, « 〈元經世大典地理圖〉에 나오는 지명의 조사와 〈混一疆理歷代國都之圖〉 서역지명과의 비교 », *한국고지도연구*, 2(2), 2010, p. 83-105 ; Kenneth ROBINSON, « Chosŏn Korea in the Ryūkoku *Kangnido* : Dating the Oldest Extant Korean Map of the World (15th century) », *op.cit.*, 177-192. Par ailleurs, deux sites coréens proposent une reproduction du *Kangnido* Ryūkoku : Busan Historical and Cultural Collections (부산역사문화대전), « Reproduction of the Ryūkoku *Kangnido* », in http://busan.grandculture.net/Contents/Index?local=busan (consulté le 01.09.2020) ; Insitute of Korean Studies, Kyujanggak (奎章閣 규장각), « Colored reproduction of the Ryūkoku *Kangnido* », in http://kyudb.snu.ac.kr/book/view.do (consulté le 01.09.2020).

[130] Gil-Sun OH, « 〈元經世大典地理圖〉에 나오는 지명의 조사와 〈混一疆理歷代國都之圖〉 서역지명과 의 비교 », *op. cit.*, p. 99-100.

[131] Philippe PELLETIER, *L'Extrême-Orient. L'invention d'une histoire et d'une géographie*, *op. cit.*, p. 172.

[132] John Rennie SHORT, *Korea, A Cartographic History*, *op. cit.*, p. 16.

[133] Young-woo HAN, « The historical development of Korean cartography », in Young-woo HAN, Hwi-Joon AHN, Woo Sung BAE, *The artistry of early Korean Cartography*, Honolulu, University of Hawai'i Press, 2009, p. 10.

dernière instance destinée. Cette chaîne de lettrés reliant le cartographe au troisième roi du Chosŏn, le roi Taejong (1400-1418), nous permet d'avancer à moindre risque que, même si le cartographe avait été d'une probité à toute épreuve quant aux sources utilisées, en raison de la nature collaborative de leur travail – où les chaînes d'emprunts, copies voire plagiats inavoués les rendaient intraçables –, il aurait été impossible à Kwŏn Kŭn de référencer toutes ses sources. Par ailleurs, la tradition d'échanges de cartes véhiculées par les diplomates coréens en Chine[134] rend tout à fait plausible l'hypothèse que Yi Hoe ait pu avoir accès, entre autres, au *Daminghunyitu*, mais sans doute aussi à bien d'autres cartes chinoises, et qu'il en ait tiré quelques renseignements retranscrits en mode mineur sur le *Kangnido*. C'est en tout cas ce qui expliquerait le mieux la rapidité avec laquelle il exécuta le *Kangnido* entre le moment où lui fut passée la commande, au début de l'été 1402, et sa finalisation au mois d'août, soit seulement deux mois plus tard. De manière plus symbolique encore, le sinocentrisme n'est pas omniprésent seulement spatialement et bibliographiquement : « comme une marque de vassalité, le pays adopte le nom des ères [年號 연호] et le calendrier du suzerain qui confère leur titre aux souverains[135] ». En effet, en guise de date de naissance de la cartographie du Chosŏn, Kwŏn Kŭn ne se repère pas temporellement par rapport à l'année de la fondation de la dynastie Yi (1392), ni même à son roi fondateur (Yi Sŏnggye, plus tard nommé Taejo), mais à Jianwen, c'est-à-dire le deuxième dirigeant de la dynastie Ming et le petit-fils de Hongwu, son fondateur : « Au cours des quatre années de règne de Jianwen (qui prit fin en 1402), le Chancelier de gauche Kim (Sahyong), de Sangju, et le Chancelier de droite Yi (Mu), de Tanyang, lorsqu'ils n'étaient pas pris par leurs obligations politiques, menèrent une étude comparative de ces cartes et demandèrent à Yi Hoe, un officier d'ordonnance, de soigneusement les collationner, puis de les fusionner en une seule carte[136]. » Aussi, ce premier éclairage sur la carte de Yi Hoe tendrait à montrer qu'en termes cartographiques le *Kangnido* perpétue, dans une mesure comparable à celle qui relie Fine à Ptolémée, la tradition chinoise.

C. La géographie finienne : fille des mathématiques et complément de la théologie

Des dissemblances et ressemblances notables entre les traditions ptoléméennes et sinocentriques peuvent être observées tant sur le fond que

---

[134] John Rennie SHORT, *Korea, A Cartographic History*, *op. cit.*, p. 53.
[135] Francis MACOUIN, *La Corée du Chosŏn, 1392-1896*, Paris, Les Belles Lettres, 2009, p. 42.
[136] Kŭn KWŎN, « Préambule du *Kangnido* », *op. cit.*, p. 136.

sur la forme. Avant de les évoquer, il faudrait avant tout clarifier le fait qu'il n'existe pas de tradition géographique confucéenne à proprement parler, les *Entretiens* de Confucius traitant d'une gamme de thèmes comprise entre la gouverne morale d'un individu et la gouvernance politique d'un royaume. Or ce lien entre confucianisme et géographie, a priori peu explicite, ne peut être écarté trop hâtivement car pour les Confucéens la géographie 地理 renvoie bien à la « remise en ordre de la Terre[137] » qui ne va pas sans rappeler la théorie chère à Confucius du 正名 soit une rectification des noms. Et qu'est-ce que la géographie, sinon une entreprise visant à localiser des lieux et à les représenter, mais aussi à les nommer et à narrer la trame graphique qui les relie ? Sans trop anticiper sur des raisonnements qui seront développés plus amplement dans la troisième partie, qu'il nous soit permis pour le moment d'entendre le renouveau de la cartographie coréenne comme celui de certaines traditions chinoises dans leur polyphonie, tout comme l'on se réfère aux sources helléniques de la Renaissance en général sans forcément privilégier un penseur ou une école philosophique. D'ailleurs, bien que nous nous soyons focalisé sur la contribution de Ptolémée, notre exposé a mis en évidence qu'on ne saurait le dissocier d'un corpus plus épais. Nous avons cité la géométrie d'Euclide et les références toponymiques de Callimaque ; mais nous aurions également pu ajouter Ératosthène, qui estima la circonférence de la Terre à 45 000 kilomètres – calcul que Ptolémée rejette pour arriver à l'estimation bien plus hasardeuse de 28 800 kilomètres[138] –, Hipparque, qui divisa l'étendue du globe en 360 degrés ou encore la dette que Ptolémée contracte auprès de Strabon, qui entendait déjà la géographie comme une science mêlant l'observation du voyageur aux sciences mais également à la mythologie. Or, si les influences chinoises récentes sont ou explicitement citées dans le préambule du *Kangnido* (*Shengjiaoguangbeitu* et *Hunyijianglitu*) ou identifiables en recoupant les examens des chercheurs les plus éminents (*Yuditu* et *Daminghunyitu*), notre étude n'a jusqu'ici pas décelé dans quelle mesure le *Kangnido* s'inscrivait dans une tradition – unique ou plurielle ? – chinoise pluriséculaire comparable à celle de la Grèce par sa longévité et son positivisme. Autrement dit, bien que les travaux de Fine soient imprégnés de l'essence scientifique grecque, il n'en hypertrophie pas pour autant la Grèce sur sa carte-monde comme le font Yi Hoe puis les cartographes du *Kangnido* Ryūkoku pour la Chine[139]. La Grèce paraît pour

[137] Philippe PELLETIER, *L'Extrême-Orient. L'invention d'une histoire et d'une géographie*, *op. cit.*, p. 73.

[138] Ces deux estimations, et les équivalences, encore problématiques à ce jour, qu'elles supposent entre les valeurs des stades et des pas, sont celles fournies par Daniel BOORSTIN, *Les découvreurs*, Paris, Robert Laffont, 1988, p. 97-99.

[139] Il est ici entendu que si des actualisations toponymiques sont avérées sur le *Kangnido* Ryūkoku, en revanche, les formes et proportions des continents et royaumes représentés respectent celles de la version de 1402. Kenneth R. ROBINSON, « Chosŏn Korea in the

ainsi dire graphiquement discrète, alors qu'en réalité elle est omniprésente car pulvérisée à la surface de chacun des points de la carte par l'œuvre du graticule et de la projection sur laquelle nous reviendrons plus bas. Cette omniprésence picturale de la Chine, et donc bien plus symbolique que scientifique, se manifeste par sa dilatation déraisonnée, sa centralité écrasante, le cadre mental qu'elle pourvoie, mais aussi scriptural via ses franges calligraphiées, et enfin par l'écriture même des caractères qui inondent tout le champ visuel car, selon les critères étymologiques occidentaux comme ceux de traditions orientales longuement éprouvées, la géo-*graphie* tient autant du graphisme du dessin que du graphisme de l'écriture.

Avant de les confronter sur le fond, ce que montre très clairement une approche plus conjoncturelle des cartographies française et coréenne, c'est qu'elles revendiquent toutes deux leur héritage ptoléméen et chinois, mais qu'en même temps une première tentative de s'en dissocier peut être identifiée dans leur souci de penser la géographie, non plus comme une ramification de plus dans un vaste appareil philosophique ou scientifique, mais comme une discipline nouvelle dont les argonautes d'une épistémè, qu'ils forgent à mesure qu'ils l'arpentent, doivent clarifier le statut s'ils en souhaitent la survie. Dans ce but, il est instructif de s'attarder sur l'architecture épistémologique qu'érige Fine et de soupeser la consubstantialité du statut des mathématiques et de celui de la géographie. Dans la légende de sa mappemonde unicordiforme *Recens et integra orbis descriptio* (1536), Fine, dans la lignée d'ardents défenseurs des mathématiques comme Ramus ou Lefèvre d'Etaples à l'Université de Paris[140], s'adresse à « tous les amis des mathématiques[141] », explicitant ainsi que c'est par le biais des mathématiques qu'il propose d'appréhender la géographie. En effet, dans la taxonomie finienne, les mathématiques sont hissées au pinacle de tout savoir dont découleraient les autres sciences. C'est ce qui transparaît des dix-huit stances de *l'Epistre exhortative, Touchant la Perfection & Commodite des Arts Liberaulx et Mathematiques* (1532), et particulièrement de celle-ci :

> Il est donc cler que les mathematiques
>
> Tresnobles sont parfaictes, authentiques

Ryūkoku *Kangnido* : Dating the Oldest Extant Korean Map of the World (15th century) », *op.cit*., p. 185-188.

[140] Cf. Isabelle PANTIN, « Oronce Fine's Role as Royal Lecturer », in Alexander MARR, *The worlds of Oronce Fine, Mathematics, Instruments and Print in Renaissance France*, Donington, Shaun Tyas, 2009, p. 13-30, et en particulier le chapitre V. « Defending Mathematics » p. 24-27.

[141] Oronce FINE, « Légende de la *Recens et integra orbis descriptio* », in Lt-colonel LANGLOIS, « Étude sur deux cartes d'Oronce Fine de 1531 et 1536 », *Journal de la Société des Américanistes*, t. 14-15, 1922, p. 93.

Et le miroer de tout certitude,

Car tous les ars nobles ou mechaniques

Mesmement ceux qui sont plus magnifiques

D'elles ont prins leurs cours et habitude[142].

Ce panégyrique est étayé d'une démonstration plus rigoureuse dans la préface de la *Protomathesis* où, d'après Angela Axworthy, son auteur précise que, « s'il situait les mathématiques à un rang intermédiaire entre la métaphysique et la physique du point de vue de la nature et de la dignité de l'objet, il les plaçait cependant au-dessus de ces deux sciences sur l'échelle de la certitude et de la scientificité[143] », et ce pour leur degré sans égal de perfection épistémique. Afin de mieux se convaincre que les mathématiques offrent « les clefz de tout perfaict savoir[144] », Fine s'appuie sur l'étymologie grecque du mot mathématique qui signifie « enseignement », « instruction », « science ». Nous nous joindrons à nouveau à Angela Axworthy pour souligner que Fine intitule son précis de mathématiques rassemblant ses différents traités d'arithmétique, géométrie, trigonométrie, astronomie et conception d'instruments, la *Protomathesis* :

> ce titre, qui correspond à la translitération latine d'un terme grec composé du suffixe *προτο* (premier) et du substantif *μάθησις*, signifie littéralement « premier enseignement », affichant ainsi ouvertement la vocation propédeutique des mathématiques. Au fil de ses traités, la racine grecque du mot est suggérée à travers le rapport entre le mot *mathematica* et le mot *disciplina* qui signifie en latin « enseignement » ou « instruction ». En effet, au début de la préface de la *Protomathesis*, comme dans d'autres textes du géographe dauphinois, il est dit que les mathématiques portent ce nom du fait qu'elles seules représentent de « vraies disciplines »[145].

[142] Oronce FINE, « Epistre exhortative, Touchant la Perfection & Commodite des Arts Liberaulx et Mathematiques », in Angela AXWORTHY « The Epistemological Foundations of the Propaedeutic Status of Mathematics according to the Epistolary and Prefatory Writings of Oronce Fine », in Alexander MARR, *The worlds of Oronce Fine, Mathematics, Instruments and Print in Renaissance France*, Donington, Shaun Tyas, 2009, p. 37.

[143] Angela AXWORTHY, *Le mathématicien renaissant et son savoir. Le statut des mathématiques selon Oronce Fine*, *op. cit.*, p. 84.

[144] Oronce FINE, « Epistre exhortative, Touchant la Perfection & Commodite des Arts Liberaulx et Mathematiques », *op. cit.*, p. 31.

[145] Angela AXWORTHY, *Le mathématicien renaissant et son savoir. Le statut des mathématiques selon Oronce Fine*, *op. cit.*, p. 133.

Si nous comprenons grâce à leurs connotations étymologiques que les mathématiques occupent une fonction propédeutique dans l'agencement disciplinaire de Fine, quelles relations entretiennent-elles avec la géographie ? Et la nature de ces relations suffit-elle à justifier l'émancipation de la géographie comme discipline à part entière ? Selon la tradition grecque, l'astronomie était rattachée à la philosophie naturelle et « le monde hellénique avait défini la géographie comme l'étude philosophique et géométrique de l'*oikoumenê*, l'"espace habitable" du monde connu[146] ». Et malgré la percée décisive de Ptolémée au IIe siècle, la géographie était encore trop imprégnée des disciplines dont elle se nourrissait – le mythe, l'histoire, la physique – pour pouvoir prétendre s'en sevrer. Or, au cours du long millénaire qui sépare Ptolémée du bas Moyen Âge où il est traduit en Europe – période que Daniel Boorstin dénomme la « Grande Coupure géographique[147] » – son statut n'évolue guère : ni pure ni précise comme les mathématiques, ni esthétiquement aboutie comme la peinture, trop descriptive pour qu'on la distingue de l'histoire et trop rébarbative par rapport à la littérature comme manière de narrer et d'interpréter le monde, la géographie est au mieux utilisée comme un support pictural à la propagande ecclésiastique, au pire délaissée et ensevelie au point d'être menacée d'extinction. Mais, à la faveur de la double impulsion enclenchée par la redécouverte de Ptolémée et la découverte du Nouveau Monde, la Renaissance voit la parution de nombreux traités de cosmographie, qui continuent certes de s'intéresser au versant astronomique de cette discipline grâce au perfectionnement d'instruments de mesure et de méthodes de calcul, mais qui accordent une part sans cesse croissante au tracé des mers et des continents, bouleversant ainsi la vision d'un globe terrestre confondu avec l'œkoumène. Toujours rabaissée au rang de discipline subalterne, de cousine des mathématiques, d'appendice de la cosmographie, son statut va pourtant s'affirmer et s'étendre dans cet interstice disciplinaire âprement disputé. Car le paradoxe de cette querelle disciplinaire réside bien là : alors que, comme l'écrit Lucile Haguet,

> le géographe doit être astronome et mathématicien pour comprendre le système de coordonnées, historien pour tirer parti des sources antiques, linguiste pour comprendre la toponymie des pays lointains, [...] compilateur minutieux [qui] rassemble tous les documents nécessaires à son œuvre (textes antiques, récits bibliques, comptes

---

[146] Jerry BROTTON, *Une histoire du monde en 12 cartes*, *op. cit.*, p. 52.
[147] Daniel BOORSTIN, *Les découvreurs*, *op. cit.*, p. 102.

> rendus de voyages, journaux de bord, cartes rares, manuscrits inédits, paroles)[148],

il réclame néanmoins, à l'instar de Fine, un statut autonome pour sa discipline. Dans la légende de la *Nova totius Galliae descriptio*, Fine tente habilement de la placer sur un pied d'égalité avec l'histoire, en soulignant que pour lire ou lever une carte il faut être « savant en histoire et également dans les choses géographiques[149] », vertus qu'il n'oublie pas de prêter à son roi. Alors que la géographie avait jusqu'au Moyen Âge été reléguée à un statut ou trop symbolique par la faute de l'Église ou trop technique et empirique par la faute de savants méprisant les argonautes – ce qui dans les deux cas lui interdisait une place dans le cercle vénérable des disciplines de la *theoria* –, Fine va curieusement la définir comme le complément de la théologie pour mieux l'affranchir de l'astronomie.

Dans les pas de Ptolémée qui s'exclamait « mortel que je suis, je sais que je suis né pour un jour, mais lorsque j'observe les rangs serrés des étoiles dans leur course circulaire, mes pieds ne touchent plus terre ; je m'élève jusqu'à Zeus lui-même pour me régaler d'ambroisie, nourriture des dieux [150] », Henri Hondius résumait dans la préface au lecteur de son *Nouveau Théâtre du Monde* (1639) la beauté mais aussi l'ambivalence de toute réflexion géographique, six années seulement après que Galilée fut contraint par le Saint-Office d'abjurer ses théories héliocentriques :

> L'Homme est le Cosmographe [...] Dieu nous a colloqués sur la terre et au-dessous du ciel ; afin que tantost en baissant la face nous regardissions la terre, tantost levant le yeux nous contemplassions le ciel. En regardant en haut et considérant attentivement ceste admirable machine des Sphères célestes nous devenons Astronomes. En baissant nostre veuë vers la terre, et nous occupans à mesurer son estendue, nous sommes Geographes. Par ces deux Sciences l'homme se rend digne habitant du monde, & fait paroistre qu'il ne degenère point du lieu de son origine[151].

Henri Hondius esquisse par là les enjeux que revêt l'émergence d'une discipline alors non reconnue dans ses relations avec la religion et la science.

---

[148] Lucile HAGUET, « Les géographes de cabinet, XVIe-XVIIIe siècle. De l'humaniste à l'érudit des Lumières », *op. cit.*, p. 15.

[149] Oronce FINE, « Légende de la *Recens et integra orbis descriptio* », *op. cit.*, p. 93.

[150] Claude PTOLÉMÉE, « Tétrabible », in Daniel BOORSTIN, *Les découvreurs*, Paris, Robert Laffont, 1988, p. 25.

[151] Henri HONDIUS, « Nouveau théâtre du monde » (1639, préface au lecteur), in Jean-Marc BESSE, « Vermeer le cosmographe », in Catherine HOFMANN, *Artistes de la carte. De la Renaissance au XXIe siècle*, Paris, Autrement, 2012, p. 42.

Il émaille ses réflexions aux élans poétiques de mots-clés et évoque notamment « l'Homme » dans sa relation à « Dieu », le nouvel espace que se forge le libre arbitre embryonnaire entre « ciel » et « terre », la complémentarité des « deux sciences » que sont l'astronomie et la géographie, et le statut qui en découle pour leurs ouvriers « Geographes » et « Astronomes » tiraillés entre l'arrogance profane d'une science quasi divine les plaçant au niveau des « Sphères célestes » et l'humilité quasi pieuse du savant qui « baisse [la] vue ». Car par son titre même, le *Nouveau Théâtre du Monde*, comme tant d'autres au XVIe siècle[152], introduit l'incontournable thématique de la représentation : en parallèle d'une représentation du monde, il est aussi question de savoir comment représenter les sciences entre elles et comment recalibrer la mesure prise par l'homme sur son environnement vis-à-vis de Dieu. Indubitablement, les cartes sont aussi l'un des terrains de la bataille symbolique que se livrent l'humanisme et la chrétienté. Pour s'en convaincre, commençons par rappeler que, jusqu'à la fin du Moyen Âge, « la géographie ne figurait pas parmi les "sept arts libéraux" du Moyen Âge. Elle n'avait sa place ni dans le quadrivium des disciplines mathématiques (arithmétique, musique, géométrie, astronomie) ni dans le trivium des disciplines logico-linguistiques (grammaire, dialectique, rhétorique)[153] ». Quant à la cartographie censée l'illustrer, elle était instrumentalisée dans le cadre d'un prosélytisme disposant déjà d'une vaste panoplie d'icônes. Jerry Brotton exprime cette nuance de manière inéquivoque lorsqu'il écrit utilement qu'alors la carte n'était pas le territoire mais « une image du monde définie par la théologie, non par la géographie. Les lieux y sont appréhendés par le biais de la foi, plus que par leur position sur la carte ; et le passage du temps, envisagé selon les événements bibliques, compte davantage que la description d'un espace territorial[154] ». Logiquement donc, les cartes de cette géographie moralisée placent Jérusalem en leur centre[155], comme *axis mundi* ; leur toponymie égrène des emplacements tirés de la Bible comme dans le *Liber Locurum* de saint Jérôme, paru autour de l'an 390 ; et, de manière plus symbolique encore, les cartes sont orientées

---

[152] Citons par exemple le *Theatrum Orbis Terrarum* (1570) et le *Theatre de l'Univers* (1598) d'Abraham Ortelius, *Le theatre francoys* de Maurice Bouguereau (1594), et plus tard le *Théâtre géographique* de Jean IV Clerc (1619).

[153] Daniel BOORSTIN, *Les découvreurs op. cit.*, p. 100.

[154] Jerry BROTTON, *Une histoire du monde en 12 cartes*, *op. cit.*, p. 103.

[155] Ce n'est qu'en 1459 que « Fra Mauro réalise pour la République de Venise une mappemonde qui, pour la première fois, n'est plus centrée sur Jérusalem et qui combine l'enseignement de Ptolémée avec le portulan d'Andrea Bianco et les indications tirées du *Livre du devisement du monde* de Marco Polo ». Jean-Claude SCHMITT, « Individuation et saisie du monde », *op. cit.*, p. 668. En poursuivant cet exercice de décentrement du regard par l'Asie, Pierre Singaravélou et Fabrice Argounès évoquent d'autres centres réels ou mythiques comme le continent Jambudvipa, le mont Meru, le lac Anavatapta ou encore les monts Kunlun. Pierre SINGARAVÉLOU, Fabrice ARGOUNÈS, *Le monde vu d'Asie*, *op. cit.*, p. 11.

vers l'est, point cardinal que le cartographe situe en haut de la carte et où il dessine le jardin d'Éden surplombé d'un Christ en gloire. En reprenant à sa manière l'exercice de compromis de saint Augustin, qui dans *sa Doctrine chrétienne* avait soutenu que l'étude de la géographie et de l'histoire ne menaçait pas la foi du bon chrétien, Fine s'évite tout soupçon d'hérésie en présentant la science et la religion non en concurrentes, mais plutôt en viatiques complémentaires. C'est du moins le périlleux exercice de funambulisme auquel il se livre dans ce passage tiré de *Cosmographia* :

> L'astronomie est du plus grand secours aux théologiens puisqu'elle seule peut directement distinguer la substance immobile et inséparable à partir du rapport qu'il y a entre les choses qui adviennent généralement aux substances sensibles, mouvantes et mues, et celles qui sont éternelles et impassibles[156].

En d'autres termes, tout se passe comme si Fine n'adjoignait pas à l'homme l'ambition de se substituer au Créateur mais en faisait une sorte d'intercesseur, campé sur le plan de l'intelligible mais tout autant capable, en « ouvrier » entendu, de « contempler la machine des cieulx » et ses « arts divins[157] ». En un sens, on pourrait affirmer qu'il tente de remédier à la coupure platonicienne qui avait aliéné le monde naturel, terrestre et scientifiquement accessible du monde céleste, mythologique et divin. En lieu et place d'une « disjonction du divin et du naturel [qui] s'accompagne d'une lutte incessante entre le spiritualisme théologique et le matérialisme mécaniste[158] », Fine postule que le cosmographe peut devenir géographe par les astres, c'est-à-dire par son entendement des mécanismes astronomiques auxquels, parallèlement, il prête une aura spirituelle sans doute pour s'éviter les foudres des Pères de l'Église. C'est ce qu'illustre le calcul des coordonnées induit du mouvement des astres et facilité par l'usage d'instruments que nous détaillerons dans le quatrième chapitre. Contrairement au domaine strictement cartographique et ses *mappae mundi*, Fine ne fait pas table rase de l'héritage mathématique du Moyen Âge : « Fine était profondément influencé par le mélange particulier de néoplatonisme et de mathématiques pratiques que l'on trouvait dans les générations antérieures d'humanistes français tels que Jacques Lefèvre

---

[156] Oronce FINE, « Cosmographia », I, 1, in Angela AXWORTHY, *Le mathématicien renaissant et son savoir. Le statut des mathématiques selon Oronce Fine*, Paris, Classiques Garnier, 2016, p. 152.

[157] Oronce FINE, « La theorie des cielz, mouvemens, et termes practiques des sept planetes », in Angela AXWORTHY, *Le mathématicien renaissant et son savoir. Le statut des mathématiques selon Oronce Fine*, Paris, Classiques Garnier, 2016, p. 153.

[158] Philippe PELLETIER, *L'Extrême-Orient. L'invention d'une histoire et d'une géographie*, *op. cit.*, p. 79.

d'Etaples et Charles de Bovelles[159]. » Dans ce délicat compromis, Fine ne néglige ni Dieu ni Platon. Dans le filon du concept d'isonomie sur les droits des citoyens dans la cité grecque[160], la restitution d'une école platonicienne revisitée se dédouble, en plus de vertus strictement cognitives, d'un programme civique voire politique qui prône un souci d'équité juridique rationnel et conscient de lui-même. Or, cette injonction n'est pas dépourvue de retombées morales, puisque les notions de proportions mathématiques se traduisent sur le plan éthique en termes d'accès égalitaire aux mêmes droits, soucis d'équité et d'ordre, auxquels les dirigeants ecclésiastiques ne peuvent être insensibles. Il ne s'agit pas d'une vue d'esprit mais d'une réalité que Giovanna Cifoletti détaille de la sorte : « la théorie des proportions fut incluse dans les mathématiques d'écoles d'abaque, qui se consacraient au monde humain, le *commercium* : le négoce, les cadeaux, les héritages, les contrats, etc. Dans les affaires humaines, les proportions ont une place, comme Aristote l'expliqua dans *Éthique à Nicomaque*[161] ». Effectivement, Fine s'évertue à démontrer que les mathématiques peuvent faciliter l'administration des affaires quotidiennes de l'Église : « À cela s'ajoute que l'Astronomie est non seulement très utile mais encore nécessaire aux hommes d'Église, et cela d'autant plus qu'ils jouissent d'une dignité plus importante pour délibérer attentivement sur les fêtes mobiles et sur tout ce qui concerne l'illustration et le gouvernement de l'Église[162]. »

Sur le fond pourtant, Fine ne conserve rien de la mise en scène liturgique des *mappae mundi* et se contente, dans sa légende, d'une adresse certes courtoise mais réduite à sa plus brève expression à son « très chrétien et très puissant Roy de France », formule d'usage plus qu'acte de foi irréfragable. Une fois disparu le chapelet de toponymes imaginaires, évincé le bestiaire biblico-mythologique, la *Nova totius Galliae descriptio* excentrée de Jérusalem, recentrée sur la France et réorientée vers le Nord marque donc une coupure très nette entre le Moyen Âge et la Renaissance. Comme par un fait exprès, *Romme* y est acculée dans le coin inférieur droit. Sur la *Recens et integra orbis descriptio*, le mont Sinaï est mentionné tel un relief parmi tant

---

159 Stephen CLUCAS, « Epilogue », in Alexander MARR, *The worlds of Oronce Fine, Mathematics, Instruments and Print in Renaissance France*, Donington, Shaun Tyas, 2009, p. 211.

160 « En dépit de tout ce qui les oppose dans le concret de la vie sociale, les citoyens se conçoivent sur le plan politique comme des unités interchangeables à l'intérieur d'un système dont la loi est l'équilibre, la norme, l'égalité. Cette image du monde humain trouvera au VIe siècle son expression rigoureuse dans un concept, celui d'*isonomia* : égale participation de tous les citoyens à l'exercice du pouvoir. » Jean-Pierre VERNANT, *Les origines de la pensée grecque*, *op. cit.*, p. 56.

161 Giovanna CIFOLETTI, « Oronce Fine's Legacy in the French Algebraic Tradition : Peletier, Ramus and Gosselin », in Alexander MARR, *The worlds of Oronce Fine, Mathematics, Instruments and Print in Renaissance France*, Donington, Shaun Tyas, 2009, p. 175.

162 Oronce FINE, « Cosmographia », *op. cit.*, p. 173.

d'autres, comme le mont Paektu sur le *Kangnido* Ryūkoku – tandis que le mont Kunlun, dont proviendrait ses vertus énergétiques selon la géomancie, ne réapparaîtra que sur les versions Tenri and Honmyōji [163]. En bon humaniste, Fine lutte d'abord pour la *restauratio mathematicarum* française. Il déplore en effet que « ces excellentes et libérales mathématiques [...] gisent à moitié enfouies et paraîtraient à présent endurer le plus lointain exil si elles n'étaient par ta faveur bientôt ressuscitées », de sorte que « les questionneurs et les sophistes querelleurs [...] déforment les esprits des jeunes gens, assassinent toute bonne discipline [...] anéantissent la bonne compréhension des lettres sacrées[164] ». Or, en critiquant ouvertement les maîtres de l'Université à qui ce passage est adressé, Fine se place en porte-à-faux avec leur garant, l'autorité ecclésiastique. En effet, lorsqu'il exerçait les fonctions de lecteur royal, François Ier le chargea de réformer l'enseignement du quadrivium en vigueur tout au long du Moyen Âge et, par là même, l'obligea à clarifier ses vues sur l'ordre des connaissances tel qu'il l'entendait. Car si jadis « la véritable échelle de l'espace était le ciel, la véritable échelle du temps, l'Éternité », à la faveur du positivisme de la géographie humaniste « les abstractions du temps et de l'espace mesurés minèrent les anciennes conceptions de l'infini et de l'éternité, puisque toute mesure doit commencer par des limites arbitraires, même si le temps et l'espace sont vides. Le besoin d'utiliser l'espace explosait. Coordonnés par le mouvement, le temps et l'espace pouvaient être contractés ou dilatés. Leur conquête avait commencé [165]. » Dans de telles circonstances, comment l'Église ne put-elle pas se sentir menacée par l'avocat d'une science dont l'œil du détenteur pouvait embrasser tout l'horizon terrestre ? N'était-ce pas là la preuve d'une hubris prométhéenne que de vouloir révéler les mystères du monde en dessinant une carte tel un démiurge puis en l'interprétant tel un hiérophante ? Désormais ses témoins oculaires seraient à la fois omniscients et omniprésents, géolocalisés quelque part tout en ne figurant nulle part puisqu'en dehors de ce support profane qui les convertirait *ipso facto* en savants préférant étudier ou arpenter le monde plutôt que de croire en son prétendu Créateur.

---

[163] Kenneth ROBINSON, « Daoist Geographies in Three Korean World Maps », *Journal of Daoist Studies*, vol. 3, 2010, p. 111.

[164] Oronce FINE, « Protomathesis », sig. AA2v, in Angela AXWORTHY, *Le mathématicien renaissant et son savoir. Le statut des mathématiques selon Oronce Fine*, Paris, Classiques Garnier, 2016, p. 31-32.

[165] Lewis MUMFORD, *Technique et civilisation*, Paris, Seuil, 1950, p. 28-30.

D. La géographie du début du Chosŏn : entre impasses taxonomiques et avancées chorographiques

« Il est donc possible de connaître le monde sans sortir de chez soi[166] ! » Cette formule extraite du préambule du *Kangnido* traduit toute la réticence orientale à l'itinérance, frilosité que Bae Woo Sung fait remonter à Laozi : « On peut connaître le monde sans mettre un pied dehors, contempler les voies du ciel sans regarder par la fenêtre. Le plus loin on va, le moins on en sait. Aussi, le sage sait sans agir, voit sans regarder et accomplit sans faire[167]. » Nous sommes bien aux antipodes de l'invitation au voyage tendue par Ptolémée dans sa *Géographie* qui stipulait : « La condition préliminaire et fondamentale de cette science est une histoire des voyages, qui donne la plus grande connaissance possible de la Terre[168]. » Cet immobilisme dénote également une certaine ingratitude envers les argonautes et « hydrographes » auxquels se référera Fine et qui, sous la houlette de l'amiral Zheng He, lancèrent une série d'expéditions visant elles aussi à explorer ce qui du point de vue de la Chine des Ming constituait les contours de l'« Océan occidental » (Xiyang) entre 1405 et 1433, soit trois ans seulement après que Kwŏn Kŭn eut écrit ces lignes. Au lieu de cela, l'accent est mis sur la dimension cognitive, ou en tout cas instructive, du travail cartographique. Peut-on pour autant affirmer que, comme la France du XVIe siècle, la Corée du Chosŏn voit poindre au XVe siècle une nouvelle discipline géographique, qualitativement différenciable des travaux chinois ou de ceux entrepris sous le royaume de Koryŏ ?

Dans le chapitre d'*Une histoire du monde en 12 cartes* intitulé « L'empire » et consacré au *Kangnido*, Jerry Brotton se livre à un exercice de synthèse historique des traditions cartographiques chinoises, parmi lesquelles figurent la théorie du *kaitian* (« dais du ciel ») selon laquelle le ciel est rond et la terre carrée ; celle du *huntian* qui place la terre au centre de « cieux sphériques » ; celle du *xuanye*, c'est-à-dire d'un « espace infini et vide » ; et celle du carré nonaire divisé en neuf carrés égaux et formant un canevas de trois lignes sur trois colonnes. Il complète ensuite son exposé en évoquant les principaux faits d'armes du « Ptolémée chinois », Pei Xiu (223-271 ap. J.-C.). Ce dernier établit six principes : les divisions graduées, le canevas rectangulaire, la mesure des distances, la mesure de la dénivellation, la mesure des angles et la mesure des courbes et lignes droites. Si nous ne nous attardons pas plus sur les subtilités de ces théories c'est que le *Kangnido*, bien que tracé à partir de cartes qui s'en nourrissent, n'en

166 Kŭn KWŎN, « Préambule du *Kangnido* », *op. cit.*, p. 136.

167 Bae Woo SUNG, « Chosŏn Maps and East Asia, Mapping the World : the Chosŏn Worldview as seen through old maps », *op. cit.*, p. 74.

168 Claude PTOLÉMÉE, *Géographie*, traduit par M. l'abbé HALMA, Paris, Eberhart, imprimeur du Collège royal de France, 1828, p. 6.

conserve que des échos assourdis. Jerry Brotton concède plus bas qu'« il est donc particulièrement délicat de s'appuyer sur elle [l'histoire de la cartographie chinoise] pour comprendre la carte *Kangnido*[169] », avis que nous partageons. Par contre, la conclusion consistant à soutenir, contre la logique des prolégomènes historico-conceptuels qu'il délaye sur une quinzaine de pages, qu'« elle [la carte du *Kangnido*] est rectangulaire – manière indirecte de reconnaître le bien-fondé des principes nonaires de la cosmographie[170] » nous laisse sceptique car il faudrait en induire que toute carte rectangulaire pourrait être, en quelque façon, la manifestation d'un héritage chinois. La dette théorique coréenne envers la Chine est patente en ce qui a trait aux distances relatives, dont le rendu sur le *Kangnido* Ryūkoku pour la Chine et la Corée est très proche de la réalité. Mais elle est moins évidente dans le domaine des représentations strictement cartographiques que dans celui de l'astronomie et des cartes stellaires comme celle de la *Position des corps célestes selon leur ordre naturel et les champs célestes qui leur sont alloués* (天象列次分野之圖刻石 천상열차분야지도각석), achevée en 1395. Là où le sinocentrisme est également indéniable, comme nous l'avons souligné plus haut, c'est dans la présence hypertrophiée de la Chine sur le plan et de toutes les informations tirées de cartes, citées ou non, datant du XIVe siècle et qui pour être réutilisées n'ont pas requis à Yi Hoe d'être féru de théories traditionnelles de la cartographie chinoise, mais seulement de respecter les distances relatives entre les villes appartenant à la sphère sinocentrique. Si Ptolémée n'apparaît pas comme sur l'*Universalis Cosmographia* de Martin Waldseemüller (1507) – planisphère qu'il surplombe avec Amerigo Vespucci –, la *Nova totius Galliae descriptio* laisse toutefois deviner sa présence en dévoilant sur ses bordures les annotations chiffrées des latitudes et longitudes[171]. Ce constat nous amènera donc à chercher de quelle façon Yi Hoe amorce la naissance, non pas de la géographie coréenne, mais d'une nouvelle géographie coréenne autrement que par le simple fait de prendre ses distances vis-à-vis du sinocentrisme. Car l'augmentation de la fréquence de publication d'ouvrages à teneur géographique entre le Koryŏ et le Chosŏn est irrécusable non seulement en termes quantitatifs mais également en ce qui a trait à la diversité des champs explorés au sein de cette science. Il est même possible de tenir le compte des règnes successifs de monarques coréens au rythme des *Chiriji* (地理志 지리지) ou *Traités de géographie* publiés tout au long du XVe siècle. Sous

[169] Jerry BROTTON, *Une histoire du monde en 12 cartes*, *op. cit.*, p. 152.

[170] *Ibid.*, p. 156.

[171] Jean-Marc Besse souligne également que, de manière symbolique, Fine illustre le frontispice de la plupart de ses ouvrages d'une représentation de Ptolémée. Jean-Marc BESSE, « Cosmography and Geography in the Sixteenth Century : the Position of Oronce Fine between Mathematics and History », in Alexander MARR, *The worlds of Oronce Fine, Mathematics, Instruments and Print in Renaissance France*, Donington, Shaun Tyas, 2009, p. 100.

Sejong (règne 1417-1450), le *Kyŏngsangdojiriji* (慶尙道地理志 경상도지리지) ou *Traité de géographie de la province de Kyŏngsang* et le *Sinch'anp'aldojiriji* (新撰八道地理志 신찬팔도지리지) ou *Géographie des huit provinces* furent publiés respectivement en 1425 et 1432, tandis que les *Sejongsillokjiriji* (世宗實錄地理志 세종실록지리지) ou *Traités de géographie des Annales du roi Sejong* couvrent la période allant de 1419 à 1432. Plus tard, en 1479, des essais en prose et en poèmes furent ajoutés au *P'aldojiriji* (八道地理志 팔도지리지) ou *Traités de géographie des huit provinces*, ensuite publié sous le titre de *Tonggugyŏjisŭngnam* (東國輿地勝覽 동국여지승람) ou *Étude de la géographie coréenne,* parue en 1481 et considérée comme la quintessence des études des règnes de Sejo (1455-1468) et Sŏngjong (1469-1494)[172]. Cet intérêt pour la géographie n'est pas seulement encyclopédique. À lui tout seul, Yang Sŏngji, principal cartographe de Sejo, lègue à sa mort, en 1482, vingt cartes frontalières et provinciales. Il est entouré dans ce souci de représenter le royaume par Yi Hoe, Chŏng Ch'ŏk, An Cholson, O Yuso et Yi Sunsuk[173]. Parallèlement, en France, nous ne pouvons que constater le même engouement pour la géographie au XVIe siècle : *La guide des chemins de France* (1552) de Charles Estienne ; les descriptions des villes et des « pais » de Nicolas de Nicolay, sous Henri II ; la *Vraie description des Gaules* (1570) de Jean Jolivet ; *La vraye et entiere description du royaulme de France et ses confins* (1570) de Guillaume Postel ; *Le theatre francoys* (1594) de Maurice Bouguereau ; et bien sûr les travaux de Fine et de La Guillotière, pour ne citer que quelques-uns des géographes le plus souvent associés d'une part au pouvoir mais surtout à l'effort de faire une *descriptio* picturale du territoire plus que d'en faire une description textuelle exhaustive comme en Corée.

Cet âge d'or de la cartographie sous le Chosŏn ne signifie nullement que cette activité ne lui ait été exclusive. À ce propos, Gari Ledyard attire notre attention sur le fait que le plus ancien traité de géographie coréen remonte au royaume de Koryŏ en 1145, date à laquelle Kim Pu-sik compila pour son souverain le *Samguksagi* (三國史記 삼국사기) ou *L'histoire des trois royaumes*, dont les chapitres à plus forte teneur géographique remontaient eux-mêmes à des sources du VIIIe siècle sous le roi Kyŏngdŏk de Silla. Cet acte de naissance de la géographie coréenne ne saurait néanmoins éclipser l'importance du XVe siècle, dont la quintessence des nouveaux savoirs ne sera recueillie et publiée dans le *Sŭngnam* qu'au siècle suivant, en 1531. Il faudra par la suite deux siècles et demi aux géographes coréens pour prétendre le dépasser en exhaustivité, détails et exactitude dans une nouvelle

[172] Jungshin LEE, « Korean's Perception of the Liaodong Region During the Chosŏn Dynasty », *op. cit.*, p. 67.

[173] Pour un tableau récapitulatif des principaux cartographes du XVe siècle, voir Gari LEDYARD, « Cartography in Korea », *op. cit.*, p. 345.

somme intitulée *Encyclopédie du Pays de l'Est* (東國文獻備考 동국문헌비고 *Tonggukmunhŏnbigo*), encyclopédie de référence documentaire de 1770, dont les ajouts et suppléments ne seront édités qu'en 1908[174]. Autant dire que, sur les cinq siècles du royaume de Chosŏn, quatre (de 1392 à 1770) se seront nourris et abreuvés des avancées effectuées au cours de la période qui nous concerne directement, le grand XVe siècle allant de l'avènement du Chosŏn, en 1392 – concomitant à la commande de la carte des cieux intitulée *Position des corps célestes selon leur ordre naturel et les champs célestes qui leur sont alloués* – à la publication du *Sŭngnam*, en 1531, qui marque, en même temps que la fin du bond géographique coréen, la rupture de la vision progressiste du néoconfucianisme du pouvoir central et l'ouverture de l'ère de fragmentation et de décentralisation politiques du Chosŏn dérivant de la vague de purges de 1498 (戊午史禍 무오사화 *muosahwa*), de 1504 (甲子士禍 갑자사화 *kapchasahwa*), de 1519 (己卯士禍 기묘사화 *kimyosahwa*) et de 1545 (乙巳士禍 을사사화 *ŭlssasahwa*). Ainsi, pour talentueux que soit le cartographe en Yi Hoe, il ne dispose pas d'une palette scientifique aussi riche et éclectique que celle de son homologue français : en effet, il ne nous reste de lui aucun traité ou écrit à valeur épistémologique qui nous permette d'affirmer que lui aussi était conscient que, en dressant ses cartes, il allait faire entrer la cartographie coréenne dans une nouvelle ère scientifique. Alors qu'en France Fine s'efforçait de distinguer la géographie de l'astronomie et, d'une manière plus subtile, de la religion, cet effort de catégorisation disciplinaire n'est pas exprimé sous la plume de l'intéressé mais par des chemins de traverse, parfois contemporains au Chosŏn mais plus souvent rétrospectifs, qu'il nous faut maintenant tenter de retrouver.

Un examen méticuleux révèle que l'abondance de traités de géographie au XVe siècle acquiert une signification plus profonde qu'un simple saut de leur production. Comme le remarque fort à propos Yang Bo-kyung, en s'épanouissant et en ramifiant ses domaines d'enquête, la géographie coréenne a converti un apport quantitatif en une altération graduelle de son contenu. Entendue *lato sensu* comme incluant des guides de voyage, des notes diverses où la description du paysage sert de prétexte à l'essai littéraire[175], ou bien, *stricto sensu*, comme des traités théoriques et techniques de compte rendu systématique sur une certaine localité, la chorographie (地誌 지지 *chiji* ou « encyclopédie chorographique ») a pour la première fois cessé d'être l'appendice de livres d'histoire pour devenir

[174] *Ibid.*, p. 274.

[175] Pour une étude des corrélations entre littérature et géographie au Chosŏn, voir Tae Joon KIM, *Korean Travel Literature*, Seoul, Ewha Womans University Press, 2006, p. 39-40.

l'objet d'étude de livres indépendants[176]. Cette émancipation disciplinaire se double d'une distanciation vis-à-vis de la Chine, puisque l'historicisation que subissait jusqu'alors la géographie dans un classique comme *Samguksagi* ne faisait que reprendre le format du *Livre des Han* (漢書 *Hanshu*) de Ban Gu, rédigé au Ier siècle. Même si sa complémentarité avec l'astronomie est toujours assumée, elle en est tout de même dissociée matériellement. Qu'il nous suffise ici de souligner que, alors que la carte des cieux intitulée *Position des corps célestes selon leur ordre naturel et les champs célestes qui leur sont alloués* et garante de la légitimité cosmique[177] de la dynastie Yi est gravée sur un bloc de marbre noir exposé à la vue de tous dans le palais Kyŏngbokkung (景福宮 경복궁), la géographie du *Kangnido* est, elle, dessinée séparément sur un morceau de soie le plus souvent enroulé, ce qui suppose que ses commanditaires y voyaient d'autres usages et donc une différenciation dans le contenu et la nature des informations retranscrites. Dans leur étude sur l'évolution historique de la cartographie coréenne, Han Young-woo, Ahn Hwi-Joon et Bae Woo Sung convergent sur le fait que la cartographie du Chosŏn se divise en une géographie textuelle nommée *chiriji* (地理志 지리지), c'est-à-dire des index géographiques souvent très proches et tributaires de la discipline historiographique ; et des représentations à proprement parler picturales ou *jido* (地圖 지도), littéralement « plan de la terre » en coréen. En ce qui a trait à ce deuxième grand ensemble, tandis que Gari Ledyard le subdivise en catégories définies par leur échelle spatiale (mondiale, nationale, régionale et locale[178]), Che Honggyu, au contraire, a recours à des jalons temporels pour distinguer trois étapes avant la prétendue modernisation de la Corée dans les années 1880 :

> La première phase couvre la période qui prend fin en 1424, lorsque le roi Sejong commandita la préparation d'une carte précise de la Corée et de descriptions régionales. Les cartes levées durant cette période furent la *Carte des cinq provinces et des deux régions* sous le Koryŏ et la *Carte des huit provinces* de Yi Hoe, mais aucune d'entre elles ne nous est parvenue [...]. La deuxième phase couvre la période allant de 1424 à l'apparition du *Tonggukchido* de Chŏng Sanggi (1678-1752). Une carte représentative de cette période est la

---

[176] Bo-kyung YANG, « Traditional Geography, Korean Geography and Geographers », *The organizing committee of the 29th international geographic congress*, Seoul, Hanul Academy, 2000, p. 24.

[177] Kristofer Schipper souligne utilement ce lien entre astronomie et pouvoir en analysant l'étymologie du terme « empereur » : « Le premier empereur n'a pas réclamé, semble-t-il, le titre de Fils du Ciel. N'est-il pas lui-même le *huángdì* [皇帝], le divin ancêtre (*dì*) résidant dans l'étoile polaire (*huáng*) ? » Christofer SCHIPPER, « Le chinois », in Pierre LEGENDRE, *Tour du monde des concepts*, Paris, Fayard, 2013, p. 174.

[178] Gari LEDYARD, « Cartography in Korea », *op. cit.*, p. 235.

> *Carte des huit provinces* publiée dans le *Tonggugyŏjisŭngnam*. Le concept d'échelle ne se manifeste pas dans les cartes de cette période. La troisième phase couvre la période allant de l'apparition du *Tonggukchido* de Chŏng Sanggi aux années 1880, une période qui vit l'introduction des sciences occidentales en Corée par la Chine […]. Ce n'est qu'à partir des années 1880 que les lignes des latitudes et longitudes dans le vrai sens du terme furent utilisées dans les cartes de Corée[179].

Quant à Yang Bo-kyung, elle ajoute à une chorographie descriptive et encyclopédique et aux documents picturaux deux nouvelles catégories : le *p'ungsu* (풍수), dérivé de l'appellation chinoise *fengshui* (风水) et rebaptisé plus tard en Corée *hyŏngsedo* (形勢圖 형세도) ou « cartes des formes et des forces », et la géographie des *sirhak* (實學 실학) ou « études pratiques », qui ne se développera qu'entre la fin du XVIIe siècle et le début du XIXe siècle. L'exposé de Yang Bo-kyung [180], tout en identifiant les principales artères de cette science, se garde pourtant bien de préciser à quel moment et pour quelles raisons celles-ci se croisent ou se séparent, créant ainsi l'illusion qu'il s'agit de flux parallèles ou en tout cas hermétiques les uns aux autres. Les coréanologues les plus éminents offrent donc une variété de grilles d'analyse, dont la limpidité érudite se heurte malheureusement à la résistance de l'étude de cas du *Kangnido*. En nous basant sur les éléments mis en évidence jusqu'ici, plusieurs illustrations sommaires peuvent nous aider à révéler la futilité d'un exercice taxonomique trop rigide. Tout d'abord, une partie de l'intérêt et de la difficulté d'interprétation du *Kangnido* réside dans le fait qu'il ait été actualisé à la fin du XVe siècle, ce qui automatiquement nous permet de rejeter toute périodisation temporelle trop rigide comme celle de Che Honggyu, dont l'année prétendument charnière de 1424 se trouve malencontreusement entre la version originale du *Kangnido* (1402) et la première dont nous disposons, le *Kangnido* Ryūkoku (1479-1485). Ensuite, si, un peu comme nous avons examiné la méthodologie de Fine, qui reportait d'abord les points orthonormés sur la carte puis les fleuves et les montagnes, et enfin les côtes, nous tenons en compte le fait que le roi Sejong avait pour habitude de rassembler géographes, experts en *p'ungsu* et peintres dans les missions qu'il mandatait pour la composition des *Chosŏnwangjosillok* (朝鮮王朝實錄 조선왕조실록) ou *Annales authentiques de la dynastie Chosŏn*, des *Sejongsillok* (世宗實錄 세종실록) ou *Annales authentiques du roi Sejong*, ou encore le recensement des provinces de Hamgyŏng, P'yŏngan et Hwanghae comme étape

179 Honggyu CHE, « Map commentaries », *op. cit.*, p. 230.

180 Bo-kyung YANG, « Traditional Geography, Korean Geography and Geographers », *op. cit.*, p. 19-80.

préliminaire à l'actualisation de la *Carte des huit provinces*[181], classifier les cartes coréennes selon leurs fonctions (spirituelle, astronomique, philosophique, géomantique, administrative, culturelle, artistique ou encore politique et militaire), ou selon leurs jalons spatio-temporels relève alors de l'illusion, puisqu'au contraire c'est de ces jeux de changements d'échelles disciplinaires et de synergies fonctionnelles que se charge le *Kangnido*.

Notre examen des cartes de Fine et Yi Hoe a permis jusqu'à présent d'identifier en quoi leurs travaux se nourrissaient des apports ptoléméen et sinocentrique. Parallèlement, nous avons aussi montré que, si des premiers éléments d'enquête taxonomique et épistémologique contribuaient à distinguer une nouvelle discipline géographique, ceux-ci risquaient néanmoins de conduire notre interprétation de catégories trop rigides pour embrasser pleinement les cartes étudiées ici dans un goulot d'étranglement. Pour contourner ces écueils, Philippe Pelletier préfère évoquer une imbrication étroite des typologies cartographiques[182] ; Jerry Brotton, une « approche cumulative[183] » ; Robert Smithson, des « enchâssements de cartes, produisant ainsi ce que l'on peut appeler, en reprenant le fameux concept de Foucault, des *hétérotopies* cartographiques, puisqu'elles ont pour effet de faire coexister plusieurs espaces en un seul[184] ». Seul le décryptage de ces enchâssements scientifiques et téléologiques nous rapprocherait du sens que les cartographes souhaitaient conférer à leurs cartes. À l'inverse de catégories qui semblent vouloir figer le sens des cartes, il faudrait plutôt comprendre en quoi ces croisements les fécondent et continuent jusqu'à ce jour à mettre en mouvement les réflexions et impressions graphiques qu'elles engendrent. Pour satisfaire la double exigence consistant à explorer la pluralité significative de la carte et l'avènement d'une discipline géographique également comprise comme sevrage par rapport à son principal héritage – ptoléméen ou sinocentrique –, une approche comparative trop soucieuse de sa propre symétrie montre ici ses limites : il nous reste donc à élucider, d'une part, pourquoi Yi Hoe se dispense d'embrasser le positivisme de Pei Xiu ou des sciences astronomiques chinoises, qui, dans la logique de restauration néoconfucéenne, aurait certainement constitué un rempart rationnel face à un ordre bouddhiste jugé inopérant dans la gestion des affaires d'ici-bas, alors que Fine parvient, à sa manière certes discutable et théorique, à trouver un terrain d'entente entre sciences et théologie ; et, d'autre part, à examiner comment Yi Hoe va réussir à désobstruer les

[181] *Sejong sillok*, kwon 71, Sejong 18 pyongjin 2 kyeyu, in Hwi-Joon AHN, « Early cartography and painting », in Young-woo HAN, Hwi-Joon AHN, Woo Sung BAE, *The artistry of early Korean Cartography*, Honolulu, University of Hawai'i Press, 2009, p. 134.

[182] Philippe PELLETIER, *L'Extrême-Orient. L'invention d'une histoire et d'une géographie*, *op. cit.*, p. 104.

[183] Jerry BROTTON, *Une histoire du monde en 12 cartes*, *op. cit.*, p. 180.

[184] Gilles TIBERGHIEN, *Finis Terrae. Imaginaires et imaginations cartographiques op. cit.*, p. 168-169.

horizons mentaux coréens des traditions chinoises et des élans chorographiques pour donner, comme Fine le fit grâce aux récits et aux croquis de voyage des argonautes, une dimension véritablement mondiale à son œuvre. C'est en étudiant les influences d'un autre passé – qui, pour moins classique et plus composite qu'il fût, n'en nourrit pas moins les renouveaux cartographiques français et coréen que la réhabilitation des Anciens – sur le *Kangnido/P'altodo* de Yi Hoe et les *Recens et integra orbis descriptio* et *Nova totius Galliae descriptio* de Fine que nous tenterons de répondre à ces interrogations.

Chapitre 2 – Le temps des compromis : les sources inavouées d'un renouveau cartographique

A. Au cœur des discordances entre projections et portulans

Le fait que Fine ait eu recours aux techniques de projection et de report de coordonnées ptoléméennes aussi bien dans la *Recens et integra orbis descriptio* (1536) que dans sa *Nova totius Galliae descriptio* (1538) montre bien qu'il cherche à transcender la dichotomie classique qui veut que la géographie mondiale seulement soit fondée sur les calculs mathématiques et que la chorographie, c'est-à-dire la description régionale, ne relève, elle, que de l'observation empirique. En cela, il prend bien le contre-pied de Ptolémée qui ouvrait ainsi le premier livre de sa *Géographie* :

> La géographie est une représentation en image de l'ensemble du monde connu ainsi que des phénomènes qui s'y déroulent. Elle diffère de la chorographie en ceci que cette dernière [...] examine plus complètement les détails des plus petits lieux possibles tels que ports, fermes, villages, cours des fleuves, etc. [...] La chorographie exige l'art pictural et l'on ne peut y réussir qu'en étant peintre [...]. Qui plus est, la chorographie n'a pas besoin des mathématiques qui constituent une partie importante de la géographie [...]. Montrer toutes ces choses à l'intelligence humaine, telle est la tâche grandiose et passionnante des mathématiques[185].

Mettre en adéquation la science de l'observation et l'observation de principes scientifiques revenait pour Ptolémée à tenter de résoudre une équation aux termes inconciliables. Ceci ne signifie pas que les guides côtiers aient été étrangers à la tradition grecque qui les désignait par le nom de « périple » (du grec « naviguer autour »), dont le plus ancien remonte au VIe siècle avant l'ère chrétienne[186] ; mais ceux-ci ne dépassaient pas l'espace méditerranéen allant de l'embouchure du Nil aux Colonnes d'Hercule (Gibraltar). Or, grâce à l'apport empirique des grandes découvertes et des

---

185 Daniel BOORSTIN, *Les découvreurs*, *op. cit.*, p. 148.

186 *Ibid.*, p. 143. Nous avons surtout insisté dans le premier chapitre sur l'héritage scientifique de Ptolémée mais ce serait le faire mentir que de présenter sa géographie comme dénuée d'empirisme puisque, comme le souligne fort à propos Estelle Bertrand, « la multiplication des opuscules dont Ptolémée fait état au IIe siècle, le grand nombre de récits de voyages ou encore d'écrits de lexicographes et de grammairiens incluant des notices toponymiques et ethnonymiques, attestent de la place prise par la culture géographique dans la culture littéraire au Haut-Empire ». Estelle BERTRAND, « Ethnonymes, toponymes dans l'*Histoire romaine* de Cassius Dion : quelques remarques sur la culture géographique de l'historien », in François BRIZAY, Véronique SARRAZIN, *Érudition et culture savante de l'Antiquité à l'époque moderne*, Rennes, Presses Universitaires de Rennes, 2015, p. 39.

portulans, les périples prennent de l'ampleur, au point de « circuir une fois le monde[187] » comme l'écrit Antonio Pigafetta dans sa relation, et Fine va tenter de fusionner approches mondiale et chorographique en collationnant cartes nautiques et cartes, pour ainsi dire, continentales. Dans la légende de sa mappemonde unicordiforme, Fine reconnaît avoir corrigé et augmenté son œuvre « d'après de nombreuses observations des hydrographes récents[188] ». Si les deux acceptions modernes du terme hydrographie se rapportent respectivement à l'étude des réseaux fluviaux ou encore à celle des bassins souterrains, Fine fait plutôt allusion ici aux expéditions visant à déterminer les pourtours des continents et à affiner notre connaissance du littoral. Par hydrographes, il entend ici les argonautes qui, en plus d'aventuriers, se doublaient de maîtres de cartes et allaient lui permettre d'insuffler une dimension véritablement mondiale à la tradition ptoléméenne. Car finalement, outre sa valeur théorique puis finalement encyclopédique sous l'Empire romain, la géographie ptoléméenne souffrait, à l'orée du XVIe siècle, d'un manque béant de données empiriques que seules les cartes nautiques pouvaient lui fournir. La tradition grecque est en quelque sorte rattrapée par son mépris de l'utilitaire et, pour prétendre donner un nouvel élan à sa discipline, Fine, lui-même plutôt versé en mathématiques et recherches pures, et, acculé au pragmatisme, plutôt porté sur la chorographie alpine et notamment dauphinoise que sur son versant côtier, dut se pencher sur les portulans qui avaient fait leur apparition dès les années 1270 en Occident.

De l'italien *portolano*, « livre d'instructions nautiques décrivant les accès aux ports[189] », le portulan en est venu à désigner, il est vrai quelque peu improprement, une carte marine ancienne. Il affiche en tout cas des préoccupations que Ptolémée aurait peu goûtées. Contrairement à l'œkoumène saturé de noms de villes et de localités, sur les portulans, les continents sont évidés de tout encombrement toponymique et c'est bien la toponymie côtière qui, perpendiculaire au littoral, en dessine le tracé. Le quadrillage ptoléméen laisse ainsi place à la réticularité de roses des vents à huit, seize ou trente-deux branches qui étoilent la carte de caps – loxodromiques suite aux innovations de Mercator – à suivre dans une vision cinétique et utilitaire du monde et non plus dans une projection statique et cognitive de celui-ci. Autre différence de taille, « les portulans, appelés plus exactement "cartes nautiques" ou "cartes à rhumbs", sont des documents

[187] Patrick BOUCHERON, « Introduction », *op. cit.*, p. 35.
[188] Oronce FINE, « Légende de la *Recens et integra orbis descriptio* », *op. cit.*, p. 93.
[189] Catherine HOFMANN, Hélène RICHARD, Emmanuelle VAGNON, « Modes de fabrication et usages des cartes portulans à travers les siècles », in Catherine HOFMANN, Hélène RICHARD, Emmanuelle VAGNON, *L'âge d'or des cartes marines, Quand l'Europe découvrait le monde*, Paris, Seuil/BnF, 2014, p. 30.

élaborés par des marins et destinés à des marins[190] ». Inutile donc de préciser que l'accès aux portulans – souvent confidentiels car manuscrits en une seule et unique version – requérait un type de passe-droit d'un tout autre ordre que celui pour l'accès aux bibliothèques où furent conservées les versions successives de la *Géographie* de Ptolémée. Nous ne sommes pourtant pas certain que Fine ait pu en consulter un grand nombre ni qu'il se soit octroyé de première main d'autres esquisses ou journaux de bord. À vrai dire, même s'il est le premier en France à dessiner l'Amérique, le tracé des littoraux – du cap de Bonne Espérance à la fusion de l'Amérique du Nord avec l'Asie, en passant par un Antarctique surdimensionné ou des côtes françaises quasiment rectangulaires – est fruste en regard de la finesse et de l'exactitude des traits d'Andrea Bianco (1436), de la *Gallia Novella* de Berlinghieri (1482) ou des portulans de Conte Freducci (1497). Les eût-il consultés, comment aurait-il déduit le positionnement du littoral à partir des lignes de rhumb ? Pour sortir de l'impasse que supposait pour lui une cartographie affranchie de tout cadre orthonormé et donc difficilement transférable au graticule grec, il est plus probable que Fine se soit servi de sources secondaires, dont les données étaient déjà traitées et retranscrites sur des cartes aux projections plus familières. Deux cartographes se distinguent alors : d'une part, François Monachus (et à travers lui Maximilien Transylvain, Jean de Mondeville et Odoric de Pordenone, auxquels il doit de nombreux noms de pays ou de villes) ; et d'autre part, le géographe allemand Johannes Schöner, qui lui-même avouait s'inspirer de Fine au point qu'il est délicat d'établir la précédence de l'un sur l'autre. D'ailleurs, l'une des principales lacunes du labeur finien – lacunes que nous confronterons plus bas aux sauts qualitatifs qui selon nous l'emportent – se matérialise par un tracé côtier fort grossier et qui ne fait d'ailleurs pas état des dernières connaissances en la matière en 1522, année où il finit la première ébauche de sa *Nova totius Galliae descriptio* et où justement Magellan finissait de circumnaviguer le globe. En fait, cette circumnavigation va indirectement amener Fine à remettre en question les projections de Ptolémée, qui lui-même avait bien conscience que sa première projection conique simple n'était pas exempte d'inexactitudes. Même si ses méridiens convergeaient en un point imaginaire situé au-delà du pôle Nord, croisés par les parallèles de Thulé, de Rhodes, de l'Équateur et d'anti-Meroé, et formaient un graticule satisfaisant pour quiconque ayant une vision du monde réduite aux trois continents de l'œkoumène – Europe, Asie et Afrique –, les distorsions de ces rapports angulaires, même dans la seconde version améliorée par ses soins[191], ne permettent plus à l'heure des circumnavigations d'intégrer pleinement l'hémisphère Sud ni le quatrième continent, c'est-à-dire l'Amérique, car les

[190] Numa BROC, « Quelle est la plus ancienne carte "moderne" de la France ? », *op. cit.*, p. 519.

[191] Jean-Jacques BRIOIST, « Oronce Fine and cartographical methods », *op. cit.*, p. 142.

deux systèmes de Ptolémée ne s'appliquaient qu'à des latitudes comprises entre 35° et 63° de latitude nord. La récemment rebaptisée « rencontre des mondes » jette une lumière tranchante sur l'erreur de l'Alexandrin, consistant à trop étirer l'œkoumène d'est en ouest, et révèle également l'écart, trop important pour rester opératoire, entre le calcul de la circonférence de la Terre qu'effectue Ptolémée (environ 28 800 kilomètres) et sa véritable valeur (40 075 kilomètres). Mais avant que Mercator ne parvienne à établir la conformité des rapports angulaires et que Carl Friedrich Gauss ne démontre dans les années 1820 « qu'une sphère courbe et un plan n'étaient pas isométriques ou, en d'autres termes, que le globe terrestre ne pourrait jamais être dessiné sur la surface plane d'une carte à échelle fixe sans connaître une certaine distorsion de sa forme ou de son angularité[192] », Fine va devoir repenser le report de données saisies dans une réalité en trois dimensions sur un plan en deux dimensions, alors même que, paradoxalement, la rotondité de la terre se confirme et que cette dernière se circumnavigue. Sans s'en vanter, il se démarque d'un pan entier de la tradition grecque en appliquant un système de projection classique aux géographies nationale et régionale. Si l'on en croit ce qu'écrit Lucien Gallois :

> Le système de projection en [de la *Nova totius Galliae descriptio*] est très simple. N'ayant à représenter qu'une région limitée, Fine [...] n'a pas éprouvé le besoin de figurer par des courbes parallèles et méridiens. Il a simplement adopté un réseau de lignes droites, les méridiens étant inclinés sous un même angle, de part et d'autre du centre de la carte. Pour ne pas compliquer le dessin, il n'a d'ailleurs marqué en bordure que l'extrémité de ces lignes[193].

Le système de projection de la *Recens et integra orbis descriptio* est, lui, bien plus ingénieux et novateur pour les années 1530, lorsque cette carte fut conçue. Alors qu'une profusion de projections scientifiques voit le jour – à lui tout seul Fine en propose cinq dans *De mundi sphaera* et *Protomathesis* (trapézoïdale, en octant, par stéréographie équatoriale, oblique ou sur deux hémisphères[194]), tandis que Jerry Brotton[195] en dénombre seize tout le long du XVIe siècle, parmi lesquelles les projections conique, sinusoïdale, ovale, polaire, cylindrique, azimutale, ou encore celle en fuseaux dite de Waldseemüller –, pourquoi Fine choisit-il la projection cordiforme, c'est-à-dire une représentation du monde en forme de cœur ? Que l'homme ait voulu

---

[192] Jerry BROTTON, *Une histoire du monde en 12 cartes*, *op. cit.*, p. 20.
[193] Lucien GALLOIS, « La grande carte de France d'Oronce Fine », *op. cit.*, p. 346.
[194] Pour un compte-rendu détaillé de ces méthodes de projection, voir Jean-Jacques BRIOIST, « Oronce Fine and cartographical methods », *op. cit.*, p. 143-148.
[195] Jerry BROTTON, *Une histoire du monde en 12 cartes*, *op. cit.*, p. 253-255.

excentrer Dieu de l'univers mental de la Renaissance ne constitue pas un simple acte de vanité déicide ni forcément un nouveau sacerdoce pour celui qui souhaite « mesurer toute chose à la durée et à l'intensité d'*une* vie humaine[196] ». Car *ipso facto* ce vide spirituel invite à s'interroger sur les moyens de le combler ; et dans le cas qui nous préoccupe, les cartographes durent remplacer la vision céleste des *mappae mundi* par un système cohérent de projection scientifique qui intégrât et coordonnât les perspectives du plan et son orientation, l'échelle du microcosme reproduit et les nouveaux symboles aidant son déchiffrage. Miroir de l'évolution de la science comme de celle des mentalités, la carte exprime cette profusion de points de vue qui viennent se télescoper dans un mouvement humaniste où la part de subjectivité tolérée est peut-être encore moins généreuse qu'au Moyen Âge. Rien d'étonnant non plus à ce que la science aussi, dans sa quête de vérité démontrable, se prête au jeu de l'angle juste depuis lequel appréhender le sensible et formaliser cette double projection à la fois cartographique – à l'heure où les cartes sont préférées aux globes tridimensionnels, comment combler la perte de cette troisième dimension ? – et symbolique – quels sont, derrière la mise en scène d'une vérité absolue, les valeurs et les partis pris véhiculés par cette représentation où se mêlent sensibilité picturale et intelligibilité positive ?

Fine n'a pas inventé la représentation cordiforme déjà éprouvée par trois cartographes, d'après Jean-Jacques Brioist[197], notamment dans le *Libellus de quatuor terrarum orbis in plano figurationibus*, édité à Nuremberg en 1514, et rédigé par le mathématicien allemand Johannes Werner qui en codifia trois variantes, dont deux seront utilisées par Fine : la bicordiforme (1531) et l'unicordiforme (1536). Or, la genèse qu'en offre Lucien Gallois dans sa thèse sur *Les géographes allemands de la Renaissance*[198] montre que Werner l'avait lui-même empruntée à un mathématicien de Vienne, Stabius, et qu'en 1511 Bernard de Sylva avait dessiné une mappemonde dans ce mode, qu'on attribue encore une fois à Ptolémée[199]. De toute évidence, la projection cordiforme présente un intérêt esthétique qui séduit l'érudit comme le cartophile d'un jour. Fine en appelle sans ambages au plaisir de l'observateur envers une carte qui se veut objet non plus de culte mais de contemplation ou du moins d'admiration artistique. Pourtant, à peine moins de vingt années après la parution des 95 thèses de Luther, Fine ne pouvait ignorer tout le poids d'un symbole qui n'était pas dépourvu de connotations religieuses. Alors que, pour Monique Pelletier, « symbole de la charité

---

[196] André MALRAUX, *La tentation de l'Occident*, Paris, Grasset, 1979, p. 49.

[197] Jean-Jacques BRIOIST, « Oronce Fine and cartographical methods », *op. cit.*, p. 151.

[198] Lucien GALLOIS, *Les géographes allemands de la Renaissance*, Paris, Ernest Leroux, 1890.

[199] Lt-colonel LANGLOIS, « Étude sur deux cartes d'Oronce Fine de 1531 et 1536 », *Journal de la Société des Américanistes*, t. 14-15, 1922, p. 84.

chrétienne, le cœur fait de la carte de Fine un véhicule de la propagande religieuse[200] », au siècle des guerres de religion, il convient de préciser à quelle confession précise correspond ce cœur. Jerry Brotton soutient la thèse que cette charité n'était pas œcuménique, bien au contraire :

> Des théologiens luthériens, tel Melanchthon, considéraient le cœur comme le siège des émotions humaines et le voyaient de ce fait comme essentiel à l'expérience bouleversante de la lecture du texte sacré. S'appropriant le symbolisme catholique du cœur, la pensée luthérienne considéra sa représentation dans des livres et sur des cartes comme un acte de piété : il s'agissait de sonder son cœur, sa conscience à la recherche des signes de la grâce. Les simples mortels devaient donc tenter d'interpréter leurs cœurs puisque seul Dieu était *kardiognostes* (« connaissait les cœurs ») et pouvait lire au fond des âmes en se passant de commentaire[201].

Faut-il en conclure que le séjour prolongé qu'aurait fait Fine en prison en 1517 – année de la parution des 95 thèses –, voire pendant les huit années qui suivirent selon les estimations les plus longues, fut la conséquence d'une dissidence réformiste ou du moins d'ordre spirituel ? Tandis que du Boulay impute la cause de cet emprisonnement au fait que Fine ait été « une des victimes de la petite sédition que provoqua parmi les membres de l'Université de Paris le concordat de 1517 », Lucien Gallois s'appuie sur une lettre de Cornelius Agrippa, écrite à Lyon, le 3 novembre 1526, pour en conclure que :

> Fine fut emprisonné pour avoir fait des prédictions astrologiques qui avaient sans doute déplu à la reine-mère. Les astronomes, à cette époque, étaient tous plus ou moins astrologues. Le grand Kepler, lui-même, tira toute sa vie des horoscopes, moyennant salaire, sans y attacher autrement d'importance. « Combien serait petit, disait-il, le nombre des savants qui se dévoueraient à l'astronomie, si les hommes n'avaient pas espéré lire les événements futurs dans le Ciel ! »[202].

---

200 Monique PELLETIER, *Cartographie de la France et du monde de la Renaissance au Siècle des lumières*, *op. cit.*, p. 12.

201 Jerry BROTTON, *Une histoire du monde en 12 cartes*, *op. cit.*, p. 256.

202 Lucien GALLOIS, « Un géographe dauphinois : Oronce Fine et le Dauphiné sur sa carte de France de 1525 », *op. cit.*, p. 7. Cependant, d'après Alexander Marr, l'incarcération de Fine eut lieu, au bas mot, entre octobre 1524 et le début de l'an 1525. Alexander MARR, « Introduction », in Alexander MARR, *The worlds of Oronce Fine, Mathematics, Instruments and Print in Renaissance France*, Donington, Shaun Tyas, 2009, p. 7.

Nous pensons que ce cœur joue en fait le rôle d'un leurre déviant l'attention de l'Église du principal chef d'accusation qu'elle pourrait adresser à Fine, celui de rompre avec les *mappae mundi*. La carte unicordiforme de Fine est en effet décentrée par rapport à la cartographie moralisatrice chrétienne. En même temps, catholiques, protestants et humanistes peuvent l'interpréter, selon leurs critères respectifs, comme un gage des engagements de Fine pour leur cause. Or ce décentrement par rapport au Moyen Âge et cette allégeance ambivalente ne supposent pas nécessairement un acentrement : nous avons déjà mentionné la théorie des enchâssements de cartes de Robert Smithson et le possible enchâssement fonctionnel que Fine souhaitait conférer à son entreprise. La carte cordiforme serait pour ainsi dire polycentrique ou multipolaire : elle contiendrait en elle un programme disciplinaire, une évidente visée esthétique et, en plus de balbutiements juridiques et militaires, un manifeste politique, car la carte est avant tout dédiée au roi. Elle serait en outre porteuse d'un projet humaniste car Fine mathématicien, astronome, cosmographe et artisan, conscient des limites de l'apport cumulatif et coordonné de toutes les connaissances, nous déclare tout de même que le monde entier tient dans un cœur humain et qu'à défaut d'échelles et de système métrique qui ne seront institutionnalisés qu'après la Révolution française[203], l'homme reste l'unité de mesure la plus sûre, la plus fiable pour sonder les *deserta* et *terrae non examinatae* du monde comme de l'âme. La meilleure preuve que, poussée jusque dans ses ultimes retranchements, la projection cordiforme invite peut-être même à transcender tout sectarisme, réside dans la variété des sources que Fine met à profit. Les améliorations ptoléméennes et les précisions des argonautes ne furent en aucun cas le fruit d'un dialogue exclusif entre Fine et ces derniers, mais démontrent plutôt la nature collaborative – même si ces chaînes de collaboration restent souvent souterraines – du labeur cartographique au XVIe siècle. Parmi la profusion de projections proposées par les cartographes, celle en forme de cœur que finit par choisir Fine serait celle qui résume le mieux cet équilibre entre un certain degré de certitudes scientifiques dans l'art de reproduire et représenter le réel et la mise en scène du parti pris nécessairement subjectif de l'homme néanmoins prudent et mesuré dans ses entreprises car confronté à des contraintes techniques et à ses propres lacunes. Le cœur représenté ici ne serait pas seulement celui du géographe ou du souverain à qui la carte est dédiée, mais une pluralité de cœurs, tant des hydrographes ayant inspiré ses cartes ou qui les compléteront à l'avenir, que des observateurs qui s'en instruiront ou se divertiront en la contemplant. Cette mise en abîme du point de vue de tous les hommes contenu dans celui d'un seul est d'une certaine façon déjà illustrée par les travaux d'un autre scientifique contemporain de

[203] Gilles TIBERGHIEN, *Finis Terrae. Imaginaires et imaginations cartographiques*, *op. cit.*, p. 121.

Fine et non des moindres, Léonard de Vinci : sa vue en plan d'Imola (1502) « implique non pas un point d'observation, mais une infinité, afin que tous les éléments au sol puissent être également dépeints[204] ». Par le choix de sa projection, Fine vise lui aussi à conjuguer les effets de ses connaissances scientifiques et de ses convictions personnelles.

B. Perspectives enchâssées de la géomancie, du Koryŏ et des Gyokizu

Si l'examen des cartes finiennes a révélé que le Dauphinois se basait sur des travaux récents pour mettre à jour deux traditions cartographiques distinctes (ptoléméenne et nautique), celui du *Kangnido* s'avère plus complexe en ce qu'il semble vouloir mettre en exergue fractures idéologiques et dissonances scientifiques. Appréhender le *Kangnido* comme un simple produit dérivé du sinocentrisme ne rendrait pas justice à l'histoire de la cartographie coréenne. La plus ancienne carte de Corée, datant d'il y a environ 3 000 ans, a été retrouvée sur un bloc de pierre près de Pankudaoe (Ulssan) ; mais avant cela, des recherches archéologiques attestent de l'existence de sépultures peintes remontant à la préhistoire et plus récemment au royaume de Kogoryŏ (37 av. J.-C.-668)[205]. D'après les collections de Kyujanggak (奎章閣 규장각), c'est-à-dire l'ancienne bibliothèque royale actuellement située au sein de l'université nationale de Séoul, les Coréens ont commencé à cartographier un pays qu'ils estimaient comme le leur dès la période des trois royaumes qui nous lègue une multitude de traités géographiques et de cartes[206]. Deux documents datant du VIe siècle prouvent l'existence d'au moins deux usages des cartes à cette époque : une carte militaire de la forteresse de Yodong dans le comté de Sunch'ŏn (province de P'yŏngan) ; et une carte diplomatique, puisque le *Samguksagi* fait cas d'une *Carte de la province inféodée* (le Kogoryŏ) envoyée à la dynastie Tang, en 628, par le roi Yungryu. Ces témoignages épars nous permettent donc de cerner une cartographie vernaculaire prospérant en dehors de l'orbite sinocentrique. Là où la ligne de démarcation est moins en vue, comme dans le cas des portulans qui sont à cheval sur le bas Moyen Âge et une Renaissance en germe, c'est entre la fin du royaume de Koryŏ et les premières décennies du Chosŏn, comme l'illustre notamment la cartographie divinatoire. C'est en ces termes que Gari Ledyard décrit les quelques siècles précédant l'avènement du Chosŏn :

---

204 Anne ROONEY, *Cartes, Chroniques du monde connu*, Paris, Chronique Éditions, 2018, p. 34.

205 Bo-kyung YANG, « Traditional Geography, Korean Geography and Geographers », *op. cit.*, p. 19-20.

206 Byonghyon CHOI, « Translator's Preface », in Young-woo HAN, Hwi-Joon AHN, Woo Sung BAE, *The artistry of early Korean Cartography*, Honolulu, University of Hawai'i Press, 2009, p. vii.

> Au cours des IXe et Xe siècles, les chemins de montagne devaient être bondés de moines et experts en géomancie en quête des secrets du système artériel de la nation. Bien avant cela déjà, une vision du réseau montagneux de la Corée faisait du mont Paektu (2 744 m) un pic volcanique majestueux empli d'un lac en son cratère (Ch'ŏnji, l'étang du ciel), la source même des rivières Yalu, Tumen et Sungari (Songhua) le foyer spirituel irriguant les veines de la Corée de puissantes forces légitimantes. Les théories en géomancie furent l'un des principaux facteurs légitimant la dynastie Koryŏ [...]. On rapporte que le moine Tosŏn (827-898) avait inspecté le mont Song'ak en 875 et confirmé sa connexion au mont Paektu, prédisant qu'un futur roi naîtrait à Songdo grâce à cela. Et, conformément à ses prédictions, Wang Kŏn, fondateur de la dynastie Koryŏ, y naquit deux années plus tard[207].

Cette croyance – ou doit-on parler de science[208] ? – si profondément enracinée dans les pratiques péninsulaires aurait-elle pu être évincée par une simple transition dynastique ? En dépit du fait qu'aucune allusion directe ne soit faite à la géomancie dans le préambule de Kwŏn Kŭn, ni à ses attributs convenus (chaînes de montagnes et réseaux fluviaux innervant les flux énergétiques à travers des jointures nodales recouvrant la péninsule), gardons-nous d'en induire son absence du *Kangnido*, absence souvent affichée comme preuve irréfutable de l'évolution cartographique du Chosŏn. Une définition sommaire du *fengshui* (風水 풍수, *p'ungsu*) nous rappelle que les maîtres en géomancie, ces médecins de la terre, étaient censés optimiser le destin des individus ou des sociétés en décidant de l'orientation et de l'emplacement des demeures de particuliers, édifices gouvernementaux, temples et villes en fonction de leur lecture des flux de *ki* (氣) ou énergie vitale parcourant la terre. Peut-être en raison de la légitimité spirituelle associant le *p'ungsu* au royaume du Koryŏ ou de la configuration caractéristique de la péninsule se prêtant particulièrement bien au jeu des diagnostics divinatoires, étant donné qu'elle est recouverte pour plus de ses deux tiers de chaînes de montagnes charriant elles-mêmes d'innombrables fleuves quadrillant la quasi-totalité du territoire, les Coréens se seraient en quelque sorte approprié l'art du *fengshui* chinois, rebaptisé *p'ungsu* en coréen et dont la traduction cartographique a donné naissance aux *hyŏngsedo*. Il serait en tout cas cavalier de ne pas chercher à comprendre dans quelle

207 Gari LEDYARD, « Cartography in Korea », *op. cit.*, p. 278.

208 Nam-Yi Kim observe que, sous le règne du roi Sejo (1455-1468), sept disciplines (七學 칠학) font l'objet de formations spécialisées auxquelles sont consacrés leurs centres de recherche respectifs : l'astronomie, la géographie, le *yinyang*, la musique coréenne, la médecine, le shamanisme et l'histoire de la poésie. Nam-Yi KIM, *집현전 학사의 삶과 문학 세계*, 파주,태학사, 2004, p. 305.

mesure le *Kangnido* n'est pas également soit le reflet soit le contrepoint de l'expression d'une tradition divinatoire. Car après tout, comme en géomancie, sur le *Kangnido*, la partie coréenne de la carte recense les chaînes de montagnes en plus des rivières, à la différence de la Chine où l'accent est mis sur le seul tracé des rivières. Et le Chosŏn n'avait pas entièrement rompu avec son passé chamanique puisque les spécialistes de géomancie, les *chigwan*, étaient, apprend-on de Francis Macouin, « regroupés dans un service au sein du "bureau d'astrologie" (觀象監 관상감, *kwansanggam*). En effet, la théorie des cinq éléments (五行 오행, *ohaeng* : métal, bois, eau, feu, terre) et de leurs associations selon le mode producteur [...] ou destructeur [...] institue des corrélations avec les directions, les couleurs, les organes du corps humain, les saveurs, etc., et se mêle à la théorie du yin et du yang (respectivement *ŭm* et *yang* en coréen) et aux hexagrammes du Yijing[209]. » Nous ne pouvons que donner raison à Gari Ledyard lorsqu'il souligne que la structure oronymique accentuée sur la péninsule coréenne est la première chose qui la distingue du reste de la carte et qu'elle dénote bien la « fascination coréenne pour le système artériel[210] » de leur environnement. À l'instar de la capitale de Koryŏ, Songdo (actuellement Kaesŏng), dont la géomancie avait établi qu'il s'agissait de l'extrémité du canal énergétique reliant le mont Paektu (lui-même irrigué par le mont Kunlun au Tibet) au mont Song'ak, nous aurons beau jeu de remarquer que Hansŏng, alors capitale du Chosŏn, est perceptible grâce à sa crénelure rouge et que, comme sous le royaume précédent, son emplacement fut déterminé selon les plus strictes règles de géomancie que se chargeait de faire respecter le Département de l'astronomie et de la géomancie du Chosŏn. En fait, nous pourrions même avancer l'argument que le *Kangnido* est à l'origine de deux familles de cartes : de manière directe et évidente, il est la première version d'une longue lignée de cartes dites de style Chŏng Ch'ŏk (1390-1475), nom du principal cartographe de Sejong, qui, outre le tracé énergétique des fleuves et des montagnes, se définissent par l'aplatissement de la frontière nord et un état des lieux relativement réaliste du nouvel agencement administratif des provinces. La carte de Yi Hoe est certes de nature très nettement moins divinatoire que celles de Chŏng Ch'ŏk, mais la paternité d'une frontière septentrionale escamotée lui revient de droit. Néanmoins, il ne faudrait pas négliger le fait qu'en comprimant les fleuves qui sont à la source de tout le réseau fluvial de la péninsule et en réduisant le mont Paektu à une simple taupinière (un peu comme Fine le fera un siècle plus tard avec le mont Sinaï), Yi Hoe et les cartographes du *Kangnido* Ryūkoku renient en grande partie les origines géomantiques de leur territoire et accélèrent plus ou moins consciemment la transition d'une cartographie

[209] Francis MACOUIN, *La Corée du Chosŏn, 1392-1896*, *op. cit.*, p. 46-47. Le tableau des cinq éléments de la page 47 précise toutes leurs correspondances.
[210] Gari LEDYARD, « Cartography in Korea », *op. cit.*, p. 289.

énergétique à une cartographie, sinon géostratégique, du moins administrative : tout en préservant les cinq couleurs divinatoires – 五方色 오방색, *obangsaek,* le blanc, le noir, le rouge, le bleu, le jaune –, ce que confirme la spectrométrie de fluorescence des rayons X[211], le *Kangnido* Ryūkoku fait fond sur l'équivalent d'une légende en couleurs plus proche de la cartographie arabe où « la mer et les lacs salés sont en vert, les rivières et les lacs d'eau douce en bleu », ce qui le distingue également des versions ultérieures Honmyōji, Honkōji et Tenri[212]. Si Jerry Brotton et Gari Ledyard considèrent encore les cartes Chŏng Ch'ŏk comme des parangons de la géomancie, nous avons surtout été sensible au fait que, de même que sur le *Kangnido* dessiner les fleuves et montagnes de la péninsule une fois que ceux-ci avaient été coupés de leur foyer énergétique leur octroyait une valeur essentiellement ornementale, de même sur les cartes Chŏng Ch'ŏk établir des distinctions de couleurs en fonction du découpage administratif néoconfucéen – huit couleurs (bleu ciel, bleu foncé, blanc, vert, jaune clair, jaune foncé, rose et rouge) pour huit provinces – tout en atrophiant la région septentrionale ne mettait plus à l'honneur le chamanisme vernaculaire. Il ne s'agit d'ailleurs pas là d'un aléa mais d'une tendance de fond, puisque le *P'aldoch'ongdo* (八道總圖 팔도총도, 1531), ou *Carte générale des huit provinces*, est presque entièrement tarie de flux énergétiques et chantournée au point de ne plus ressembler qu'à un grossier bloc qui rappelle l'allure parallélépipédique de la France finienne. Par effet de ricochet, non seulement la géomancie mais aussi une cartographie plus symbolique que concrète, se retrouvant en partie exclue du sens que le cartographe souhaitait transmettre aux XVe et XVIe siècles, ont trouvé droit d'asile dans une autre famille de cartes, cette fois-ci plus cosmogonique que chamanique : les cartes *ch'ŏnhado* (天下圖 천하도) ou littéralement « cartes du monde sous les cieux ». Ces dernières sont l'expression d'une double régression – ou en tout cas nostalgie – cartographique puisque, en plus de remettre au goût du jour les cartes spirituelles aux XVIIe et XVIIIe siècles, elles replacent la Chine au centre d'un monde fait de mers et continents concentriques dont les toponymes sont tirés du *Classique des Montagnes et des Mers* (山海經 *Shanhaijing*). Pour ce qui est du *Kangnido* à proprement parler, Kenneth Robinson note aussi que les versions Honmyōji et Tenri contiennent un plus grand nombre de références taoistes que celles de Ryūkoku et même Honkōji[213]. Aussi le *Kangnido* Ryūkoku reflète-t-il à sa manière une mise en

211 Yoshihiro OKADA, « 초고정밀 화상처리에 의한 혼일강리역대국도지도의 과학분석 », *한국고지도연구학회학술대회*, 2012, p. 86.

212 Sang-Hak OH, « 『혼일강리역대국도지도』의 최근 담론과 지도의 재평가 », *국토지리학회지*, 제 50 권 1 호, 2016, p. 119.

213 Kenneth ROBINSON, « Daoist Geographies in Three Korean World Maps », *op. cit.*, p. 101-106.

tension entre un ordre administratif ascendant et un ordre spirituel temporairement mis en retrait. Cette nuance ne nous a pas paru explicite dans la classification des auteurs cités ci-dessus, qui donnent plus l'impression d'établir une chronologie tronquée sans en préciser les liens de cause à effet ni les déséquilibres fonctionnels. Nous voyons plutôt dans le *Kangnido* Ryūkoku l'expression d'une dissonance entre fonctions spirituelles et administratives qui, pour ne plus être répétée, donnera naissance à une scission dichotomique entre les cartes à plus forte teneur symbolique et spirituelle – les *ch'ŏnhado* – et les cartes où prédominent les visées administratives et géopolitiques – les cartes de type *Kangnido* et Chŏng Ch'ŏk. En cela, nous cautionnons les propos de Philippe Pelletier, qui observe qu'une scission s'opère sous les Yi où deux sortes de mappemonde émergent : « les unes du type *Kangnido* et les autres du type *ch'ŏnhado,* et cela dès le début du XVIe siècle, ou même avant. Il [Jeon Sang-Woon] pousse plus loin l'analyse en soulignant que les *ch'ŏnhado* "ont été influencées par les rouelles, dites cartes T-O, du Moyen Âge européen et par les cartes islamiques de la même époque"[214] ». Mais son analyse se dispense du double lien de causalité qui, d'une part, établit la filiation entre le *Kangnido* Ryūkoku et le style Chŏng Ch'ŏk et, d'autre part, entre le *Kangnido* Ryūkoku et une partie de son héritage spirituel qui se greffe sur une nouvelle famille de cartes, les *ch'ŏnhado*. Là encore, les pistes semblent brouillées par le fait que le zèle néoconfucéen des Chinois et des Coréens ait fait disparaître des archives les premiers exemplaires des cartes bouddhistes *ch'ŏnhado*, dont les plus anciennes versions se trouvent toutes au Japon[215].

En plus du sinocentrisme et de soupçons ésotériques se lovant dans les reliefs de la péninsule coréenne, la présence d'informations leur étant étrangères nous permet de subodorer, a minima, une tierce influence cartographique dans le *Kangnido*. Comment se fait-il, en effet, que le tracé côtier, dont ne se souciaient guère Chinois ni chamans, ait été si fidèle à la réalité ? Et à quoi peuvent être imputées l'abondance et la précision de l'emplacement de tant de villes et villages ? De même que Fine se base en partie sur des cartes nautiques de facture relativement récente qui remontent tout au plus au bas Moyen Âge et pour le reste sur les rectifications de ses contemporains, il s'avère que Yi Hoe s'appuie également sur un corpus de cartes datant des dernières décennies du Koryŏ. Notons tout d'abord qu'il aurait été surprenant qu'il en fût autrement, étant donné que les vies de Kwŏn Kŭn (1352-1409) et de Yi Hoe (1354-1409), à cheval sur la fin du Koryŏ et le début du Chosŏn, ne pouvaient que refléter cette double appartenance dans leurs travaux cartographiques. En effet, Yi Hoe passa le concours mandarinal *kwagŏ* (科擧 과거) en 1382. Il occupa différents postes

[214] Philippe PELLETIER, *L'Extrême-Orient. L'invention d'une histoire et d'une géographie*, *op. cit.*, p. 182.
[215] Gari LEDYARD, « Cartography in Korea », *op. cit.*, p. 255-256.

de fonctionnaire avant et après 1392, année de la transition dynastique. Mais de quelles cartes exactement se serait-il alors inspiré en 1402 lorsqu'il confectionna le *Kangnido* en qualité de *kŏmsang*, conseiller juridique[216] ?

Selon *L'Histoire de Liao* (遼史 *Liaoshi*), le royaume de Koryŏ aurait envoyé une carte appelée *Koryŏjirido* (高麗地理圖 고려지리도), ou *Carte géographique du Koryŏ*, à la cour des Liao en 1002. Pourtant, ce n'est que sous le règne de Hyongjong (1009-1031) que l'organisation administrative du royaume fut réformée. Sans doute afin de faire correspondre leurs dernières conquêtes territoriales septentrionales avec la gestion de leur royaume, les dirigeants de Koryŏ auraient commandité le *Odoyanggyedo* (五道兩界圖 오도양계도), ou *Carte des cinq provinces et deux régions frontalières*[217]. La réforme de la fiscalité renommée *P'andosa* (版圖司 판도사), ou *Bureau de recensement et des cartes*, dès 1275 tendrait à valider la corrélation entre la production de cartes et la gestion du royaume. Et cette pratique remontant aux dernières décennies du Koryŏ ne serait pas tombée en désuétude sous Sejong, tant s'en faut. Voici le compte rendu qu'en livre John Short :

> En 1424, le roi Sejong commanda un rapport sur la nation. Des questionnaires furent envoyés à chaque gouverneur et magistrat dans 334 localités, questionnaires sollicitant des informations sur les frontières, la population, la taille, l'histoire administrative, les distances des centres des localités voisines [...]. Ce rapport instaura un nouveau système national d'informations géographiques qui fut mis à jour en 1469. Dans les années 1470 un autre rapport fut commandité et compilé sous la forme de l'*Aperçu complet du territoire du pays de l'Es*t (la Corée)[218].

L'établissement de ce « système national d'informations géographiques » pouvait également inclure d'autres finalités pragmatiques telles que la localisation de forteresses militaires et le tracé de routes maritimes et commerciales, ou encore les techniques de relevés de plans cadastraux, besognes toutes coordonnées aux grandes réformes administratives de son règne. C'est du moins ce que semble indiquer le questionnaire de la province de Kyŏngsang, seul exemplaire qui nous reste à ce jour. En plus d'avoir pu consulter la *Carte des cinq provinces et deux régions frontalières*, il est généralement admis que Yi Hoe s'est également inspiré de sa propre *Carte des huit provinces*. La question qui reste ouverte à controverses est de savoir

---

216 Kenneth ROBINSON, "Yi Hoe and His Korean Ancestors in T'aean Yi Genealogies", *Seoul Journal of Korean Studies 21*, no. 2, December 2008, p. 234-237.

217 Young-woo HAN, « The historical development of Korean cartography », *op. cit.*, p. 4.

218 John Rennie SHORT, *Korea, A Cartographic History*, *op. cit.*, p. 18.

si cette dernière et par son truchement le *Kangnido* bénéficièrent de l'entremise de Na Hungyu, à qui le roi Kongmin (1351-1374) commandita une carte de Chine et de Corée. C'est l'hypothèse que défend Han Young-woo, qui souligne des prétendues similitudes entre le contenu et le style du préambule du *Kangnido* et celui de cette autre carte qui commence ainsi : « Depuis la création du monde, les empires ont prospéré et décliné, et leurs frontières se sont perpétuellement désagrégées et raccommodées[219] », sans que l'on sache à quel passage du préambule du *Kangnido* elle se réfère.

Si les interrogations soulevées par les sources nationales du *Kangnido* laissent subsister des doutes, elles attestent néanmoins d'une indubitable activité cartographique entre la fin du XIVe siècle et le début du XVe ; et d'échanges sino-coréens qui tendent à prouver que la Corée n'était pas qu'importatrice de savoir-faire en la matière. Or dettes et crédits culturels n'étaient pas l'apanage de la seule relation bilatérale sino-coréenne. Le traitement atypique du Japon dans le *Kangnido* soulève des problèmes que l'analyse de la tradition cartographique japonaise dite *Gyokizu* (行基図) nous permettra de comprendre. Si nous nous cantonnons aux emprunts des Coréens, il est acquis que Yi Hoe s'est inspiré de cartes levées par le moine bouddhiste Gyoki (668-749) au VIIIe siècle à la demande du gouvernement central établi à Nara. Celles-ci indiquent notamment le tracé des routes, les délimitations entre provinces et l'emplacement des villes. Plutôt que de puiser dans leurs propres réserves cartographiques, et sans doute en raison de l'instauration de mesures anti-bouddhistes dès les premières années de la dynastie Yi, Yi Hoe et ses commanditaires auraient préféré avoir recours à un fonds de cartes étranger qui, bien que lui aussi bouddhiste, présentait des garanties peut-être plus objectives, en tout cas moins sensibles politiquement. En effet, le Chosŏn aurait tout aussi bien pu utiliser ses propres cartes du Japon, mais on ne saurait déterminer avec certitude si au moment de la conception du *Kangnido* toutes les cartes coréennes du Japon de facture bouddhiste avaient déjà disparu ou si Yi Hoe n'osait s'y référer par autocensure. Toujours est-il que par la suite la plus ancienne carte du Japon dressée par des Coréens qui nous restera fut celle publiée par Sin Sukchu (中叔舟 신숙주) dans les *Chroniques des pays de la mer de l'Est* (海東諸國記 해동제국기, *Haedongjegukki*) en 1471. Par le truchement du diplomate Pak Tonji qui effectua plusieurs visites officielles au Japon entre 1398 et 1402, Yi Hoe aurait donc pu avoir accès dès 1401 aux *Gyokizu*, ou cartes de Gyoki, dépeignant les trois royaumes bouddhistes des temps anciens[220]. La

[219] Young-woo HAN, « The historical development of Korean cartography », *op. cit.*, p. 6.

[220] Bae Woo Sung définit de la manière suivante les cartes Gyoki : « Gyoki style maps represent the Japanese worldview of the three Buddhist kingdoms during the ancient and medieval age, and the conception of Japan as a divine country ». Bae Woo SUNG, « Chosŏn Maps and East Asia, Mapping the World : the Chosŏn Worldview as seen through old maps », *op. cit.*, p. 57.

délimitation stylisée des soixante-six préfectures des îles de Honshu, Shikoku et Kyushu, leur donne l'apparence d'une carapace de tortue[221]. La preuve venant accréditer la filiation entre les cartes Gyoki et le *Kangnido* serait d'avoir repris l'erreur de ces dernières, qui plaçaient les îles des Kyushu au nord du Japon et non au sud. Oh Sang-Hak souligne également cette orientation erronée qui, selon lui, en fait la caractéristique la plus remarquable sans pourvoir ses lecteurs d'une explication pleinement satisfaisante[222]. Le chercheur japonais Hirotada Kawamura[223] avance lui l'hypothèse que c'est par déférence envers la Chine d'où le bouddhisme fut importé au Japon que Gyoki aurait placé la Chine au-dessus du Japon, orientant ainsi ses cartes vers l'ouest, ceci expliquant une désorientation non de 180 degrés mais plus proche de 90 degrés. Mais les cartes Gyoki, étant donné qu'elles ne représentaient que le Japon et non sa position relative par rapport à la Corée, si elles lèvent une partie du mystère sur un Japon désaxé de 90 degrés dans le sens des aiguilles d'une montre, ne peuvent répondre à une autre interrogation sur laquelle nous disserterons en deuxième partie : pourquoi Yi Hoe l'a-t-il placé sous la Corée, à mi-distance entre celle-ci et la Chine ?

C. Le maillon arabo-persan, foyer du monde et passerelle entre les extrêmes

Pour essayer de faire le point sur les différentes traditions cartographiques qui de près ou de loin ont façonné le *Kangnido* et les deux cartes finiennes, nous pouvons affirmer que l'enchâssement cartographique prend place au sein d'un cadre classique : la tradition chinoise, perceptible dans la précision et l'abondance des tracés fluviaux et des agglomérations, mais également perceptible en ce que le *Kangnido*, conçu par un Coréen à la demande de son gouvernement, n'en oublie pas pour autant de placer une Chine hypertrophiée mesurant cinq fois la taille de l'Afrique, au centre de la carte ; la tradition ptoléméenne, où graticule et projection chassent du plan les chimères théologiques. Il n'est pourtant pas aisé de faire table rase des soubassements spirituels d'un ordre dépassé : le *Kangnido* abritera encore quelques oripeaux géomantiques le temps qu'ils transfugent vers deux autres familles de cartes – Chŏng Ch'ŏk et *ch'ŏnhado* –, tandis que l'ambivalence de la projection unicordiforme de Fine lui sert de paravent contre toute accusation d'hérésie. Une fois ce cadre posé, Fine et Yi Hoe mettent en œuvre des usages cartographiques moins orthodoxes mais tout aussi précieux pour parvenir à retranscrire, non sans risques et par différents recours, l'état

[221] Sang-Hak OH, « 조선시대의 일본지도와 일본 인식 », *대한지리학회지*, 38(1), 2003, p. 33.

[222] *Ibid.*, p. 34.

[223] Hirotada KAWAMURA, « 川 村博忠, 近世絵図の地図性 一 地図の向き一 », *地理科学*, vol. 45, n° 3, 1990, p. 137-138.

des connaissances de leur époque sur une carte qu'ils veulent aussi complète que possible. Fine compense le positivisme hellénique par quelques touches d'empirisme via la consultation souvent indirecte de portulans ou d'une chorographie provinciale qu'il destine à rejoindre la géographie mondiale, et non l'inverse. Pour mieux aborder les « mélanges et les dissonances de la mappemonde du *Kangnido*[224] », il nous a aussi fallu prendre en compte la filiation géomantique rendue patente dans la section coréenne de la carte par la représentation des montagnes en chaînes, alors que celles-ci sont dessinées individuellement dans la section chinoise. En outre, les similitudes entre les cartes Gyoki et la représentation de l'archipel nippon dans le *Kangnido* ont mis en lumière le fait que le cartographe en chef du *Kangnido*, fidèle à l'idéologie néoconfucéenne, a préféré puiser dans le répertoire cartographique japonais que d'associer, même à travers le passé, bouddhisme et royaume de Chosŏn. Dans cette mêlée pluriséculaire et cosmopolite, nous avons aussi souligné la contribution des cartes de Koryŏ, notamment pour tout ce qui touchait à la position des villes et au tracé détaillé des côtes coréennes, supérieur en exactitude à celui des côtes du Japon ou de la Chine. Yi Hoe et Fine ont donc utilisé à bon escient les travaux d'une communauté épistémologique régionale (chinoise et japonaise ; italienne et allemande) pour représenter les royaumes avoisinants. Mais, à en juger par le plus réducteur des critères spatiaux, ni Fine ni Yi Hoe ne confondent le monde avec l'Europe humaniste ou l'Extrême-Orient néoconfucéen. Fine intercale une Eurasie malgré tout étrécie entre le quatrième continent, les deux pôles et une Afrique circumnavigable ; puis, comme l'énonce si justement John Short à propos de la géographie ptoléméenne, la carte « s'essouffle en connaissances pertinentes à mesure qu'elle s'étire vers l'Est, tandis que le même phénomène s'observe dans les confins occidentaux du *Kangnido* [...]. Tous deux, bien qu'ayant une vision restreinte du monde, contenaient aussi des possibilités[225] ». En termes cartographiques, ce foisonnement des possibles naît du frottement de la méthodologie binaire fondée sur un système scientifique et des relevés empiriques pour Fine ; d'un œcuménisme cartographique imbriquant au moins quatre traditions chez Yi Hoe. Or qui mieux que les habitants des contrées interpolées entre la France et la Corée pour les parcourir, les répertorier et les cartographier[226] ? Sur le plan théorique, ne s'agit-il pas de

---

[224] Philippe PELLETIER, *L'Extrême-Orient. L'invention d'une histoire et d'une géographie*, *op. cit.*, p. 180.

[225] John Rennie SHORT, *Korea, A Cartographic History*, *op. cit.*, p. 8.

[226] Lors d'un symposium intitulé « Collision et Communication : L'Orient et l'Occident vus du 130ème anniversaire des relations franco-coréennes », Constantin Makris avait signifié au présent auteur qu' « une comparaison au-delà des corpus où leurs relations seraient établies d'avance en termes d'influence ou de réception » ouvrirait les champs d'une « culture universelle utopique », de « coïncidences historiques infondées ». Les lignes et chapitres qui suivent participent d'un argumentaire soulignant, sinon « des relations

ces mêmes savants arabo-musulmans qui conservent puis transmettent l'héritage ptoléméen et grec en général à l'Europe pour la faire renaître ? Quant au *Kangnido*, la Chine, la Corée, voire le Japon – qui endosse un statut intermédiaire de royaume encore très partiellement confucianisé – n'y occupent que les deux tiers du plan. En d'autres termes, l'affirmation d'un sinocentrisme même dilué n'empêche pas la reconnaissance d'une périphérie qui soit autre chose qu'une simple toile de fond mythologique, où des laissés-pour-compte civilisationnels végéteraient dans la barbarie et l'ignorance. Même si Yi Hoe traça sa carte trois ans avant que l'amiral Zheng He ne lançât une série de sept expéditions entre 1405 et 1433 vers l'Afrique et peut-être même plus loin, les versions ultérieures du *Kangnido* auraient pu s'en inspirer. Conjecture stérile, si l'on en croit la communauté scientifique qui s'accorde à dire qu'aucune filiation n'est démontrable entre cette découverte par les Chinois d'un Occident non sinisé et le *Kangnido*. Tout observateur moderne peut néanmoins y reconnaître les contours de la péninsule arabique, le cap de Bonne-Espérance et ce, quatre-vingt-six ans avant sa prétendue découverte par Bartolomeu Dias en 1488. Cet étonnant amalgame de contrées et de connaissances, si l'on se réfère à la date de conception (1402), répond à l'exigence que lui assigne son titre complet. Tandis que Che Honggyu [227] ne se risque à aucune traduction en retranscrivant seulement phonétiquement les caractères chinois selon ses propres critères (混一疆理歷代國都之圖 *Honil-gangni-yokdae-kukdo-chido*) ; John Short[228] préfère déployer une « *Carte des terres et régions intégrées des pays et capitales historiques* » (*Map of Integrated Lands and Regions of Historical Countries and Capitals*) ; Han Young-woo[229] en fait de même, mais quelques lignes plus haut elle propose pour le même caractère *hon* (co. 혼, ch. 混, soit « intégré ») un « amalgamé » dans la traduction de la *Hunyi tu* (混一圖, *Carte des mondes amalgamés*) ; Philippe Pelletier, lui, traduit le titre de l'exemplaire de Ryūkoku précédemment cité comme « *Carte unitaire des pays et des villes des temps anciens* », alors que le titre original de la préface de Kwŏn Kŭn se lit « Carte des empereurs, des rois, des bordures intégrées et des terres historiques » (歷代帝王混一疆理圖 역대제왕혼일강리도 *Yoktae chewang hon'il kangnido*)[230] ; enfin, Jerry Brotton propose une « Carte des régions et des terres réunies et des pays et

culturelles cartographiées », du moins des « convergences évolutives » entre la France et la Corée, telles qu'il lui avait pertinemment suggéré de les expliciter. Constantin MAKRIS, « Commentaire sur l'étude de Jérémie Eyssette, Naissance et renaissance de l'instrumentalisation culturelle : étude comparative entre la France et la Corée » , Taegu, Association culturelle franco-coréenne (한국프랑스문화학회), 22.10.2016, p. 304-307.

[227] Honggyu CHE, « Map commentaries », *op. cit.*, p. 222.

[228] John Rennie SHORT, *Korea, A Cartographic History*, *op. cit.*, p. 4.

[229] Young-woo HAN, « The historical development of Korean cartography », *op. cit.*, p. 6.

[230] Philippe PELLETIER, *L'Extrême-Orient. L'invention d'une histoire et d'une géographie*, *op. cit.*, p. 170, p. 750.

capitales historiques[231] ». Ainsi, dans la tradition du *Hunyijianglitu* dont il provient (*Carte fusionnée des régions et du relief* à laquelle se réfère Kwŏn Kŭn dans son préambule), le caractère coréen *hon* reprenant le *hun* chinois, invite le cartographe, selon les traductions, à fusionner, intégrer, réunir, unifier ou amalgamer au sein d'un même document différentes contrées, régions, capitales, bordures et pays[232]. « C'est qu'ils puissent faire naître en nous-mêmes l'infinie diversité du monde qui donne du prix à nos plus précieux rouleaux de soie », écrira Ling-W.-Y. sous la dictée d'André Malraux[233]. En effet, cette polysémie a son importance car il n'est pas assez de mots pour épuiser les sens que Yi Hoe et les cartographes du *Kangnido* Ryūkoku ont voulu conférer à leur synthèse cartographique. Il paraît raisonnable d'en induire que le *Kangnido* est doublement intégrateur : non seulement de par l'étendue de la représentation des pays cartographiés mais également dans les traditions cartographiques et systèmes de pensée qu'il intègre dans des proportions inégales. Parmi celles-ci, il en existe une dernière que seul le déchiffrage phonétique des toponymes situés en dehors de l'orbite extrême-orientale nous permet de dévoiler. Les linguistes sont formels sur le fait que la France (法里昔, *Falixi*), l'Allemagne (阿魯尼阿, *Alunia*), Marseille ou Barcelone (麻里昔里那, *Malixilina*)[234], ainsi que le reste des toponymes parsemés au Moyen-Orient, en Afrique et en Europe sont des transcriptions chinoises de mots arabo-persans[235]. Parmi ceux-ci la présence de l'archipel des Açores, découvert par les Portugais en 1394, interpelle. L'infime probabilité que d'une façon ou d'une autre les Portugais aient pu en l'espace de huit ans (entre 1394 et 1402) entrer en contact avec les Coréens ou que ces derniers aient pris indirectement connaissance de l'existence des Açores ravive l'hypothèse d'échanges interculturels eurasiatiques. Ces suppositions ne sont pas insensées non plus si l'on tient compte qu'un siècle plus tôt, il en avait fallu le double, soit seize ans, à la peste noire pour traverser l'Eurasie, d'Est en Ouest cette fois-ci : évoquée pour la première fois en 1334 en Chine, elle fut contractée et recensée dans

---

231 Jerry BROTTON, *Une histoire du monde en 12 cartes*, *op. cit.*, p. 132.

232 Littéralement, la notion de tianxia (天下) signifie « sous le ciel » et dénote a priori un caractère inclusif que l'on retrouve dans la troisième acception qu'en fournit Christofer Schipper : « Ce dernier concept se définit politiquement comme : 1. le roi, sa cour et ses fonctionnaires ; 2. L'assemblée des princes feudataires sous la présidence du roi ; 3. Le territoire des guó, ainsi que celui des États extérieurs "barbares" tributaires de fait ou de principe. » Christofer SCHIPPER, « Le chinois », *op. cit.*, p. 173-174.

233 André MALRAUX, *La tentation de l'Occident*, *op. cit.*, p. 26.

234 Pour une étude détaillée de la toponymie européano-africaine, voir Nurlan KENZHEAKHMET, « The Place Names of Euro-Africa in the *Kangnido* », *The Silk Road*, n° 14, 2016, p. 106-125.

235 Pour une étude approfondie de la toponymie d'Asie Centrale, voir Gil-Sun OH, « 〈元經世大典地理圖〉에 나오는 지명의 조사와 〈混一疆理歷代國都之圖〉 서역지명과의 비교 », *op. cit.*, p. 83-105.

des chroniques européennes à partir de 1349[236]. Si en l'espace de huit ans, entre la découverte des Açores et sa représentation cartographique, les Coréens ont pu relayer une information tenue des Portugais, ne serait-il pas alors légitime de supposer qu'en l'espace d'un siècle – c'est-à-dire le laps de temps qui sépare (ou faudrait-il dire relie ?) la révolution néoconfucéenne du Chosŏn de l'humanisme –, les Français aient eux aussi pu, pour le dire clairement, avoir eu vent des évolutions extrême-orientales et, plus ou moins consciemment et de façon détournée plutôt que directe, s'en inspirer dans les entreprises du siècle de François Ier et Henri II ? Pour hasardeuse que cette piste de réflexion puisse paraître, nous tenterons tout de même d'en rassembler les jalons les plus tangibles en inversant cette fois-ci les perspectives, c'est-à-dire en partant d'Orient et non d'Occident puisque si contact ou en tout cas influence il y eut, ce fut d'Est en Ouest pour des raisons que le choix de notre chronologie rend évidentes.

Alors que les cartes françaises et coréennes se *déspiritualisent* en omettant le paradis terrestre pour les unes, les flux énergétiques pour les autres, c'est sans doute en grande partie leurs quêtes respectives d'un au-delà qui engendre l'attraction mutuelle des deux pôles eurasiatiques et leur rencontre ici-bas. Après tout, le terme français « religion » désigne bien, étymologiquement, ce qui relie les hommes entre eux, tandis que « le mot "sutra" est couramment employé dans le bouddhisme pour désigner un texte sacré. Il vient du terme sanscrit qui veut dire "fil" (dont provient également le mot français "suture") et suggère l'idée que le fil conducteur d'un enseignement ou d'une sagesse sacrée est contenu dans le livre sacré[237]. » Une lecture théologique de cette tentation originelle de l'Occident nous renvoie à la Genèse II, 8 : « Yahvé Dieu planta un jardin en Éden à l'Orient », et Gilles Tiberghien de poursuivre, « son inaccessibilité a permis d'envisager qu'il se trouvât sur une île, l'île inversement passant souvent pour une métaphore du paradis[238] ». Coïncidence ou flou topographique, la Corée est justement représentée non comme une péninsule mais comme une île par les cartographes occidentaux jusqu'au point médian du XVIIe siècle[239],

[236] Patrick BOUCHERON, Julien LOISEAU, « L'archipel urbain », in *Histoire du monde au XVe siècle, 2. Temps et devenirs du monde*, Paris, Fayard, 2012, p. 668. Emmanuel Le Roy Ladurie a consacré un ouvrage à ce phénomène : Emmanuel LE ROY LADURIE, *Un concept : l'unification microbienne du monde (XIVe- XVIIe siècles)*, Berne, Société générale suisse d'histoire, 1973.

[237] Martin PALMER, *Les Évangiles de la route de la soie*, Vannes, Sully, 2004, p. 18.

[238] Gilles TIBERGHIEN, *Finis Terrae. Imaginaires et imaginations cartographiques*, *op. cit.*, p. 75.

[239] Pour ce qui est de la prise de conscience de l'existence de la Corée par l'Occident, Marco Polo mentionne pour la première fois l'île de Chipangu, que l'on retrouve, ainsi que la Chine, dans l'*Atlas catalan* (1375). Puis Philippe Pelletier note que « *L'Atlante* (1508) du Florentin Francesco Rosselli dessine à partir des contours septentrionaux de la Chine un pays qui ressemble à la péninsule coréenne » et « Fernao Vaz Dourado inscrit enfin quelque chose : Core (1571) ». Quant à sa méprise pour une île, il cite notamment les

à moins qu'ils ne l'aient confondue avec son île méridionale, Jeju, que les souverains de l'Inde, de la Chine et de la Mongolie considéraient depuis des temps immémoriaux comme gardienne de la plante de l'immortalité[240] et donc, à leur façon aussi, paradisiaque. Cette incertitude se reflète d'ailleurs dans le nom dont la baptisent les marins européens, *Quelpaert* (« quelque part ») et notamment Hendrik Hamel dans le premier témoignage d'un Européen en Corée[241]. À mi-chemin entre l'Occident et cet éden oriental insaisissable, Ibn Khurdadbeh parle aussi, dans son *Livre des routes et des royaumes*, d'une île où abonde l'or et où il fait bon vivre. À mi-chemin entre l'Occident et cet éden oriental insaisissable s'interpose aussi un paradis terrestre incarné par Jérusalem vers laquelle les lieux de culte s'orientent. De cette attirance découlèrent les pèlerinages, croisades et autres légendes qui noyèrent le réalisme des cartes sous un maelström de clichés religieux. Pour sa part, la tentation de l'Orient pour ses antipodes à lui n'est pas moins captivante puisque le bouddhisme « provient de l'ouest chinois et de ses hauts plateaux et plus loin du Tibet et du berceau indien. Pour les pèlerins chinois antiques, l'Occident est donc la direction du Bouddha [...]. Ainsi le célèbre pèlerin Xuanzang [...] s'écrie-t-il : "il vaut mieux mourir en tentant d'aller vers l'ouest que vivre en retournant vers l'est"[242] ». Qu'à cela ne tienne, un siècle plus tard, le moine coréen bouddhiste Hyecho (704-787) appliqua au pied de la lettre cette injonction en rejoignant l'Inde par voie terrestre au cours d'un périple de quatre ans qu'il relate dans ses *Mémoires d'un pèlerinage vers les cinq royaumes de l'Inde*[243]. Cette aimantation spirituelle donna d'ailleurs lieu à des rencontres entre christianisme et bouddhisme bien antérieures aux missions de Matteo Ricci à la fin du XVIe siècle, rencontres que Martin Palmer fait remonter au VIIe siècle, même

cartes de Van Langren (*Ilha de Corea*, 1596, 1619), Van Neck (*Core Insula*, 1600), John Speed (*Ile Corea*, 1627), Philipp Eckebrecht (1630), Willem Janszoon Blaeu (*Corea Ins.*, 1630) et Jan Jansson (1650, 1666). Philippe PELLETIER, *L'Extrême-Orient. L'invention d'une histoire et d'une géographie*, *op. cit.*, p. 219-221.

240 « La renommée des plantes médicinales de la péninsule coréenne est due au fait que toute l'Asie est convaincue qu'en Corée pousse l'herbe de l'immortalité. Les souverains de l'Inde, de la Chine, de la Mongolie ont envoyé régulièrement des savants en Corée afin d'en rapporter la plante de l'immortalité. » Virgil GHEORGIU, *La Corée, la belle inconnue de l'Extrême-Orient,* Paris, Plon, 1987, p. 104-105.

241 Hendrik HAMEL, *Relation du naufrage d'un vaisseau hollandais sur la Côte de l'île de Quelpaert avec la description du Royaume de Corée* (publiée d'après l'édition française de 1670), Paris, L'Harmattan, 1985.

242 Philippe PELLETIER, *L'Extrême-Orient. L'invention d'une histoire et d'une géographie*, *op. cit.*, p. 120.

243 Une partie du manuscrit fut retrouvée (dans une version abrégée des trois volumes originaux) en 1908 dans les grottes de Mogao à Dunhuang puis barguignée et dérobée par Paul Pelliot. Depuis, la Bibliothèque nationale de France l'a faite sienne.

si des échanges eurent probablement lieu dès le Ve siècle[244]. Aussi le *Kangnido* et la *Recens et integra orbis descriptio* sont-ils les lointains produits dérivés de siècles d'élans confessionnels et superstitions en tout genre et aspirent-ils à dévoiler ce qui ne fait presque plus de mystère en leur siècle. À ce titre, Che Honggyu a pu dire du *Kangnido* que « c'était en fait une carte sinocentrique, afro-eurasiatique dressée à partir de cartes de Grèce, d'Arabie et de Chine ainsi que de Corée et du Japon[245] ». Dans cette même veine, John Short estime qu'« employer une expression comme "cartographie coréenne" surestime peut-être la singularité d'une tradition cartographique unique. Les cartes coréennes puisaient dans des sources non coréennes, particulièrement chinoises, mais aussi [...] dans toute une panoplie d'autres influences cartographiques. Il est plus adéquat de se référer aux cartes coréennes comme à des cartes "coréennes ayant des influences étrangères multiples et variées"[246] ». Car en effet reconnaître une influence arabo-persane dans le *Kangnido* revient paradoxalement à établir une connexion entre les mondes hellénique et extrême-oriental. Sinon, pourquoi Yi Hoe aurait-il, à l'instar des cartes ptoléméennes, effacé le sous-continent indien pourtant bien connu des Coréens ? À la différence des Croisades qui, mis à part dans le domaine des techniques militaires, n'eurent qu'un impact limité en termes d'échanges culturels et scientifiques, les conquêtes militaires d'Alexandre le Grand permirent de mettre en relation de façon prolongée, entre 330 et 30 avant notre ère, la culture grecque avec le Moyen-Orient, l'Inde et l'empire Gupta (IIe-VIe siècles), qui conservera puis transmettra les acquis grecs aux califats arabes. Déjà Alexandre, qui n'avait sans doute aucune idée de l'existence de la Chine, avait engagé « un service de topographie [qui] recueillait des informations sur les routes, la configuration des terrains, et sur les distances ; une chancellerie [qui] rédigeait le journal officiel où étaient consignées les actions et les paroles

[244] « En l'an 635, une délégation officielle de chrétiens arriva à Chang-an, maintenant Xian, en provenance de pays situés à l'ouest de la Chine, le plus probablement de Perse. » Martin PALMER, *Les Évangiles de la route de la soie*, *op. cit.*, p. 57.

[245] Honggyu CHE, « Map commentaries », *op. cit.*, p. 222. Nous tenons à préciser ici que ces quelques réflexions ne constituent que l'amorce d'une thèse tendant à démontrer que, de la spiritualité à la cartographie, les renaissances française et coréenne ne sont pas le fruit de coïncidences – cadre interprétatif qui transparaît de la vision accidentelle et hermétique qu'en fournissent Karl Jaspers et Karen Armstrong, peut-être en raison d'un éclairage trop moral – mais plutôt la résultante de lointaines aimantations et influences mutuelles. Cf. Karl JASPERS, *The Great Philosophers : The Foundations*, Londres, Éditions Hannah Arendt, 1962. En reprenant à son compte la thèse de ce dernier, Karen Armstrong insiste sur le fait que le développement spirituel de l'humanité à l'âge axial, c'est-à-dire entre 900 et 200 av. J.-C., se produit dans des « régions distinctes » et elle propose de les parcourir « côte à côte », hermétiquement. Karen ARMSTRONG, *The great transformation, The beginning of our religious traditions*, New York, Anchor Books, 2007, p. xv-xxiii. Il nous a semblé que bon nombre d'études qui compartimentent l'Eurasie appliquent le même biais aux périodes prémodernes et modernes.

[246] John Rennie SHORT, *Korea, A Cartographic History*, *op. cit.*, p. 2.

d'Alexandre. [...] Derrière eux, des philosophes, aristotéliciens ou cyniques, sceptiques ou disciples de Démocrite ; des architectes, des historiographes, des géographes, des botanistes, des courtisanes et des poètes[247]. » Mais, plus que sur des percées cartographiques immédiates, ces conquêtes débouchèrent sur l'ébauche d'un dialogue culturel entre des mondes jusqu'alors isolés. Parallèlement, ou en synergie avec cette première tête de pont, des routes commerciales sont établies entre l'Empire romain et la Chine au IIe siècle avant notre ère, celles que l'on nomme plus commodément « la route de la soie[248] ». Il s'agit d'une dénomination doublement trompeuse, puisqu'en fait cette route est un réseau multiple, continental et maritime ; et puisque la soie n'est qu'une forme de rémunération des fonctionnaires chinois destinée à un commerce exclusif et étatique, tandis que les biens les plus prisés qui s'y échangent sont tout autres (santal, musc, épices, porcelaine, pierres précieuses, étoffes, etc.). Ce brassage eurasiatique déborde largement le cadre commercial puisqu'on retrouve des techniques de sculpture grecque sur les statues de Bouddha jusqu'en Chine et en Corée à partir du VIe siècle après J.-C. Un siècle plus tard, le royaume de Silla dressera, par ses propres mérites ou à la faveur de ce ressac, le plus vieil observatoire astronomique d'Asie si ce n'est du monde, la « Tour pour contempler les étoiles » (瞻星臺 첨성대, *ch'ŏmsŏngdae*). Alors que ce sont des conquêtes militaires puis des élans spirituels qui avaient amené l'Occident en Orient, l'initiative d'ouvertures commerciales vers l'ouest revient à la Chine, et à son pionnier Zhang Qian (張騫), qui, envoyé par la cour des Han, partit en quête d'une alliance avec les Yue-tche pour contrer les Hiong-nou, c'est-à-dire les Huns, appliquant ainsi l'atemporel adage chinois qui consiste à s'allier avec des barbares lointains pour mater les barbares proches (以夷制夷 *yiyizhiyi*). Après treize années d'errances et de captivité (138-126 av. J.-C.), il rentre conter son aventure à l'empereur Wou, qui enverra d'autres missions, ouvrant progressivement ces fameuses routes de la soie[249]. En plus de la plaque tournante indienne sur laquelle nous ne pouvons nous attarder, deux autres éléments décisifs vont permettre que la science arabo-musulmane et, à travers elle, l'héritage grec qu'elle a enrichi parviennent jusqu'à la Corée du Chosŏn : l'établissement du califat abbasside (750-1258), qui sera en

---

247 Pietro CITATI, Francesco SISTI, *Alexandre le Grand*, Paris, Gallimard, 1990, p. 19.

248 « *Seidenstrasse* » est le terme utilisé pour la première fois en 1877 par le géographe allemand Ferdinand von Richthofen, qui souhaitait alors promouvoir un projet ferroviaire reliant l'Allemagne à la mer de Chine. Cf. Ferdinand von RICHTHOFEN, *China, Ergebnisse eigner Reisen und darauf gegründeter Studien*, Berlin, Reimer, 1877. La route des Épices constitue également un vecteur d'unification de l'Eurasie et un enjeu de taille pour la Transoxiane d'un Tamerlan qui, après la destruction d'Urgendj, veillera à ce que Samarkand bénéficie des grands courants commerciaux de l'Inde. Cf. Jean-Paul ROUX, *Tamerlan*, Paris, Fayard, 1991, p. 290-292.

249 Pour un récit détaillé des errances de Zhang Qian, voir Édith et François-Bernard HUYGHE, *La route de la soie ou les empires du mirage*, Paris, Payot, 2006, p. 78-87.

quelque sorte culturellement prolongé par le règne mongol sous la dynastie des Yuan (1279-1368). C'est cette double courroie de transmission qui va faire que, paradoxalement, alors que la Chine des Ming (1368-1644) se replie sur elle-même après les expéditions scientifiques de Zheng He et militaires au Đại Việt du premier tiers du XVe siècle, la Corée du Chosŏn va thésauriser et faire fructifier le capital cognitif d'autres temps et d'autres cultures. Cet historique est bien trop sommaire pour embrasser toute l'amplitude d'échanges eurasiatiques se déclinant sur des modes militaires, économiques, culturels et religieux. Mais son but n'est ni celui-ci, ni de tisser immédiatement notre propre trame théorique sur le fond de canevas qu'offrent les théories *World history*, *Global history* et autres Histoires connectées. Ce qui nous importe pour le moment, c'est de nuancer notre compréhension de ce qui constitue la modernité en général, mais surtout de ce que pourrait être une modernité cartographique en Extrême-Orient et en Corée affranchie de ses connotations occidentales. Si nous acceptons la définition qu'en donne John Short – « la modernité fut créée dans l'espace de rencontres, continuellement importée, transformée et modifiée, puis réexportée dans une circulation globale et incessante d'idées et de pratiques[250] » –, pourquoi continuer de prétendre que Matteo Ricci, en bon apôtre-géographe, en aurait livré les clés aux Chinois au XVIe siècle ou que la *Carte du Grand Est* de 1861 (大東輿地圖 대동여지도 *Taedongyŏjido*), pour reprendre à nouveau les mots de John Short, est le « meilleur exemple d'une Corée de la première modernité[251] » ? Et pourquoi avoir intitulé la première partie de son ouvrage, qui couvre la période allant de 1400 à 1600, « Separate Worlds », alors qu'il admet l'existence de contacts « limités[252] » durant ces deux siècles, de « preuves de rencontres interculturelles[253] » lorsqu'il évoque le *Kangnido* ; ou que « dans la Corée du Chosŏn, une cartographie sophistiquée puise dans des sources chinoises elles-mêmes irriguées par les connaissances arabes et européennes pour concevoir le monde[254] » ? Pour ôter l'œillère qui nous tient prisonniers d'une modernité diffusée par l'Ouest, reprenons la grille de lecture de Jerry Brotton : « Ce ne fut que lorsque le califat abbasside fit de Bagdad le nouveau centre de l'empire islamique à la fin du VIIIe siècle que l'on peut clairement identifier une pratique islamique de la cartographie[255]. » Car en parallèle de cette consolidation politique va s'opérer une institutionnalisation des savoirs à travers la création de la maison de la sagesse Bayt al-Hikma. Le calife al-Ma'mūn (813-833), qui la parraine, commande alors la première carte du

---

250 John Rennie SHORT, *Korea, A Cartographic History*, Chicago, University of Chicago Press, 2012, p. xi.
251 *Ibid.*, p. xii.
252 *Ibid.*, p. 9.
253 *Ibid.*, p. 6.
254 *Ibid.*, p. xi.
255 Jerry BROTTON, *Une histoire du monde en 12 cartes*, *op. cit.*, p. 72.

monde rassemblant compétences arabo-musulmanes et grecques puisqu'y figurent les sept climats longitudinaux ptoléméens. Cette proclamation cartographique, qui sonne l'officialisation de la fusion des savoirs, n'empêche évidemment pas que des rencontres informelles continuent de se nouer de part et d'autre de l'axe eurasiatique. Ainsi, l'*Histoire de Koryŏ* (XIe siècle) consigne la présence de marchands arabes à Pusan : « Une centaine de commerçants arabes firent trois fois le voyage à Koryŏ et offrirent au roi des produits curieux tels que du mercure, du parfum de Champa et de la myrrhe [...], un échange de cartes n'est pas précisé mais plausible[256]. » Or il ne s'agit là que du recensement des Coréens. Si l'on consulte les chroniques de leurs homologues, comme nous invite à le faire Lee Hee-Soo [257], il est possible de remonter un siècle et demi dans le temps. Pas moins de dix-sept érudits musulmans situent Silla à l'est de la Chine, aux confins orientaux du monde, dans le premier des sept climats hérités de Ptolémée. Leurs récits font parfois état de cent mille marchands installés dans des comptoirs sur une péninsule qu'ils prennent pour une île. Qu'ils aient été cent ou cent mille, ces voyageurs venus de l'ouest étaient de toute manière entrés en contact avec les Coréens qui abordaient un plus vaste monde, soit directement via le commerce et les pèlerinages, soit par le filtre sinocentrique comme dans le cas de la carte de *och'ŏnch'ukkukto* (五天竺國圖 오천축국도), que Yun Bo (1063-1154) aurait conçue à partir des *Annales du monde occidental* (西域記) rédigées par Hyŏn Jang et datant de la dynastie Tang.

L'histoire des échanges entre l'Occident et l'Orient est faite de rendez-vous manqués[258], de phases de gestation, d'ouverture et de repli. Aussi, après la fin des conquêtes d'Alexandre et la chute de l'Empire romain, le dévoiement septentrional des routes de la soie du Pamir vers Samarcande et enfin l'effondrement du califat abbasside en 1258, vint le moment mongol. Pour Kato Hidetoshi et Philippe Pelletier, « le centre de gravité mondial au XIIIe siècle ne se situe pas dans une cité européenne ou dans une ville chinoise mais à Karakorum, capitale du plus grand empire du monde, qui s'étend alors entre les rivages oriental et occidental de l'Eurasie[259] ». Chinois

---

[256] Philippe PELLETIER, *L'Extrême-Orient. L'invention d'une histoire et d'une géographie*, *op. cit.*, p. 182.

[257] Hee-Soo LEE, « Early Korea-Arabic Maritime Relations Based on Muslim Sources », *Korea Journal*, vol. 31, n° 2, Summer 1991, p. 21-32.

[258] Parmi ceux-ci, Édith et François-Bernard Huyghe racontent que « Tchang K'ien [Zhang Qian] arrive [en Bactriane] environ deux ans après la chute du dernier souverain d'origine macédonienne, un des rois gréco-bactriens. Le Fils du Ciel ne saura jamais rien des Grecs. Le passage de relais entre les héritiers d'Alexandre et les pionniers de la soie échoue. » Édith et François-Bernard HUYGHE, *La route de la soie ou les empires du mirage*, *op. cit.*, p. 84.

[259] Philippe PELLETIER, *L'Extrême-Orient. L'invention d'une histoire et d'une géographie*, *op. cit.*, p. 356.

et Coréens ne sont pourtant pas tout à fait excentrés : tandis que la ville chinoise de Quanzhou renferme des pierres tombales portant des inscriptions en arabe, perse, syrien et latin ainsi qu'un lingam d'un temple de Shiva[260], on a retrouvé au temple de Songgwangsa, à Sunch'ŏn, dans la province du Chŏllanam-do, des textes tibétains et d'autres documents prouvant la vitalité des échanges entre l'empire mongol et le royaume de Koryŏ. La fertilité de ces échanges irrigue bien entendu les champs astronomique et géographique. Pour preuve, l'observatoire fondé au XIIIe siècle par Hulagu, le petit-fils de Gengis Khan, à Maragha dans le nord-ouest de l'Iran, ou encore le Nil tracé sur le globe terrestre que Jamal al-Din apporta à Pékin en 1267. Mais ce qui change dans ce XIIIe siècle mongol, ce n'est pas seulement que leur empire soit devenu le centre de gravité géographique du monde, mais que leur prise de conscience d'un monde unifié fasse également de leur règne un moment charnière dans l'histoire de la cartographie sinon eurasiatique, du moins orientale au sens large du terme. Han Yang-woon commente ce phénomène avec pertinence : « Étant donné que la dynastie Yuan fut fondée par les Mongols, l'une des "nations barbares", celle-ci n'appréciait guère le terme *Huayi* (華夷, *Chine et Barbares*) très répandu sous les Song. Par conséquent, lorsque les Yuan dressèrent à leur tour une carte du monde, ils délaissèrent l'appellation *Huayitu* pour lui préférer le titre *Hunyitu* qui signifie "Carte des mondes amalgamés"[261]. » Ce glissement sémantique atteste en réalité d'une nouvelle vision hybride du monde, où les frontières culturelles s'estompent au profit du dialogue. Pour la Corée, cette allégeance civilisationnelle sera renforcée : en adoptant le néoconfucianisme avec l'avènement de la dynastie Yi en 1392, ce qui cessera de faire d'eux des *Tongi* (東夷), c'est-à-dire des barbares de l'Est du point de vue chinois, les Coréens assimilent aussi, dans le domaine de la cartographie en tout cas, une partie d'un héritage plus lointain. Si ce syncrétisme est déjà palpable dans le *Divertissement de celui qui désire découvrir le monde* levé par al-Idrisi dans la Sicile du roi Roger II en 1154, c'est qu'il rassemble les savoirs de chrétiens, juifs et musulmans considérés comme égaux car tous « gens du livre »[262]. La cour du grand Khan n'est pas en reste et offre un symétrique oriental à la *convivencia* médiévale : « Lorsqu'en 1251, le franciscain Guillaume de Rubrouck arrive à Karakoroum à la cour de Mangu Khan, quelle n'est pas sa surprise d'y trouver des prêtres de toutes religions – catholiques, nestoriens, arméniens, manichéens, bouddhistes, musulmans – argumentant tranquillement pour tenter de gagner le souverain à leur cause ![263] »

---

[260] David C. KANG, *East Asia before the West. Five centuries of trade and tribute*, New York, Columbia University Press, 2010, p. 110.

[261] Young-woo HAN, « The historical development of Korean cartography », *op. cit.*, p. 6.

[262] Voir Jerry BROTTON, *Une histoire du monde en 12 cartes*, *op. cit.*, p. 66-68.

[263] Daniel BOORSTIN, *Les découvreurs*, *op. cit.*, p. 126.

Mais l'histoire des échanges entre les deux pôles civilisationnels que sont la Méditerranée-Mésopotamie et le monde sinisé ne s'est pas uniquement déroulée vers l'est. Il est également possible de retracer les percolations arabo-musulmanes vers l'ouest. Nous avons déjà évoqué le rayonnement scientifico-culturel de Bagdad ; or il est acquis que le monde arabe du VIIIe au XVe siècle était relativement unifié. Sans attendre 1453 et l'exode des érudits de Constantinople qui depuis la séparation des Églises d'Orient et d'Occident avait sevré l'Europe de son héritage hellénique, de Perse ou d'Alexandrie, « l'héritage antique se décline ainsi différemment en Occident et en Orient », pour reprendre l'appréciation d'Emmanuelle Vagnon[264]. Le savoir grec en général, et la géographie ptoléméenne en particulier, s'infiltrent jusqu'aux portes de la chrétienté en temps de paix comme en temps de guerre, par les foyers culturels que sont la Sicile et l'Andalousie à partir du XIIe siècle ; par les invasions mongoles de la Horde d'Or qui s'installe au nord de la mer Noire dans les années 1330-1340 ou par le commerce des Génois qui reprennent aux Vénitiens le contrôle des villes byzantines du Danube en 1352. Selon Daniel Boorstin, « le Moyen Âge finissant avait son rideau de fer » tendu par les Turcs. Et le mérite de le décadenasser revient aux Mongols d'Asie centrale qui ouvrirent aux Européens la route de Cathay[265]. Il constate plus loin que « c'est au moment précis où les routes terrestres de l'Orient se fermaient aux Européens [après l'éclatement du premier Empire mongol] que se manifesta un renouveau de la géographie ptoléméenne[266] ». Les mêmes causes ayant les mêmes effets, à l'autre pointe de l'Eurasie, le renouveau de la géographie néoconfucéenne en Corée amorce son essor alors que le deuxième Empire mongol[267], celui des Yuan, se meurt et que les Ming se replient sur eux-mêmes. L'importance du maillon arabo-persan dans ces transferts est on ne peut plus clairement exprimée sur les cartes des manuscrits d'Istakhri ou d'Ibn Hawqal qui « situent le centre de l'œkoumène dans l'isthme étroit qui sépare la mer Méditerranée de l'océan Indien. L'Arabie, mais aussi Bagdad, sont placés

---

[264] Emmanuelle VAGNON, « La cartographie de l'océan Indien au Moyen Âge, l'océan imaginé », in Catherine HOFMANN, Hélène RICHARD, Emmanuelle VAGNON, *L'âge d'or des cartes marines, Quand l'Europe découvrait le monde*, Paris, Seuil/BnF, 2014, p. 198.

[265] Daniel BOORSTIN, *Les découvreurs*, *op. cit.*, p. 124.

[266] *Ibid.*, p. 145.

[267] Jean-Paul Roux associe un premier empire mongol au règne de Gengis Khan, empire qui ne lui survivra guère au XIIIe siècle ; puis un deuxième empire mongol au règne de Tamerlan, qui permettra ce qu'il nomme la « Renaissance timouride » au XVe siècle et à laquelle il consacre un chapitre, cf. « La vie culturelle », in Jean-Paul ROUX, *Tamerlan*, Paris, Fayard, 1991, p. 259-280.

symboliquement au centre de la carte, au cœur du monde musulman et de ses deux versants maritimes représentés en miroir[268] ».

Cette transmission des connaissances eurasiatiques passées par le filtre arabo-musulman a aussi eu lieu dans l'Espagne musulmane de la fin du XIe siècle qui se réappropria la *Géographie* de Ptolémée. Elle se matérialise dans les cartes du *Divertissement de celui qui désire découvrir le monde* (1154), et notamment dans son recours aux villes localisées par l'Alexandrin, sur le portulan d'Angelino Dulcert (1339) où l'on aperçoit le khan mongol ouzbek (1313-1341) à l'est, et sur l'*Atlas catalan* (1375) où figure la Chine mais aussi, pour la première fois dans le cas d'un atlas portulan, la totalité de l'Asie. Ce retour de flamme ptoléméen attisé par les savoirs d'un grand Orient nous autorise à penser que Fine a lui-même pu bénéficier de cet apport. Dans *De speculo ustorio*, il cite notamment un traité qu'il attribue à un auteur arabe anonyme, à savoir le *Speculi almukefi compositio*. Notons avec John Short et Philippe Pelletier que « la mappemonde du Vénitien Fra Mauro (1459) est la première carte en Europe à faire se rejoindre les océans Atlantique et Indien par le sud de l'Afrique avant même le contournement du cap de Bonne Espérance en 1488 » et que « les contours et surtout la disposition générale des masses terrestres du bloc Europe-Asie-Afrique ressemblent énormément à ceux du *Kangnido*[269] ». Pour Philippe Pelletier, Fra Mauro aurait eu connaissance du *Kangnido* de 1402 par l'intermédiaire du voyageur vénitien Nicola da Conti tandis que, pour John Short, il ne faudrait pas écarter que Fra Mauro ait bénéficié par des voies détournées de certaines informations obtenues lors des expéditions de l'amiral Zheng He entre 1405 et 1433[270]. Contrairement à la mappemonde de Fra Mauro ou encore la carte du monde de Piri Reis (1513) qui s'inspire des traditions cartographiques chinoise, arabe et ibérique, il invraisemblable que Fine ait pu, avant de confectionner sa carte-monde en 1536, consulter le fonds d'ouvrages de Guillaume Postel, nommé professeur de langue arabe au Collège de France en 1538 et rentré seulement en août 1537 de Constantinople où il se procura bon nombre de traductions et annotations des classiques grecs mais aussi des manuscrits rares en syriaque, hébreu, arabe et arménien. Malgré cela, la métamorphose de l'œkoumène de Fine qui n'a plus grand-chose de ptoléméen n'est certainement pas étrangère à ses sources orientales, même tapies au sein d'un corpus de cartes prétendument « occidentales ». Cette filiation-là est plus difficile à retracer, et peut-être aussi plus pénible à admettre pour un Occident qui s'approprie volontiers les mérites de la Renaissance comme ceux de la modernité. Ainsi Henri Desbois

---

268 Emmanuelle VAGNON, « La cartographie de l'océan Indien au Moyen Âge, l'océan imaginé », *op. cit.*, p. 198.

269 Philippe PELLETIER, *L'Extrême-Orient. L'invention d'une histoire et d'une géographie*, *op. cit.*, p. 179-180.

270 John Rennie SHORT, *Korea, A Cartographic History*, *op. cit.*, p. 33.

minimise-t-il l'influence extrême-orientale sur l'Occident dans un ouvrage qui discourt pourtant sur les « cartographie et technique de l'astrolabe au GPS » (partie I) et sur « la carte et l'État, de la Renaissance à Internet » (partie II) :

> On ne traitera pas non plus des influences croisées entre la cartographie européenne et la cartographie d'Extrême-Orient, notamment chinoise et japonaise. Si, en effet, le contact avec la géographie d'Extrême-Orient a ponctuellement enrichi le contenu de la cartographie européenne à partir du XVe siècle, son influence sur l'évolution des techniques [...] est mineure[271].

Nous ne reviendrons pas à nouveau sur l'ineptie qui consiste à prendre la Chine et le Japon pour l'Extrême-Orient. Que la contribution géographique de cet Extrême-Orient sino-nippon soit pour Henri Desbois « ponctuelle » peut à la rigueur s'expliquer par le choix de sa chronologie, plus large que la nôtre, allant de la Renaissance à Internet. En revanche, il est tout simplement contrefactuel d'affirmer, comme il s'expose à le faire, que « son influence sur l'évolution des techniques est mineure ». Nous démontrerons au contraire dans le chapitre suivant qu'elle est telle que sans elle la Renaissance n'aurait pas eu lieu ou tout du moins qu'elle n'aurait été jaugeable à l'échelle de l'Histoire occidentale que dans des proportions équivalentes à ce que l'influence d'une cartographie occidentale fut à cette époque pour les mondes arabo-musulman, mongol, chinois et coréen, c'est-à-dire précisément mineure.

---

[271] Henri DESBOIS, *Les mesures du territoire : aspects techniques, politiques et culturels des mutations de la carte topographique*, Villeurbanne, Presses de l'Enssib, 2015, p. 16.

Chapitre 3 – Les rouages matériels du support cartographique

A. À la croisée des chemins médiologiques et de l'histoire des techniques

Brossée à grands traits, cette première esquisse des grandes mouvances eurasiatiques converge déjà avec deux ensembles de critiques : l'un déjà formulé en 1936 par l'archélogiste Gordon Childe[272] qui ne dissociait pas les percées technologiques des modes de vie en société qu'elles transformèrent du Néolithique au troisième millénaire avant notre ère ; et l'autre, en quelque sorte héritier de son cadre géographique centré sur la Mésopotamie, selon lequel l'histoire du progrès technique est trop souvent réduite à une succession de grandes inventions eurocentrées. Entre la perspective intraculturelle des techniques en contexte de Dagmar Schäfer et celle des concepts forgés pour une histoire intégrée des techniques globale et transdisciplinaire de Marcus Popplow[273], la fresque comparative franco-coréenne narrée depuis l'étude de cas des cartes devra veiller à définir ce qui se substitue à la succession linéaire et, pourrait-on dire en paraphrasant Darwin, presque évolutive d'inventions, et à la suprématie du pôle européen. Car une fois avérée par des preuves et témoignages, l'existence de ces contacts entre l'Est et l'Ouest, pour être comprise, doit éviter l'écueil d'une lecture où une forme de coproduction globale conduirait à une

---

[272] Cf. Gordon CHILDE, *Man Makes Himself*, Nottingham, Spokesman, (réédition de) 2003. Par ailleurs, l'auteur observe que pour les Sumériens, Égyptiens et Indiens, « les débuts de l'écriture et des mathématiques et la standardisation des poids et des mesures coïncident avec une révolution des connaissances » et que « cette synchronisation n'est pas accidentelle », combinaison de facteurs que nous retrouverons dans les pages qui suivent en France comme en Corée. *Ibid.*, p. 179. Sans s'en expliquer le bien-fondé scientifique puisque son propos s'insère dans une histoire de l'art et de la civilisation archétypale d'un cloisonnement disciplinaire convenu, Kenneth Clark évoque un « grand dégel » vers l'an 3000 av. J.-C. en Égypte et en Mésopotamie, puis un « miracle grec » et enfin un « troisième acte [...] vers l'an 1100 » et constate avec impuissance qu'« à certaines époques de l'histoire de l'humanité, la terre semble subir des poussées de chaleur ou de radioactivité ». Kenneth CLARK, *Civilisation*, Paris, Éditions Hermann et Vera Lounsbery, 1974, p. 59.

[273] Nous souscrivons ici à la démarche proposée dans l'introduction de Francesca BRAY et Liliane HILAIRE-PÉREZ, « Les techniques et l'histoire globale », in Guillaume CARNINO, Liliane HILAIRE-PÉREZ et Aleksandra KOBILJSKI, *Histoire des techniques. Mondes, sociétés, cultures (XVIe-XVIIIe siècle)*, Paris, PUF, 2016, p. 7-22. Celle-ci se réfère notamment à Patrick O'BRIEN, « The Geopolitics of a Global Industry : Eurasian divergence and the Mechanization of Cotton Textile Production in England », in Giorgio RIELLO, Prasannan PATHASARTHI (eds), *The Spinning World : A global history of cotton textiles, 1200-1850*, Oxford, Oxford University Press, 2009, p. 351-365 ; Dagmar SCHÄFER, « Technology and Innovation in Global History and in the History of the Global », in Berg MAXINE (ed.), *Writing the History of the Global Challenges for the 21st Century*, Oxford, Oxford University Press, 2013 p. 147-163 ; Marcus POPPLOW, 2016, « Technology and Technical Knowledge in the Debate on the "Great Divergence" », in *Artefact. Techniques, histoires et sciences humaines*, vol. 4, sous presse.

uniformisation prédéterminée des techniques privilégiant les interactions aux idiosyncrasies et noyant la contribution de chaque pôle jusqu'à les dissoudre ensemble dans une vision hybride de la *tekhnê* génératrice non pas de sens mais de stéréotypes trop globaux, et inverses à ceux, trop ethnocentriques, que cette même histoire des techniques dénonçait. Ordonner les influences mutuelles des techniques – qui plus est, des techniques cartographiques de pays distants comme le sont la France et la Corée – reste une gageure, ce dont conviennent Dagmar Schäfer et Marie Thébaud-Sorger :

> Bien que les circulations d'hommes, d'objets, d'écrits se soient accrues, la mobilité lointaine demeure l'apanage de groupes encore limités. De plus, les modalités sont variables entre navigations *circum* terrestres, migrations permanentes ou saisonnières, voyages de formation, enquêtes administratives. C'est à l'aune de cette diversité qu'il convient de penser la dissémination des techniques. La question des transferts reste un terrain d'exploration pour les historiens tant l'identification des procédés et le repérage des circuits le plus souvent multipolaires imposent de défis méthodologiques[274].

Alors même que l'homme de la Renaissance et le lettré fonctionnaire néoconfucéen tentaient de s'extirper de la gangue imposée par le christianisme et le bouddhisme, ils restaient incapables de vivre en dehors du monde ni de le contempler tel qu'il est, voyant leur objectivité altérée cette fois-ci par le prisme empirique d'artefacts qui s'interposaient entre leur conscience et leur expérience[275]. Pour amenuiser ce que Frank Lestringant a joliment nommé « la disproportion qui règne entre les moyens et les fins[276] », tous deux se penchent sur ce que Régis Debray, dans une perspective médiologique, désigne comme « les coulisses matérielles du théâtre intellectuel et moral à partir des techniques et des moyens de transport des signes et des corps propres[277] » à leur époque. Tous deux se repensent à travers ce qu'il est permis d'appeler une renaissance des techniques. Comme nous le verrons plus bas, la plupart des inventions des rois Sejong et Sejo sont exposées dans des lieux publics et le théâtre des machines de Jacques

---

[274] Dagmar SCHÄFER et Marie THÉBAUD-SORGER, « Culture et Technique », in Guillaume CARNINO, Liliane HILAIRE-PÉREZ et Aleksandra KOBILJSKI, *Histoire des techniques. Mondes, sociétés, cultures (XVIe-XVIIIe siècle)*, Paris, PUF, 2016, p. 371.

[275] Certaines des réflexions qui suivent sont en partie tirées d'un essai de l'auteur : Jérémie EYSSETTE, « La médiologie et le numérique, ou la mutation des technologies en médium culturel », *Association coréenne d'études françaises*, 2016, vol. 93, p. 193-234.

[276] Frank LESTRINGANT, « Ouverture océane », in Catherine HOFMANN, Hélène RICHARD, Emmanuelle VAGNON, *L'âge d'or des cartes marines, Quand l'Europe découvrait le monde*, Paris, Seuil/BnF, 2014, p. 10.

[277] Régis DEBRAY, Tingyang ZHAO, *Du ciel à la terre, la Chine et l'Occident*, Les Arènes, 2014, p. 110.

Besson (1578) met aussi en scène les rouages du monde, trop souvent « invisibles supports » – en grec, l'*upokeimenon*, ce qui gît en dessous, ce qui ne se montre pas[278]. Tout comme l'histoire des techniques, la médiologie procède donc à l'inverse de l'histoire des idées qui tend à raisonner à paramètres technologiques constants. Dans notre étude, croiser leurs contributions théoriques nous aidera à mettre en porte-à-faux une certaine conception de l'humanisme et du néoconfucianisme dont le biais anthropocentrique plaçait une foi naïve en une transmission des savoirs épurée de toute interférence matérielle. Prenant l'objet et ses effets comme points d'ancrage épistémologiques, notre approche se démarque en cela de toute tentative qui tendrait à marginaliser le contexte à la fois social et matériel de son symbole ou à évider les idées du terroir fertile qui les a vues naître. Sans pour autant s'approprier la machine comme seul référent analytique, cette nuance atténuera le manichéisme qui voudrait que les philosophes s'octroient l'étude des fins – la téléologie – laissant l'étude des moyens aux scientifiques et aux techniciens. Car les machines ne formatent pas que l'environnement matériel ; elles forgent, en outre, les cadres conceptuels de l'homme qui s'en sert pour redessiner et élargir l'horizon de ses actes et de ses réflexions. Autrement formulé, l'immanence matérielle détermine en partie la transcendance des actes et des pensées qui ponctuent notre existence. Ce recadrage théorique bouscule dès lors le substrat humaniste et néoconfucéen qui s'invite à tout débat sur les cultures française et coréenne. L'humanisme est né en redistribuant l'attribut jadis exclusivement divin qu'est la création vers l'homme et en surélevant des champs agricoles aux champs intellectuels la culture de la terre à celle des connaissances. En intercalant la culture entre une spiritualité inatteignable et une matérialité sans issue, l'humanisme prête à l'homme une attention exagérée. Les apôtres de la médiologie reprochent donc aux humanistes – reproche que l'on pourrait étendre à une lecture trop philosophique du néoconfucianisme – d'avoir oublié que « construire une culture, c'est d'abord construire un environnement d'objets[279] ». En fondant leur discipline sur cette mise en tension des deux acceptions du terme *medium*, entendu non seulement comme « machine » mais aussi comme « milieu », ils ouvrent les voies d'une dialectique entre constructions matérielles et immatérielles, dialectique qui, dans notre étude de cas cartographique, devrait pouvoir élucider dans quelle mesure les instruments nécessaires à la confection de cartes ont déterminé leur finition et leur signification. Mais là où la médiologie base son historiographie culturelle sur le découpage de cinq

---

[278] Régis DEBRAY, « Histoire des quatre M », *Cahiers de médiologie*, n° 6, 1998, p. 12.

[279] « Humanisme » in *Cahiers de la médiologie*, n° 6, consultable sur : http://mediologie.org/ancien-site/presentation/abecedaire3.html#humanisme (Consulté le 01.09.2020).

médiasphères trop généralistes [280] et européano-centrées, l'histoire des techniques nous promet de prêter « attention à la pensée du geste, aux rythmes différenciés, aux croisements de générations techniques [281] », de « considérer les perspectives locales et régionales dans une histoire asiatique "à parts égales" ». « Elle permet par des jeux d'échelles et des décentrements d'intégrer une pluralité de récits historiques [282] » pour refléter la « complexification du paysage disciplinaire [...], la discordance des temps[283] ». Ces pieuses intentions ne devront pas pour autant nous dispenser de tenter de discerner la structure des interactions matérielles franco-coréennes là où l'histoire des techniques tend trop souvent à ne voir qu'hybridations coengendrées. La question à laquelle nous tentons de répondre pourrait être reformulée ainsi : si la carte entendue comme produit matériel a déterminé les symboles et les fonctions que les humanistes et les néoconfucéens lui attribuaient, est-il possible de retracer les origines de ce déterminisme jusque dans les instruments et les procédés techniques nécessaires à sa production ? Et d'autre part, puisque nous avons observé une zone de recoupement commune dans les influences des cartes françaises et coréennes de l'époque examinée, serait-il insensé de démêler la part de contingence de celle de déterminisme qui ont, plus probablement ensemble mais dans des proportions qu'il nous faudra définir, amené Yi Hoe et Oronce Fine à faire, à un siècle et quelque dix mille kilomètres d'écart, un emploi parfois étonnamment semblable de leur œuvre cartographique ?

---

[280] L'histoire culturelle serait ainsi constituée de cinq grandes médiasphères : à l'aube des temps, la mnémosphère se caractérise par un milieu de transmission purement orale précédant l'invention des alphabets et reposant sur la mémoire de l'homme ; puis vient la logosphère, état de civilisation suivant l'invention de l'écriture, dans lequel l'écrit, au statut encore subordonné, sert d'abord à transcrire une oralité primordiale aux dictions encore sacralisées ; lui succède la graphospère en tant que période de l'esprit humain ouverte par l'imprimerie qui fait passer du rationnel au scientifique, de la vérité au vérifiable ; plus récemment, la vidéosphère couvre la période de l'esprit humain ouverte par l'électron, relayée et amplifiée par le bit ; et enfin l'hypersphère qui rééquilibre les pratiques et les outils autour du modèle de l'hypertexte et du réseau. Médiologie (Le site de la) aux entrées Mnémosphère, Logosphère, Graphosphère, Vidéosphère dans http://mediologie.org/ancien-site/presentation/abecedaire.html (consulté le 01.09.2020). Pour les définitions données de l'hypersphère, voir Louise Merzeau, « Ceci ne tuera pas cela », *Cahiers de médiologie*, n° 6, 1998, p. 35-37.

[281] Francesca BRAY et Liliane HILAIRE-PÉREZ, « Les techniques et l'histoire globale », *op. cit.*, p. 21.

[282] Aleksandra KOBILJSKI et Dagmar SCHÄFER, « Techniques et territoires en Asie orientale », in Guillaume CARNINO, Liliane HILAIRE-PÉREZ et Aleksandra KOBILJSKI, *Histoire des techniques, Mondes, sociétés, cultures (XVIe-XVIIIe siècle)*, Paris, PUF, 2016, p. 26, p. 38.

[283] Guillaume CARNINO et Liliane HILAIRE-PÉREZ, « Les temps longs, l'histoire globale et la complexité en histoire des techniques », in Guillaume CARNINO, Liliane HILAIRE-PÉREZ et Aleksandra KOBILJSKI, *Histoire des techniques, Mondes, sociétés, cultures (XVIe-XVIIIe siècle)*, Paris, PUF, 2016, p. 485.

B. Fine et Yi Hoe instruments en main

> L'homme en arrive ainsi à se situer dans l'espace parce qu'il invente les instruments qui lui permettent d'agir sur lui et de le reconstruire [...], c'est l'espace mythique construit par la fonction symbolique qui se désagrège pour céder la place à l'espace de la fonction du réel [...]. Dans le même temps, la perspective terrestre cède devant la perspective océanique et le cadre, de local et régional, devient planétaire[284].

C'est en ces termes que l'historien Vitorino Magalhaes Godinho caractérise le coup de grâce que la technologie vient porter à la théologie au XVIe siècle en Europe. Ainsi, les compas, astrolabe, équerre, bâton de Jacob, s'ils serviront plus tard à décorer les tableaux de Vermeer comme *Le Géographe* et *L'Astronome* ou l'actuel billet de 10 000 won coréen pour le *chagyŏngnu* (自擊漏 자격루, horloge à eau), contribuent bien à redéfinir, en même temps que les pourtours du globe, les nouvelles perspectives intellectuelles qui s'ouvrent à ceux qui les manient. Cette forme de modernité est bien le fruit d'un recalibrage des mondes intérieur et extérieur qui par le biais de l'expérience se frottent et se transforment. En conjuguant fonctions symboliques et scientifiques, les cartes saisissent au plus près cette mutation. En son cœur, la corrélation entre science cartographique et percées technologiques paraît d'autant plus prometteuse que nous savons l'intérêt que Fine – aucun document ne permet d'en dire autant de Yi Hoe mais toutes les inventions effectuées sous Sejong contribueront largement aux actualisations cartographiques du XVe siècle coréen – portait aux machines de son temps. Bien que l'horloge planétaire épicyclique[285] de la bibliothèque Sainte-Geneviève – la plus ancienne horloge planétaire conservée – soit plus souvent désignée comme « horloge d'Oronce Fine », il est plus probable que ce dernier n'ait fait que la modifier en lui ajoutant un cinquième cadran en 1553[286]. Ces cinq cadrans « donnent l'heure de façon très précise mais aussi indiquent constamment les jours de la semaine, les lunaisons, les fêtes mobiles et indiquent en sept cadrans la position des planètes au cours de l'année, ceci selon le système ptolémaïque avec ses déférents et ses épicycles[287] ». Même si elle ne lui fut d'aucune utilité pour tracer ses cartes,

---

[284] Vitorino MAGALHAES GODINHO, « Les découvertes, XVe-XVIe siècle. Une révolution des mentalités », in Philippe PELLETIER, *L'Extrême-Orient. L'invention d'une histoire et d'une géographie*, Paris, Gallimard, 2011, p. 310.

[285] Emmanuel POULLE, « Les mécanisations de l'astronomie des épicycles : l'horloge d'Oronce Fine », *Comptes rendus des séances de l'Académie des Inscriptions et Belles-Lettres*, 118e année, n° 1, 1974, p. 62.

[286] *Ibid.*, p. 65.

[287] Guy FRÉCHET, « Conférence sur Oronce Fine », *Fête de la science à Avignon*, le 20 novembre 2009, p. 7, dans

il serait sévère de la juger trop ornementale et non pratique, car, joignant l'utile à l'agréable, Fine avait bien conscience qu'une dose d'esthétisme et de raffinement était également utile pour piquer la curiosité des puissants et diffuser des connaissances autrement trop insipides au goût d'un plus large public. Il en va de même pour le *navicula* ou cadran en ivoire qu'il confectionna pour François Ier en 1524 et dont l'originalité consiste à pouvoir lire l'heure selon sa hauteur et non son orientation. Au-delà du souci de plaire au roi – le curseur porte les emblèmes du roi de France : la fleur de lys et la salamandre – l'utilitarisme n'est pas négligé puisque « la proue et la poupe présentent des tubes qui servaient de viseur pour orienter l'instrument. L'échelle des latitudes est gravée sur le mât, et on la lisait grâce au curseur auquel était attaché un fil à plomb. La table des heures est inscrite sur la quille, dont la ligne centrale 6 correspond à Midi. S'y trouvent aussi deux échelles zodiacales[288] ». Par ailleurs, Fine conçut d'autres cadrans solaires dont il théorisa les mécanismes et applications dans deux traités, *Quadrans Astrolabicus* (1527) et *De Solaribus Horologiis et Quadrantibus* (1531)[289]. Mécontent des approximations des horloges portatives de l'époque et du faible rayon d'application des cadrans non portatifs, Fine conçoit un méthéoroscope géographique formé d'une boussole et d'un astrolabe pour littéralement « prendre les astres », c'est-à-dire calculer leur hauteur et affiner le calcul des longitudes et des latitudes. C'est donc à la faveur d'un perfectionnement du matériel astronomique et d'un effort continu de théorisation des méthodes de calcul de coordonnées que Fine peut tracer des cartes plus conformes à la physionomie du paysage français. Il ne nous est pourtant pas permis de croire que Fine ait pu assimiler mais surtout retranscrire tous les principes actualisés de triangulation tels que Gemma Frisius (1508-1555) les avait exposés dans un traité (1533) tant la date de sa parution est proche de celle de sa carte-monde (1536) et de sa Gaule-France (1538), réimprimée à partir des quatre gravures sur bois originales. Même si

---

http://famillefine.free.fr/Liens/Oronce_Docs/Conference%20Oronce%20Fine.pdf (consulté le 01.09.2020).

288 *Ibid.*

289 Fine a élaboré des théories ou rédigé des instructions sur les équatoires, les astrolabes, les cadrans universels, le carré géométrique, les anneaux astronomiques et l'horloge astronomique dans les ouvrages respectifs : *Aequatorium planetorum, unico instrumentum comprehensum* (1526), *Descriptio partum et succincta eucidatio quadrantis cuiusdam universalis* (1527), *De universali quadrante, sinuumve organo* (1550), *La composition et usage du quarré geometrique* (1556), *Compendaria tractatio de fabrica et usu annuli astronomici* (1557). Cf. Catherine EAGLETON, « Oronce Fine's Sundials : The Sources and Influences of De solaribus horologiis », in Alexander MARR, *The worlds of Oronce Fine, Mathematics, Instruments and Print in Renaissance France*, Donington, Shaun Tyas, 2009, p. 83-84. La *Protomathesis* fournit également des instructions pour l'utilisation d'arbalestrilles, de miroirs ou de cadrans. Pour une plus ample discussion sur la mise en relation des théories et instruments de Fine, voir Pascal BRIOIST, « Oronce Fine's practical geometry », in Alexander MARR, *The worlds of Oronce Fine, Mathematics, Instruments and Print in Renaissance France*, Donington, Shaun Tyas, 2009, p. 52-63.

Fine, sur les 124 positions données pour la France, en avait corrigé plus de la moitié par rapport aux cartes ptoléméennes contemporaines, cette rationalisation du paysage, envisagé tel un maillage géométrique depuis Thalès et son évaluation de la distance d'un bateau en mer à la côte, ne prendra sa pleine mesure qu'avec la carte de France de 1793 venant conclure les efforts trigonométriques et géodésiques de quatre générations de Cassini – effort visant là encore à mettre la science au service de l'éveil de la conscience nationale[290] bien qu'à la stupeur du roi la France ait perdu 20 % de sa surface dans l'opération. Faute de mieux, d'autres moyens rudimentaires restent à la disposition du Dauphinois : ainsi apprend-on de Léonard Dauphant que c'est la marche à pied qui donne un ordre de grandeur des dimensions du royaume des quatre rivières que fut la France à la fin du Moyen Âge (il fallait vingt-deux journées de marche à pied pour parcourir le royaume du nord au sud et seize d'est en ouest). Au début du XVIe siècle, Léonard de Vinci a lui recours à des cordes à nœuds et odomètres[291] pour effectuer sa carte d'Imola (1502) présentée grâce à une vue en plan. Guère porté sur l'odométrie connue en Occident depuis Archimède (IIIe siècle av. J.-C.), Fine s'en remet aux éclipses de lune, au méthéoroscope géographique et à ses différents traités pour saisir l'espace par le temps. « Il y a en lui, comme dira André Malraux de l'esprit de l'Occident, une tentative de conquérir le temps, d'en faire le prisonnier des formes[292] » – emprisonnement dont l'exactitude ne sera pas améliorée par ses successeurs de la seconde moitié du XVIe siècle comme nous le verrons plus bas en nous penchant sur un bilan comparant erreurs et avancées scientifiques.

Mais avant d'en préciser la teneur, rechaussons notre double focale pour constater que les préoccupations de Fine quant aux calculs du temps et de l'espace et leur report sur une carte étaient largement partagées par ses homologues coréens et qu'à chacun de ses instruments correspond une invention propre au Chosŏn. Ainsi, les calculs de coordonnées n'étaient pas exclusivement propres à Ptolémée et aux cadrans et méthéoroscopes utilisés par Fine et consorts en Europe puisque, grâce au calcul de l'altitude polaire, les scientifiques travaillant pour Sejong, dans leur entreprise de déterminer la longueur de la Corée du nord au sud, avaient estimé la latitude de Séoul à un peu plus de 38°N, ce qui, en corrigeant leur erreur initiale attribuant au

[290] Il est bon de rappeler qu'un siècle seulement avant Fine, les entreprises de calculs scientifiques étaient dictées par l'universalisme chrétien et non par les intérêts de l'État. Dans le traité d'arpentage de Bertrand Boysset (1406), « c'est le Christ trônant qui lui remet un à un les instruments dont il use et qui atteste la justesse de ses mesures ». Jean-Claude SCHMITT, « Individuation et saisie du monde », *op. cit.*, p. 668.

[291] « Les carnets de Léonard de Vinci contiennent des schémas de fabrication d'un tel instrument, composé d'une roue de circonférence connue utilisée pour arpenter la surface à calculer. » Anne ROONEY, *Cartes, Chroniques du monde connu*, *op. cit.*, p. 34.

[292] André MALRAUX, *La tentation de l'Occident*, *op. cit.*, p. 99.

cercle 362,5 degrés et non 360, donnerait une latitude de 37°45 degrés au lieu des 37°35'44"N actuels[293]. Comment en étaient-ils arrivés à ce degré de précision ? Encouragés par Sejong, Chŏng Cho (鄭超 정초) et Chŏng Inji (鄭麟趾 정인지) mirent au point un instrument connu sous le nom de *kanŭi* (簡儀 간의), soit l'équivalent du torquetum utilisé en Europe depuis le XIIe siècle et dont le Chinois Guo Shoujing avait répandu l'usage en Chine dès 1270, en comprenant que, « si l'on incline l'axe de l'instrument jusqu'à ce qu'il soit aligné sur le pôle céleste, un seul mouvement est nécessaire pour suivre la course quotidienne des étoiles[294] ». Le *kanŭi* coréen, lui, fut abrité dans un observatoire du même nom, mesurant 6,5 mètres de hauteur, 9,9 mètres de longueur et 6,7 mètres de largeur, soit le plus grand observatoire d'Asie après le *kwangsong* de la période Yuan en Chine[295]. Il existait aussi une version portable du *kanŭi* et il n'est pas invraisemblable d'y voir un cas d'application de connaissances astronomiques au champ de la géographie. En 1467, le roi Sejo évoque un instrument d'arpentage, le *injiŭi* (印地儀 인지의), qui constitue vraisemblablement une version améliorée du *kanŭi*. Composé d'un tube de visée en cuivre, d'un tableau plan à 24 axes d'orientation sur lequel un objet semblable à un fléau de balance était placé, il permettait de mesurer les latitudes ainsi que les distances[296]. Mais c'est probablement l'invention du *kyuhyŏng* (窺衡 규형) – un torquetum amélioré – en 1467 sous le roi Sejo qui marque le point culminant des avancées des méthodes de calcul de triangulation et qui servira aux relevés recensés dans le *Sŭngnam* (1481). Par ailleurs, les considérations temporelles étaient loin d'être étrangères aux Coréens, comme en témoignent les inventions des *kyup'yo* (圭表 규표), *angbuilgu* (仰釜日晷 앙부일구) et *chagyŏngnu* (自擊漏 자격루). Ce premier mesurait le temps écoulé en *chang* (丈 장), *ch'ŏk* (尺 척) et *pun* (分 분) ainsi que les vingt-quatre divisions du soleil grâce à l'ombre d'un pilier de pierre portée sur une dalle graduée. Le *angbuilgu* était aussi une sorte de cadran solaire, à la différence que son hémisphère convexe lui donnait la forme d'un chaudron doté d'un gnomon indiquant l'heure et qu'étant situé dans un lieu public – au sud du mausolée des ancêtres royaux – il servait sans doute plus à faire étalage des dernières inventions de la dynastie Yi qu'aux prélèvements de données scientifiques. En complément, les astronomes du roi Sejong mirent au point un *temps fixe du soleil et des étoiles* (日星定時儀 일성정시의 *ilssŏngjŏngsiŭi*) qui contribua, par d'autres voies que le marque-temps mécanique européen (XIVe siècle) et son dispositif

[293] Gari LEDYARD, « Cartography in Korea », *op. cit.*, p. 288.
[294] Philippe PELLETIER, *L'Extrême-Orient. L'invention d'une histoire et d'une géographie*, *op. cit.*, p. 69.
[295] Kichan BAEK, *Le roi Sejong le Grand*, Séoul, Diamond Sutra, 2007, p. 75.
[296] Honggyu CHE, « Map commentaries », *op. cit.*, p. 227.

d'échappement de la force motrice vers l'horloge, à abolir la frontière entre les temps diurne et nocturne. À cette fin, plus que le passage des étoiles, l'ombre du soleil, le fait de consumer feu et encens, c'est encore l'écoulement de l'eau qui restait la mesure la plus fiable du temps, et au renommé *jagyeongnu* succéda une version plus précise, le *ongnu* (玉漏 옥루), qui comme l'horloge épicyclique de Fine, retraçait les paraboles des astres en plus d'indiquer le temps. Les avancées de la cartographie provinciale coréenne au cours du XVe siècle doivent enfin beaucoup à une autre sorte d'instruments, les odomètres comme le *kirigoch'a* (記里鼓車 기리고차, ou « tambour mobile qui résonnait toutes les dix *li* ») et le *posuch'ŏk* (步數尺 보수척, ou « règle calculant les pas ») tous deux confectionnés en 1441. Ces deux derniers instruments étaient les plus appréciés et fiables pour la gestion du territoire et notamment pour les relevés de cadastres, les levés routiers et la mesure des distances entre les villes. Ces considérations nous amènent à dresser un premier tableau qui, loin de se vouloir rigoureusement comparatif, présente l'avantage de juxtaposer des outils cartographiques aux fonctions similaires.

Tableau 1 : Outils cartographiques aux fonctions semblables

OUTILS FRANÇAIS	FONCTIONS	OUTILS CORÉENS
cadran solaire	mesure du temps	*kyup'yo* ; *angbuilgu*
horloge épicyclique ; équatoire ; bâton de Jacob	mesure du temps et positionnement des astres	*ongnu* ; *chagyŏngnu*
boussole	orientation	*pŏmch'ŏl* ; *zhinanzhen*
torquetum	triangulation	*kyuhyŏng*
méthéoroscope ; navicula	mesure des coordonnées	*kanŭi* ; *injiŭi*
marche à pied ; corde à nœuds ; odomètre	mesure des distances entre deux points sans recours astronomique	*kirigoch'a* ; *posuch'ŏk*
globes terrestres	représentations tridimensionnelles	globes célestes

C. La puissance fait main basse sur les instruments de la science

En apposant les outils – sinon inventés du moins employés par Français et Coréens – qui, en coulisse du théâtre de la géographie mondiale offert par le support cartographique, en ont permis la réalisation, émerge la vision d'une existence parallèle entre phénomènes similaires déguisés sous les oripeaux de contingences et conventions culturelles contrastées : à l'Ouest, une Europe dont la dynamique sociale et l'élan humaniste poussent les argonautes à rendre mobiles et utiles les dernières inventions afin de mieux délimiter les mondes obstrués par le quatrième continent ; à l'Est, une volonté néoconfucéenne d'optimiser et de patrimonialiser les acquis chinois eux-mêmes enrichis par les apports arabo-persans que la déferlante mongole avait fait échouer jusqu'à Pékin, déferlante désormais tarie mais dont le Chosŏn bénéficie à contretemps et sur laquelle elle surnage sous l'impulsion de monarques savants comme Sejong puis Sejo. En France comme en Corée donc, soit parce qu'elles consolident la légitimité du pouvoir en renforçant son prestige soit parce qu'elles créent les instruments scientifiques nécessaires à l'appropriation administrative du territoire, il est évident que les sciences nouent avec la puissance une nouvelle forme de pacte. Il suffit pour s'en convaincre d'observer chez les puissants français comme coréens l'éclosion de ce que les Arabes – qui, s'ils ne le leur ont transmis avec leurs instruments et leurs connaissances, le partagent en tout cas avec eux – nomment l'*adab*, soit « le goût, empreint de raffinement et de culture, du travail érudit, dans un but d'édification, de loisir et de divertissement[297] ». Pourtant abondantes et rafraîchies, les connaissances en elles-mêmes ne leur suffisent plus. Elles doivent en outre divertir, voire impressionner. En étant instrumentalisé, l'instrument devient une arme de séduction, une autre façon, moins directe mais peut-être tout aussi efficace, de régner. Emmanuel Poulle en convient volontiers lorsqu'il évoque l'horloge d'Oronce Fine :

> Une horloge planétaire n'est pas un instrument scientifique. Elle n'a pas vocation à dispenser l'astronome de son travail en lui indiquant, telle une merveilleuse machine à calculer, où sont les planètes [...]. Ce qu'on attend d'une horloge planétaire, c'est de rendre familier à un public ignorant l'harmonie des mouvements célestes, de lui montrer comment la géométrie épicyclique peut en rendre compte, de lui faire apprécier la compétence des astronomes et des horlogers qui ont su domestiquer ces lois mystérieuses. Bref, une horloge planétaire doit, tout à la fois, émerveiller, instruire, étonner[298].

---

[297] Jerry BROTTON, *Une histoire du monde en 12 cartes*, *op. cit.*, p. 91.

[298] Emmanuel POULLE, « Les mécanisations de l'astronomie des épicycles : l'horloge d'Oronce Fine », *op. cit.*, p. 79.

Produire ce mélange d'émerveillement, d'instruction et d'étonnement ne devait pas être totalement étranger aux monarques coréens lorsqu'ils décidaient de l'emplacement des dernières inventions. Sejong ordonna que l'on installât, par exemple, le *angbuilbu* le long du chemin menant au mausolée des ancêtres royaux depuis le sud afin qu'il puisse être admiré par tout un chacun. Outre l'originalité de la forme de ce « cadran-chaudron », les douze animaux de l'astrologie chinoise gravés à chaque *si* (時 시) – unité à valeur relative correspondant à 1/12 de la journée – jouaient un rôle ornemental et ces symboles populaires ne devaient pas manquer d'interpeller les badauds et dans une moindre mesure de vulgariser ou du moins *publiciser* les progrès scientifiques d'une dynastie récemment érigée. D'autres indices nous poussent à croire que ces inventions, comme encore deux des quatre horloges de nuit (日星定時儀 일성정시의, *ilssŏngjŏngsiŭi*), n'étaient pas égarées en bordure du palais par hasard. En effet, le degré de précision atteint par les astrologues du Chosŏn, qui selon les *Annales de la dynastie* (實錄 실록, *Sillok*) avaient décompté douze éclipses lunaires, treize éclipses d'étoiles fixes par des planètes, deux éclipses partielles entre planètes, quatorze apparitions de novas et comètes, trois cent cinquante-neuf couronnes solaires et arcs-en-ciel et soixante-six étoiles vues en plein jour, permit aux dirigeants de synchroniser à la minute près un cérémonial sur des éclipses de soleil et de lune calculées à l'avance[299]. Ces quelques exemples nous offrent ainsi un aperçu de la manière dont les outils scientifiques contribuant de près ou de loin à l'élaboration de cartes pouvaient être mis au service du pouvoir : une fois déclaré scientifiquement utile, tout instrument pouvait être utilisé à des fins cette fois plus prestigieuses et il incombait au monarque d'exploiter ce potentiel pour que ce rendement soit transféré de la sphère cognitive à la sphère publique et qu'il optimise son capital politique. Mais nous aurons loisir d'approfondir l'analyse de cette corrélation entre science et puissance quand nous toucherons à l'instrumentalisation de la carte en deuxième partie. À ce stade de notre enquête, qu'il suffise de reconnaître qu'unifier l'idéologie du pouvoir et le territoire sur lequel elle s'étend a requis, en concomitance, d'harmoniser les mesures spatiales et temporelles des royaumes des Valois et Chosŏn.

Plus que les horloges à eau, sabliers, horloges à chandelle et autres horloges à parfum, en Europe, c'étaient les horloges monastiques – silencieuses la nuit, inégales de jour puisque dépendant de la latitude et de la saison – qui annonçaient les heures canoniales correspondant à une prière : matines ou laudes, entre minuit et le lever du jour ; prime, au lever du soleil ; tierce, au milieu de la matinée ; sexte, à midi ; none, au milieu de l'après-midi ; vêpres, au coucher du soleil ; et complies, à la tombée de la nuit[300].

---

[299] Kichan BAEK, *Le roi Sejong le Grand*, *op. cit.*, p. 78-79.
[300] Daniel BOORSTIN, *Les découvreurs*, *op. cit.*, p. 40-41.

Quant au calendrier chrétien, nous le savons, il est articulé autour du jour de Pâques qui fixe le rythme cultuel et ce n'est qu'au VIIIe siècle que Bède le Vénérable prend comme année zéro la naissance du Christ. Pourtant les imprécisions du calendrier julien, introduit par Jules César qui l'avait lui-même repris aux Égyptiens, deviennent intenables puisqu'en 1582 l'équinoxe du printemps se produisit le 11 mars au lieu du 21. Ainsi, Grégoire XIII décréta cette année-là que le 4 octobre serait suivi du 15, réforme adoptée par toute l'Europe catholique dont la France, alors que l'Angleterre protestante et les colonies d'Amérique n'y adhéreront qu'en 1752. Et ce n'est pas un hasard si cette réforme coïncide avec le perfectionnement de l'horlogerie qui applique à la fin du XVIe siècle les subdivisions sexagésimales du cercle babylonien à la mesure du temps : ainsi naquirent les minutes et les secondes modernes.

En Corée, la même collision entre orthodoxie traditionnelle et progrès scientifiques allait conduire à des réformes calendériques inédites. Nous avons déjà signalé que le préambule du *Kangnido*, dans une tradition non pas exclusive aux néoconfucéens du Chosŏn mais déjà de mise sous le Koryŏ, se repérait dans le temps en fonction des règnes des empereurs chinois, qui étaient eux-mêmes susceptibles de réformer le calendrier à leur accession au trône. Si l'année était rythmée par le calendrier luni-solaire dit « calendrier Xia » en vigueur depuis le troisième millénaire avant J.-C. et prenant comme point de départ la deuxième nouvelle lune après le solstice d'hiver, des cérémonies néoconfucéennes sont venues s'y ajouter après l'avènement des Yi au pouvoir, notamment les sacrifices aux ancêtres, les règles de deuil et de mariage, la cérémonie de prise de bonnet viril, toutes détaillées dans *Les Rites familiaux* de Zhu Xi (朱子家禮 *Zhuzijiali*). Quant au décompte du temps au sein d'une seule et même journée, celle-ci se divisait en *si* (時 시, soit 1/12 de la journée), *kyŏng* (更 경, soit 1/5 du temps passé entre 19 heures et 5 heures du matin, et *chŏm* (點 점). Nous observons comme en France que la combinaison d'un retard scientifique à la soumission aux traditions empêche l'avènement des heures égales. Pourtant, réunis au Pavillon des Mesures célestes pendant les dix ans qui suivirent la création du *kanŭi*, les savants coréens compilèrent et actualisèrent les almanachs des dynasties Yuan et Ming (授時曆, 大統曆) pour produire en 1442 le *Ch'iljŏngsan* (七政算 칠정산, *Calcul sur les mouvements des sept principaux corps célestes* : le Soleil et la Lune, Mercure, Mars, Jupiter, Vénus et Saturne). D'après les nouvelles estimations, l'année comptait 365,2425 jours et le mois comprenait 29,530593 jours, soit un nombre à 6 décimales exactes au regard de la valeur des calculs actuels. Par ailleurs, le deuxième volume stipulait que, contrairement à la tradition chinoise qui assignait à la circonférence du cercle 365,25 degrés, 100 minutes à chaque degré et 100 secondes à chaque minute, les mesures soient ramenées aux valeurs en usage universel de nos jours soit 360 degrés divisés en 60 minutes subdivisées en 60 secondes[301].

Contrairement à la mesure du temps, celle de l'espace n'aboutit pas à un compromis satisfaisant entre les différents étalons d'usage. Ainsi, bien que François Ier ait tenté en 1540 de standardiser l'aune en stipulant de « n'utiliser comme unité de longueur que l'Aune du Roy ou Aune de Paris, ayant pour valeur 3 pieds, 7 pouces, 8 lignes de Pied du Roy » (environ 118,84 cm), cette ordonnance est très peu appliquée et l'aune garde une valeur fluctuante allant de 51,3 cm à 232,2 cm selon les régions ou les métiers. Toutefois, le propos qui nous intéresse étant centré autour de la géographie, il est nécessaire de préciser que ces unités variables étaient surtout utilisées à des fins artisanales et commerciales et n'affectaient en rien notre cartographe qui, en l'absence d'échelle, s'en remettait aux degrés pour déterminer les distances relatives entre deux points et à des relevés temporels. Dans une Corée du début du Chosŏn qui adjoignait aux observations astronomiques les mesures fournies par le *kirigoch'a* et le *posuch'ŏk*, instruments mesurant tous deux les distances au sol, la situation était bien entendu plus complexe. En effet, à chacun des cinq *ch'ŏk* (pieds) dont nous avons gardé trace correspondait une fonction et des équivalences spécifiques[302].

De même que François Ier avait tenté d'allier pragmatisme et restauration idéologique en établissant que son aune valait quatre pieds romains anciens afin d'instaurer une unité commune à toute l'Europe, Sejong fit adopter en 1437 une valeur étalon, le *chuch'ŏk* (周尺 주척), soit le pied utilisé à l'époque de Confucius sous la dynastie Zhou. « La règle en *zhou*, précise Gari Ledyard, était utilisée pour fabriquer tous les instruments horlogers et d'observation, et en plus elle était prescrite comme critère pour toutes les tablettes ancestrales sur l'autel des sanctuaires de la bourgeoisie, ainsi que pour les distances des routes en *li* et pour les règles de mesure au tir à l'arc [303] ». Toutefois, deux éléments contribuèrent à la survivance d'équivalences confuses. D'une part, le *Kyŏngguktaejŏn* (經國大典 경국대전, le Code national de 1471) omet de spécifier le taux de conversion entre le pied *zhou* et les longues distances comme le *li*, omission lourde de conséquences puisque ces équivalences n'apparaîtront qu'en 1746 dans un addenda du même codex ; d'autre part, le pied *hwangjong* (黃鐘 황종 ou « cloche jaune ») fut conservé pour spécifier les taux de conversion entre

301 Kichan BAEK, *Le roi Sejong le Grand*, *op. cit.*, p. 80.

302 Pour un tableau récapitulatif des équivalences des unités de mesure, de distance, de volume, de poids et de devise, nous citerons l'ouvrage suivant : Injae LEE, Owen MILLER, Jinhoon PARK et Hyun-Hae YI, *Korean History in Maps, from prehistory to the twenty-first century*, Cambridge, Cambridge University Press, 2014, p. 101.

303 Gari LEDYARD, « Cartography in Korea », *op. cit.*, p. 285.

tous les pieds encore en usage[304]. En somme, canaliser les renaissances française et néoconfucéenne a non seulement consisté pour les pouvoirs en place à concevoir et construire de nouvelles institutions et unités politiques dérivant d'un réajustement moral et intellectuel, mais, parallèlement, cet effort a été prolongé dans d'autres domaines, ici scientifiques et cartographiques, pour que les mesures du temps et de l'espace rejaillissent sur la nouvelle concorde entre les sujets, le souverain et leur territoire. Tout en visant à faciliter les affaires de l'État et le quotidien du peuple, ces transformations impliquaient enfin sur un plan moral qu'une juste gouverne se fonde sur des mesures justes.

D. Modélisation des échanges technologiques eurasiatiques

D1. Inventions parallèles

En guise de premier scénario, prenons comme point de départ une idée aussi fausse que répandue qui veut que l'Est et l'Ouest aient été deux mondes séparés. Même déconnectés ou mal connectés, ces antipodes auraient très bien pu en arriver, non par le fruit du hasard, mais par une certaine logique évolutive, à formaliser des principes scientifiques et créer des objets sinon semblables, du moins conçus pour résoudre le même type de problèmes. Après tout, les règnes animal et végétal nous offrent une abondance d'exemples où des espèces aux caractéristiques similaires virent le jour sur des continents encore à la dérive, détachés les uns des autres. Faute de pouvoir prouver un contact attesté entre Orient et Occident ou une filiation épistémologique, commençons par constater quelques coïncidences qui, bien qu'elles ne démontrent rien dans l'absolu, n'ont rien d'anodin non plus. Dans cet ordre d'idées, la théorie chinoise du *huntian* ou « cieux sphériques » apparaît peu ou prou au même moment que le modèle concentrique de cosmographie céleste chez les Grecs, soit au IVe siècle avant notre ère. Plus tard, Zhang Heng (78-139), l'inventeur du système de cartes quadrillées en Chine, est le contemporain de Ptolémée (90-168) dont le point extrême-oriental de sa *Géographie* est bien la *Sinae* (Chine) où, au siècle suivant, Pei Xiu (224-271) formalisera le réseau de coordonnées de son compatriote dans ses fameuses « six conditions pour dresser une carte ». La prudence nous dicte pourtant de considérer ces évolutions comme parfaitement étanches, comme dans le domaine des mathématiques où l'origine du zéro aurait pu provenir de Chine et d'Inde parallèlement. Tout

[304] *Ibid.*, p. 285. Notons au passage que les Coréens, comme Fine dans son traité de musique *Epithoma musice instrumentalis ad omnimodam Hemispherij seu Luthine E theoricam et practicam* (Paris, P. Attaignant, 1530), en profitent pour redéfinir les notes de musique en 1425, standard à partir duquel seront fabriqués tous les instruments des manufactures royales.

comme les origines du zéro, celles du bâton de Jacob (arbalestre, arbalestrille, kamal en arabe ou 拉线板 *laxianban* et 窥管 *kuiguan* en chinois), qui permet de calculer la hauteur des astres, restent mystérieuses et sans doute multiples. Si son apparition est attestée en Europe occidentale dès 1342, son principe, lui, a été formalisé par les Grecs (*dioptra*) et les Chinois (六分仪 *liufenyi*), et les navigateurs arabes de l'Océan indien se servent d'un instrument de navigation fort semblable observé par Vasco de Gama en 1498 mais probablement en usage bien avant[305]. En plus de cartes de marins arabes, c'est grâce à ce même instrument de navigation que Zheng He s'oriente lors de ses expéditions du début du XVe siècle. Même si, en Europe, les versions ultérieures de John Davis (le *backstaff*, 1595) et les balestrilles des navigateurs hauturiers du XVIe siècle bénéficièrent des apports du kamal, l'hypothèse la plus probable est que ces différents instruments aient dans leur version primitive été le fruit de foyers parallèles. Faute de sources prouvant le contraire, l'équatoire fabriqué par Fine et la version optimisée de l'horloge à eau coréenne (qui indiquait également le positionnement des astres), ainsi que leurs variantes respectives de cadrans solaires et horloges à eau que l'on retrouve dans différents foyers civilisationnels à des siècles d'écart, ne partageraient donc pas de racines communes et leurs origines se perdent souvent d'âge en âge, comme dans le cas des modèles rudimentaires du *kyup'yo* (규표, cadran solaire), pour s'effacer avec les plus anciens recensements historiques : Min Byeong-Hee, Lee Ki-Won, Kim Sang-Hyeok et Lee Yong-Sam s'accordent ainsi à dire que le *kyup'yo* est utilisé en Extrême-Orient depuis la haute antiquité[306].

D2. Transmissions unidirectionnelles

Le deuxième modèle d'échanges technologiques va à l'encontre d'une certaine idée de la modernité qui postule que celle-ci, avec le développement d'une géographie « moderne », c'est-à-dire occidentale, aurait été exportée vers l'Extrême-Orient au XIXe siècle et plus précisément à partir des années 1880 en Corée lorsque les latitudes et les longitudes furent appliquées aux cartes. Ce récit prend souvent la forme d'un flux unidirectionnel partant d'un Occident omniscient distillant ses lumières vers un Orient arriéré. Sans forcément approuver cette vision simplificatrice, deux théories ont contribué à l'étayer dans le subconscient académique : le paradoxe de Joseph Needham qui, observant la divergence entre la science chinoise et celle de l'Europe à

---

[305] Pascal Brioist précise par exemple que la tradition arabe procède de la même logique de calcul que celle du bâton de Jacob en estimant la distance d'un objet accessible par le biais d'un miroir dont l'angle de réflexion est égal à l'angle d'incidence. Pascal BRIOIST, « Oronce Fine's practical geometry », *op. cit.*, p. 60.

[306] Byeong-Hee MIN, Ki-Won LEE, Sang-Hyeok KIM et Yong-Sam LEE, « 조선시대 규표의 대형화와 횡량의 역할 », *천문학논총*, 28(3), 2013, p. 55.

partir du XVIe siècle, se demande « pourquoi la science moderne – telle que nous la connaissons depuis le XVIIe siècle, soit l'époque de Galilée – ne s'était pas développée dans la civilisation chinoise ni indienne mais seulement en Europe[307] ? » Lui emboîtant le pas, Patrick O'Brien constate que ce paradoxe a donné lieu, trois siècles plus tard, à une grande divergence entre l'économie européenne au XIXe siècle et le reste du monde[308]. Nous nuancerons ces propos en évitant de confondre tout l'Orient avec les grands pôles civilisationnels que sont la Chine et l'Inde et en retenant que, dans la grande chronologie des échanges eurasiatiques, le XVIIe siècle de Galilée est peut-être moins décisif qu'on ne voudrait le croire et qu'il n'est approprié d'évoquer la grande divergence du XIXe siècle que si l'on daigne la mettre en regard avec l'équivoque fondamentale de Geoffroy Atkinson au XVIe siècle, où l'Europe ne peut que constater son retard. Malgré des contacts quasiment continus, les extrémités eurasiatiques ont donc évolué selon des temporalités et des intérêts différenciés.

La boussole, que Fine encastre dans son méthéoroscope géographique, rentre dans la catégorie des inventions nées de transmissions unidirectionnelles provenant de l'Orient. Bien qu'elles soient parvenues en France depuis la Chine, via les mondes indien et arabo-musulman aux alentours des IXe-Xe siècles, les propriétés du fer aimanté (magnétite) furent reconnues au moins à partir du IIe siècle de notre ère et la première description complète du « compas magnétique » figure dans un texte chinois du XIe siècle[309]. Comment doit-on qualifier la précocité d'un millénaire des Chinois, si les Européens se targuent d'une « grande divergence » dès lors qu'ils prennent deux siècles d'avance : entre le XVIIe siècle de Galilée et la diffusion de la géographie dite moderne en Extrême-Orient, et à nouveau deux siècles entre les premières révolutions industrielles du XIXe siècle et la date où sont écrites ces lignes et où la Chine et la Corée, pour ne nommer qu'elles, semblent avoir plus que comblé leur retard économique ? L'influence de la boussole (指南针 *zhinanzhen* en chinois, c'est-à-dire « l'aiguille indiquant le sud ») est immense puisque les cartes chinoises et arabo-musumanes sont toutes orientées vers le sud. Si unidirectionnalité il y eut, c'est plutôt d'Est en Ouest qu'elle se caractérise avant le XVIIe siècle : outre la boussole, les Chinois nous transmirent aussi le gouvernail d'étambot

[307] Joseph NEEDHAM, « Science and Society in East and West », in Koen VERMEIR, « Techniques, rites, religion », in Guillaume CARNINO, Liliane HILAIRE-PÉREZ et Aleksandra KOBILJSKI, *Histoire des techniques, Mondes, sociétés, cultures (XVIe-XVIIIe siècle)*, Paris, PUF, 2016, p. 405-406.

[308] Patrick O'BRIEN, « The Geopolitics of a Global Industry : Eurasian divergence and the Mechanization of Cotton Textile Production in England », in Giorgio RIELLO, Prasannan PATHASARTHI (eds), *The Spinning World : A global history of cotton textiles, 1200-1850*, Oxford, Oxford University Press, 2009, p. 351-365.

[309] Philippe PELLETIER, *L'Extrême-Orient. L'invention d'une histoire et d'une géographie*, *op. cit.*, p. 82.

qui permit les avancées des argonautes dès le bas Moyen Âge et sans doute le torquetum équatorial mis au point par Guo Shoujing (郭守敬, 1231-1316) en 1270. Or le processus de transmission d'Est en Ouest n'est pas direct et il est admis que l'Europe, en tant qu'importatrice de technologies, a bénéficié des modifications des mondes arabo-persans. Nous prendrons ici l'exemple fourni par Sven Dupré au sujet de la science optique, si intimement liée aux calculs des angles, lignes et perspectives de la cartographie, lorsqu'il précise qu'à la suite des *Miroirs ardents* de Dioclès (IIe siècle av. J.-C.), « l'étude de miroirs ardents paraboliques fut prolongée par les mathématiciens arabes, al-Kindi et ses proches, Ibn Sahl et Alhazen dans son *De speculis comburentibus*. Parmi tous ces travaux, seul le *De speculis comburentibus* d'Alhazen fut régulièrement disponible au XIIIe siècle lorsqu'il servit de socle aux propositions de Witelo sur les miroirs ardents de forme paraboloïde dans sa *Perspectiva*[310]. » La posture consistant à opposer des transmissions vers l'Occident avant le XVIIe siècle aux transmissions vers l'Orient à partir de celui-ci mérite donc d'être nuancée. Pour preuve, l'astrolabe dans sa version écliptique (que l'on retrouve aussi dans le méthéoroscope de Fine) est inventé par les Arabes puis diffusé vers l'Europe et vers la Chine. En tout cas, pour ce qui est des outils utilisés par Fine et les cartographes du XVe siècle coréen, rentrent dans cette deuxième catégorie la boussole (泛鐵 범철 *pŏmch'ŏl*), le torquetum (窺衡 규형 *kyuhyŏng*), tous inventés en Chine et diffusés vers la France et la Corée. Mais, selon les chronologies adoptées et les versions d'instruments évoqués, nous voyons bien que la réalité n'est sans doute pas aussi simple que l'hermétisme ou la linéarité des deux premiers modèles la dépeignent. Guillaume Carnino et Liliane Hilaire-Pérez nous avaient pourtant bien avertis : « Cet élargissement de la focale spatiale et temporelle aboutit à une complexification du paysage disciplinaire : les jalons qui scandaient jadis l'histoire des techniques [...] laissent la place à la discordance des temps, à l'imbrication des générations techniques et à la diversité des trajectoires[311]. »

D3. Transmissions hybrides

À un schéma polarisé, diffusionniste et implicitement hiérarchisé, il faudrait alors substituer une histoire des hybrides où les savoirs et leurs

---

310 Sven DUPRÉ, « Printing practical mathematics », in Alexander MARR, *The worlds of Oronce Fine, Mathematics, Instruments and Print in Renaissance France*, Donington, Shaun Tyas, 2009, p. 70. Peu connu pour son humilité et sa bonne foi, Fine admet tout de même avoir eu recours à un ouvrage « traduit de langue arabe d'une manière si compliquée et alambiquée [...] que l'on ne pouvait à peine en arracher un sens quelconque ni discerner le diagramme correspondant au texte ». Sven Dupré croit reconnaître ici une référence oblique au *Speculi almukesi compositio*. *Ibid.*, p. 72.

311 Guillaume CARNINO et Liliane HILAIRE-PÉREZ, « Les temps longs, l'histoire globale et la complexité en histoire des techniques », *op. cit.*, p. 485.

incarnations techniques sont en fait des télescopages réactualisés au fil du temps. Celle-ci privilégie les mobilités des praticiens à l'immobilisme du secret des doctes, les appropriations et emprunts aux transmissions formatées ou frelatées, les aptitudes aux réseaux transdisciplinaires au sectarisme des savoirs, le temps long[312] des adaptations aux chronologies tronquées, et les traductions plus riches en malentendus féconds qu'en reproduction à l'identique. Notre troisième catégorie d'échange insiste donc plus sur la circulation ainsi définie par Kapil Raj : « Par circulation nous comprenons non pas la dissémination, la transmission ou la communication d'idées mais le processus de rencontre, de pouvoir et de résistance, de négociation et de reconfiguration qui prend place dans l'interaction transculturelle : une acception transformatrice de la notion de circulation[313]. » Parmi le florilège d'inventions qui à leur tour permirent certaines découvertes et vice versa, il en est une qui ébranla au plus haut point les fondements de la pensée européenne et que Geoffroy Atkinson nomme « l'équivoque fondamentale ». Il existait « bien des raisons pour que la vanité des Européens fût rudement choquée au courant du XVIe siècle par les nouvelles connaissances de l'Orient. On peut même douter que l'idée de la supériorité européenne et chrétienne ait reçu, pendant toute la Renaissance, un coup plus terrible que celui porté par la découverte que l'imprimerie était un art très ancien chez les peuples de l'Extrême-Orient[314] ». Inventée en Corée sous forme de gravure sur bois au VIIIe siècle puis sous forme de caractères métalliques mobiles dès

---

[312] Nous renverrons ici à l'article de Young-Pil Kwon qui se base sur des objets exhumés en Corée antérieurs au Xe siècle provenant d'Asie Centrale et au-delà pour évoquer ces échanges. Young-Pil KWON, "Ancient Korean Art and Central Asia : Non-Buddhist Art Prior to the Tenth Century", *Korea Journal*, vol. 31, n° 2, Summer 1991, p. 5-21. Il mentionne, entre autres, de la verrerie romaine retrouvée dans le tumulus Kumnyong de Silla au Ve siècle et similaire à celle retrouvée à Cologne ; de la verrerie et de l'argenterie de la dynastie des Sassanides (IIIe-VIIe siècles, Grand Iran) exhumées dans les tumulus d'Inwandong à Kyongju et de Hwangnam ; des verres d'origine hellène associés à la culture de la confédération de Gaya (IVe-VIe siècles) ; ainsi que des statues d'officiers militaires et civils de style iranien qui laissent penser qu'il y ait pu avoir, en plus d'échanges classiques par les routes terrestres et maritimes de la soie, des contacts directs entre la Corée de Silla et le Grand Iran.

[313] Kapil RAJ, « Beyond Postcolonialism… and Positivism. Circulation and the Global History of Science », in Guillaume CARNINO, Liliane HILAIRE-PÉREZ et Aleksandra KOBILJSKI, *Histoire des techniques, Mondes, sociétés, cultures (XVIe-XVIIIe siècle)*, Paris, PUF, 2016, p. 15.

[314] Joseph Needham en donne l'exemple classique : « N'est-ce pas un paradoxe remarquable qu'au moment même où Tycho Brahe abandonne en Europe l'armillaire écliptique pour l'armillaire équatoriale, Ricci vient de persuader les Chinois de renoncer à celle-ci, qu'ils connaissent depuis des siècles, et de revenir à l'écliptique ! Cette incapacité des Jésuites à suivre le mouvement scientifique devait maintes fois se manifester. » Philippe PELLETIER, *L'Extrême-Orient. L'invention d'une histoire et d'une géographie*, *op. cit.*, p. 349.

1377[315], l'imprimerie, bien que souvent citée, est l'arbre qui cache la forêt. L'auteur du premier globe connu n'est pas, comme l'affirme Gilles Tiberghien[316], Martin Behaim, qui conçut son *Erdapfel* entre 1491 et 1493. Il s'agit en fait, nuance importante, du globe le plus ancien nous étant parvenu ; car en 1267, Jamâl al-Dîn, un géographe et astronome persan qui exerce à l'observatoire récemment créé de Maragha (vers 1260) au sud de Tabriz, présente à Kubilai Khan un globe terrestre ainsi qu'une série d'instruments couramment utilisés comme les sphères armillaires, gnomons et autres astrolabes[317]. Remonter la piste persane nous mène inévitablement à Bagdad, où fut fondée la maison de la sagesse (Bayt al-Hikma) sous le septième calife abasside, al-Ma'mūn (813-833), dont les arpenteurs estimèrent à moins de 100 kilomètres près la circonférence exacte de la Terre (à peine plus de 40 000 kilomètres) tandis qu'al-Khwarizmi (780-850) indiquent explicitement que l'océan Indien s'écoule dans ce que nous appelons aujourd'hui l'océan Pacifique. De manière plus pertinente encore pour notre enquête transversale, ses travaux reprennent les méthodes de calcul de latitudes et longitudes de Ptolémée et améliorent la précision de certaines coordonnées. De sorte qu'affirmer qu'un grand Orient incluant les mondes arabo-persan, indien et extrême-oriental, était en avance en tout point sur les Européens et que ces derniers ne firent qu'adopter leurs inventions ne serait pas non plus conforme à ce que des sources, raréfiées à mesure que l'on remonte dans le temps, nous révèlent. Ces quelques considérations historico-techniques visent à démontrer que, malgré une périodisation comparative où la France suit la Corée d'un siècle, ce choix ne prédétermine pas une influence unidirectionnelle de la Corée vers la France, ou plutôt de l'Orient vers l'Occident. Nous n'affirmons pas ici que la France du XVIe siècle ait pu influencer, à rebours de toute logique chronologique, la Corée du XVe siècle. Mais au lieu de cela, il ne faudrait pas exclure trop hâtivement la possibilité qu'en amont des deux siècles choisis (XVe et XVIe siècles) il y ait eu des zones d'interférence et de recoupement dont la fertilité épistémologique et technologique aurait engendré des visions que de lointains échos mettent encore en résonance dans le *Kangnido* et les cartes finiennes.

Pour se convaincre de la pertinence de cette approche dans le cadre d'une étude comparative des cartographies française et coréenne, il suffit par exemple de suivre le sort de la *Géographie* ptoléméenne, c'est-à-dire le point le plus éloigné dans notre frise chronologique occidentale, pour déterminer si cette connaissance est restée exclusive à l'Europe, si elle a été transmise telle

[315] Le *Buljo jikji simche yojeol* (1377) est le plus ancien livre conservé ayant eu recours à cette technique.

[316] Gilles TIBERGHIEN, *Finis Terrae. Imaginaires et imaginations cartographiques*, *op. cit.*, p. 181.

[317] Philippe PELLETIER, *L'Extrême-Orient. L'invention d'une histoire et d'une géographie*, *op. cit.*, p. 70.

quelle vers l'Extrême-Orient ou si elle a emprunté un parcours plus sinueux, fait de zigzags et de va-et-vient eurasiatiques. L'histoire du califat abbasside nous enseigne que, à l'instigation du calife al-Ma'mūn, les observations de l'astronome Aboul Hassan améliorèrent certaines tables de Ptolémée. Parmi ses successeurs, davantage admiratifs de l'héritage mathématique que géographique de Ptolémée, al-Khwarizmi reprendra sa *Syntaxe mathématique* – « Le plus grand des livres » (*Almageste*) – pour continuer de corriger et parfaire les coordonnées ainsi que les dimensions de la Méditerranée que le maître alexandrin avait trop étirée. Par ailleurs, Jean-Jacques Brioist rappelle que la projection équatoriale que livre Ptolémée dans *Planisphaera* « ne survécut qu'en langue arabe et fut la source probable de la conception des astrolabes dans le monde arabe[318] ». Il est également fort plausible que l'absence du sous-continent indien sur le *Kangnido* Ryūkoku, pourtant connu au moins depuis l'apparition du bouddhisme en Corée au IVe siècle, soit le résultat hasardeux d'un plagiat peu inspiré de Yi Hoe sur les cartes arabo-persanes (elles-mêmes tributaires des descriptions ptoléméennes) dont l'influence domine toute la zone de la carte à l'ouest de l'orbite néoconfucéenne. Ce creux épistémologique transparaît également sur la *Recens et integra orbis descriptio* où Fine recense une première *India* en amont d'un sous-continent décharné, puis une deuxième à hauteur d'une Indochine où se côtoient *Gangem* et *Malacha*. Là encore, les sources de Yi Hoe et Fine se mêlent au cœur de l'Eurasie et de la vision incertaine que s'en faisait leur maître alexandrin. Pourtant la conservation de l'héritage grec n'assure pas là non plus sa restitution intacte. Sophie Makariou explique ainsi que l'astrolabe d'Ispahan (Iran, 1094), au revers duquel sont gravés calendriers zodiacaux et carrés d'ombre pour calculer la longitude du soleil, est un instrument qui fut inventé par les Grecs puis « amélioré par les astronomes du monde islamique, surtout du IXe au XIe siècle, et devint notamment indispensable pour la navigation maritime[319] ». En atteste également le sort des climats : « Si l'on en croit al-Masudi, la carte du monde d'al-Ma'mūn adopta le concept ptoléméen des climats (du grec *klimata* traduit en arabe par *aqalim* ou *iqlim*) longitudinaux permettant de diviser le monde connu en sept régions distinctes – une tradition qui façonnera toute la réflexion géographique ultérieure d'al-Idrisi [...], les érudits au service d'al-Ma'mūn modifièrent ce modèle et s'appuyèrent sur un concept perse divisant le monde en sept *kishvars* (régions)[320] ». Cet apport épistémologique se perçoit plus tard sur le *Divertissement*[321] car il a été

---

318 Jean-Jacques BRIOIST, « Oronce Fine and cartographical methods », *op. cit.*, p. 156.

319 Sophie MAKARIOU, « L'astrolabe », in Pierre SINGARAVÉLOU, Fabrice ARGOUNÈS, *Le monde vu d'Asie*, Paris, Seuil, 2018, p. 94.

320 Jerry BROTTON, *Une histoire du monde en 12 cartes*, *op. cit.*, p. 73.

321 Au XVIIe siècle, le pasteur Samuel Bochart dira d'al-Idrisi : « ce Geographe [...] me semble excellent pour toute l'Afrique et les parties d'Asie qui la voisinent le plus, et sans comparaison plus que tous ceux que j'ay jamais veus en plusieurs lieux. Il n'omet ni

colporté via les principales plaques tournantes de l'érudition arabo-musulmane : la Bagdad abbasside, la Cordoue omeyyade et la Sicile du roi Roger II qui abrita son auteur, al-Idrisi. Par ailleurs, observons que le *Divertissement* est orienté au sud, probablement en raison de l'usage de la magnétite pointant en direction méridionale, courtoisie technologique de l'empire du Milieu. Ayant été véhiculé par tous les centres arabo-musulmans pour revenir à son berceau méditerranéen, l'héritage grec s'est aussi déplacé vers l'est. Ainsi, la carte intitulée *Position des corps célestes selon leur ordre naturel et les champs célestes qui leur sont alloués*, que nous avons déjà évoquée à plusieurs reprises et qui n'est autre que le pendant astronomique du *Kangnido*, comporte des signes du zodiaque grec retranscrits sous forme d'idéogrammes. En ce qui concerne le *Kangnido*, nous avons déjà démontré que toute sa toponymie à l'ouest de l'aire néoconfucéenne dérive des connaissances arabo-persanes, tout comme le tracé des continents et des fleuves : le Nil suit le cours établi sur le globe terrestre soumis à la cour des Yuan par Jamal al-Din en 1267. Une filiation s'insinue progressivement : Yi Hoe consulta des cartes chinoises du XIVe siècle qui s'inspiraient des travaux des savants arabo-persans, qui à leur tour « héritent de connaissances qui se sont épanouies dans l'Empire indien Gupta du IIIe au VIe siècle, qui lui aussi intègre les acquis grecs à la suite des expéditions d'Alexandre et de la culture développée en Bactriane[322] ». Cela ne revient ni à affirmer que tous les chemins mènent à Ptolémée – car nous avons bien vu que les traditions du *Kangnido* et des cartes finiennes sont autrement plus riches – ni à négliger le fait que ces transmissions aient pu être partielles, altérées ou tout autres – marchands, savants et pèlerins convoyant les connaissances par d'autres détours. Mais cela n'empêche pas d'affirmer non plus que sur un mode mineur le *Kangnido* puisse être le cousin certes éloigné du *Divertissement*, où justement figure la Corée, inéquivocablement localisable sous forme de péninsule – alors que la cartographie occidentale la prendra longtemps pour une île jusqu'à Joan Blaeu dont l'édition de 1662 de l'*Atlas Major* est pourtant considérée comme l'atlas de référence du XVIIe siècle en Europe –, et qui constitue l'ultime lisière des connaissances géographiques d'al-Idrisi. À ce titre, Oh Sang-Hak rejoint Takahashi Tadashi pour constater que 這不魯麻 qui est représenté au sud de l'Afrique sur le *Kangnido* signifie la montagne de la Lune qui correspond à la « Lunae Montes » sur la carte du monde de Ptolémée et que l'on retrouve également sur la *Recens et integra orbis descriptio* de Fine. Le tracé du Nil sur la carte de Ptolémée apparaît sur le *Divertissement* mais aussi sur le *Kangnido* Ryūkoku qui arbore des codes

fontaine, ni roche, ni montagne, ni ruisseau, ni aucune circonstance notable ». Samuel BOCHART, « Lettre à Johan Smit de 1621 », *op. cit.*, p. 121.

322 Philippe PELLETIER, *L'Extrême-Orient. L'invention d'une histoire et d'une géographie*, *op. cit.*, p. 43.

colorés arabes. Ceci constituerait la preuve que le *Kangnido* a été influencé par une cartographie islamique médiévale[323]en partie porteuse de l'héritage ptoléméen. Par ailleurs, nous avons déjà noté que les Açores furent découvertes par les Portugais en 1394, ce qui suppose une relative promptitude des transmissions des connaissances vers l'Est par les routes terrestres de la soie pour qu'elles figurent sur le *Kangnido* (1402), à moins que les navigateurs arabes eussent déjà franchi le cap de Bonne-Espérance… C'est ce que suppute Oh Sang-Hak : « En revanche, vers le IXe siècle, la route commerciale d'Agadir au Maroc à la Chine a été inaugurée par les marins arabes. C'est la raison pour laquelle l'Afrique a été représentée sur la cartographie arabe et donc cela s'est reflété sur le *Kangnido*[324] ». En suivant les derniers soubresauts d'un ressac cartographique vers l'Ouest, Pierre Singaravélou et Fabrice Argounès émettent l'hypothèse que « les savoirs géographiques mobilisés par les auteurs du *Kangnido* ont sans doute été en partie transmis par les marchands et voyageurs italiens à Fra Mauro qui élabore sa mappemonde à Venise dans les années 1450. Celle-ci représente une Europe hypertrophiée à la manière de la Corée et de l'Asie surdimensionnées de la carte *Kangnido*[325]. »

Ces quelques exemples de pérégrinations cognitives de part et d'autre de l'Eurasie nous invitent à deux réflexions d'ordre général. Tout d'abord, l'hypothèse que nous formulions sur les possibilités d'hybridations culturelles est confirmée et même tangible jusque dans la facture finale du *Kangnido*. Ceci nous amène naturellement à réfuter avec véhémence la vision de la science d'avant Galilée de Joseph Needham, qui n'avait sans doute pas pris la peine de dérouler les cartes de la Renaissance ou du Chosŏn. « La vérité, croyait-il, c'est évidemment qu'il existe une ligne qui du point de vue de la science coupe l'Asie en deux : cette ligne, de direction nord-sud, traverse la Bactriane et va jusqu'à l'entrée du golfe Persique[326]. » Plutôt que

[323] Sang-Hak OH, « 『混一疆理歷代國都之圖』 담론의 비판적 검토», *한국고지도연구학회학술대회*, 2012, p. 96 ; Sang-Hak OH, « 『혼일강리역대국도지도』 의 최근 담론과 지도의 재평가 », *op. cit.*, p. 120-130.

[324] Sang-Hak OH, « 『混一疆理歷代國都之圖』 담론의 비판적 검토 », *op. cit.*, p. 99.

[325] Pierre SINGARAVÉLOU, Fabrice ARGOUNÈS, *Le monde vu d'Asie*, *op. cit.*, p. 95.

[326] Joseph NEEDHAM, « La tradition scientifique chinoise », in Philippe PELLETIER, *L'Extrême-Orient. L'invention d'une histoire et d'une géographie*, Paris, Gallimard, 2011, p. 46. Au même moment où Joseph Needham écrivait ces lignes, l'écrivain-voyageur Nicolas Bouvier prenait conscience au cœur de l'Eurasie que « cette continuité s'exprime dans le *Devisement du monde* rédigé par Marco Polo, où je ne sens aucune césure […] dans l'imaginaire eurasien […]. Cette continuité existe. Je l'ai ressentie. Furtif creuseur sur une fouille en Bactriane – en retournant avec une main terreuse des monnaies du Ier siècle avant J.-C. qui portaient des inscriptions – avers et revers – grecques, indiques et chinoises. Et retrouvée, quarante ans plus tard, à Tourfan (Sin-kiang) en écoutant l'admirable musique des Turcs oïgours, ses voix rêches, bourrées de sang, ses accents presque tziganes. » Nicolas BOUVIER, *Les Chemins du Halla San*, Genève, éditions Zoé, 1994, p. 25-26.

d'une ligne représentant une frontière infranchissable, notre étude de cas montre en fait qu'il s'agit d'une zone tampon, entre la France et la Corée, à la fois mouvante et poreuse, et où, entre Ptolémée et le *Kangnido*, les centres d'érudition tels que la maison de la sagesse à Bagdad, la bibliothèque de Cordoue, l'observatoire de Maragha dans le nord-ouest de l'Iran mais également l'observatoire musulman *Huihuisitiantai* que les Mongols créent à Pékin jouent un rôle de premier plan. Derrière cela, des transmissions par des marchands, navigateurs et pèlerins sont aussi possibles qu'intraçables. S'il existe l'éventualité que ce savoir géographique soit parvenu dans la Corée du Koryŏ en contournant le filtre chinois, comme l'évoque *L'histoire de Koryŏ* au XIe siècle, il n'en reste pas moins que l'apport astronomique et géographique arabo-persan a à la fois permis la survivance de l'héritage ptoléméen et transmis des connaissances vers l'est et vers l'ouest tout en les améliorant. Ces transmissions culturelles ne se sont pas produites en dehors d'un certain contexte économique, religieux et politique. Si nous avons quelque peu négligé dans notre analyse les attractions mutuelles de l'Orient pour l'Occident, et vice versa, liées aux gains économiques (routes de la soie) et aux promesses de rédemption spirituelle (pèlerinages), c'est pour mieux insister sur le fait que les principales phases de transmission ont été concomitantes à l'essor politique de dynasties (abbasside, omeyyade, Yuan). Dans une certaine mesure, le méthéoroscope géographique et le *kanŭi* – grandement altérés par Fine, Chŏng Cho et Chŏng Inji – sont des inventions résultant de savoir-faire hybrides et donc collaboratifs. Ainsi, le *kirigoch'a*, sorte d'instrument de mesure d'arpentage collé à la roue d'une charrette, est fabriqué pour la première fois sous les Jin (晉代, 265-316) puis mentionné dans l'*Histoire des Song* (宋史 송사)[327]. Dans cette optique, le cas du *kanŭi* est également instructif. Nous savons par les *Annales du roi Sejong* qu'en 1433 un *kanŭi* en bois fut fabriqué pour déterminer les latitudes par rapport au pôle nord. À la suite de cela, un autre *kanŭi* en bronze fut confectionné et installé sur l'observatoire *kanŭidae* (簡儀臺 간의대) d'où l'on effectuait des relevés astronomiques tous les soirs. Or, si les scientifiques du Chosŏn élaborèrent ce *kanŭi* à partir de *l'Histoire des Yuan* (元史 원사)[328], rédigée par les Ming, l'Encyclopédie des Annales de Sejong précise que son inventeur officiel, Guo Shoujing, en traça la maquette en 1276, le réalisa en 1279, mais pour ce faire, il se contenta de modifier des sphères armillaires dont l'usage était courant en Extrême-Orient[329] ainsi qu'en Grèce depuis le IIe siècle au moins. Là encore, sans forcément que nos deux pôles aient bénéficié de contacts indirects, les sphères armillaires sont la résultante de

---

[327] Chu-Yun KIM, « 古測量儀器考(I) », *한국지적정보학회지*, 1, 1999, p. 148.

[328] Sang-Hyeok KIM, Byeon-Hee MIN, Min-Su LEE, Yong-Sam LEE, « 조선 천체위치측정기기의 구조 혁신 », *천문학논총*, 27(3), 2012, p. 61.

[329] Encyclopédie des Annales de Chosŏn, « 간의(簡 儀) », in http://encysillok.aks.ac.kr/Contents/index?Contents_id=00017354 (consulté le 01.09.2020).

transferts technologiques a minima à l'échelle régionale. Peut-être plus intéressante encore est l'origine de l'horloge à eau *ongnu* (玉漏 옥루). Tandis que Yun Yong-Hyeon et Ki Ho-Cheol spécifient bien volontiers qu'avec le *chagyŏngnu* (자격루) et l'horloge astronomique *honch'ŏnŭi* (혼천의), elle fait partie des trois horloges automatiques du Chosŏn, ils sont en revanche bien moins diserts sur d'éventuelles origines antérieures ou étrangères et indiquent sobrement que Yeong-Sil Jang l'élabora lors de la vingtième année du règne de Sejong pour le remercier de la confiance qu'il lui avait accordée en facilitant sa promotion du statut d'esclave à celui de général des armées[330]. C'est à nouveau une encyclopédie à teneur plus généralisante, et non des chercheurs, qui admet le fait avéré que Jang Yeong-Sil s'est rendu en Chine pour étudier minutieusement tous les livres sur les horloges à eau inventées par les dynasties Song et Yuan, mais aussi d'Arabie, et ce afin d'optimiser le modèle qu'il présenta à son roi[331]. Ceci nous conduit à une seconde observation. Ce dialogue à travers les siècles et les cultures n'a pu avoir lieu et être recensé que grâce à une manifestation de tolérance religieuse que l'on retrouve aussi bien dans la Cordoue des VIIIe et IXe siècles, où les érudits des trois religions du livre conversent avant que la *convivencia* ne laisse place à *l'inquisición* ; que dans la Palerme d'al-Idrisi dont le *Divertissement* représente, en même temps qu'il en est le produit, une vision syncrétique du monde[332] ; et que dans la dynastie Yuan, première dynastie chinoise gouvernée par un non-Han et où cohabitent sujets de diverses langues, ethnies et confessions – catholiques, nestoriens, arméniens, manichéens, bouddhistes, musulmans[333]. Aussi est-il paradoxal d'observer que la France et la Corée, qui feront preuve d'une intransigeance notoire vis-à-vis des protestants et des bouddhistes, pour ne citer qu'eux, au moment de leurs percées cartographiques respectives, profitèrent de savoirs dont l'hybridation fut en grande partie le fruit d'un œcuménisme bienveillant.

---

330 Yong-Hyeon YUN et Ho-Cheol KI, « 세종의 흠경각 건립 의미와 옥루의 구조 », *민족문화*, 49, 2017, p. 61-62.

331 Encyclopédie sur la culture coréenne, « 옥루(玉 漏) », in http://encykorea.aks.ac.kr/Contents/Index?contents_id=E0038703 (consulté le 01.09.2020).

332 Il s'agit de l'observation de Jerry Brotton que nous étendons à la dynastie Yuan : « Le *Diverstissement* constitue donc la première tentative véritable pour faire entrer les trois traditions savantes du monde médiéval antique dans un seul abrégé du monde connu […], c'est dans la description de Jérusalem qu'une vision subtilement syncrétique de la géographie commence à poindre : al-Idrisi livre la chronique des histoires théologiques juive, chrétienne et musulmane qui s'entremêlent dans la ville. » Jerry BROTTON, *Une histoire du monde en 12 cartes*, *op. cit.*, p. 86-90.

333 « Ainsi les barbares asiatiques, qui n'étaient prisonniers d'aucun dogme, ouvrirent-ils à l'Occident chrétien les portes de l'Orient. Par la conquête de la Perse, ils donnèrent aux Européens accès à l'Inde ; par celle de la Russie, accès à la Chine. Devant les Occidentaux s'ouvrait enfin la route de la soie ». Daniel BOORSTIN, *Les découvreurs*, *op. cit.*, p. 126.

D4. Rejets de greffe

Nous avons jusqu'à présent observé trois formes de développement technologique entre la France et la Corée : des évolutions parallèles, des transmissions relativement directes et unidirectionnelles, et enfin des compétences croisées où, après un détour moyen-oriental, les technologies retournaient dans leur berceau européen et extrême-oriental souvent améliorées, toujours transformées. Ce modèle aux trois formes d'interaction présente pourtant des limites en ce qu'il ne couvre pas tous les phénomènes, n'en épuise pas toutes les explications possibles. Si les cas d'évolution parallèle impliquaient déjà des rendez-vous manqués, ceux-ci n'étaient pas volontaires. Au contraire, d'autres rencontres eurent bien lieu mais, au lieu d'être fécondes, elles restèrent stériles malgré la présence d'outils ou de savoirs dont nous savons la supériorité ou la plus grande exactitude aujourd'hui par rapport aux pratiques de l'époque. Néanmoins, leur absence sur le produit fini que sont les cartes de Fine et Yi Hoe est peut-être aussi révélatrice de l'influence des préjugés culturels sur les cartes et leur science que la présence d'importations ne l'avait été de la porosité des zones d'échanges eurasiatiques. Faute de pouvoir énumérer toutes les données scientifiquement plus correctes dont Fine et Yi Hoe disposaient mais qu'ils ne jugèrent pas bon d'intégrer dans leurs cartes, nous nous focaliserons sur trois non-lieux majeurs : l'absence de péninsule coréenne sur la carte-monde de Fine ; la non-prise en compte de la rotondité de la terre par Yi Hoe ; et enfin les libertés prises avec les coordonnées orthonormées chez les deux cartographes.

Alors que la France est « connue » des Coréens ou pour le moins située et nommée *Falansi* sur le *Kangnido* grâce à la cartographie arabo-musulmane, nous ne pouvons pas affirmer l'inverse, étant donné que la Corée n'est ni correctement dessinée ni désignée sur la carte-monde de Fine. Soit Fine l'omet tout simplement, soit il la tient indûment pour une des îles qui tachettent la fine frange d'océan entre le littoral extrême-oriental et la ligne d'horizon, ou plus probablement il l'absorbe dans la masse continentale formée par son Asie-Amérique siamoise. Si nous manquons d'assurance quant aux intentions réelles de Fine, c'est que le cartographe, nous l'avons souligné, joue largement sur sa projection unicordiforme pour faire disparaître les pans du globe qu'il méconnaît. L'absence de la Corée sur la carte de Fine ne suppose pourtant pas qu'elle soit totalement méconnue en Europe et c'est pour cela que nous la considérons comme un rejet de greffe épistémologique : la Corée est bien cartographiée sur le *Divertissement* d'al-Idrisi (1154), mentionnée par Marco Polo qui y consacre quelques lignes dans le *Devisement du monde* (1298) où il s'y réfère comme Cauli (de *Gaoli* en chinois qui désignait le royaume de Koryŏ), mais malgré cela Fine n'en fera pas cas. Même si le *Divertissement* ne fut traduit dans une version latine abrégée à Rome qu'en 1592, certains exemplaires circulaient alors en Europe. Mais ou Fine n'y eut pas accès ou plus vraisemblablement il passa sous silence l'apport de la géographie islamique qu'il ne cite d'ailleurs nulle part ailleurs dans ses travaux, sinon dans des questions à teneur purement mathématiques. Notons par ailleurs qu'à mesure qu'on le déroule vers l'est, l'*Atlas catalan* (1375) s'égare en représentations mythologiques et que la Corée ne figure pas non plus sur une œuvre cartographique majeure antérieure aux cartes de Fine comme le planisphère de Martin Waldseemüller (1507), dont il dit d'ailleurs s'être inspiré. Fine aurait donc été victime de préjugés scientifico-culturels : il ne fait en apparence que peu de cas des sources arabo-musulmanes dont il récolte néanmoins les avancées essaimées dans une science aux versants technique et cartographique dite « occidentale ». Cette asymétrie cartographique où la Corée représente la France et l'Europe, qui, elles, l'ignorent, est retracée par le menu par John Short [334], qui relate que, malgré sa représentation péninsulaire par le cartographe portugais Diogo Homem en 1588, la première présence attestée d'un Européen en Corée (Gregorio de Céspedes en 1593) et les *Récits de voyage* de Jan Huyghen (1596) qui font allusion à « l'insula de Core », celle-ci continue d'apparaître sous forme d'île (*Theatrum Orbis Terrarum*, Abraham Ortelius, 1570 ; *Itinerario*, Jan Huyghen van Linschoten, 1596 ; l'*Atlas Major*, Joan Blaeu, 1662) avant d'être définitivement dessinée sous forme de péninsule par ce même Joan Blaeu, qui corrige son erreur dans le *Grand Atlas* de la même année, soit 126 ans après la *Recens et integra orbis descriptio* de Fine.

Pour équilibrer les torts, tournons-nous à présent vers les préjugés scientifiques coréens. Au même moment où les Grecs commencent à se référer à leurs premières cartes comme à des *pinax*, une seconde dénomination apparaît, les *periodos ges*, c'est-à-dire littéralement « tour de la terre ». Par l'écriture ou le dessin, les Grecs envisagent ainsi le globe comme un objet peut-être pas encore circumnavigable, mais en tout cas contournable métaphoriquement et conceptuellement. Il n'y a rien d'étonnant à cela si l'on rapproche cette vision du monde des principes astronomiques et géométriques qui la sous-tendent chez Thalès de Milet imaginant déjà sa rotondité vers 650 av. J.-C. ou qui l'esthétisent chez Platon. Cette conception, fût-elle induite de leurs propres calculs ou dérivée des Grecs, est également avalisée par les astronomes arabo-persans qui présentent par le truchement de Jamal al-Din un globe terrestre à Kubilai Khan en 1267. Ainsi peut-on affirmer que des preuves de la rotondité de la terre avaient été apportées jusqu'à la cour chinoise et ses milieux scientifiques, largement infiltrés par les Coréens. Nous n'en retrouverons aucune incidence sur le *Kangnido* dont on connaît pourtant la dette

---

[334] John Rennie SHORT, *Korea, A Cartographic History*, *op. cit.*, p. 36-47.

épistémologique vis-à-vis de la Chine et des passeurs eurasiatiques. Rien en effet ne laisse envisager que la forme plate et rectangulaire du *Kangnido* ne soit autre que le reflet d'une vision d'un monde sans perspective ni projection qui se perpétuera jusqu'à ce que des globes, européens cette fois-ci, ne resurgissent en Chine au XVIIe siècle puis que la cartographie coréenne de la fin du XIXe siècle adopte les projections orthonormées. Comment expliquer cette résistance pluriséculaire, cette procrastination à admettre le démontrable ? Lorsqu'en 1267 les savants de la cour Yuan recevaient un globe des mains de Jamal al-Din, ils ne furent sans doute pas surpris par la forme de l'objet car dès le Ve siècle ils y recouraient également, à ceci près que leur globe leur servait à positionner des étoiles dans le cosmos. De la même manière, c'est en adoptant une projection cylindrique identique à celle qu'« inventera » Mercator six siècles plus tard qu'ils confectionnèrent une carte stellaire en 940[335]. Il est alors légitime de se demander pourquoi ils affectèrent une réticence particulière à transférer un acquis théorique du domaine de l'astronomie à celui de la géographie, là où Fine voit des « correspondances ou des similarités entre les sphères célestes et terrestres[336] ». Malgré les avancées remarquables de Zhang Heng (78-139) synthétisées un siècle plus tard par Pei Xiu (224-271) en six points (l'échelle de la carte, la grille quadrillée, la mesure des angles des triangles rectangles, des terres hautes et basses, des angles droits et aigus et des courbes et lignes droites), il ne faudrait pas trop facilement en conclure comme Jerry Brotton que « les six principes de Pei Xiu semblent livrer les bases de la cartographie scientifique moderne : ils mettent l'accent sur la nécessité d'un graticule, l'usage d'une échelle standard, et le mesurage des distances, de l'altitude et de la courbure de la terre [...]. C'était aussi valable que tout ce que les Grecs ou les Romains étaient capables de proposer à la même époque[337] ». Cette généralisation hâtive ne demande qu'à être nuancée en ce que les graticules grecs et chinois ne sont pas de même nature (ces premiers indiquent des positions absolues dans l'espace, ces derniers des distances relatives), l'emploi d'une échelle au sens moderne du terme n'apparaît qu'au XVIIe siècle, et de manière plus stupéfiante encore, aucun élément de l'analyse précédant ces lignes n'autorise Jerry Brotton à fantasmer une quelconque courbure sur ce qui tenait lieu de Terre dans l'esprit des Chinois. De manière contradictoire, Jerry Brotton concède d'ailleurs quelques pages plus loin – point sur lequel nous n'insisterons jamais assez – que la grille quadrillée chinoise diffère du graticule ptoléméen en ce qu'elle ne permet que d'évaluer les distances relatives entre les points dans l'espace, de « mettre en place les différentes parties de la carte les unes par rapport aux

[335] Philippe PELLETIER, *L'Extrême-Orient. L'invention d'une histoire et d'une géographie*, *op. cit.*, p. 68.
[336] Oronce FINE, « Protomathesis », *op. cit.*, p. 105.
[337] Jerry BROTTON, *Une histoire du monde en 12 cartes*, *op. cit.*, p. 146.

autres », comme l'énonce le deuxième point de Pei Xiu. Le damier, pour précis qu'il soit, ne consiste pas en un report d'un plan tridimensionnel sur un plan bidimensionnel et n'offre donc pas les garanties géométriques d'un positionnement absolu des points dans l'espace. L'invention du *kirigoch'a* et du *posuch'ŏk* coréens, qui n'ont pas d'équivalents au XVIe siècle en France, reflète bien le trait hérité des Chinois du souci des distances relatives. Quant à une éventuelle « courbure de la terre », les érudits chinois ne prennent en compte à aucun moment la rotondité de la Terre pour tracer des cartes avant leur rencontre avec les astronomes arabes du XIIIe siècle puis européens du XVIIe siècle. Et même si leurs calculs astronomiques résultent de sphères armillaires qui postulent que la Terre n'est peut-être pas ronde mais au moins circulaire, cette réalité, dont Arabes puis Européens leur offriront les preuves positives, se heurte à des conceptions antinomiques trop profondément enracinées : tant dans la théorie du *kaitian* que dans celle du *huntian* en astronomie, et que, dans des registres respectivement plus métaphysique et culturel, dans celles du carré nonaire ou des carrés concentriques emboîtés qui diluent l'appartenance civilisationnelle à la Chine à mesure que l'on s'éloigne du carré central où elle trône ; le carré, plat et bidimensionnel, est bien la figure géométrique et symbolique qui se matérialise dans les cartes chinoises, et dont les Coréens subissent encore l'influence au début du Chosŏn. Dans son entreprise, Yi Hoe est bien trop occupé à faire coexister un quintuple entrelacs cartographique – chinois, géomantique, administratif du Koryŏ, japonais et arabo-persan – pour en plus se permettre le luxe de les faire concorder autrement qu'esthétiquement. Comme dans la peinture de paysage chinoise, des scènes s'enchâssent à différentes échelles sur un plan dépourvu de toute perspective. Cela eût d'ailleurs été impossible puisque, pas plus que les portulans de Fine, aucune ne disposait de coordonnées ordonnant un système de projection, sans parler de leur harmonisation. L'on constate donc ici l'inaptitude des Coréens à appliquer aux cartes géographiques une compétence astronomique qu'il maîtrisait – nous avons noté plus haut la précision du *injiŭi* pour calculer la latitude de Séoul – et qui leur était également parvenue sous d'autres formes par le truchement des savants arabo-persans (armillaires chinois, globes persans et éléments – certes dilués – de la géographie ptoléméenne).

Tableau 2 : Modélisation des échanges technologiques eurasiatiques

Inventions parallèles	la *dioptra*, le *liufenyi* (六分仪), le *laxianban* (拉线板), le kamal, le bâton de Jacob, le *kuiguan* (窥管), l'équatoire, les cadrans, les horloges à eau *chagyŏngnu* (자격루), le *kyup'yo* (규표), l'odomètre ou *kirigoch'a* (기리고차) et *posuch'ŏk* (보수척)
Transmissions unidirectionnelles	la boussole (*zhinanzhen* 指南针), le *pŏmch'ŏl* (범철), le gouvernail d'étambot, le torquetum équatorial/ *kyuhyŏng* (규형), l'astrolabe écliptique
Inventions hybrides	le méthéoroscope géographique, le *kanŭi* (간의), l'*injiŭi* (인지의), mais aussi des cartes antérieures à celles de Fine et Yi Hoe comme le *Divertissement de celui qui désire découvrir le monde* (1154) et la *Position des corps célestes selon leur ordre naturel et les champs célestes qui leur sont alloués* (1395)
Rejets de greffe	absence de Corée chez Fine ou de globes terrestres en Corée

Malgré ce que pourrait suggérer le cadre même de notre modèle (synthétisé dans le Tableau 2 ci-dessus), où évolutions technologiques parallèles et refoulées auraient pu limiter l'impact des transmissions et hybridations, les cartes de Fine et Yi Hoe sont bien plus proches qu'il n'y paraît. En fait, les trois premiers types d'échanges – parallèles, unidirectionnels et hybrides – entre l'Orient et l'Occident aboutissent à des instruments aux fonctions identiques. L'on pourrait même affirmer que, si Fine avait eu recours à une projection plus rudimentaire comme celle trapézoïdale de sa *Nova totius Galliae descriptio*, et si Yi Hoe avait fait fi du préjugé culturel consistant à hypertrophier la Chine, leurs cartes du monde telles que dictées par les données strictement positives dont ils disposaient auraient présenté deux œkoumènes non seulement plus semblables qu'on oserait le penser mais en plus relativement fidèles à la réalité. L'on voit bien que les traditions grecque et chinoise sont d'autant moins antinomiques que Fine et Yi Hoe s'en distancent bien plus qu'ils voudraient nous le faire croire. Des causes singulièrement distinctes produisent des effets similaires : la gêne à concilier cartes nautiques et orthonormées, distances relatives dans la sphère confucéenne et absence d'échelles en dehors de celle-ci, ainsi que la surextension longitudinale chez Fine et les cartographes du *Kangnido* ; et l'imbrication de fortune de différentes familles de cartes de toute façon dépourvues d'échelle, même au sens où Pei Xiu l'entendait, les conduisent l'un et l'autre à livrer de leur royaume une image non seulement dilatée mais également bien moins raffinée qu'un usage plus parcimonieux de leurs sources contemporaines ne l'aurait laissé envisager. À cela s'ajoute le fait plus compréhensible que le tracé du littoral est moins précis à mesure que nos deux cartographes s'éloignent de leur sol natal ; mais dans l'ensemble les pôles méditerranéen et sinisé ont bénéficié de connaissances et d'instruments qui leur permettent de mettre en œuvre une représentation relativement convergente du monde. Force est de constater que le monde arabo-persan, qu'il eût été simple passeur ou optimisateur de compétences, a joué un rôle indiscutable dans les renouveaux cartographiques français et coréen. Fine et Yi Hoe n'en commettent pas moins d'importantes erreurs par rapport à ce que la géographie actuelle nous enseigne, mais probablement aussi par rapport à ce qu'ils en savaient. La question qui nous importe pour le moment est d'identifier ces failles et, en fonction de cela, d'établir si les cartographies renaissantes d'Oronce Fine et de Yi Hoe ne sont qu'une simple courroie de transition entre le Moyen Âge/Koryŏ et la géographie des siècles suivants – comme une abondante littérature voudrait nous le faire croire au sujet de la Renaissance en général – ou si bien au contraire l'accumulation de modifications nous autorise à parler d'un saut qualitatif de la science cartographique.

Chapitre 4 – Les régressions d'une percée

A. Projection et cadre comme alibis de l'ignorance

Si Fine adopte un système de report des points sur la carte plus satisfaisant d'un point de vue scientifique que la méthode d'enchâssements choisie par Yi Hoe, sa projection unicordiforme n'atteint pourtant pas la conformité angulaire à laquelle Mercator nous habituera. Visuellement spécieux, son choix se porte alors naturellement vers celui qui dissimule le mieux les erreurs intentionnelles du cartographe. En effet, tout se passe comme si notre regard était aspiré par la forme convexe des parallèles qui semblent fuir vers le pôle Nord dans l'esquisse d'un trait parabolique circulaire qui nous ramène vers le centre du plan, c'est-à-dire en descendant le long de l'axe géométrique du cœur puis en remontant à nouveau vers les arêtes qui se confondent avec les parallèles extérieurs et ainsi de suite, créant dans ce mouvement circulaire infini un effet d'hypnose. Cette perspective unicordiforme est pourtant bien plus qu'une sorte de trompe-l'œil scientifique. Seul le recul historique nous permet de saisir en quoi elle n'est ni fortuite ni cavalière mais semble plutôt dissimuler – les illustrant paradoxalement par leur absence – les différents stéréotypes qui peuplent l'esprit du cartographe : notons que le pôle Sud, baptisé pour l'occasion *Terra australis nvper inventa sed non dvm plene examinata* (*Terre australe récemment découverte mais pas encore pleinement examinée*), est surdimensionné, illustrant ainsi la conviction erronée que les masses continentales de l'hémisphère nord devaient être équilibrées par des masses terrestres équivalentes dans la moitié australe, à moins qu'il ne s'agisse d'un surgeon de la vision ptoléméenne représentant « l'océan Indien comme une mer, fermée au sud par une Terre Australe qui relie le Sud de l'Afrique à l'Asie[338] » . Il embrasse effectivement les arêtes droite et gauche du cœur jusqu'à mi-hauteur du globe reprenant ainsi la forme de U de l'équateur qui lui aussi fuit de part et d'autre du plan à la verticale. La deuxième erreur qui marque ensuite l'observateur actuel, mais dont une fois de plus la projection unicordiforme s'accommode, est l'emplacement du continent asiatique que l'on ne saurait dissocier – pour les raisons que nous allons maintenant préciser – des proportions de l'Amérique du nord par rapport à l'Amérique du Sud. À première vue, ces proportions semblent avoir été rééquilibrées et, du point de vue de la superficie, l'Amérique du Nord semble faire jeu égal avec l'Amérique du Sud, alors que nous savons bien que, dans les cartes antérieures à celle de Fine (cf. le planisphère de Waldseemüller), la zone méridionale est considérablement plus étendue que sa contrepartie

[338] Emmanuelle VAGNON, « La cartographie de l'océan Indien au Moyen Âge, l'océan imaginé », *op. cit.*, p. 200.

septentrionale figurée sous forme de bandelette décharnée. Même en prenant en compte l'erreur de Ptolémée – par la suite omniprésente dans tout le legs cartographique de Fine – qui avait tendance à surévaluer les longitudes et étirait de ce fait l'Eurasie et la Méditerranée d'ouest en est[339], notre attention est tout de même retenue par l'une des annotations toponymiques les plus clairement lisibles, *ASIA*, dont les deux premières et les deux dernières lettres s'épient en chiens de faïence depuis la gauche et la droite du plan. Alerté par cette anomalie, notre regard balaye ensuite la carte pour chercher un point connu, la France, auquel comparer sa position. Celle-ci se trouve très légèrement à droite de l'axe symétrique, mais elle est pourtant entièrement surplombée par cette *ASIA*. En laissant courir notre regard le long de la côte de l'Amérique du Sud jusqu'à ce qu'il parvienne à ce que nous avions cru bon de considérer comme l'Amérique centrale puis du Nord, nous nous heurtons à nouveau à ce *A* et ce *S* respectivement estampillés sur ce qui serait le Texas et l'Alberta actuels. Nous constatons alors l'irréparable : l'Amérique du Nord et l'Extrême-Orient se rejoignent à des latitudes bien inférieures à celles qui nous habilitent à situer le détroit de Béring[340]. Mais il s'agit alors d'une erreur répandue et d'une pratique non moins courante que l'on observe entre autres chez Diogo Ribeiro, qui ne sachant que faire des Moluques les place aux deux extrémités de sa série de cartes universelles une décennie avant Fine. Remise dans le contexte de l'époque, cette erreur est en fait une avancée cartographique majeure dont ne put se prévaloir Yi Hoe : la Terre est bien ronde, circumnavigable et ses antipodes situés au-delà de l'Eurasie se rejoignent. Fine a donc bien pris note de la première circumnavigation de Magellan et sa carte laisse entrevoir le passage du cap Horn – *Stretto de Magallan* – clairement dessiné et répertorié entre la Terre de Feu et la terre australe. À des latitudes plus familières, le cap de Bonne Espérance – *C. Bone Spe.* – arbore plus ou moins sa

---

339 Numa Broc précise à ce sujet : « On sait que Ptolémée donne à *l'œcoumène* une extension excessive de 180° d'est en ouest alors qu'on ne compte guère que 130° de l'extrémité occidentale de l'Europe à l'extrémité orientale de l'Asie. Dans ces conditions tout se trouve exagérément "étiré" en longitude et déformé : le bassin méditerranéen se trouve gratifié de 20° de trop entre Gibraltar et la côte syrienne ; l'erreur étant répercutée de proche en proche, notre côte méditerranéenne a quelque deux degrés de trop, de même que la côte de la Manche. Oronce Fine, nous l'avons dit plus haut, reproduit fidèlement cette déformation ». Numa BROC, « Quelle est la plus ancienne carte "moderne" de la France ? », *op. cit.*, p. 522.

340 C'est ce que constate déjà le lieutenant-colonel Langlois : « Nous avons montré d'où vient cette conception de Fine. Elle l'entraîne à mélanger dans la partie commune, et même parfois fortement vers l'Est, des noms asiatiques avec des noms nouveaux nettement américains. Par exemple, à placer Messigo (Mexique ?) (situé cependant presque correctement par le moine François) à l'Ouest du Royaume de Mangi. Mangi, c'est le nom donné par Marco Polo à la Chine méridionale. Nous lisons encore : Campestria Bergi, dont, la forme abrégée est Bergi du Moine : c'est Bargu du même Marco Polo ; Tangu est sans doute le Tangit de la carte du Moine et le Tagut du globe de Laon. » Lt-colonel LANGLOIS, « Étude sur deux cartes d'Oronce Fine de 1531 et 1536 », *op. cit.*, p. 89.

physionomie actuelle. Pierre d'achoppement plus contemporaine, le détroit imaginaire qui séparait les deux Amériques sur le planisphère de Waldseemüller est supprimé. Comme le note le lieutenant-colonel Langlois, « Fine semble être [...] un des premiers, sinon le premier parmi les géographes de l'époque, à faire disparaître la légende du mystérieux détroit entre les deux Océans. [...] il dessina le rivage du Pacifique sans solution de continuité de l'Amérique du Nord au détroit de Magellan[341] ». Pour le reste, les principaux écueils menaçant la postérité d'un cartographe du XVIe siècle sont habilement contournés : Asie du Sud-Est, Australie, Pacifique, tout disparaît grâce à sa projection unicordiforme. En ce qui a trait à la fusion de l'Amérique du Nord et de l'Asie, de même qu'elle permet au cartographe de replacer toutes les terres les mieux répertoriées au centre du plan, de même elle se dédouane d'omissions ou d'ignorances à l'endroit de contrées peu balisées ou complètement inconnues – certes les plus éloignées d'un point de vue eurocentrique – que l'effet de perspective rend floues ou fuyantes tant elles tendent à être aspirées soit par les ailes du cœur soit par le repli dans lequel elles s'enfoncent. Nous ne pourrions reprocher à Fine d'en abuser tant les confins du monde restaient énigmatiques – hier encore les cartes médiévales les peuplaient de monstres.

Sans faire abstraction du fait qu'à la date à laquelle le *Kangnido* fut confectionné (1402) l'Europe ne connaissait du monde à peine plus que ce que les *mappae mundi* avaient bien voulu lui en révéler, celle qui se nomme la *Carte des régions et terres intégrées des capitales et pays historiques* en omet pourtant quelques-unes, et pas des moindres. Manquent à l'appel, comme sur la carte de Fine, l'Asie du Sud-Est et l'Océanie en général. Plus problématique encore est le biais continental, différemment exprimé que chez Ptolémée mais tout aussi prononcé chez Yi Hoe, qui tarit la Terre des océans Pacifique et Atlantique. Décidément plus concerné par l'ethnocentrisme que par une géographie des antipodes, les deux pôles disparaissent dans le hors-champ, tandis que domine la nette impression que l'hémisphère nord est largement privilégié au détriment d'un hémisphère sud quasiment absent. Quasiment, car en réalité il est pourtant présent mais notre œil peine à le reconnaître : celui qu'on appellera plus tard le cap de Bonne Espérance est correctement, bien que grossièrement, identifié. Or, la superficie du continent africain étant réduite de quatre cinquièmes – pour des raisons de distorsion d'échelle sur lesquelles nous reviendrons –, son extrémité méridionale, qu'il faudrait placer dans l'hémisphère sud, est au lieu de cela située à la même latitude que Lhassa. Enfin, jusqu'à preuve du contraire, le *Kangnido* de 1402 ne fut pas offert aux Ming lors d'une mission diplomatique en 1403 et Zheng He ne découvrit pas l'Amérique[342]. Les

[341] *Ibid.*, p. 89.
[342] Kenneth ROBINSON, « Gavin Menzies, *1421*, and the Ryūkoku *Kangnido* », *Ming Studies*, 61, April 2010, 56-61.

vagues d'actualisation du *Kangnido* entre 1402 et 1485 n'ont donc pas élargi son cadre pour intégrer l'Amérique ni même l'Antarctique, ne serait-ce que sous la forme d'îles-continents approximatives comme le fit Fine. À ce hors-champ de toutes les incertitudes, nous pourrions ajouter le fait que, un peu à la manière de Fine qui semble dissimuler ses lacunes par le biais ingénieux de la projection unicordiforme, les cartographes du *Kangnido* furent sans doute soulagés de voir disparaître l'Europe occidentale dans les coloris foncés par l'effet conjoint de la corne du rouleau de soie et du coin supérieur gauche. De façon similaire, leur cadre « coupe court » en bord de carte pour s'épargner de représenter les deux pôles, les océans Atlantique et Pacifique, ainsi que l'essentiel de l'hémisphère sud. Dans un procédé inversé, ils recadrent un Japon qu'ils savaient plus à l'est. Autrement dit, la porosité du cadre choisi par les cartographes coréens joue le même rôle que la projection translatée par Fine : ces partis pris cartographiques sont les plus sûrs alibis de leurs vacillements scientifiques.

B. Quelques rivages et provinces inaccostables par la science

L'œuvre finienne prête également le flanc à la critique dans la précision du tracé des littoraux et notamment ceux de la France. Nous rejoignons ici les conclusions de Numa Broc lorsqu'il souligne que, « en étudiant les sources de cette carte et en réexaminant le riche corpus ptoléméen, il nous a semblé que certains documents antérieurs de quinze à vingt ans à la carte d'Oronce Fine donnaient de notre pays une représentation plus fidèle, plus moderne et que le géographe briançonnais aurait pu améliorer notablement son travail s'il en avait eu connaissance[343] ». En d'autres termes, le travail de Fine l'archiviste n'aurait pas été à la hauteur de celui du graveur sur bois. Néanmoins, étant donné son degré d'érudition et son accès, en tant que lecteur du Collège de France, aux documents faisant le plus autorité à l'époque, il est difficile de croire que Fine n'ait pu apprécier la remarquable exactitude de portulans comme ceux d'Andrea Bianco et Conte Freducci ni consulter la *Gallia Novella* de Berlinghieri (1482) dont « le style des côtes avec de nombreuses baies semi-circulaires et des caps apparents trahit l'influence des cartes marines ». Pour François de Dainville, « c'est la carte de la France la plus précise qui ait été imprimée au XVe siècle. Elle ne s'imposa malheureusement pas et fut éclipsée par les cartes [de Ptolémée] déformées, dérivées de Nicholaus Germanus[344] » auxquelles Fine a lui aussi

[343] Numa BROC, « Quelle est la plus ancienne carte "moderne" de la France ? », *op. cit.*, p. 515.

[344] François de DAINVILLE, « Cartographie historique occidentale », *Annuaire 1969-1970, École pratique des hautes études. 4e section, Sciences historiques et philologiques*, 1970, p. 524. Parmi les portulans les plus cités, signalons la *Galia novella* du Florentin Pietro del

recours. Sans aller à l'encontre de ce propos érudit, il nous semble que tout débat sur les origines menace de s'égarer vers une genèse intraçable. En reprenant le corpus ptoléméen de son époque et compte tenu des instruments dont il disposait, il n'est guère probable que Fine ait pu grandement améliorer sa carte-monde. En revanche, des solutions plus réalistes étaient envisageables en se penchant sur les portulans de l'époque. À titre d'illustration, les pourtours de sa *Grand Mer Océane*, l'Atlantique, sont plus qu'approximatifs. À l'instar de son souverain François Ier et de son cher maître Ptolémée qui, comme le remarque François de Dainville, « s'est rarement préoccupé de concilier la position des villes intérieures avec celles des rivages ou des fleuves[345] », Fine semble décidément plus tourné vers des préoccupations continentales que maritimes. Tout comme les contours peu dégrossis d'une France dont on peine à reconnaître l'allure côtière[346], le réseau fluvial et l'oronymie (taupinières fantaisistes en guise de montagnes et orientation nord-ouest/sud-est des Pyrénées) laissent à désirer. Fine, sans doute conscient de cela, se serait alors trouvé dans l'impasse scientifique consistant à ne pas pouvoir pleinement intégrer la tradition des cartes nautiques sans valeurs orthonormées à celle de Ptolémée. C'est donc moins par négligence que par compromis scientifique que Fine n'aurait pas su franchir ce pas ni tendre ce pont entre théorie géographique antique et empirisme hydrographique et chorographique, une approche cumulative qui trouve ici ses limites.

La synthèse des informations recueillies dans notre étude indique que, contrairement à la périodisation convenue dans les domaines des sciences sociales ou de l'histoire des idées qui voient dans la fin du Koryŏ et le début du Chosŏn une unité d'analyse cohérente[347] un peu comme les médiévistes tels Jacques Le Goff tendent à ne voir dans la Renaissance qu'un avatar du bas Moyen Âge[348], la cartographie ultérieure au *Kangnido* doit bien plus à ce

---

Massaio et la France de Bernardo Silvano (1511), crédité d'une synthèse plus aboutie entre cartes nautiques et ptoléméennes.

345 *Ibid.*, p. 524.

346 Il serait bien entendu anachronique d'essayer de distinguer la forme hexagonale de la France actuelle car ses frontières orientales ne seront établies qu'au cours du XVIIe siècle et régulièrement remises en question jusqu'à la fin de la Seconde Guerre mondiale.

347 Dans *The Confucian Transformation of Korea*, Martina Deuchler prend le parti suivant : « This study […] focuses on the process of change during the transition period from late Koryŏ to mid-Chosŏn ». Elle considère en effet que : « the Confucian transformation of Koryŏ society was a gradual process. It stretched over roughly the first 250 years of Chosŏn ». Martina DEUCHLER, *The Confucian Transformation of Korea*, Cambrige, Harvard University Press, 1992, p. 5, p. 286.

348 Dans sa XIVe conférence Marc-Bloch, intitulée *Du Moyen Âge à l'Europe d'aujourd'hui*, Jacques Le Goff a pu dire : « Ce temps de l'entre-deux, ce tunnel entre deux paysages de civilisation, celui de l'Antiquité et celui de la Renaissance, ce temps des ténèbres entre deux périodes de lumière, de Pétrarque qui en fut l'initiateur à Leibniz et à Voltaire, pourquoi ne pas en faire le temps […] des fondements profonds de notre civilisation

dernier que lui-même ne saurait être redevable de son passé immédiat. Contrairement à Fine, on ne peut qu'admirer les efforts des cartographes du *Kangnido* pour tirer le meilleur parti d'un corpus de cartes aussi riches que récentes. Même si Kwŏn Kŭn ne fait que citer deux cartes chinoises dans le préambule (la *Shengjiaoguangbeitu* « Carte pour la diffusion de l'instruction » ; la *Hunyijianglitu* « Carte fusionnée des régions et du relief »), il est évident que la sobriété de ces deux références ne fait qu'effleurer la diversité des documents qu'il a pu consulter. En recoupant les différentes conjectures émises par des recherches antérieures, nous avons distingué la présence indicielle d'au moins cinq familles de cartes : chinoise, géomantique, japonaise (*Gyokizu*), administrative (Koryŏ) et arabo-musulmane. Nous avons en effet cité deux autres cartes de tradition chinoise – le *Yuditu* (1320) de Zhu Siben et la *Daminghunyitu* ou « Carte intégrée des Grands Ming » (1389) – ; trois cartes du Koryŏ – la *Odoyanggyedo* ou « Carte des cinq circuits et deux régions frontalières » (ca. 1150), peut-être une carte de Chine et de Corée exécutée par Na Hungyu et le *P'altodo* ou « Carte des 8 provinces » (1400) dressé par Yi Hoe lui-même – ; une filiation évidente entre les cartes géomantiques qui affleurent à la surface du *Kangnido* et qui survivront à travers les styles Chŏng Ch'ŏk et les *ch'ŏnhado* ; des cartes japonaises *Gyokizu* et enfin les cartes arabo-musulmanes. Ce foisonnement de sources, par contraste avec l'alternative binaire de Fine entre cartes nautiques ou ptoléméennes, ne doit pourtant pas masquer le fait qu'il n'a été possible que grâce aux méthodes cartographiques de Yi Hoe sans doute bien moins scientifiques que celles de Fine. Alors que Fine prépare sa première version de la *Nova totius Galliae descriptio* dès 1520 pour ne l'éditer une première fois qu'en 1525 puis à nouveau en 1538, nous savons de sources sûres que Yi Hoe ne mit que quelques mois à dresser le *Kangnido*[349]. La meilleure explication à ce décalage entre l'atermoiement de l'un et la promptitude de l'autre nous est fournie par le labeur fastidieux que supposaient le prélèvement, le calcul et le report des coordonnées sur le plan, labeur dont les cartographes coréens, eux, étaient dispensés. Il semblerait en effet que leur méthodologie fût d'un tout autre ordre, plus artistique que scientifique. Comment aurait-il pu en être autrement puisqu'il n'existe aucun système d'équivalence qui aurait permis de translater les données de ces cinq familles entre elles ? Nous l'avons dit, leur mérite réside dans le fait d'avoir su enchâsser différentes visions dans un même plan comme ils auraient peint les différents pans d'un

---

européenne comme je le crois ? Je ne reprendrai pas ici la démonstration de ma conception d'un long Moyen Âge qui s'inscrit entre les mutations du monde gréco-romain aux IIe et IIIe siècles et les changements fondamentaux qui interviennent à la fin du XVIIIe et dans la première moitié du XIXe siècle avec la Révolution française et la révolution industrielle ». Jacques LE GOFF, « Du Moyen Âge à l'Europe d'aujourd'hui », *op. cit.*

[349] Kenneth ROBINSON, « Chosŏn Korea in the Ryūkoku *Kangnido* : Dating the Oldest Extant Korean Map of the World (15th century) », *op.cit.*, 179-183.

paysage sans en coordonner les échelles ni les perspectives. Or ceci ne signifie pas que leur travail soit totalement dépourvu de rigueur scientifique. Elle s'exprime juste différemment chez les cartographes des *Kangnido* de 1402 et Ryūkoku. Autant Fine avait clairement délaissé fleuves et littoraux, autant ses homologues coréens, forts de la précision et de l'abondance des relevés chorographiques du Koryŏ, dépeignent une péninsule coréenne dont la silhouette est bien plus proche de son apparence réelle qu'on ne pourrait l'affirmer de la France de Fine. Tandis qu'ils héritent de la géomancie un réseau fluvial correctement tissé, les préoccupations administratives et militaires du Koryŏ leur livrent un rendu côtier très exploitable. Pourtant, des erreurs importantes subsistent. Mais, à la différence de celles de Fine qui se répartissent inégalement selon les régions qu'il a pu étudier, celles des cartographes du *Kangnido* Ryūkoku sont toutes concentrées à l'extrémité nord de la péninsule tandis que les 9/10 restants de leur carte sont globalement corrects. Nous ne pouvons à ce stade émettre que deux hypothèses : soit, en raison du déplacement de la frontière septentrionale au cours du XVe siècle, sa périphérie était moins bien connue des géographes coréens ; soit, en tenant en compte que cette zone avait tout de même été l'objet de nombreuses campagnes militaires et missions diplomatiques sous le Koryŏ et jusqu'à l'exécution du *Kangnido* de 1402, Yi Hoe et ses successeurs auraient volontairement, et peut-être à la demande de leurs commanditaires, maquillé leurs connaissances en tassant l'échelle, gommant quelques toponymes et donnant libre cours à leur imagination ainsi qu'aux cours des fleuves Yalu, Tumen et Liao. Cette seconde hypothèse paraît plus vraisemblable étant donné qu'en 1400 la frontière septentrionale du Chosŏn remonte jusqu'à Kyŏnghŭng (conquis en 1398) au nord-est, redescend juqu'à Kyŏngsŏng (1356) sur la côte est, passe par Kanggye (1400) au centre, Chosan sur la rivière Yalu, puis longe cette dernière jusqu'à son embouchure dans la baie de Corée[350]. En d'autres termes, cette avancée septentrionale s'apparente, à deux exceptions près (les poches au nord de Kanggye et de Kyŏnghŭng), aux frontières du Chosŏn dès le milieu du XIVe siècle, ce qui laisse présager qu'il existe un hiatus entre ce que sait Yi Hoe et ce qu'il dessine. Prolonger cette réflexion ici risquerait néanmoins d'ouvrir un débat plus géopolitique, ce qui n'est pas le propos de notre première partie. Contentons-nous pour l'instant d'observer que Fine adopte également une attitude très ambivalente sur ce qui constitue la zone limitrophe entre la France et ses pays voisins (la Grand Alemaigne, l'Italie et l'Espaigne).

Chez Fine, les principales bévues de sa carte unicordiforme peuvent donc se résumer au nombre de trois : une Antarctique surdimensionnée, la fusion de l'Amérique du Nord avec l'Asie, et des lignes côtières, ainsi que la

[350] Nous renverrons ici aux flux et reflux de la frontière septentrionale de la Corée tels que Gari Ledyard les a représentés dans Gari LEDYARD, « Cartography in Korea », *op. cit.*, p. 290.

toponymie qui leur correspond, de plus en plus fantaisistes et allusives à mesure que l'on s'éloigne du centre de la carte. Ces apories ne sont pourtant pas les seules et, le diable demeurant dans les détails, zoomer de l'échelle planétaire à l'échelle de la France, c'est-à-dire passer de la *Recens et integra orbis descriptio* à la *Nova totius Galliae descriptio*, permet de faire le point sur d'autres lacunes entachant les travaux de Fine. Une fois encore, l'observateur moderne pourrait facilement être déboussolé par l'absence d'échelle dans les travaux du Dauphinois mais nous ne pouvons lui en tenir rigueur car cette pratique ne se répandra qu'à partir du XVIIIe siècle. Au lieu de cela, Fine a précisé dans la légende : « Lieues francoyses de deux mille pas, – lieues communes de trois mille pas, et les grandes de quatre mille, respondant à un degré latitudinal[351] ». La *Nova totius Galliae descriptio* contribue à l'amélioration des méthodes de coordonnées ptoléméennes puisque plus de la moitié des 124 indications de lieux européens et français sont corrigées avec la réussite que souligne Monique Pelletier, puisque, sur l'ensemble de ses quatre tableaux comparatifs, Fine parvient en moyenne à des relevés plus précis que ceux de son contemporain Martin Waldseemüller ou de ses successeurs Jean Jolivet, Guillaume Postel et François de La Guillotière[352]. Malgré cela, il est regrettable que Fine ait été quelque peu négligent en arrondissant ses relevés à 0 ou 5, « approximation qui, souligne Lucien Gallois, pour les longitudes correspond à une distance moyenne de 6 km 500, pour les latitudes à une distance de 9 km[353] ». À cela s'ajoute la grande erreur ptoléméenne – l'excessive extension est-ouest de l'œkoumène – qui se caractérise chez Fine par une Manche et une Méditerranée oblongues, et une France également élargie. Mais, à sa décharge, Fine n'était que trop conscient de ses propres lacunes et il dut tirer le meilleur parti d'un éventail d'outils autrement plus complexes que ceux dont les portulans dépendaient – essentiellement la boussole, le compas à pointes sèches, mais surtout quelques règles élémentaires d'observations astronomiques en mer[354]. Dans sa carte-monde n'indique-t-il pas laconiquement *desertum* dans les parties de l'Arctique qu'il méconnaît et *terra australis nuper inventa sed nondum plene examinata* à la place de l'Antarctique ? Fine sait son ignorance et mesure la distance qu'il lui reste à parcourir jusqu'à l'exactitude cartographique bien plus justement qu'on ne pourrait le croire. La légende de la *Nova totius Galliae descriptio* souligne

---

351 Oronce FINE, « Légende de la *Nova totius Galliae descriptio* », *op. cit.*, p. 113.

352 Monique PELLETIER, *De Ptolémée à La Guillotière (XVe-XVIe siècles). Des cartes pour la France, pourquoi, comment ?*, Paris, CTHS, 2009, p. 17, 19, 113.

353 Lucien GALLOIS, « La grande carte de France d'Oronce Fine », *op. cit.*, p. 347.

354 Catherine HOFMANN, Hélène RICHARD et Emmanuelle VAGNON remarquent que ce n'est qu'avec l'invention d'une nouvelle instrumentation (horloges marines, cercle de Borda, etc.) que le besoin de portulans déclinera dans le dernier tiers du XVIIIe siècle. HOFMANN Catherine, RICHARD Hélène, VAGNON Emmanuelle, « Modes de fabrication et usages des cartes portulans à travers les siècles », *op. cit.*, p. 36.

bien qu'il ne fait que « préparer la voye à chascun de l'amplier et corriger à son plaisir. Plaise donc à toutes gens de bonne sorte bénignement supporter les faultes et prendre en gré ce labeur pour le présent, en attendant mieulx ou de moy ou d'ung aultre quand il plaira à Dieu [355] ». Il ne plut malheureusement pas au Seigneur de laisser à Fine le propre soin d'éditer de son vivant une multitude de corrections qu'il avait pourtant recalculées tant les frais d'impression étaient au-dessus de ses modestes ressources.

Si les cartographes du *Kangnido* sont d'emblée dispensés de tout souci orthonormé du fait qu'en Corée la précision des relevés astronomiques et des mesures latitudinales reste encore dissociée d'une cartographie terrestre, la conscience relative et sous-jacente d'un « sens des proportions », plutôt que d'une échelle, qu'avaient perpétué les damiers de Pei Xiu au *Yujitu* (禹迹图, 1136) commande certaines précautions quant à la taille relative des principales entités territoriales calquées sur le plan. Face à l'inflation longitudinale contractée de Ptolémée à Fine l'on peut apposer des disproportions notoires dans le *Kangnido*, disproportions qui résultent de considérations bien entendu d'une tout autre nature. Tout d'abord, la notion et l'application d'une échelle au sens où nous l'entendons aujourd'hui ne prendront racine en Corée qu'au cours de la première moitié du XVIIIe siècle. Mais Gari Ledyard nous fournit une autre piste de réflexion qui corrobore notre propos et permet de le développer. Dans la dernière phrase du préambule, Kwŏn Kŭn fait état de « la grandeur de son échelle et son étendue[356] ». Gari Ledyard remarque que, si le terme *kyumo* (規模 규모) signifie actuellement échelle, il n'a d'autre acception que « tracer un cercle ou modèle » au début du XVe siècle. Il en déduit donc que Kwŏn Kŭn exprime sa béatitude vis-à-vis de la taille de la carte[357]. Pourtant, le *Kangnido* ne consiste qu'en un rouleau de 164 × 171,8 centimètres, rien d'impressionnant en comparaison de son pendant stellaire, la *Position des corps célestes selon leur ordre naturel et les champs célestes qui leur sont alloués*, composée sur un bloc de marbre de plus de deux mètres de haut, ou du *Daminghunyitu*, dont Kwŏn Kŭn ne pouvait pas ignorer les dimensions (386 × 456 centimètres). Ce problème reste persistant puisque Pak Tonji avoue avoir rajouté les îles de Iki et Tsushima absentes des cartes *Gyokizu* qu'il avait ramenées du Japon puis d'avoir procédé à un *chungmo*, c'est-à-

[355] Oronce FINE, « Légende de la *Nova totius Galliae descriptio* », *op. cit.*, p. 113.
[356] Kŭn KWŎN, « Préambule du *Kangnido* », *op. cit.*, p. 136.
[357] Les termes exacts de Ledyard sont : « A vague sense of scale seems evident in Kwŏn Kŭn's preface to the *Kangnido,* where he remarked on "the greatness of its *kyumo* [scale] and *kungnyang* [dimension]". The term *kyumo* (Chinese *guimo),* consisting of two elements meaning respectively "draw a circle" or "compass", and "shape" or "model", classically connotes largeness of vision or planning and has not normally had any reference to cartographic scale in the sense of a ratio between observed distance and its representation on a map. Kwŏn seems to have simply been referring to the impressive size of the map. » Gari LEDYARD, « Cartography in Korea », *op. cit.*, p. 284.

dire d'en avoir « doublé la taille » ou de les avoir simplement « agrandies » ; tandis que, plus tard, le roi Sejong aurait à nouveau réclamé que l'on en « agrandisse la taille » (*kaemo*)[358]. Si l'analyse lexicale de Gari Ledyard nous apporte un éclairage sur les nuances et les possibles interprétations des termes *kyumo*, *chungmo* et *kaemo*, et sur les libertés prises par rapport à l'assemblage des échelles, elle ne nous permet malheureusement pas de saisir comment se sont opérées les hyperinflations les plus conséquentes, c'est-à-dire celles de la Chine et de la Corée. Tout en ayant déjà évoqué que ces surdimensions reflètent l'allégeance aux Ming ainsi que la volonté d'affirmer l'émergence du royaume du Chosŏn dans l'ordre régional, notre lecture n'a pas pleinement épuisé les tenants et les aboutissants des frictions que ce double objectif, a priori contradictoire, supposait. Encore une fois, c'est ce que nous entreprendrons en deuxième partie en remplaçant une grille de lecture strictement géographique par un prisme plus géopolitique.

Autre pierre d'achoppement qui illustre les difficultés rencontrées par Fine à tirer le meilleur parti de ses sources et instruments : les disparités manifestes dans son traitement des différentes régions, alors appelées « pais » de France. Tantôt détaillée, tantôt évasive ou erronée, la représentation des pays dans sa *Nova totius Galliae descriptio* montre que Fine peine encore à atténuer l'emprise d'une dichotomie entre géographie mondiale et géographie locale. Cela lui aurait certes requis de rassembler des documents parfois épars, souvent encore inexistants – un labeur de toute manière de longue haleine et collectif que plusieurs générations de Cassini et le perfectionnement des techniques de triangulation aideront à produire. Pour l'heure, Fine dresse une cartographie aux temporalités discordantes où la négligence qui signe le rendu de la Savoie, la Provence, la Bretagne, la Normandie et en général du Sud et du Sud-Ouest de la France contraste avec le soin porté au Dauphiné, à l'Île-de-France, à la Picardie, à la Guyenne, à la vallée du Rhône, à la Bourgogne et à la Lorraine[359]. Fine ne convertit tout de même pas cette inégalité des données toponymiques, oronymiques et fluviales en un changement d'échelle entre les pays de France comme Yi Hoe avait pu le faire avec les régions du nord de la péninsule coréenne ; et il semble bien conscient de ce manquement scientifique lorsqu'il appelle d'autres géographes à compléter son œuvre dans la légende. Il s'agit sans doute là des limites d'une approche trop individuelle de la cartographie ou du moins pas encore assez institutionnalisée et l'on ne peut s'empêcher d'évoquer les monarques coréens du XVe siècle qui, par contraste, dépêchent de véritables expéditions scientifiques à travers leur territoire. Fine souffre ici d'une comparaison qui malgré tout l'accule à endosser l'étiquette de géographe esseulé de cabinet. Mais ce n'est pas de cet œil qu'il entendait les

[358] *Ibid.*, p. 284.

[359] Lucien GALLOIS, « La grande carte de France d'Oronce Fine », *op. cit.*, p. 347 ; Jean-Jacques BRIOIST, « Oronce Fine and cartographical methods », *op. cit.*, p. 141.

limites de son approche. Pour lui, l'accomplissement d'une cartographie scientifiquement plus rigoureuse devait passer non par un bond collectif ou institutionnel, mais technique, ce qui n'était pas encore envisageable de son vivant. Dans la préface de *L'art et maniere de trouver certainement la longitude ou difference longitudinale*, il regrette que « l'on n'a point encores heu jusques au jourdhuy aultre invention plus recevable, que par le moyen des eclipses de la Lune ». Or, « la Lune ne esclispse pas souvent : et plusieurs fois advient que ladicte Lune est lors soubz l'horizon du lieu proposé. Poinct a ce que durant ladicte eclipse l'air est le plus souvent nebuleux et pertroublé[360] ». Les conditions de prise de données et l'acuité des équipements dont il disposait étaient donc bien en deçà de ce qu'il eût fallu pour que ses *descriptiones* ne s'écartent pas autant de la réalité. D'autant plus que Fine n'eut pas toujours conscience de ses lacunes. Sur le plan théorique, il fut souvent raillé pour ses démonstrations pour le moins osées sur la quadrature du cercle notamment par Pedro Nunes, Christoph Clavius et Jean Borrel[361] qui lui consacrent chacun un traité démontrant ses erreurs. Sur le plan pratique, Athanasius Kircher a mentionné une « erreur commise par Fine dans la conception de l'inclinaison du "mât", c'est-à-dire de la règle verticale permettant la détermination de l'heure en fonction de l'altitude du soleil et de la latitude du lieu où l'on se trouve à l'aide d'un fil à plomb accroché à un bracelet mobile[362] ». Additionnées, ces différentes imprécisions peuvent aggraver la marge d'erreur et le décalage entre les latitudes calculées par Fine et leurs valeurs selon des estimations modernes que Lucien Gallois énumère dans un tableau auquel nous renvoyons[363].

L'une des différences les plus notoires entre la France de Fine et la Corée de Yi Hoe tient d'abord au fait que la *Carte des Huit Provinces* de ce dernier a disparu et que notre pari de comparer deux couples de cartes mondiale et nationale est dès le départ biaisé. Néanmoins, il est essentiel de souligner que les dimensions généreuses de la Corée sur le *Kangnido* nous permettent

[360] Oronce FINE, « L'art et maniere de trouver certainement la longitude ou difference longitudinale », in Angela AXWORTHY, *Le mathématicien renaissant et son savoir. Le statut des mathématiques selon Oronce Fine*, Paris, Classiques Garnier, 2016, p. 345.

[361] Ces trois auteurs dénoncent le manque de rigueur scientifique de Fine respectivement dans *De erratis Orontii Finei* (1546) ; *Gnomonices libri octo* (1581) et *Confutatio quadraturæ circuli ab orontio Finæo factæ* (1554).

[362] Athanasius KIRSCHER, « Athanasij Kircheri ars magna lucis et umbræ in decem libros digesta », Rome, H. Scheus, 1646, p. 507, in Angela AXWORTHY, *Le mathématicien renaissant et son savoir. Le statut des mathématiques selon Oronce Fine*, Paris, Classiques Garnier, 2016, p. 272.

[363] « Pour apprécier l'importance de ces erreurs, il faut noter que sous le 44° de latitude, par exemple, une différence de longitude d'une minute correspond à une distance de 1 km 195, une différence de un degré à une distance de 71 km 7. Pour les latitudes une différence d'une minute correspond à 1 km 85, une différence de un degré à 111 kilomètres environ. » Lucien GALLOIS, « Un géographe dauphinois : Oronce Fine et le Dauphiné sur sa carte de France de 1525 », *op. cit.*, p. 15.

de mener assez confortablement nos enquêtes mondiale et nationale à partir d'un seul et même document, ceci demeurant impossible sur la *Recens et integra orbis descriptio* où l'on discerne plus difficilement la France. D'autre part, si l'on postule, comme la plupart des chercheurs, que la *Carte des Huit Provinces* de Yi Hoe, confectionnée deux ans seulement avant le *Kangnido*, a dans une large mesure servi de modèle à celle-ci, il nous est alors autorisé d'établir les points de comparaison suivants avec la *Nova totius Galliae descriptio*. À l'inverse des cartes de Fine, et excepté la zone septentrionale de la carte, la péninsule coréenne figurée par les cartographes du *Kangnido* Ryūkoku présente une multitude d'informations également réparties d'une province à l'autre – en tout, 425 mots. Contrairement à Fine qui offre une introduction sommaire et générale à la géographie française, la nature des données sur le *Kangnido* Ryūkoku est à la fois plus précise et plus variée. Sans délaisser les aspects géomantiques avec 24 montagnes localisées et un réseau fluvial sobre mais, à l'exception du nord, correctement tracé, les cartographes coréens livrent un aperçu des réformes administratives entreprises juste après la prise du pouvoir des néoconfucéens en nommant 297 comtés et 6 capitales provinciales. On remarquera également que malgré les précautions que ce type d'informations requiert, 38 bases navales sont mentionnées[364]. Certaines ont d'ailleurs été rajoutées dans la version de 1485, ce qui montre bien que, malgré un avènement relativement pacifique sur le plan international, le royaume de Chosŏn n'en négligeait pas pour autant sa tenue militaire. La carte de la Corée levée par Chŏng Ch'ŏk (*P'altodo* ou « Cartes des 8 provinces ») prolonge celle de Yi Hoe en même temps qu'elle s'en distingue. D'un côté, elle renoue avec la veine géomantique notamment dans la préciosité sinueuse, voire l'esthétisme des méandres fluviaux qui innervent tout le champ magnétique de la péninsule. Mais, d'un autre, Chŏng Ch'ŏk tend à délaisser cette appartenance géomantique au profit du pragmatisme administratif que lui enjoignait Sejong, puisque chacune des huit couleurs (bleu ciel, bleu foncé, blanc, vert, jaune clair, jaune foncé, rose et rouge) correspond, non plus aux cinq couleurs divinatoires, mais à l'une des huit provinces : Ch'ungchŏng, Kangwŏn, Kyŏnggi, Kyŏngsang, Chŏlla, P'unghae (rebaptisée Hwanghae en 1417), P'yŏngan et Yŏnggil (puis Hamgyŏng dès 1509), délimitations qui resteront en vigueur jusqu'à l'invasion japonaise de la fin du XIXe siècle et qui seront rafraîchies dès la capitulation japonaise en 1945. En plus de reprendre son souci de la gestion administrative, Chŏng Ch'ŏk emprunte à Yi Hoe le tassement et l'avarie de détails de toute la zone nord de la péninsule. Pourtant, il opère un autre écart par rapport à Yi Hoe : bien que les littoraux occidental et méridional de la Corée soient effectivement bien plus escarpés et peuplés d'îlots que la côte est, nous n'aurons pas manqué

[364] Kenneth ROBINSON, « Chosŏn Korea in the Ryūkoku *Kangnido* : Dating the Oldest Extant Korean Map of the World (15th century) », *op.cit.*, 179-181.

d'observer le contraste entre l'abondance de toponymes fournis pour ceux-ci et l'indigence de renseignements sur le littoral oriental. Si nous prenons en compte la date de parution de la *Sinch'anp'aldojiriji* (« Nouvelle édition de la géographie des huit provinces »), c'est-à-dire 1432, nous pouvons conjecturer que, les traités mettant un terme à la piraterie *wakō* des Japonais n'ayant été signés que l'année suivante, en 1433, Chŏng Ch'ŏk souhaitait sans doute minimiser des dégâts éventuels au cas où sa carte serait tombée entre les mains d'ennemis. Ce trait reste saillant quelques décennies plus tard dans la carte connue sous le nom de *Naikaku* en Corée et *Chosenkokuezu* au Japon, elle-même inspirée de la *Tonggukchido* coproduite par Chŏng Ch'ŏk et Yang Sŏngji[365]. À nouveau, les carences cartographiques coréennes semblent plus le fruit de réserves diplomatiques que de frustrations techniques, comme chez Fine d'ailleurs. Sinon, comment se ferait-il que, plus l'on avance dans la dynastie Yi, moins les cartes nationales semblent précises, au moins jusqu'aux cartes de Chŏng Sanggi (1678-1752), qui améliore notablement le tracé des côtes et la prise en compte d'une vague échelle ? En revanche, le cadre planétaire offert par le *Kangnido* se rétrécira pour retourner à une vision régionale de la géographie comme en témoigne la *Ch'ŏnhayŏjido* (天下輿地圖 천하여지도, *Carte des territoires sous le ciel*, 1594), subtilisée lors de l'expédition française en Corée de 1866 et conservée à la BnF[366].

Une prise en compte trop littérale des théories médiologiques et de l'histoire des techniques voudrait que la Corée du XVe siècle et la France du XVIe siècle disposant de moyens matériels sinon égaux, du moins aux fonctions similaires, eussent levé – à découvertes continentales égales, c'est-à-dire en fait en se focalisant sur l'œkoumène – des cartes jumelles, et ce malgré de conséquents écarts spatio-temporels. Même si leurs rouages ne sont pas dissemblables en tout point, force est de constater que certaines dissonances de techniques cartographiques plus que technologiques, aggravées par des impératifs culturels divergents, rendent tout dialogue complexe. Et nous ne sommes donc pas en mesure d'affirmer que la *Recens et integra orbis descriptio* de Fine ait été calquée de loin en loin sur les *Kangnido* de 1402 ou Ryūkoku. Inversement, une interprétation comparative de ces deux cartes trop ancrée dans les grilles de lecture et de carroyage ptoléméennes et sinocentriques aurait dû aboutir à un clivage irréconciliable[367] entre cartographes français et coréens qui, campés dans

[365] Gari LEDYARD, « Cartography in Korea », *op. cit.*, p. 282.

[366] Chang-Mo CHOI, « 조선시대 古地圖의 아라비아-아프리카 이해 소고 », *op. cit.*, p. 47.

[367] Toute la difficulté de l'exercice consistant à réconcilier approches ptoléméenne et sinocentrique a pu être éprouvée par Gilsun Oh qui malgré des erreurs de longitude allant jusqu'à 133 degrés (!) est parvenu à transformer le *Kangnido* d'une carte en deux dimensions à un globe en trois dimensions. Gil-Sun OH, « 『혼일강리역대국도지도』 지구본 작도 », *한국고지도연구*, 8(2), 2016, p. 77-82.

leurs a priori respectifs, n'auraient su déchiffrer les codes cartographiques régissant l'extrémité opposée de l'Eurasie. Cependant, leurs cartes, sans s'inscrire dans un lignage direct, ne sont pas entièrement étrangères les unes aux autres. En croisant les résultats qui découlent de ces deux approches et en empruntant les cheminements épistémologiques et matériels qui sous-tendent les cartes de Fine et du *Kangnido*, notre examen a montré que cette polarité est plus le fruit d'un manque de dialogue interdisciplinaire que d'une incompatibilité fondamentale. Comme toute polarité, elle dessert une appréciation des nuances qui, dans le cas qui nous occupe, traversent et relient la tectonique des plaques de recoupement et de refoulement nourrissant les substrats matériels, artistiques, scientifiques et culturels des cartes étudiées. L'interprétation d'un déterminisme des supports et des techniques ne s'arrête pas seulement là où les relevés astronomiques et topographiques posent les jalons de l'avancée de la science à un temps *t* dans une culture donnée. Elle est également insuffisante une fois que l'on s'aperçoit que le cartographe n'est pas seulement induit en erreur par ses propres instruments et que d'autres « instruments » viennent construire sa représentation du monde, quitte à contredire ce que ces premiers leur dictaient. Nous avons déjà noté la préférence de Fine pour la tradition ptoléméenne qui exploite mal les dernières données des portulans ou le fait que Yi Hoe soit plus enclin aux cartes chinoises qu'à la précision des cartes japonaises et de Koryŏ qu'il a pourtant eu loisir de consulter. Mais ni le sinocentrisme et ni le penchant ptoléméen n'épuisent le sens du renouveau cartographique coréen et français et, si renaissance il y eut dans cette discipline, c'est bien parce que les cartes de Fine et Yi Hoe sont plus qu'une actualisation conjoncturelle qui marie renaissance technique et réactivation de vecteurs culturels. La distance qui les sépare l'une de l'autre et du véritable état de la connaissance géographique au moment de leur édition – ou réédition – requiert d'autres outils conceptuels pour être mesurée, d'autres ressorts épistémologiques pour être arpentée et transcender les lacunes strictement scientifiques résumées dans le Tableau 3 ci-dessous.

Tableau 3 : Les erreurs scientifiques

France	Chosŏn
Tracé du littoral imprécis et forme parallélépipédique de la France	Précision du littoral et de la péninsule dans son ensemble
Longitudes surestimées de 20 %	Longitudes au moins doublées
Faible rendu de la Savoie, la Provence, la Bretagne, la Normandie et du Sud-Ouest de la France	Faible densité d'informations dans les provinces du nord de Hamgyŏng et P'yŏngan
Asie et Amérique du Nord soudées, absence de l'Océanie, Inde limée	Absence de l'Amérique, de l'Inde et de l'Océanie
Pôle Sud surdimensionné	Absence des pôles et des Océans Pacifique et Atlantique
Corée non localisée	France localisée

En somme, nous voudrions donner une nouvelle orientation à notre examen en constatant que ce qui rend l'œuvre finienne si singulière ne peut être entaché par les erreurs qu'il commet et qui, nous l'avons vu, sont tantôt liées à l'état des découvertes dans les années 1530, tantôt à une documentation insuffisamment actualisée, soit à une incompatibilité intrinsèque entre cartes nautiques et cartes orthonormées, ou encore à des relevés de coordonnées imprécis que Fine impute au dysfonctionnement de ses équipements. Au lieu de cela, il nous semble désormais plus fécond de considérer la manière dont il les transcende. À ce titre, sa qualité d'impétrant auprès du roi de France qui le nomme lecteur royal dès 1530 ainsi que les fonctions de haut fonctionnaire civil (文臣 문신) exercées par Yi Hoe doivent nous guider vers l'étude de la relation qu'ont nouée une cartographie jusqu'ici analysée sous des angles scientifiques et techniques, et les plus vastes desseins de François Ier et des monarques coréens qui entreprirent d'édifier leur royaume à travers des réformes fiscales, juridiques, institutionnelles et par-dessus tout politiques. Ceci nous permettra de prolonger les réflexions suggérées par quelques indices géopolitiques suffisamment récurrents pour que nous les ayons jugés pertinents. Plusieurs pistes nous avaient effectivement déjà mené à la lisière de la sphère politique : l'hypertrophie des territoires français et coréen, leur flou frontalier ou encore la volonté de François Ier, de Sejong et de leurs successeurs de prendre le pouls et la précise mesure de leurs « pais » et provinces, c'est-à-dire de faire de la carte un instrument de gouvernance. Il nous importera donc de dissocier des erreurs commises de bonne foi, involontairement, par pure ignorance, de celles effectuées en dépit de ce que les instruments et les connaissances dictaient aux cartographes. Car c'est dans cette seconde marge d'erreur que s'exprime et se déploie non plus la rigueur scientifique du cartographe, le déterminisme de ses instruments de mesure ou le poids de ses orientations culturelles, mais autre chose qu'il va nous falloir définir. Il semblerait, à ce stade de notre réflexion, que ce qui empêche les cartographes de reporter tout ce qu'ils savent, ce n'est pas seulement les limites de leurs instruments ni uniquement leurs a priori culturels qui ne peuvent assimiler de nouvelles données sans être remis en cause et qui par conséquent résistent en dépit de tout bon sens positiviste. Car les mesures prises par l'homme proviennent d'instruments encore opérés manuellement et non de machines automatisées. Même si ce sont les hommes qui les fabriquent, ce n'est déjà plus la même chose que de proclamer avec Protagoras que l'homme est la mesure de toute chose. Au XVe siècle coréen comme au XVIe siècle français, il faudrait plutôt rectifier comme suit : l'homme élabore des instruments auxquels il laisse le soin de prendre la mesure des choses qui le dépassent. Il partage alors avec ceux-ci le statut d'unité de référence de mondes intérieurs et extérieurs aux mesures et valeurs plus ou moins objectives. Cette nuance nous semble importante car, en traçant une carte, Fine ne placera plus le Paradis au centre en semant ensuite autour des lieux bibliques aux connotations morales et normatives, mais il placera des points là où ses outils lui dictent de les mettre ; pareillement, Yi Hoe, puis surtout Chŏng Ch'ŏk et Yang Sŏngji pointilleront leurs cartes en fonction des distances relatives établies par les *kirigoch'a* et *posuch'ŏk*. La dimension positive de ces nouveaux impératifs est peut-être encore plus contraignante que les dogmes de l'Église et de la géomancie. Elle déracine en tout cas les cartographes de toutes leurs incertitudes précédentes pour en créer de nouvelles. Elle décale en la réduisant la part de subjectivité d'un humaniste ou d'un néoconfucéen qui s'obstinent pourtant à se définir tous deux à partir d'une économie de valeurs articulées à l'échelle de l'homme. Les nouveaux outils de la connaissance ayant ébranlé les croyances précédentes, c'est sur la base d'un décalage voire d'un déséquilibre que le cartographe humaniste ou néoconfucéen tentera de restituer au monde son sens. Dès lors, la part de subjectivité qu'il lui reste, subjectivité qui plus est intrinsèque à toute carte, ne peut donner voix à des outils muets quant au message symbolique que véhicule toute carte si cette dernière veut faire sens de ses propres incohérences et justifier les distances qu'elle prend par rapport à la réalité. Le cartographe se tourne alors vers ses commanditaires pour qu'ils prennent le relais de la science là où les mesures positives cèdent le pas aux intérêts d'un étalon d'un tout autre ordre. Ce critère de mesure n'est plus l'aune du roi ou le pied *chuch'ŏk* qui visaient à unifier les unités de mesure nationales. Il s'agit au contraire d'un vecteur de démesure qui compte dérégler les échelles de valeurs et décupler les intérêts d'un royaume en construction comme l'on agrandissait librement l'échelle d'une zone d'intérêt sur la carte. À cette instrumentalisation politique qui semble poindre et qui transcende l'erreur pour l'exploiter quitte à l'amplifier sciemment, vient immédiatement s'ajouter son négatif, soit la non-actualisation intentionnelle, la non prise en compte voulue de données scientifiques qui pour ne pas ébranler les fondements idéologico-philosophiques du régime en place sont refoulées. Or ces deux stratégies – amplification ou dissimulation – se rejoignent bien en ce que la science considérée comme fin ne suffit plus à légitimer d'autres fins, celles du pouvoir en place. Elle se convertit dès lors en moyen. Ayant accouché de données brutes, l'instrument peut à son tour, dans la main d'un monarque ou du cartographe le servant, être instrumentalisé. C'est de cette pratique, qui parcourt tout l'arc reliant les instruments de la science géographique à l'instrumentalisation géopolitique entendue non plus seulement comme simple exercice d'un pouvoir militaire ou économique mais également comme mise à profit d'acquis positifs et culturels, que nous traiterons en deuxième partie.

DEUXIÈME PARTIE : L'INSTRUMENTALISATION CARTOGRAPHIQUE DANS SON CONTEXTE GÉOPOLITIQUE

Cette étude est partie du constat que la Corée et la France ont toutes deux fait l'expérience d'une renaissance plus ou moins simultanée, aux XVe et XVIe siècles respectivement. Plutôt que de nous réfugier derrière l'aveu d'impuissance scientifique qu'implique l'expression de « coïncidence historique », la première partie de notre étude a montré les différentes formes de transferts intellectuels et matériels qui ont contribué à façonner aussi bien le processus de confection des cartes que leur facture finale. En nous focalisant sur l'influence de différentes traditions cartographiques sur les nouvelles taxonomies et pratiques géographiques, nous avons quelque peu délaissé un contexte qui, s'il n'explique pas tout, s'est lui aussi immiscé au cœur des préoccupations de Fine et de Yi Hoe. Car au-delà d'une cartographie des transmissions techniques et épistémologiques point une conjonction de contingences qui, une fois nettement identifiées et assemblées bord à bord, ne peuvent plus être attribuées au hasard mais s'annoncent comme des suites processuelles qui interpellent la curiosité du chercheur. Sans en établir précipitamment la hiérarchie ni en fixer d'emblée une liste exhaustive, nommons-en quelques-unes qui fourniront les axes d'une première exploration dans ces *terrae incognitae* des études comparatives.

La découverte de nouveaux territoires entraîna des répercussions géopolitiques mais élargit aussi les horizons intellectuels de l'époque. La conquête de ces empires matériels et immatériels s'ancra pourtant dans une topographie bien connue mais encore mal cartographiée : celle des villes et des faubourgs toujours plus étendus et alimentés par les campagnes dans un maillage plus serré à travers lequel s'épanouit un nouvel ordre économique – celui des « monopoles » du premier capitalisme comme ferments d'échanges financiers et artistiques – constitutif d'une remise en cause des rôles et des frontières sociales – l'humanisme et le néoconfucianisme comme démultiplicateurs des fonctions mondaines de l'homme. Bien évidemment, la démarche qui nous amène à examiner un renouveau doit également s'astreindre à définir ce qui distingue l'obsolète de l'innovant et, dans cette innovation, ce qui ne fait que reprendre l'ancien, bien que sous des formes et dans un contexte inédits. Les cadres posés par la Renaissance et le néoconfucianisme continuent aujourd'hui, cinq ou six siècles plus tard, d'influer, de manière certes quelque peu diluée, sur les modes de vie et de pensée en France et en Corée ; mais c'est en nous replongeant dans le contexte national et international, en écossant les contingences sociales et géopolitiques, et en évaluant le déterminisme géopolitique et économique des siècles renaissants que nous tenterons d'apporter de nouveaux éléments de réponse aux doutes que la première partie laissait subsister : en dehors d'une visée scientifique, vers quels autres objectifs tendent les travaux de Fine et de Yi Hoe ? Ces objectifs s'inscrivent-ils dans le cadre prescriptif d'une pensée en renouvellement ou sont-ils le fruit de conjonctures étrangères à la volonté des cartographes et de leurs commanditaires ? Enfin, et surtout peut-être, si tant est que le contexte fût lui aussi un agent à part entière, comment doit-on mettre en regard l'histoire du XVe siècle coréen avec celle du XVIe siècle français sans risquer l'imposture consistant à dénaturer pour mieux comparer ?

Résoudre ces dilemmes, c'est dans un premier temps aborder la Renaissance et le néoconfucianisme comme des phénomènes pluridimensionnels facilitant ainsi le repérage de parallélismes qui se tissent entre cartographies contextuelles et conceptuelles, émergence du capitalisme et diversité sociale, retour aux sources et réactualisations créatives. Le deuxième temps de notre réflexion sera, lui, objectivement moins généreux dans le tri de ses objets d'étude – l'intégration d'une géographie programmatique par les formes naissantes d'État au sein des royaumes des Valois et Chosŏn – et en ce sens bien plus conventionnel puisqu'il s'attellera à canaliser cette crue initiale en un système qui irrigue au mieux notre compréhension de ce passage caractérisé d'une renaissance à son instrumentalisation, c'est-à-dire le détournement téléologique de la culture, au sens large et donc cartographique du terme aussi, par la politique. L'instrumentalisation politique de la carte, à laquelle nous consacrerons l'essentiel de cette deuxième partie, sera entendue comme une réaction calculée à un phénomène premier d'ordre spontané, presque naturel. Nous y tenterons d'éclairer comment le royaume – considéré non comme un ensemble d'institutions, ce qui nous occupera en troisième partie, mais comme une nouvelle catégorie de la pensée politique – s'est forgé, sans doute en partie pour contrecarrer les pouvoirs des villes et des empires qui faillirent l'étouffer. Nous y analyserons également la façon dont il s'est arrogé, afin de mieux redéfinir en sa faveur les règles du jeu du pouvoir, de nouvelles armes prétendument scientifiques mais en réalité tout aussi symboliques : des cartes qui puissent tour à tour le défendre de ses rivaux spirituels et politiques – l'Église, les empires des Habsbourg et des Ming –, pérenniser sa légitimité, voire l'encenser. Aucune étude n'ayant été consacrée à une comparaison systématique des renaissances et instrumentalisations cartographiques de la France et de la Corée, les chapitres de cette partie souligneront chacun à leur manière les similitudes les plus marquantes afin de n'exclure, par a priori épistémologique, aucune dimension ni aucun facteur qui puisse éclairer les conditions de réenfantements aussi prolifiques. Pour être ambitieux, cet aperçu panoramique nous a paru nécessaire avant de s'engager dans l'entonnoir d'une démarche qui, sans mettre en sourdine cette polyphonie matricielle, devra faire ressortir ses implications pour les objets d'analyse choisis : une conjoncture métacartographique qui constitue le cadre historique de la carte sera analysée dans le chapitre 1 ; les corrélations entre les cartes de Fine et de Yi Hoe et la politique étrangère de leur souverain seront ensuite précisées dans le chapitre 2 ; tandis que le chapitre 3 développera une réflexion sur la façon dont le flou définitoire de la notion de « frontière » telle qu'elle était alors pensée et représentée caractérise la fluidité des catégories sociales, politiques et intellectuelles propres à la Renaissance française et au néoconfucianisme coréen.

Chapitre 1 – Les cartes et la donne internationale

A. La France, facteur aggravant de la désunification de l'Occident

Toute étude à caractère historique se doit de cerner une chronologie, d'établir une périodisation. Du point de vue français, la Renaissance est traditionnellement associée au XVIe siècle tout d'abord par défaut, pourrait-on avancer, entre le monde conçu depuis le prisme de la féodalité et les balbutiements de l'ère moderne. Tout se passe comme s'il ne s'agissait que d'une période de transition entre *le Dimanche de Bouvines*[368] (le 27 juillet 1214) où, à la suite de la victoire de Philippe Auguste sur l'empereur du Saint Empire Otton IV, le roi d'Angleterre Jean sans Terre, le comte de Flandre Ferrand et le comte de Boulogne Renaud, une certaine historiographie fait débuter le « récit national », et ce que René Sédillot appellera les « siècles français », c'est-à-dire les XVIIe et XVIIIe siècles[369]. Au reste, peut-être s'agit-il d'un siècle creux pour la France, siècle qui se tapirait timidement dans l'ombre des gloires d'une France qui, à la faveur du grand schisme d'Occident (1378-1417), se veut plus chrétienne que l'Église et où souveraineté rime encore avec supériorité – réminiscence de la *superioritas* médiévale – dans l'Europe du Roi-Soleil et des Lumières ? Le bel ouvrage de Bartolomé Bennassar et Jean Jacquart, *Le XVIe siècle*[370], tendrait à pencher en faveur de cette hypothèse car, sur douze chapitres couvrant l'Europe du XVIe siècle, un seul est entièrement consacré à la France, qui ne jouerait qu'un rôle périphérique dans ce siècle d'or espagnol où les empires des Habsbourg, mais également portugais et turc, accaparèrent le protagonisme sur l'échiquier international. La France se retrouve donc en retrait d'une scène dont les cinq républiques italiennes (le Milanais, Gênes, Venise, Rome et Florence) et les « pays d'en bas », comme Charles Quint aimait à les mépriser, occupent traditionnellement les devants artistiques. Cette mise en arrière-plan de la France se reflète donc logiquement dans les études consacrées à la Renaissance européenne.

Si aborder la Renaissance dans la multiplicité de ces foyers risque de faire poindre l'écueil d'un corpus gigantesque aux parallélismes intraçables, cette approche présente néanmoins l'attrait de n'exclure aucune caractéristique intrinsèque à la Renaissance ni aucun paramètre nous permettant de tresser des rapprochements entre nos deux appendices eurasiatiques. Car c'est bien la conjugaison d'évolutions endogènes et de facteurs exogènes qui va enclencher la dynamique d'une Renaissance à l'échelle continentale. Pour ce qui est des stimuli externes, 1453 et 1492 ont longtemps été les années

---

[368] Georges DUBY, *Le Dimanche de Bouvines, 27 juillet 1214*, Paris, Gallimard, 1973.
[369] René SÉDILLOT, *Survol de l'histoire du monde*, Paris, Fayard, 1949, p. 222-261.
[370] Bartolomé BENNASSAR, Jean JACQUART, *Le XVIe siècle, op. cit.*

charnières favorites des historiens. Nous diluerons la première dans le mitan du XVe siècle comme de l'Eurasie, pour ainsi dire ; nous écarterons la seconde au profit de 1494, l'incipit des guerres d'Italie. Les années 1450 symbolisent des transitions dont les ressorts les précèdent, les extensions les excèdent. 1453 marque, il est vrai, la fin de la guerre de Cent Ans (1337-1453), dont les effets dévastateurs, avec ceux de la famine et des épidémies, sont souvent associés au Moyen Âge. C'est également l'année où Constantinople, héritière millénaire de l'Empire romain, chute aux mains des Ottomans – justement plus grand empire continental depuis celui des Romains –, accélérant alors la diaspora d'érudits vers l'Italie qui parachevèrent de transférer textes et commentaires de manuscrits anciens en grec mais aussi en hébreu et arabe – les classiques sur lesquels toute la philologie humaniste se fonde. Mais 1453 s'inscrit en réalité dans une séquence événementielle plus vaste : car depuis la défaite de Nicopolis en 1396 jusqu'aux règnes de Selim Ier et de Soliman le Magnifique au XVIe siècle, la menace turque plane constamment sur l'Occident ; et l'on peut faire remonter le « retour du grec en Occident » à la fin du XIVe siècle[371]. Les idées que ces échanges véhiculèrent mirent ensuite deux siècles à causer l'étiolement de deux autres empires aux traités de Westphalie (1648) – l'empire espagnol qui abandonne alors les Provinces-Unies et le Saint Empire romain germanique qui disparaîtra définitivement en 1806 –, traités qui, à tort ou à raison, marquent dans une partie de l'imaginaire académique la naissance des États-nations et de la diplomatie moderne[372]. 1453 est aussi au cœur d'une parenthèse formée par le dernier sacre d'un empereur à Rome (1452) et l'instauration par la paix de Lodi (1454) de « différentes règles, d'accords réciproques et d'alliances automatiques, de dissuasion et de conciliation[373] ». Entre le début des années 1450 et 1648, soit un peu moins de deux siècles, la conception médiévale de

---

[371] Guillaume Saint-Guillain nous aide à comprendre en quoi il est plus judicieux de retenir essentiellement le caractère symbolique plus que l'exactitude chronologique de l'an 1453 comme transfert des savoirs hellénistes lorsqu'il soutient que : « L'enseignement de Chrysolôras (v. 1355-1415) à Florence de 1397 à 1400 marque le "retour" du grec en Occident et ouvre la voie à l'émigration des intellectuels [...]. Un mouvement inverse voit les Italiens venir boire l'hellénisme à la source : "Nul Latin ne pouvait prétendre être éduqué s'il n'avait pas étudié quelque temps à Constantinople", affirme Enea Silvio Piccolomini. » Guillaume SAINT-GUILLAIN, « 1453, Chute de Constantinople », in Patrick BOUCHERON, *Histoire du monde au XVe siècle. 2. Temps et devenirs du monde,* Paris, Fayard, 2012, p. 201-202.

[372] Cette vision, dont sont adeptes les théoriciens des relations internationales, est contestée par les historiens qui préfèrent le temps long à l'événement. « La pratique de la diplomatie est au XVe siècle une réalité, mais le mot ne figure pas dans le vocabulaire des hommes du temps – il n'apparaîtra qu'à la fin du XVIIIe siècle. » Stéphane PÉQUIGNOT, « Les diplomaties occidentales et le mouvement du monde », in Patrick BOUCHERON, *Histoire du monde au XVe siècle. 2. Temps et devenirs du monde,* Paris, Fayard, 2012, p. 537.

[373] Patrick BOUCHERON, *Inventer le monde, Une histoire globale du XVe siècle*, *op. cit.*, p. 28.

l'ordre spirituel et temporel – que symbolisent les deux glaives de la papauté et de l'empire – est ébranlée et remplacée par le concept de souveraineté et son incarnation politique, l'État moderne. Avant cela, d'un côté, se dresse une confédération d'un bon millier d'États, dont trois cent quatre-vingt-dix étaient quasi souverains, confédération fondée en 1062 mais dont le titre de Saint Empire romain germanique n'apparut pour la première fois qu'en 1254 et qui accumule quatre héritages – bourguignon, allemand, castillan et aragonais[374]. Déployée par Charles Quint pour mettre en déroute les desseins de son rival François Ier, cette ligue impériale va progressivement se désagréger pour s'adapter au nouvel ordre temporel prôné par Westphalie. Roland Mousnier résume ainsi cette mutation, qu'il situe au tournant des années 1550-1560, soit juste après la passation de pouvoir entre François Ier et Henri II (1547) : « à l'idée médiévale d'une hiérarchie de royaumes se substituait celle d'une communauté égalitaire de nations libres[375] ». D'un autre côté, la transformation du pouvoir spirituel n'est pas en reste et le mode de vie des papes[376] indigne toute une filiation de penseurs de Jan Hus à Luther en passant par John Wyclif, ou encore Érasme et Jean Calvin qui, dans leur *Éloge de la Folie* (1509) et *L'institution chrétienne* (1536), remettent en cause le Saint-Siège comme institution et non la confession chrétienne en elle-même. Les soubassements de cette république chrétienne issue du Moyen Âge sont érodés depuis l'intérieur du royaume de France. Pour Michel Cassan, cette érosion remonte au XIIIe siècle :

> L'affirmation des droits régaliens est une préoccupation des juristes qui veulent affranchir le roi de France de toute domination de l'empereur, du pape et affirmer sa suprématie à l'endroit des grands féodaux. Dans la première moitié du XVIe siècle, des magistrats tels que Jean Ferrault, Barthélemy de Chasseneuz ou Charles de Grassaille dressent encore des nomenclatures de droits royaux. Ils affirment que les rois de France peuvent se porter candidats à la couronne impériale[377].

---

374 Jean-Michel SALLMANN, *Géopolitique du XVIe siècle (1490-1618)*, *op. cit.*, p. 51, p. 219.

375 Bartolomé BENNASSAR, Jean JACQUART, *Le XVIe siècle*, *op. cit.*, p. 471.

376 Voir le chapitre « Papes, antipapes et contre-papes », in Michel ONFRAY, *Décadence*, Paris, Flammarion, 2016, p. 307-321 ; Fabrice DELIVRÉ, « *La Donation de Constantin* de Lorenzo Valla », in Patrick BOUCHERON, *Histoire du monde au XVe siècle. 1. Territoires et écritures du monde*, Paris, Fayard, 2009, p. 614-623.

377 Michel CASSAN, *La France au XVIe siècle*, Paris, Armand Colin, 2015, p. 29-30. Selon Pierre Monet, cette scission entre pouvoir spirituel et pouvoir temporel est actée dans des textes juridiques dépassant le cadre du royaume de France : « depuis la première moitié du XIVe siècle et surtout depuis la Bulle d'or de 1356, la royauté élective en Allemagne était parvenue, en accord avec les princes-électeurs, à déconnecter le titre royal de l'approbation pontificale et à proclamer que le roi élu était en puissance destiné à devenir empereur (*rex in imperatorem promovendus*) ». Pierre MONET, « 1452, Le dernier couronnement d'un

Aussi ces tentatives de réformes juridiques ne sont-elles que l'écume d'une lame de fond politique et idéologique plus profonde : la France amorce l'ébauche d'un nouvel ordre, contestataire de l'ancien. Or les politiques extérieures de la France comme de ses rivaux semblent également signifier la suprématie du pouvoir temporel sur le pouvoir spirituel. En atteste la figure emblématique de Charles Quint qui, en 1527, commit le sacrilège, involontaire au départ mais finalement assumé, de mettre à sac la Ville Éternelle, éternelle car relais civilisationnel entre la culture antique d'Athènes et les autres foyers renaissants européens : Florence, Venise, Bruges, Anvers ou encore Strasbourg, Paris, Salamanque, Cambridge. Contre l'autorité spirituelle du pape siégeant à Rome et l'autorité culturelle de la Ville Éternelle, l'empereur peut tout. Nous pouvons donc distinguer deux niveaux où les lignes d'allégeance au pouvoir ondulent sous l'effet de pressions endogènes et exogènes : la remise en cause du pouvoir spirituel par le pouvoir temporel ainsi que leurs liens ; et l'éclosion sous-jacente d'un pouvoir d'une tout autre nature dont l'influence commence à être reconnue sans que l'on puisse pour autant si facilement la définir en ce que, mi-temporel, mi-spirituel, il émane du transfert, de l'étude et de l'interprétation de textes tantôt sacrés tantôt profanes. Quand bien même l'humanisme et le christianisme dépasseraient les frontières des royaumes qu'ils se disputent, les monarques tentent de les harmoniser pour en endiguer les effets pernicieux et en optimiser les retombées au sein de leur royaume. 1453 importe donc ici en ce qu'elle marque l'aboutissement de césures religieuses, le prolongement du schisme de 1054 entre l'Église d'Orient et l'Église d'Occident et du sac de Constantinople par les Croisés en 1204 lors de la quatrième croisade. Mais elle est aussi et surtout le point de départ d'un renouveau politique et culturel que subsume la formule latine *translatio imperii, translatio studii*[378].

Quant à 1492, cela reste une date en trompe-l'œil pour la France où ce qu'elle eût pu signifier a trop souvent fait de l'ombre à des conquêtes d'un tout autre ordre et ô combien importantes dans la construction du pays. À travers la découverte d'un « nouveau monde » physique – les Amériques –, l'homme s'en fait une tout autre représentation, comme nous l'avons énoncé en première partie : il entrevoit alors la finitude du globe mais également la sienne, alors qu'au contraire la notion d'« infini[379] » présidait à l'image du

---

empereur à Rome », in Patrick BOUCHERON, *Histoire du monde au XVe siècle. 2. Temps et devenirs du monde,* Paris, Fayard, 2012, p.191.

[378] Bien que l'Europe de l'Est n'entre pas dans le cadre de notre étude, signalons tout de même que cette *translatio imperii, translatio studii* est renforcée par le fait que de son côté Ivan III, en se déclarant « tsar de toutes les Russies » en 1493, visa également à se parer du prestige symbolique de l'héritage de Byzance. Encore au XXe siècle, l'URSS voudra faire de Moscou la troisième Rome.

[379] Yann POTIN, « 1380. L'image du monde dans une bibliothèque », in Patrick BOUCHERON, *Histoire mondiale de la France*, Paris, Seuil, 2017, p. 226.

monde qu'avait édifiée le Moyen Âge dans une carte représentative de cette vision telle que la projetait *L'Atlas catalan* (1375) – première carte, conservée jusqu'à ce jour, de facture occidentale où figure l'Asie dans son intégralité. Il ne s'agit en aucun cas pour la France d'un bouleversement géopolitique de l'ampleur de ceux qu'ont vécus l'Espagne et le Portugal. Même si le littoral de la France n'a cessé de s'accroître depuis la fin du XVe siècle avec les rattachements de la Provence (1481) puis de la Bretagne (1488-1532), le véritable centre de gravité de la politique extérieure de la France restait ataviquement continental depuis que le frère de Philippe Auguste, Charles d'Anjou, épris du tropisme italien, avait conquis la péninsule du Piémont à la Sicile (1266-1284). En se lançant à la conquête de l'Italie en 1494, Charles VIII et ses 28 000 hommes ne font pas que « rater le monde » ; ils perpétuent une tradition belliciste qui remonte au Moyen Âge et qui va paradoxalement donner « le coup d'envoi de la Renaissance[380] ». Les trois tentatives de Jacques Cartier envoyé outre-Atlantique par François Ier en 1534, 1536 et 1542 pour établir une présence française se solderont par des échecs, comme avant lui celle de Giovanni da Verrazzano en 1524 ou après lui celle de Nicolas Durand de Villegagnon, qui, de 1555 à 1560, fonde une colonie au Brésil que l'on appellera la « France antarctique ». Michel Cassan avance deux explications au fait que la France a tourné le dos à sa façade atlantique[381] et n'a donc pas pris part au grand mouvement de désenclavement du monde : « Sans doute faut-il lier le peu d'intérêt suscité par l'aventure maritime et coloniale à la puissance agricole du pays et à l'aimantation italienne de la politique extérieure des Valois[382]. » Ces deux axes devraient pouvoir nous guider pour comprendre les dynamiques du royaume de France. Plutôt que de colporter le mythe d'une France souvent dépeinte comme un pays de Cocagne, il est nécessaire de saisir en quoi l'absence de progrès en termes de techniques agricoles et la stagnation de la productivité n'ont en fait pas mis à l'abri le royaume des aléas climatiques, provoquant disettes (rareté et cherté des biens), qu'il faut

---

[380] Patrick BOUCHERON, « 1494. Charles VIII descend en Italie et rate le monde », in Patrick BOUCHERON, *Histoire mondiale de la France*, Paris, Seuil, 2017, p. 247.

[381] On ne saurait pourtant oublier la contribution de la Normandie, réintégrée au royaume avec la Guyenne à la fin de la guerre de Cent Ans, à l'ouverture maritime de la France : « Entre 1480 et 1650, la Normandie est sans nul doute la province maritime française la plus active. Il n'est donc pas étonnant d'y voir se développer à partir des années 1530 une école d'hydrographie et de cartographie marine originale, pour laquelle on connaît une vingtaine de noms et une cinquantaine d'œuvres. [...] On cite souvent le nom de Pierre Desceliers, qualifié par ses compatriotes de "père de l'hydrographie française", et parfois celui de Jean Roze, qui a travaillé tour à tour pour Henry VIII et Henri II, mais certains cartographes ne sont plus connus que par la présence de leur signature sur quelques cartes, tels Nicolas Desliens ou Jean Cossin. » Sarah TOULOUSE, « Les hydrographes normands XVIe et XVIIe siècles », in Catherine HOFMANN, Hélène RICHARD, Emmanuelle VAGNON, *L'âge d'or des cartes marines, Quand l'Europe découvrait le monde*, Paris, Seuil/BnF, 2014, p. 136.

[382] Michel CASSAN, *La France au XVIe siècle*, *op. cit.*, p. 25.

distinguer des famines (manque d'aliments), et épizooties (1520-1530) ; ni des autres fléaux que sont les guerres et les épidémies, communs au Moyen Âge et à la Renaissance. Car 1520, rappelle Édith Garnier avec forte raison, c'est :

> le point de départ de 38 ans de guerre en Europe avec des dizaines de milliers de morts, l'effacement des particularismes, l'appauvrissement ou pire, l'asservissement de nombre de populations, quand d'autres salueront l'entrée dans l'ère moderne, la naissance des grands États, l'avancée des techniques, la floraison des Arts et des Lettres et l'opulence des classes dirigeantes[383].

Si ces évolutions ne sont pas toutes perceptibles sur la *Nova totius Galliae descriptio*, en revanche l'Italie y est clairement identifiable et il nous faudra vérifier si cette aimantation italienne resurgit sur le rendu de la carte ; dans quelle mesure son traitement diffère ou non de celui d'autres royaumes représentés ; et s'il nous est permis d'établir une convergence entre la carte de Fine et la politique extérieure de la France.

B. Le Chosŏn, centre du décentrement en Extrême-Orient

Non sans s'être tout d'abord enquis de savoir si le néoconfucianisme n'avait pas causé la chute de la dynastie Song (960-1279) en raison d'un relâchement des mœurs qu'il eût pu engendrer, en particulier chez les lettrés-fonctionnaires, Kubilai Khan en fit l'idéologie dominante de la dynastie Yuan (1279-1368), au moins autant par souci de s'attirer les faveurs des intellectuels chinois que par conviction personnelle. Yi Songmu retrace sa floraison en Chine comme suit :

> En 1235, Chao Fu, un néoconfucéen renommé, fut apporté comme prisonnier de guerre dans la capitale de la dynastie Yuan [Song, en fait] où il fut le premier à introduire le néoconfucianisme. Il transmit ensuite sa philosophie à Hsu Heng, qui à son tour instruisit Wu Cheng (1249-1333), Wang Tsai et Yao Sui (1238-1313). Cette lignée contribua à faire du néoconfucianisme l'idéologie dominante de la dynastie Yuan[384].

---

383 Édith GARNIER, *Guillaume du Bellay, l'ange gardien de François Ier*, Paris, Éditions du Félin, 2016, p. 39.

384 Songmu YI, « The influence of Neo-confucianism on education and the civil service examination system in fourteenth and fifteenth century Korea », in Theodore de BARY, *The rise of Neo-Confucianism in Korea*, New York, Columbia University Press, 1985, p. 128.

Ayant prêté serment d'allégeance au grand khan, le souverain Ch'ungnyŏl (忠烈王 충렬왕, 1274-1308) et le royaume de Koryŏ – qui s'étendait alors sur toute la péninsule coréenne –, par le truchement d'intenses échanges diplomatiques et intellectuels, ne purent alors rester imperméables aux idées de Zhu Xi (1130-1200), dont les écrits, pourtant discrédités de son vivant, présentaient la première réappropriation et synthèse des canons confucéens qui allaient progressivement se diffuser à travers tout l'Extrême-Orient[385]. Différents lettrés – An Hyang (1243-1306), U Tak (1263-1342), Yi Chehyon (1287-1367) et Paek I-jong (1247-1323) – en facilitèrent le transfert mais, en raison de l'ample diffusion de son œuvre et de ses « deux initiatives symboliques – la création d'un collège national pour l'éducation confucéenne et la construction d'un mausolée en l'honneur de Confucius » –, c'est le plus souvent à An Hyang que les analystes font endosser le rôle de passeur idéologique[386].

Avant que, comme nous le pensons, la Corée du Chosŏn ne supplantât progressivement la Chine comme principal foyer géoculturel au XVe siècle, quels ressorts sous-tendaient les relations entre les différents royaumes extrême-orientaux, et plus particulièrement entre la dynastie Ming et le royaume de Koryŏ puis de Chosŏn au cours de la périodisation choisie, entre la fin du XIVe siècle et le début du XVIe siècle ? Il existe un vide dans la littérature sur l'Extrême-Orient traité comme unité d'analyse. Bien qu'il en fasse le titre de son ouvrage, Philippe Pelletier a tendance à le réduire à la Chine et au Japon dont il traite principalement et dont proviennent l'essentiel de ses sources, conférant à la Corée le rôle de simple courroie de transmission entre ces deux pôles. Ce déséquilibre se reflète prosaïquement dans la structure de son ouvrage qui, sur six cent soixante-quatorze pages, n'en consacre que seize exclusivement à la Corée[387]. Dans sa *Géopolitique du XVIe siècle (1490-1618)*, Jean-Michel Sallmann l'évince presque entièrement de ses considérations au prétexte que, « ravagée par des luttes de factions[388] » de la fin du XVe siècle, son existence même était en péril. Il adopte pour cette raison la perspective tendancieuse d'un « Extrême-Orient

---

[385] Cela ne revient pas à dire que le royaume de Koryŏ connut le néoconfucianisme à partir et à travers les seuls écrits de Zhu Xi. Avant cela, « le professeur Lee Seung-kook divise en deux périodes le développement de la pensée confucéenne coréenne [...], la première allant de 918 à 1046 et la deuxième de 1046 à 1259 [...], première période où le confucianisme était encore en retrait comme force intellectuelle. La deuxième période vit une réappréciation du confucianisme se faire jour, préparant la réception des idées néoconfucéennes ». Philippe THIÉBAULT, *La pensée coréenne. Aux sources de l'Esprit-Cœur, op. cit.*, p. 92. Voir aussi Seung-kook LEW, *Hanguk Yuhaksasangsa* [*Histoire de la pensée confucéenne coréenne*], Séoul, éditions Asea Munhwa Hwoesa, 1996, vol. I, p. 247.

[386] Philippe THIÉBAULT, *La pensée coréenne. Aux sources de l'Esprit-Cœur, op. cit.*, p. 97.

[387] Voir, dans le chapitre III, les sous-chapitres « Les apports cartographiques du *Kangnido* » p. 169-174 et « La Corée, une île provisoire » p. 218-227, in Philippe PELLETIER, *L'Extrême-Orient. L'invention d'une histoire et d'une géographie, op. cit.*

[388] Jean-Michel SALLMANN, *Géopolitique du XVIe siècle (1490-1618), op. cit.*, p. 20.

chinois »[389] ; alors que les mêmes symptômes, à savoir les guerres de religion, ne le conduisent pas à écarter la France de ses analyses. Une lecture attentive de Philippe Pelletier nous apprend que Jean-Michel Sallmann est en fait victime d'un stéréotype du XIXe siècle qui dénomme alors cette partie du globe « l'Orient chinois » et non comme par la suite « l'Extrême-Orient »[390]. David Kang comble ce vide de manière plus impartiale dans *East Asia before the West* (2010) en ce qu'il considère aussi bien les principaux royaumes de la région – il accorde autant d'importance à la Corée et au Vietnam, alors nommé Annam (安南) puis Đại Việt pour des raisons que nous préciserons plus bas, qu'à la Chine et au Japon, par exemple – que des unités d'analyse souvent délaissées comme les nomades ou semi-nomades – les Mongols, Khitan, Jurchen, Uighur et Tibétains et les pirates *wakō*. Par contraste avec l'Occident, le trait principal des interactions entre ces différents acteurs du système international est la paix, argument qu'il illustre en constatant que, « de 1368 à 1841 – de la fondation de la dynastie Ming aux guerres d'opium entre la Grande-Bretagne et la Chine –, il n'y eut que deux guerres entre la Chine, la Corée, le Vietnam et le Japon : l'invasion du Vietnam par la Chine (1407-1428) et l'invasion de la Corée par le Japon (1592-1598)[391] ». Au cours de cette longue paix, la Corée gravite dans l'orbite d'une double centralité, ni spirituelle à proprement parler comme celle exercée par la papauté européenne, ni directement politique comme celle de l'empire des Habsbourg. D'où émane donc l'autorité de l'empire du Milieu ? Et comment définir sa nature ?

Depuis que la dynastie Han (206 av. J.-C.-220 apr. J.-C.) adopta le confucianisme comme philosophie officielle, l'empereur est « Fils du Ciel » dont il assure l'intermédiaire avec les hommes afin de régner sur une société juste et harmonieuse en appliquant « la Voie ». D'un point de vue métaphysique, il est investi du 天命 (*tianming*, « Mandat du Ciel ») et, s'il venait à manquer à l'observance des rites consacrés, son empire, miroir de sa gouverne morale, se déréglerait et serait alors en proie au chaos. Inversement, cette spirale négative peut être investie à bon escient si chacun à l'image de l'empereur connaît sa place et respecte une hiérarchie des valeurs et des

[389] *Ibid.*, p. 12.

[390] Philippe PELLETIER, *L'Extrême-Orient. L'invention d'une histoire et d'une géographie*, *op. cit.*, p. 504-505.

[391] David KANG, *East Asia before the West, Five centuries of trade and tribute*, *op. cit.*, p. 2. Sans préciser à quelles guerres il se réfère, Francis Macouin dénombre quatre invasions étrangères pour le seul Joseon (Francis MACOUIN, *La Corée du Chosŏn*, 1392-1896, *op. cit.*, p. 87), invasions que l'on pense pouvoir identifier comme suit : outre la guerre d'Imjin mentionnée par David Kang, il s'agirait de la bataille de Ganghwa entre le Chosŏn et les États-Unis (1871), de l'incident de l'île de Ganghwa entre le Japon et le Chosŏn (1875), et de la bataille d'Umgeumchi (1894) opposant les paysans Donghak aux forces alliées du Chosŏn et du Japon ne faisant qu'annoncer la chute de la dynastie et l'occupation japonaise à partir de 1910.

statuts. L'expression *tianming*, explique Alexis Lavis, « est invoquée traditionnellement pour légitimer la place du souverain. *Ming* (命) associe les signes de la parole et de l'apposition du sceau. Nous sommes ici dans le registre de la Loi qu'il faut entendre en son sens le plus ancien, c'est-à-dire comme ce qui est "posé" et même "apposé", et qui, en tant que tel, décide du partage, de la part qui revient à chacun. C'est le sens du mot grec *thémis* ou du terme sanskrit *dharma* – qui viennent de la même racine indo-européenne, dénotant cette idée d'apposition "partageante" [392] . » Selon la pensée confucéenne, la société civile est à l'image de la famille, qui elle-même se reflète dans les relations interétatiques. De même que l'autorité du père s'exerce sur son foyer, celle de l'empire du Milieu s'exerce sur les royaumes dits civilisés, c'est-à-dire confucéens à différents degrés. La barbarie se définit donc par défaut : tout peuple non confucéen s'autoexcluant de la civilisation sera considéré comme barbare et traité comme tel, c'est-à-dire par la force ou le mépris jusqu'à ce qu'assujettissement ou exclusion s'ensuive. Dans le monde sinisé, et cela peut se vérifier jusqu'à l'époque des Ming, l'autorité n'est pas tant spirituelle qu'émanant d'un syncrétisme sécularisé où un néoconfucianisme à vocation administrative et presque managériale laisse de la place aux confessions les plus diverses tant que celles-ci ne subvertissent pas l'ordre social. En étant tantôt assimilés mais le plus souvent mis à l'écart de la conduite gouvernementale des affaires de l'empire, les grands courants métaphysiques et philosophiques extrême-orientaux – taoïsme, bouddhisme, shamanisme – d'une part sont assurés de perdurer et, d'autre part, ce qu'ils perdraient dans ce processus – car l'application pragmatique de préceptes ontologiques suppose tout de même une dose de dilution dans leur adaptation à un contexte donné – est largement compensé par leur divulgation ou du moins la tolérance de leur pratique. Néanmoins, cette stabilité – toute relative car David Kang n'ignore pas les escarmouches entre « barbares » et « civilisés » – était perpétuée au prix de l'iniquité entre les membres du club s'autoproclamant civilisé. Dans son chapitre « The singularity of China », Henry Kissinger en présente ainsi les subtilités :

> La Chine [...] n'a jamais établi de contacts durables avec d'autres pays sur la base de l'égalité pour la simple raison qu'à aucun moment elle ne rencontra de sociétés de culture et de magnitude comparables [...] Dans son rôle impérial, la Chine offrait aux peuples avoisinants l'impartialité, et non l'égalité : elle les traitait de manière humaine et compatissante dans des proportions

[392] Alexis LAVIS, *Paroles de sages chinois*, Paris, Seuil, 2013, p. 208-209.

équivalentes à leur assimilation de la culture chinoise et à leur observance de rituels connotant la soumission à la Chine[393].

L'impartialité est donc accordée dès lors qu'il y a réciprocité et compatibilité culturelle. Derrière ces affinités, tout n'est pourtant pas aussi pacifique que David Kang voudrait nous le faire croire et le Chosŏn naît sous un climat de tensions belligérantes avec son voisin chinois, tensions larvées qui se déplaceront progressivement des champs de bataille aux intrigues de cour et menées officieuses. Avant d'en révéler les détails, précisons tout d'abord que les points de contentieux sino-coréens sont de trois ordres : territorial, diplomatique et symbolique. D'un point de vue territorial, le statu quo ne semble ni accepté par la Corée du Chosŏn ni maintenu par la Chine. En effet, Yi Sŏnggye, passé à la postérité comme le roi Taejo, dut son ascension politique à ses prouesses militaires qui consistèrent à repousser puis à consolider la frontière septentrionale de son royaume en mettant en échec les Turbans rouges (1356, 1361) puis en résistant à la dernière offensive mongole (1363) qui ciblait également le trône de Chine en 1368. En 1388, envoyé à la conquête du Liaodong par son acolyte puis rival Choi Yong, Yi Sŏnggye, pour ne pas s'attirer les foudres des Ming, décida de retourner son armée contre celui-là, qu'il fit exécuter avant de s'emparer du pouvoir quatre années plus tard. D'après Han Young Woo, ce coup d'État militaire ne signifia pas « l'abandon du Liaodong mais plutôt une retraite stratégique[394] » dont il confia la conduite à ses hommes de confiance Chŏng Dojŏn et Nam Eun. La Chine, ayant eu vent de ces manigances et consciente de l'intention commune aux royaumes de Koryŏ et Chosŏn d'une expansion territoriale signifiant la remise en question d'un statu quo hiérarchique par son supposé vassal, ne put que nourrir une méfiance de tous les instants à l'égard de Taejo et en particulier de Chŏng Dojŏn qu'elle baptisa « la racine de tous les maux[395] ». Yi Sŏnggye ne put jamais trouver le moment opportun de lancer l'attaque fatidique sur un territoire en réalité plus investi par les Jurchen que réellement chinois, et son intention de resserrer ses propres rangs face à un ennemi extérieur échoua également. À la suite de querelles de succession, il préféra céder le pouvoir à son deuxième fils Yi Bang-gwa (le roi Chŏng Jong, 1398-1400) en 1398. Par conséquent, la Corée nourrit ces revendications territoriales au nord à un moment où, non sans rappeler les difficultés de l'empire des Habsbourg à rester unifié, la Chine peine à faire respecter sa centralité. Sa campagne militaire face au Đại Việt (1407-1428) se solde par un échec, facilitant ainsi l'avènement de la plus longue dynastie de l'histoire du Vietnam, la dynastie Lê (1428-1788), et surtout

393 Henry KISSINGER, *On China*, New York, Penguin Press, 2011, p. 16-17.

394 Young Woo HAN, *A Review of Korean History*, vol. 2, Joseon Era, Gyeongi, Kyongsaewon, 2010, p. 42.

395 *Ibid.*, p. 44-45.

d'un autre pôle néoconfucéen dérogeant à l'orthodoxie sinocentrique. Par ailleurs, la Chine met ses relations officielles avec le Japon, également contestataire d'un ordre chinois, entre parenthèses de 1404 à 1559. Symboliquement, les Mongols capturent l'empereur à la bataille de Tumu en 1449. Et à la suite des expéditions maritimes de Zheng He, les Ming en brûlent toutes les traces, amorçant une longue phase de repli sur soi accentuée par des facteurs structurels – morcellement territorial et surtout administratif en treize provinces et deux capitales, Pékin au nord et Nanjing au sud – et conjoncturels – famines et catastrophes naturelles.

La Corée du Chosŏn est consciente que son émergence comme nouvelle entité politique et sa quête d'identité nationale revendiquant sa place dans la grammaire des relations internationales ainsi que dans le choix lexical de son juste nom dont dériverait son juste statut – aspect que nous traiterons plus amplement en troisième partie – pouvaient être contre-productives au moindre faux pas empiétant sur les frontières territoriales et symboliques de son voisin chinois. C'est en partie pour cela que le *Kangnido* peut être lu comme une métaphore picturale du versement du tribut, topos très prisé par les artistes de la cour des Ming. Or le royaume de Chosŏn, bien qu'il n'ait pas initié seul sa renaissance en en empruntant la lettre et l'esprit à son voisin chinois grâce à la relecture et à la synthèse du corpus confucéen effectuée par Zhu Xi, joue un rôle loin d'être anecdotique en se convertissant en quelque sorte en plaque tournante, sinon géopolitique, du moins culturelle de l'Extrême-Orient de la chute des Yuan en 1368 aux vagues de purges qui contribueront à l'affaiblir entre la fin du XVe siècle et le début du XVIe siècle. Ce n'est pas l'idéologie néoconfucéenne qui l'en empêche car, comme l'énonce la maxime justement méditée et commentée à moult reprises par Hsu Heng, celui-là même qui avait convaincu Kubilai Khan d'adopter le néoconfucianisme : 理一分殊 (*li yi fen shu*), « le principe est unique, ses manifestations multiples ». Remise dans le contexte du début du XVe siècle, cette perspective laisse envisager à la Corée la possibilité de s'écarter un peu du centre, un flou interprétatif qu'elle ne se refuse pas en ce que cette marge de manœuvre conceptuelle lui permettrait dans les faits de se forger une identité sans s'aliéner son voisin. Mais ce risque n'en reste pas moins réel car la lettre comme l'esprit de l'entreprise néoconfucéenne, mis en application comme l'entendent les dirigeants du Chosŏn, sont potentiellement révolutionnaires à l'échelle de l'individu comme du royaume. Un siècle après les faits, Yi I (李珥 이이, Yulgok de son nom de plume), philosophe le plus influent du XVIe siècle coréen avec Yi Hwang (李滉 이황, Toegye), en a bien conscience lorsqu'il nous met en garde dans *Fruits de gouverner* :

> Si le souverain va jusqu'au bout du *Tao* d'enseigner et d'élever, il s'ensuivra une instruction très influente. Comment l'influence ne

s'étendrait pas aux générations futures ? [...] Quand l'homme profond passe, il se produit une transformation. Là où il réside, son influence est spirituelle [...], sa réputation dépasse l'empire du Milieu et touche toutes les tribus barbares, atteint les bateaux et les voitures, pénètre la force des hommes[396].

C. Ébauche comparative : le futur par le passé

À grands traits, et non de façon scrupuleusement symétrique, nous entrevoyons une palette de similitudes entre les contextes français et coréen. À l'échelle régionale et sur le plan des relations interrégaliennes, l'empire des Habsbourg et l'empire des Ming éprouvent des difficultés à conserver leur unité face à la montée de royaumes contestataires (France, Pays-Bas, Angleterre ; Corée, Japon, Vietnam). Ce rééquilibrage se traduit par un transfert du pouvoir comme du savoir en Europe et en Extrême-Orient : l'afflux des textes de l'Antiquité irrigue la pensée humaniste, tandis que la transition idéologique néoconfucéenne est concomitante avec l'avènement des régimes politiques instaurés par l'intermédiaire des Yuan en Chine et du roi Ch'ungnyŏl en Corée, transition validée par l'avènement du Chosŏn en 1392. Les modèles invoqués sont grecs (Platon, Aristote, Sophocle, Homère, mais aussi le Nouveau Testament dans sa traduction hellénique) et romains (Cicéron, Virgile, Quintilien, Plutarque, Phèdre) d'un côté, car ils permettent un accès direct aux textes sources et court-circuitent des siècles de gloses grâce à une exégèse philologique ; de l'autre, les *Commentaires des Quatre Livres* (*La Grande Étude*, *La Doctrine du Juste Milieu*, *Les Entretiens* de Confucius et *Le Mencius*) de Zhu Xi sont à leur tour commentés par une nouvelle génération de lettrés de plus en plus proches du pouvoir. Mais ce désir de ressusciter des traditions encalminées, quitte à les idéaliser, s'exprime également par contraste avec un passé récent stigmatisé : il convient d'évoquer les trois parques que sont la famine (mauvaises récoltes et disettes en Europe au cours du XIVe siècle), les épidémies (la peste noire 1347-1350 tue plus d'un tiers de la population européenne, soit vingt-cinq millions de personnes) et les guerres (guerre de Cent Ans de 1337 à 1453). En Corée aussi, l'éloge des Anciens et de leurs rois – plus que des souverains mythiques vénérés par le confucianisme chinois, il s'agit ici d'un culte pour Tan'gun, Kija et l'ancien royaume du Chosŏn – se double d'une critique acerbe des dérives du bouddhisme sous le royaume de Koryŏ : collusion avec le pouvoir et corruption de son clergé enrichi à force de spolier terres et temples sont brandies pour discréditer une religion en disgrâce, tout comme le taoïsme et le shamanisme. En 982, l'érudit et fonctionnaire Choe Sung résumait ainsi la complémentarité du bouddhisme

---

[396] Yi I YULGOK, *Anthologie de la sagesse extrême-orientale*, Gémenos, Autres Temps, 2009, p. 248-249.

et du confucianisme : « La pratique du bouddhisme convient à l'éducation spirituelle, et la pratique du confucianisme convient à la gouvernance d'un État. L'éducation spirituelle nous prépare pour l'au-delà, et la gouvernance de l'État est notre devoir quotidien[397]. » Désormais, la vacuité bouddhiste est répudiée face au pragmatisme du néoconfucianisme dans des ouvrages tels qu'*Arguments contre M. Bouddha* ou *De l'Esprit, de la Force matérielle et des Principes* de Chŏng Dojŏn[398]. Sous le roi Sejong, les savants du *Chiphyŏnjŏn* (集賢殿 집현전) seront encouragés à mettre en œuvre une « philosophie pratique » et à faire une « utilisation politique de la recherche[399] ». Pour leur part, les Valois exigent de ne plus avoir à rendre de comptes à la papauté alors que les signes avant-coureurs d'un effritement intestin de la chrétienté sourdent et ne feront qu'enfler après la parution des 95 *thèses* (« observations » dirait-on aujourd'hui) de Luther en 1517. Faisant fi de la découverte de l'Amérique et des expéditions maritimes de Zheng He, Français et Coréens privilégient les incursions continentales d'où affluent prestige de l'Antiquité mais aussi promesses de gloires prochaines. Avant même que Taejo et François Ier ne montent sur leur trône, les perspectives de leur politique extérieure sont déjà prédestinées, axées vers le continent et enlisées dans des guerres ou différends limitrophes qui marqueront de leur sceau tout leur règne – les guerres septentrionales (1356-1455) et d'Italie (1494-1559). Ces conflits épuisent leurs ressources financières et humaines en même temps qu'elles éperonnent leur imagination : c'est par la plaine du Pô qu'arrive la Renaissance et c'est en tenant tête à Charles Quint que François Ier renforce son prestige ; c'est par la plaine du Liaodong que le néoconfucianisme inonde la Corée et c'est en se servant des conflits contre les Jurchen et les Chinois que les lettrés-fonctionnaires néoconfucéens

---

397 Wanne J. JOE, Hongkyu A. CHOE, *Traditional Korea, A Cultural History*, Séoul, Hollym, 1997, p. 157.

398 Chŏng Dojŏn y fustigea, un peu à la manière d'Érasme dans son *Éloge de la folie*, les principes caducs et les pratiques immorales d'un clergé bouddhique plus détaché des valeurs de sa doctrine que de ses désirs terrestres. Mais contrairement à Érasme qui se tenait à distance du pouvoir – et qui refusa notamment les avances de François Ier – Chŏng Dojŏn passa des paroles aux actes et procéda à une réduction drastique des institutions bouddhiques qu'il censura ou mit sous stricte tutelle. Yi Songmu en détaille l'atrophie par le menu : « In 1406, Buddhist institutions were reduced to 12 Buddhist sects and 242 temples, in 1424 the number was further reduced to 2 buddhist sects and 36 mother temples » ; tandis que les sanctuaires taoïstes les plus prestigieux sous Koryŏ – Pogwongung, Singyokchon, Kuyodang, Sojonsaek, Taechonggwan, et Chonggye Paesongso – furent systématiquement détruits à partir de 1392 à l'exception de Sogyokchon. Songmu YI, « The influence of neo-confucianism on education and the civil service examination system in fourteenth and fifteenth century Korea », *op. cit.*, p. 134. Francis Macouin cite les mêmes chiffres et ajoute qu'en 1444 les *kut* (cérémonies shamaniques), furent interdites et les *mudang* (shamans) chassées de la capitale. Francis MACOUIN, *La Corée du Chosŏn, 1392-1896*, *op. cit.*, p. 134-135.

399 Mun-Sik KANG, « 集賢殿출신 官人의 學問觀과 政治觀 », *한국사론* 39, 서울대국사학과, 1998, p. 94.

affermissent leur légitimité. Les monarques français et coréens comprennent donc que la transformation des règles du grand jeu géopolitique ne peut faire l'économie d'un programme de réformes intérieures et que de cette synergie dépend le succès de leur entreprise. Nous ne pouvons que donner raison à Monique Pelletier lorsqu'elle affirme que la *Nova totius Galliae descriptio* de Fine « alimente le courant historique de la Renaissance, qui glorifie la Gaule et discrédite les démembrements médiévaux de l'empire de Louis le Pieux[400] ». Comme l'une des traductions possibles du titre du *Kangnido* annonce sa nature chronophage (*Carte du monde amalgamé des capitales et des pays des époques successives*), il semble légitime de se demander jusqu'où se succèdent ces époques et de vérifier si cette extensibilité chronologique, de même qu'elle puise ses ressorts dans un passé lointain, ne tend pas symétriquement à se projeter vers un avenir incertain que les monarques cherchent à devancer. En dépit de la richesse des racines qui les nourrissent, la *Recens et integra orbis descriptio*, la *Nova totius Galliae descriptio* et le *Kangnido* ne seraient pas que prostrés vers des gloires révolues mais pourraient alors être envisagés comme porteurs d'un programme politique que le chapitre suivant devrait nous aider à définir.

400 Monique PELLETIER, *De Ptolémée à La Guillotière (XVe-XVIe siècle). Des cartes pour la France, pourquoi, comment ?*, *op. cit.*, p. 20.

Chapitre 2 – Miroirs ou masques ? L'instrumentalisation des cartes sur la scène internationale

Gilles Tiberghien définit le nexus dynamique de l'imaginaire cartographique comme « une sorte de moteur à deux temps qui nourrit toutes les activités relatives à la carte. Il faut pouvoir imaginer le monde pour produire une carte, mais toute carte qui tente de décrire ce monde nous le donne *ipso facto* à imaginer[401] ». Comment commanditaires et cartographes imaginaient-ils alors le monde et comment leurs cartes le donnent-elles à imaginer aux historiens que nous sommes un demi-millénaire plus tard ? Pour répondre à cette problématique à double détente, nous devrons analyser les jointures nodales qui relient d'un côté les perceptions des commanditaires et cartographes, c'est-à-dire leurs craintes et espoirs vis-à-vis d'une conjoncture internationale en pleine mutation ; et d'un autre, déceler dans la carte ce qui relève moins de la *descriptio* au sens littéral du terme que du désir de modeler notre perception du monde – car le terme renvoie également à la définition d'une doctrine plus abstraite – et consiste en cela non pas en une divagation de l'imaginaire mais en une aspiration politique : celle de faire de la carte une profession de foi qui se veuille feuille de route d'une politique étrangère pour les décennies à venir. Une attention particulière sera donc prêtée à ce que nous pensons pouvoir identifier comme une instrumentalisation de la carte, lorsqu'elle n'est plus au seul service de la science mais s'insère dans une panoplie d'attributs du ressort de la puissance. Les cartes de Fine et Yi Hoe sont bien plus que des cartes d'un univers physique : lorsque, pris à leur propre jeu, leur travail ne fait plus seulement cadrer et représenter la matière première de la géographie (un paysage, une côte, un relief) mais leur outil se retourne contre eux pour en saisir la psychologie et les intentions. Et au travers de leur psyché, ce sont les mentalités et le contexte de l'époque dont ils sont issus qui percent. La carte est alors le miroir d'un plus vaste paysage intérieur parcourant les 360 degrés d'un horizon reliant l'onirisme politique à une iconographie acculée au pragmatisme. Mais les perspectives se complexifient si l'on prend en compte le fait que celui qui lève la carte n'est pas non plus le monarque qui la tient comme il rêverait de tenir le monde et d'y voir se mirer l'étendue de son royaume dont le miroir, fût-il trop convexe ou trop concave, ne pourrait refléter fidèlement l'objet qu'il encadre et ne ferait alors que tracer des perspectives biaisées, voire intéressées.

Charles Quint avait coutume de dire de Guillaume du Bellay que « sa plume à elle seule m'a fait plus de mal que toutes les lances bardées de

[401] Gilles TIBERGHIEN, *Finis Terrae. Imaginaires et imaginations cartographiques*, *op. cit.*, p. 45-46.

France[402] ». Seigneur de Langey de son nom usuel, ce personnage haut en couleur a fait l'objet d'une biographie, *Guillaume du Bellay, l'ange gardien de François Ier*, dans laquelle Édith Garnier, en fine connaisseuse de la diplomatie du XVIe siècle en Europe, relate toutes les activités de l'ombre auxquelles se consacrait ce diplomate qui ne dit pas encore son nom ni celui de son « réseau de connivence, sans hiérarchie, sans rite initiatique, sans gains garantis[403] ». Nous aimerions vérifier si, de la même manière que Guillaume du Bellay s'était converti en plume et cerveau de la politique anti-Habsbourg de François Ier, Oronce Fine n'aurait pas joué un rôle semblable en outrepassant ses fonctions de lecteur royal dans les « affrontements de papier » qui opposèrent les monarques français et espagnol. Édith Garnier définit ces querelles verbales comme des « guerres de communiqués, effets d'annonce, généralisation de la désinformation, propagande contre propagande[404] » ; mais nous pensons pouvoir en amplifier le champ en y incluant les cartes qui étaient elles aussi imprimées sur papier ou peintes sur soie, qui elles aussi parlent et suggèrent à leur manière, bien qu'à mots couverts, et auxquelles le gentilhomme Langey s'était passagèrement consacré pour dépeindre une région[405] qu'il connaissait bien pour y avoir séjourné plusieurs années, s'y être rendu maintes fois dans des missions plus ou moins officielles, et qui nous intéresse tout particulièrement : le Piémont, enjeu des guerres d'Italie et point névralgique de la Gaule-France de Fine. Au regard de la thèse solidement étayée par Édith Garnier selon laquelle François Ier se servait de Guillaume du Bellay pour exprimer ses intentions à ses homologues une première fois « en clair[406] », c'est-à-dire ouvertement, puis une deuxième fois « en chiffré », pour encoder ses véritables stratagèmes, il nous a paru légitime d'étendre l'application de messages clairs et chiffrés à la carte en nous demandant si Fine aussi n'aurait pas outrepassé ses fonctions de maître de carte en devenant à sa manière la plume – à vocation cartographique ici – du roi, le dessinateur officiel de desseins officieux. Pour leur part, les Coréens n'auront pas attendu le XVIe siècle pour s'adonner à ces jeux d'écriture et de dessin à quatre mains : le *Kangnido* fut peint par Yi Hoe mais commandité par le Chancelier de gauche Kim et le Chancelier de droite Yi, son préambule rédigé par Kwŏn Kŭn, et tous leurs efforts n'avaient d'autre but que de faciliter les tâches de

---

402 Édith GARNIER, *Guillaume du Bellay, l'ange gardien de François Ier*, *op. cit.*, p. 9.

403 *Ibid.*, p. 95.

404 *Ibid.*, p. 8.

405 Guillaume du Bellay « dressa une carte détaillée des lieux en annonçant même l'arrivée d'un plan en relief ». *Ibid.*, p. 359.

406 « L'évêque de Bayonne [Jean du Bellay, le frère de Guillaume] recourait aux mêmes procédés que ses confrères impériaux ou vénitiens : dans une première lettre, *en clair*, il reflétait les positions de ses interlocuteurs – il était possible éventuellement de la leur donner à lire – mais cette lettre était généralement accompagnée d'un rapport *en chiffré*, dans lequel il expliquait son propre jeu et proposait au roi et à Montmorency la manière d'agir la plus conforme aux intérêts français. » *Ibid.*, p. 198.

leur souverain, le roi Taejong, comme le stipule le préambule. C'est en effet ce qui caractérise et distingue les cartes du premier Chosŏn (XVe-XVIe siècles), levées par et pour l'État, de celles réalisées à partir du XVIIe siècle dont répondait un seul individu[407]. Choi Chang-Mo est on ne peut plus explicite à cet égard : « Il est à noter que la carte *Kangnido* a été produite en tant que projet national. Il y a environ 600 ans, le royaume de Chosŏn fut fondé en 1392. [...] Ce dont Taejong avait le plus désespérément besoin était de faire valoir sa vision en tant que dirigeant et de légitimer le pouvoir aux niveaux politique, idéologique et historique, à la fois à l'intérieur et à l'extérieur du pays[408]. » Or, pour les rois coréens aussi, l'efficacité de la gouverne du royaume dépendait en grande partie de l'équilibre entre la transparence et l'opacité des informations que les cartes contenaient. Et ce raisonnement s'applique tant à la peinture – qui « ne se contente plus de reproduire l'aspect extérieur des choses, [elle] cherche à en capter les lignes internes et à fixer les relations cachées qu'elles entretiennent entre elles[409] » – qu'aux textes manuscrits ou imprimés puisque, entre l'avènement de la dynastie Yi en 1392 et la parution de sa Constitution ou Code national (經國大典 경국대전) en 1471, presque un siècle s'est écoulé, siècle durant lequel neuf monarques ont régné en tentant de faire prévaloir leur version d'une orthodoxie néoconfucéenne sujette à débats, controverses et parfois même purges sanglantes. Imposé par le haut lors d'une transition dynastique, ce qui fait office d'ordre public n'est donc pas immédiatement gravé dans la pierre au vu et au su de tous mais continuellement négocié et amendé. Avant qu'une façade constitutionnelle ne soit rendue publique *en clair*, il n'est pas difficile d'imaginer que d'autres courants occultes *en chiffré* aient eu une influence sur les décideurs. C'est du moins le point de vue que nous partageons avec John Short, selon qui le monde du Chosŏn est « encodé dans des textes roulés dont le déroulement est à la fois une lecture et une fenêtre sur le monde. Ce déroulement revêt aussi l'importance symbolique de la révélation d'un texte secret[410] ». Sous la surface de l'ordre juridique, et en amont de celui-ci, gît un univers de textes officieux dont l'accès est restreint et le support enroulé par peur des regards indiscrets de courtisans ou d'étrangers entre les mains desquels des cartes ou notes confidentielles auraient pu tomber par mégarde ou tentative de conjuration. La dimension masquée de la carte en Corée semble donc au moins aussi prégnante qu'en France, puisqu'il ne s'agit pas d'un document patent à valeur juridique mais d'un bien qui répondrait à la catégorie générique actuelle du secret-défense : en dehors d'un nombre limité de

407 Sang-Hak OH, « 조선시대 세계지도와 중화적 세계인식 », *op. cit.*, p. 11.
408 Chang-Mo CHOI, « 조선시대 古地圖의 아라비아 · 아프리카 이해 소고 », *op. cit.*, p. 45.
409 François CHENG, *Vide et plein, le langage pictural chinois*, *op. cit.*, p. 72.
410 John Rennie SHORT, *Korea, A Cartographic History*, *op. cit.*, p. 4.

lettrés-fonctionnaires qui pouvaient la consulter, toute personne en possédant était emprisonnée voire mise à mort. Nous pouvons résumer ces quelques pistes interprétatives des cartes de Fine et Yi Hoe en constatant qu'au recto la carte est dessinée comme un miroir de ce que le souverain voulut que l'on sût de ses projets, tandis qu'au verso, la carte fait concomitamment écran au jeu occulte auquel il se livre au nom des intérêts de son royaume. Les considérations qui suivent se proposent ainsi de démêler ce qui relève de l'endroit et de l'envers du décor cartographique.

A. La France de Fine ou les exutoires de l'étau

François Ier n'a jamais caché son goût pour les cartes et l'on peut comprendre l'attrait d'un tel objet et son pouvoir suggestif pour un souverain qui peut s'emparer du monde, le saisir littéralement entre ses mains et l'embrasser dans sa totalité d'un seul coup d'œil. Monique Pelletier conte deux anecdotes qui chacune à leur manière montrent bien que, si l'Église avait elle aussi eu recours aux cartes comme icônes de son prosélytisme, dès le XVIe siècle, leurs dessinateurs vont changer d'employeurs :

> François Ier récompense un peintre de Flandre pour lui avoir « fait présent » d'une carte d'Angleterre, et il accueille volontiers un Portugais qui doit s'établir en France après avoir été cherché « sa femme, ses enfants et ses cartes ». Dans les années 1550, un ingénieur italien travaille aux fortifications de la haute Somme pour la France, tandis qu' [...] un ingénieur flamand est employé par les Espagnols. S'étant aventuré jusqu'à La Fère, le Flamand est capturé et avoue que le duc de Savoie l'a chargé de visiter les places fortes de la frontière française et d'en relever les plans. Au même moment, un capitaine français est fait prisonnier à Fontarabie dont il est en train de mesurer et de dessiner les fortifications. On finira par échanger les prisonniers[411].

Aussi précieuses qu'un membre de sa famille ou qu'un secret d'État, les cartes acquièrent une valeur qui oblige le commanditaire à chaperonner les cartographes avec une bienveillance différente de celle qu'il aurait pu éprouver pour un simple savant ou artiste de cour. Nous l'avons déjà noté en première partie : Fine a impétré un poste de lecteur royal auprès de François Ier, devenant le premier titulaire de la chaire de mathématiques au Collège de France – alors appelé Collège royal – dès la fondation de ce dernier (1530) et jusqu'à sa mort (1555). A priori, le cadre intellectuel du Collège royal n'exclut rien et sa devise *Docet omnia* (« Il enseigne tout ») le

[411] Monique PELLETIER, *Cartographie de la France et du monde de la Renaissance au Siècle des lumières*, *op. cit.*, p. 47.

distingue de la scolastique corsetée de l'Université. Au début de la Renaissance, l'Église disposait du quasi-monopole de l'éducation, et en particulier sur la Sorbonne à Paris et les douze autres universités établies en province. Chaque université répartissait ses enseignements en cinq facultés : théologie, droit canon, droit civil, médecine et arts. Cette inflation du pouvoir ecclésiastique sur la connaissance pouvait revêtir d'autres formes. À Paris par exemple, la première presse fut lancée par Guillaume Fichet, professeur de théologie à la Sorbonne. En plus d'exemptions fiscales offertes aux universités, les étudiants et leurs maîtres ne dépendaient pas de la justice classique mais pouvaient être jugés par leurs pairs. Enfin, les recteurs étaient enterrés à Saint-Denis aux côtés des rois de France. Toutefois, le Collège des lecteurs royaux offrait un soutien implicite à la floraison des *studia humanitatis* par opposition aux *studia divinae* et peu à peu, certaines matières s'émancipèrent de la sphère théologique. Les *litterae humanae, liberalia studia, studia humanitatis* ou « lettres humaines, études libérales, études d'humanité » englobent alors les langues et la philosophie qui inclut elle-même toutes les sciences. Par-delà le contenu de ces disciplines, c'est la pédagogie humaniste qui bouleverse l'échelle des valeurs et se distingue de l'éducation médiévale : une éducation totale et pluridisciplinaire se substitue alors à une éducation spécialisée ; l'accent est mis sur le développement du libre arbitre et du *logos,* et non sur la mémorisation et la scolastique ; le grec et l'hébreu sont enseignés au même titre que le latin ; et les jeux, expériences et débats sont préférés aux châtiments corporels. Rien d'étonnant que, dans ce cadre, Fine ait pu d'une part redonner à la géographie ses lettres de noblesse en écartant la cartographie spirituelle des *mappae mundi* et, d'autre part, respecter les orientations politiques d'un monarque auquel il dédie la *Recens et integra orbis descriptio* (1536) – « je l'ai faite pour le très chrétien et très puissant Roy de France, François Ier, mon très bienveillant protecteur[412] » – et dont il suit de près les dernières explorations, puisqu'on peut lire sous la région Baccalear *Terra francesca nuper lustrata* (« Terre française récemment découverte ») en l'occurrence par Verrazano qui parcourut cette région en 1524 pour le compte du roi de France[413].

Toute entreprise cartographique est dès le départ condamnée à des choix et à des partis pris, des sélections, en somme à une impossibilité de décrire et de dessiner l'objectivité. Et c'est bien cette caractéristique qui la rapproche de la sphère politique dont Louis XI disait : « Quid nescit dissimulare, nescit regnare », soit « Qui ne sait pas dissimuler ne sait pas régner ». Nous avons suffisamment souligné jusqu'ici comment même la projection peut dissimuler la méconnaissance scientifique du cartographe et comment le degré de perfectionnement de ses outils scientifiques détermine les erreurs

---

412 Oronce FINE, « Légende de la *Nova totius Galliae descriptio* » (1538), *op. cit.*, p. 113.

413 Lt-colonel LANGLOIS, « Étude sur deux cartes d'Oronce Fine de 1531 et 1536 », *op. cit.*, p. 88.

du cartographe. Or même le pouvoir peut agir sur ce palier de déterminisme matériel en prédéterminant ce dernier en amont :

> La première fois que la fabrication d'instruments mathématiques figure parmi les monopoles, en 1565, elle est attribuée aux couteliers : il est stipulé par Charles IX que, à l'exception des membres de cette corporation, « nul n'est autorisé à fabriquer de ciseaux, grands ou petits […], ni instruments de chirurgie en métal, ni étuis de fauconnerie ou autres étuis pourvus d'instruments pour l'astrologie ou la géométrie »[414].

Nous voyons ainsi comment au XVIe siècle non seulement les produits et images conçus mais aussi les instruments qui les forgeaient pouvaient eux-mêmes être l'objet d'une instrumentalisation politique. Tout comme la graphie d'une *Terra australis nuper inventa sed non plene examinata* sur la *Recens et integra orbis descriptio* ne fait finalement que décorer le long ruban austral inexploré où le cartographe serait bien en peine d'indiquer une quelconque topographie, ainsi en est-il finalement des préciosités esthétiques des colonnes, de la végétation ou des écussons qui ornent le cadre ou encore les rubans et les légendes : Fine s'adonne à esthétiser son ignorance, à travestir volontairement la vérité. C'est ce qui poussera Montaigne à dire des cosmographes et des fines gens qu'« ils remarquent bien plus curieusement et plus de choses, mais ils les glosent ; et, pour faire valoir leur interprétation et la persuader, ils ne se peuvent garder d'altérer un peu l'Histoire ; ils ne vous représentent jamais les choses pures, ils les inclinent et masquent selon le visage qu'ils leur ont vu ; et pour donner crédit à leur jugement et vous y attirer, prêtent volontiers de ce côté-là à la matière, l'allongent et l'amplifient[415] ». Que les cosmographes nous détournent, par vocation et systématiquement, des chemins du réel vers leur imaginaire et vice versa ne peut néanmoins pas être seulement imputé au fait qu'ils souhaitent cacher

---

[414] Daniel BOORSTIN, *Les Découvreurs*, *op. cit.*, p. 71. François Caron ajoute que même si les secrets de fabrication, la transmission héréditaire et l'établissement de monopoles, qui caractérisa le passage d'une production artisanale à une production en voie d'industrialisation, ne furent pas toujours synonyme d'invention, les XVIe et XVIIe siècles accentuèrent le contrôle de l'État sur les instruments du savoir : « Le développement de la fabrication des instruments scientifiques au XVIe siècle a prolongé celles des instruments mathématiques et astronomiques, étroitement associée, à Paris en particulier, à l'Université et à l'Église. Elle combinait la capacité de théoriser et l'habileté manuelle. Le nombre de fabricants s'accrut au XVIIe siècle en raison de l'augmentation de la demande. Le métier fut organisé par lettres patentes en 1608. Dans la seconde moitié du siècle, la production s'étendit aux nouveaux appareils : télescopes, microscopes, baromètres, thermomètres, pompes à vide, machines. » François CARON, *La dynamique de l'innovation, Changement technique et changement social (XVIe-XXe siècle)*, Paris, Gallimard, 2010, p. 38.

[415] Michel de MONTAIGNE, *Les Essais*, Livre I, Chapitre XXXI, Paris, Pocket, 1998, p. 128.

leur ignorance ou l'embellir. Le nexus dynamique qui anime le panorama cartographique et qui nous intéresse dès à présent n'est pas activé par la mise en tension entre *theoria* et empirisme. Il s'agirait plutôt du régime de production déclenché par les limites du plan rationnel en tant que capital cognitif et les moyens de mettre en œuvre une autre facette de la rationalité définie cette fois-ci par les fins que le cartographe se propose d'atteindre pour, d'une part, imaginer le monde tel que ne peut l'appréhender la science ; et dans un deuxième temps, pour faire appel à l'imaginaire des observateurs de la carte pour qu'ils adhèrent au message et aux objectifs véhiculés par la carte. Après avoir discouru sur le savant dosage de rigueur scientifique et de dextérité artistique que requiert sa profession, Fine nous avertit en astrologue soucieux non plus du destin de ses clients privés[416], mais de géopolitique cette fois-ci, des conséquences du processus enclenché par la science cartographique :

> Et touttefois cest chose très parfonde / Scavoir coucher en plat ou forme ronde / Les bortz et lieux tant de mer que de terre / Cest un plaisir des plus grans de ce monde. / Plaise toy donc affin que leur cours dure / Ordonner un qui jour et nuyt procure / Les demonstrer a tous publiquement / Et ce faisant lon verra briefvement / France flourir et passer en doctrines / Les nations et gens circumvoisines[417].

Nous ne sommes pas démuni pour interroger le sens que Fine souhaite conférer à cette épître besogneuse. Plusieurs interprétations s'offrent à la façon dont Fine et François Ier comptent « passer en doctrines les nations et gens circumvoisines ». Si l'on s'en tient à l'observation de Jules Michelet, force est de constater que tous les conquérants, de Charlemagne à Napoléon, « sautent le mur de l'Italie » ; et les Alpes sont donc aux dirigeants français, ce que le Rubicon fut à César en 49 av. J.-C. : l'illusion d'une frontière naturelle et administrative contre laquelle éprouver leur destinée. Charles VIII, François Ier et Henri II confirment ce précepte puisque le premier est l'instigateur de la campagne d'Italie, le deuxième en hérite et le dernier signe les traités de paix dits du Cateau-Cambrésis (2 et 3 avril 1559) trois mois avant de rendre l'âme. Toutefois, ils y insufflent des significations distinctes qui reflètent l'évolution – les *mutacions* disait-on alors – d'un monde en pleine mue. Alors que pour Charles VIII le royaume de Naples – legs imaginaire de son père Louis XI – ne doit constituer qu'une étape sur la route de Jérusalem dont la garde aurait été confiée par la Providence à la

---

[416] Nous avions évoqué en première partie le fait que Fine a été incarcéré en 1517 pour une durée indéterminée en raison de la lecture d'horoscopes qui auraient déplu à la reine-mère.

[417] Oronce FINE, « Epistre exhortative, Touchant la Perfection & Commodite des Arts Liberaulx et Mathematiques », in Lucien GALLOIS, « Un géographe dauphinois : Oronce Fine et le Dauphiné sur sa carte de France de 1525 », *Recueil des travaux de l'Institut de géographie alpine*, t. 6, n° 1, 1918, p. 8.

France, cette vision pèse peu en regard de l'*emprise* (de l'italien *impresa*) – c'est-à-dire l'entreprise d'Italie[418] – de François Ier qui la conçoit comme un pourvoyeur de prestige personnel pour compenser son déficit d'autorité vis-à-vis de ce qu'Édith Garnier désigne comme « le parti conservateur, à savoir, le Conseil du roi, le Parlement et la faculté de Théologie de Paris[419] » ; autant que comme l'opportunité de faire respecter le rang de la France dans le nouvel équilibre européen. Contrastant avec la fièvre messianique de Charles VIII contractée depuis les Croisades, pour Arlette Jouanna, « deux préoccupations sont caractéristiques des guerres des "Temps modernes", menées par les jeunes États territoriaux soucieux d'affirmer leur puissance neuve[420] » et de la faire « flourir » : il s'agit de la légitimité du monarque au sein du royaume et du respect mêlé de crainte qu'il compte susciter au-delà de ses frontières. En traçant des cartes dédiées à François Ier, il est possible d'échafauder l'hypothèse que Fine aspire ainsi à la « floraison » de son royaume dans un Occident qui, à la suite du décès de l'empereur Maximilien en 1519, a préféré au candidat français Charles Quint, il est vrai généreusement parrainé par les banquiers allemands Welser et Fugger dont les avances ne manquèrent pas d'émouvoir les électeurs laïcs (le roi de Bohême, le prince-électeur de Saxe, le margrave de Brandebourg et le comte palatin du Rhin) comme ecclésiastiques (les archevêques de Mayence, de Trèves et de Cologne). La France se retrouve donc encerclée par les territoires du nouvel empereur : les Pays-Bas dont il hérite de son père Philippe de Habsbourg, l'Alsace et la Lorraine liées au Saint-Empire et l'Espagne que lui lègue sa mère, Jeanne de Castille, auxquels il faut ajouter l'Angleterre d'Henri VIII qui s'allie à Charles Quint. L'Italie se présente alors tel un « exutoire péninsulaire », selon l'expression d'Emmanuel Le Roy Ladurie[421], c'est-à-dire la seule issue à cet endiguement impérial et le théâtre d'opérations aux retombées militaires et culturelles, internationales et nationales. Cet état de fait, avant d'être translaté graphiquement sur le plan d'une carte, est reconnu par le cadre même de la *Nova totius Galliae descriptio* où la France de Fine n'occupe que la moitié d'un espace représenté telle une réminiscence de celui de la Gaule. La France n'est pas dessinée sur un fond de carte vide et abstrait – comme peut l'être son équivalent coréen, le *P'aldoch'ongdo* (*Carte des Huit Provinces*, 1463) – mais se définit par rapport à son entourage immédiat : un observateur contemporain peut facilement identifier les toponymes *Angleterre*, *Italie*, *Grand Alemaigne* ainsi que *Espaigne* – notons à ce titre que, à la manière des Ottomans qui ne se référaient à Charles Quint que comme « Charles

[418] Patrick BOUCHERON, « 1494. Charles VIII descend en Italie et rate le monde », *op. cit.*, p. 249.
[419] Édith GARNIER, *Guillaume du Bellay, l'ange gardien de François Ier*, *op. cit.*, p. 7.
[420] Arlette JOUANNA, *La France du XVIe siècle, 1483-1598*, Paris, PUF, 2016, p. 171.
[421] Il s'agit du titre du chapitre 3 de la première partie dans Emmanuel LE ROY LADURIE, *L'État royal de Louis XI à Henri IV*, Paris, Hachette, 2003.

d'Espagne », Fine opte pour une dénomination qui sous-estime largement l'étendue de l'empire mondial des Habsbourg, et ce malgré les rééditions de la *Nova totius Galliae descriptio* en 1538, 1546, 1553 et 1557. Mais ce cadre n'est pas que spatial et conjoncturel, il répond également à une grille de lecture historique dont Numa Broc fait remonter les origines à la Gaule romaine :

> Elle [la *Nova totius Galliae descriptio*] figure non seulement la France des Valois, mais encore toute la rive gauche du Rhin, la Suisse, l'Italie du Nord jusqu'à l'Adriatique, l'Italie centrale jusqu'à Pise et, plus sommairement, jusqu'à Rome. Les limites choisies sont donc celles de la Gaule ou plutôt des Gaules (Cisalpine, Transalpine, Belgique...), et non celles de la France du XVIe siècle[422].

Monique Pelletier abonde dans ce sens lorsqu'elle voit dans la traduction de *La Guerre des Gaules* de Robert Gaguin (1485) le trait d'union de cette France-Gaule : « C'est en effet sur *La Guerre des Gaules*, traduite en 1485 par Robert Gaguin, que s'est fondée la pensée géographique nationale. En latin, Gaguin utilise indifféremment *Gallia* et *Francia*, *Gallus* et *Francus* pour affirmer la continuité, qui lui paraît essentielle, entre la Gaule et la France de son temps.[423] » Fine fait également sienne cette double appellation puisqu'il se réfère bien, en latin, à « totius Galliae » dans le titre de sa carte de France, puis, en français, à « toute la Gaule » dans la légende de celle-ci et enfin au « très chrétien et très puissant Roy de France » dans un cadre plus international, c'est-à-dire dans la légende de sa carte du monde. Or l'on comprend aisément qu'aux yeux d'un souverain l'Histoire n'est pas que prétexte à l'étude de faits frelatés, elle doit avant tout être écrite à la première personne et la carte de Fine doit servir de levier à ses aspirations. En se reportant à la *Nova totius Galliae descriptio*, il est possible de soutenir que Fine s'appuie sur une géographie fluviale et oronymique esthétisée pour soutenir les ambitions géopolitiques des Valois, impression renforcée par l'étirement longitudinal commenté en première partie. Fine invite ses lecteurs à croire que la frontière orientale du royaume de France s'étend jusqu'au Rhin, marqué comme les principaux fleuves d'un double trait, alors que tout au plus elle englobe le Barrois – suzeraineté du roi de France – sur la rive gauche de la Meuse ; tandis que la ville de Metz et les évêchés de Toul et Verdun ne seront occupés qu'en 1552 par Henri II, et que Lyon reste

---

[422] Numa BROC, « Quelle est la plus ancienne carte "moderne" de la France ? », *op. cit.*, p. 515.

[423] Monique PELLETIER, *Cartographie de la France et du monde de la Renaissance au Siècle des lumières*, *op. cit.*, p. 11. Pour donner plus de consistance à la filiation Gaule-France, Isabelle Pantin ajoute que François Desmoulins et Albert Pigghe collaborèrent sur les *Commentaires de la guerre gallique* où les vies de Jules César et François Ier sont mises en parallèle. Isabelle PANTIN, « Oronce Fine's Role as Royal Lecturer », *op. cit.*, p. 16.

« une ville quasiment frontière[424] ». Alors que la première édition de la *Nova totius Galliae descriptio* (1525) coïncide avec le désastre de Pavie qui voit non seulement l'emprisonnement de François Ier mais aussi la perte du Milanais, un temps occupé, de la Bourgogne, de la suzeraineté de l'Artois et de la Flandre[425] ; la seconde (1538) a paru après que François Ier a reconquis la Bresse, le Bugey, la Savoie et le nord du Piémont (janvier-février 1536). Sur la plus ancienne version de la carte de Fine dont nous disposions aujourd'hui, celle de 1538, le massif des Alpes, signalé par des symboles plus proches de taupinières inconséquentes que dignes de sommets s'élevant au-dessus de 4 000 mètres d'altitude, déborde largement jusqu'à la mer Adriatique. Cet *agrandissement* – il s'agit du terme politique employé à l'époque pour signifier « expansion » – est répliqué autant de fois que nécessaire : l'*Italie* calligraphiée au pied des derniers reliefs ne semble commencer qu'à la latitude de Florence. Pareillement, l'*Espaigne* perd toutes les régions contiguës aux Pyrénées qui se présentent comme le prolongement naturel de la France. Même si dans ses analyses Lucien Gallois sait pertinemment que « sous François Ier, l'attention, en France, était tout naturellement attirée vers le Piémont et la Lombardie », il ne semble mettre le fait que « le relief est aussi assez pauvrement représenté[426] » que sur le compte d'une défaillance artistico-scientifique sans établir de corrélation entre les velléités de François Ier et la relative négligence de Fine en termes d'oronymie et d'hydrographie. En ce début de XVIe siècle, il en va des délimitations entre disciplines intellectuelles comme des frontières entre royaumes : ce sont des zones indistinctes plutôt que des lignes précises, pour reprendre la définition des frontières de Roger Doucet et Gaston Zeller[427]. Par voie de conséquence, ces quelques observations s'inscrivent en faux contre la notion que la géographie ne fait que s'émanciper d'autres disciplines scientifiques : elle s'inscrit certes dans le prolongement de l'histoire et en forme le complément indispensable ; mais par l'image – c'est-à-dire la carte devenue icône politique – elle façonne également – de façon certes inconsciente mais peut-être encore plus efficace – le subconscient collectif des sujets d'un royaume amené à la contempler et vient apporter un élan décisif à une idéologie expansionniste. Fine s'érige ainsi en promoteur de cette Gaule-France tout à la fois héritière de l'Empire romain où elle cherche à puiser une forme de légitimité historique, et en

---

424 Arlette JOUANNA, *La France du XVIe siècle, 1483-1598*, *op. cit.*, p. 4.

425 1525 correspond aussi à la première mention du chevalier Bayard adoubant François Ier sur le champ de bataille de Marignan en 1515 et la chanson de Clément Janequin ne sera imprimée qu'en 1528. La *Nova totius Galliae descriptio* ainsi que le mythe d'un sacre militaire et chevaleresque participeraient ainsi de fabrications politiques visant à magnifier le royaume de France pour occulter le désastre de Pavie.

426 Lucien GALLOIS, « La grande carte de France d'Oronce Fine », *op. cit.*, p. 346.

427 Roger DOUCET et Gaston ZELLER « Les institutions de la France au XVIe siècle », in Arlette JOUANNA, *La France du XVIe siècle, 1483-1598*, Paris, PUF, 2016, p. 5.

même temps entité politique en devenir qui, en insinuant que le cadre politique de la France n'est autre que celui que des bordures historico-naturelles lui dispensent, tend à superposer cadre imaginaire et cadre diplomatique, ne donnant comme limites à ses ambitions que le laps de temps qu'il lui faudra pour les réaliser. Les observateurs avertis de la *Nova totius Galliae descriptio* auront donc bien saisi que, dans la même veine que l'empereur Auguste, qui tend à mettre sur un même plan *urbs* et *orbis terrarum* pour faire de Rome la capitale du monde, Fine et François Ier assouplissent les frontières du temps et de l'espace pour figurer *l'agrandissement* d'un royaume qui ne se perçoit plus comme au Moyen Âge serti entre quatre rivières – le Rhône, la Saône, la Meuse et l'Escaut – mais aimanté vers quatre frontières en expansion aux tonalités historiques mais qui sont aussi les quatre points cardinaux contemporains de la politique extérieure des Valois : la *Gallia Narbonesis* qui mène à l'Espagne de Charles Quint, la *Gallia alpina* qui déborde sur les républiques italiennes déjà en quête d'indépendance, la *Gallia belgica* où se situe l'une des plaques tournantes artistiques, commerciales et politico-religieuses les plus virulentes du XVIe siècle, les Pays-Bas, et la *Gallia celtica*, passerelle vers l'Angleterre d'Henri VIII.

B. Le Chosŏn de Yi Hoe : leurres aux confins

Nous avons déjà précisé que toute carte était mensongère et que, jusque-là, l'une des prouesses dont les cartographes des *Kangnido* de 1402 et Ryūkoku pouvaient se targuer était le fait d'avoir réussi à enchâsser cinq traditions cartographiques en un seul document, fût-ce au prix de quelques libertés scientifiques. Mais, alors que les erreurs traitées en première partie étaient souvent commises pour ainsi dire à l'insu du cartographe car résultant essentiellement de renseignements, de techniques ou de compromis hasardeux, contrairement à celles-ci, d'autres anomalies sur le *Kangnido* semblent dériver cette fois d'une volonté indépendante des contingences mentionnées, voire d'une mauvaise foi qui dépasse le cadre de la science géographique à proprement parler et dont il nous faut comprendre les motifs. Rejoignant Gari Ledyard lorsqu'il affirme dans un doux euphémisme que les cartographes néoconfucéens avaient sans doute « certains objectifs à l'esprit[428] », il est alors légitime de se demander quelles sont la nature et les finalités des erreurs volontairement élaborées et dessinées par Yi Hoe ? Après avoir fait les louanges protocolaires du sinocentrisme, de son empereur et de ses cartographes, Kwŏn Kŭn déplore, dans le préambule du *Kangnido*, le fait que, « concernant la zone à l'est du fleuve Liao et le territoire de notre propre pays, les cartes de Zemin contenaient de

[428] L'expression employée est « certain purposes in mind ». Gari LEDYARD « Cartography in Korea », *op. cit.*, p. 294.

nombreuses lacunes ; si bien que Yi Hoe compléta et agrandit la carte de notre contrée, et y ajouta le Japon[429] » ; avant de reprendre un ton laudatif cette fois-ci à l'endroit de Yi Hoe : « il fait ainsi une carte totalement nouvelle, très méthodique, et tout à fait admirable[430] ». Pour passager qu'il soit, le reproche de Kwŏn Kŭn à ses homologues chinois contient en soi toute la vision géopolitique de la dynastie Yi sur les relations extrême-orientales en ce début de XVe siècle, c'est-à-dire : la menace japonaise ; le traitement plus que cavalier, comme chez Fine, des frontières, séparant ici la Corée du Chosŏn, la Chine des Ming et les territoires disputés aux Jurchen ; et donc les revendications territoriales « concernant la zone à l'est du fleuve Liao et le territoire de notre propre pays ». Notons au passage que Kwŏn Kŭn prend soin de les présenter comme s'il s'agissait de deux zones distinctes alors qu'en réalité un examen attentif du *Kangnido* montre qu'il considère cette zone à l'est du fleuve Liao comme appartenant justement à son propre royaume[431]. Ces dysfonctionnements débouchent naturellement sur une dernière pierre d'achoppement : la taille de la Corée par rapport à celle de ses deux voisins, c'est-à-dire l'importance du rôle du Chosŏn dans le concert des royaumes extrême-orientaux.

Sur quel bien-fondé factuel nous est-il permis d'étayer la conjecture que les *Kangnido* de 1402 et Ryūkoku se soient dotés de visées politiques ? Tout d'abord, il est essentiel de garder à l'esprit que, contrairement à la France du XVIe siècle, la possession de cartes pour un usage privé était strictement interdite par la législation en vigueur au début du XVe siècle coréen. À cet égard, Han Young-woo est formel :

> Les cartes étaient des documents gouvernementaux classifiés. Elles étaient gardées dans les archives des bureaux du gouvernement central et des unités administratives locales où l'on s'y référait pour des travaux relevant de la défense nationale ou d'ordre administratif. La possession de cartes par des civils était interdite et ce afin que le gouvernement évite que les cartes tombent entre les mains d'étrangers […]. Lorsque le gouvernement publiait des cartes ou des

[429] Kŭn KWŎN, « Préambule du *Kangnido* », *op. cit.*, p. 136.

[430] *Ibid.*, p. 136.

[431] Dans un chapitre intitulé « Laisser entendre, éviter de dire », François Jullien développe l'idée selon laquelle « la mention factuelle apparemment la plus neutre peut laisser transparaître un jugement, très finement élaboré, prenant en compte aussi bien l'ordre des valeurs que les rapports de force ». François JULLIEN, *Le détour et l'accès, Stratégies du sens en Chine, en Grèce*, Paris, Bernard Grasset, 1995, p. 129. Suivant la pente de l'insinuation, Hyewon Cha note que les Ming pouvaient parfois reprocher aux Yi un manquement protocolaire comme l'envoi indu d'une lettre ou son style inapproprié pour leur signifier par là qu'ils réprimeraient toute tentative de conquête du Liaodong. Hyewon CHA, « Was Chosŏn a Model or an Exception ? Reconsidering the Tributary Relations during Ming China », *Korea Journal*, vol. 51, n° 4, Winter 2011, p. 51.

travaux géographiques, il en rendait donc les détails délibérément simples et grossiers[432].

Il faudra en effet attendre un assouplissement de ce cadre juridique, peut-être lié aux progrès de l'imprimerie et à la plus grande diffusion de cartes dans la seconde moitié du XVe siècle, pour qu'un plus grand public, c'est-à-dire non plus seulement restreint à la garde serrée des diplomates royaux, ait accès aux cartes. Dans les faits, il est instructif de se souvenir que la plupart des cartographes n'exercent cette profession que de manière temporaire et qu'il ne s'agit pour eux que d'une occupation adventice venant s'ajouter à leur fonction première de lettré-fonctionnaire. Dans *Les Entretiens*, Confucius n'insiste-t-il pas sur le fait que « l'homme de bien n'est pas un ustensile destiné à un seul usage[433] » ? En effet, l'échange de cartes entre envoyés faisait partie des usages protocolaires dans les relations sino-coréennes. Le *Kangnido* de 1402 est lui-même le produit dérivé de cette tradition diplomatique, puisque les informations relatives au Japon proviennent des missions diplomatiques de Pak Tonji revenu en Corée en 1401, tandis que celles relatives à la Chine furent rapportées par Kim Sahyong et Yi Mu, ce qui leur vaut d'être mentionnées dans le préambule de Kwŏn Kŭn. Nous ne disposons guère d'informations sur la vie de Yi Hoe (李薈 이회, 1354-1409). De lui, il ne nous reste qu'une anthologie de poèmes en cinq volumes ; quant aux biographies et généalogies *T'aean Yi*, elles embellissent souvent les faits. Ce que révèle Kenneth Robinson à l'appui d'archives, c'est que Yi Hoe réussit le concours de lettrés-fonctionnaires en 1382, qu'il occupa plusieurs postes au sein de l'administration de Koryŏ, puis de Chosŏn au Bureau des Affaires Militaires (*Pyŏngjo chŏngnang*) jusqu'à un premier exil à Sunch'ŏn en 1394. De retour à la capitale en mai 1402, il confectionna le *Kangnido* au cours de l'été de la même année en tant que conseiller juridique (*kŏmsang*). Il fut à nouveau exilé en 1404 et effectua un voyage en Chine en 1407 dans le cadre d'une

---

[432] Young-woo HAN, *The historical development of Korean cartography*, in Young-woo HAN, Hwi-Joon AHN, Woo Sung BAE, *The artistry of early Korean Cartography*, Honolulu, University of Hawai'i Press, 2009, p. 20. Cette pratique s'étendra sur l'essentiel du XVe siècle et sur d'autres disciplines aux applications potentiellement stratégiques. Voici ce que nous en dit Gari Ledyard : « This situation is probably at least partly the result of policies favored by Yang (Sŏngji) himself. He was no champion of the freedom of information. In the same memorial of which this list is a part, he advocated severe restrictions on most government publications. Even the *Koryŏsa,* the standard history of the Koryŏ dynasty, was "not to be lightly shown to people" lest the details of military campaigns centuries in the past become too well known. As for maps, "they should be put in government offices, but they must not be dispersed among the people." Given such attitudes, most of Yang's maps undoubtedly had very little circulation. » Gari LEDYARD, « Cartography in Korea », *op. cit.*, p. 288.

[433] CONFUCIUS, *Entretiens de Confucius*, Paris, Seuil, 1981, p. 35.

mission diplomatique où ses talents de poète furent acclamés par l'empereur Yongle en personne[434]. Toujours est-il que Yi Hoe, excellent cartographe s'il en est, et dans ses pas les cartographes du *Kangnido* Ryūkoku, ne figurent pas la Corée, le Japon et la frontière septentrionale tels qu'ils les connaissent mais tels qu'ils voudraient qu'on les perçoive. Cette instrumentalisation est flagrante en ce que les cartographes creusent un fossé béant entre la qualité et l'exactitude des données dont ils disposaient et la non-projection de ce savoir sur le plan de la carte dans un acte délibéré de rétention et de déformation d'informations jugées stratégiques. Qui voulaient-ils tromper ? Et dans quel but ont-ils ourdi un écheveau d'incohérences masquant un territoire connu en même temps que les desseins de leurs commanditaires ?

Plusieurs aspects du Japon, dans la représentation qu'en fait Yi Hoe, alerteraient un observateur même distrait. D'emblée, son positionnement fut sans doute déconcertant pour les contemporains de Yi Hoe quelque peu versés en géographie : alors que Yi Hoe localise plus ou moins correctement les Açores à l'autre bout du monde, le Japon, pourtant situé à quelques encablures de la Corée (223 kilomètres séparent les ports de Pusan et Fukuoka), se retrouve curieusement sous celle-ci. Yi Hoe l'a en effet fait pivoter de 90 degrés dans le sens des aiguilles d'une montre pour le placer peut-être symboliquement sous son royaume, en tout cas au sud de celui-ci, état de fait qui perdurera jusqu'au XIXe siècle[435]. Oh Sang-Hak estime que « le fait que le Chosŏn a conçu une carte aussi admirable du Japon s'explique non seulement à travers le besoin terre-à-terre de se prémunir d'une agression japonaise, mais cela tient également à une ouverture d'esprit qui essayait de saisir la réalité du Japon à travers le prisme des échanges fondés sur la politique de bon voisinage[436] ». Le Chosŏn n'est donc plus représenté dans l'étau sino-nippon, ce qui expose davantage la Chine à une menace potentielle japonaise prenant la forme soit de la piraterie *wakō* soit d'une éventuelle invasion militaire – prophétie autoréalisatrice puisqu'au siècle suivant Hideyoshi se servira effectivement de la Corée comme tête de pont pour tenter de renverser le pouvoir des Ming au cours de la *Imjin waeran* (壬辰倭亂 임진왜란) ou « Guerre de l'année du Dragon » (signe astral de l'année 1592 durant laquelle elle est déclenchée, mais elle durera jusqu'en 1598). En corollaire à cette première prémisse, il semble tout aussi plausible que la menace japonaise ait servi de leurre aux Coréens pour dissimuler, ou en tout cas atténuer, les suspicions que les Ming nourrissaient vis-à-vis d'une nouvelle dynastie à leurs frontières. Au demeurant, les successeurs de Yi

---

434 Kenneth ROBINSON, « Yi Hoe and His Korean Ancestors in T'aean Yi Genealogies », *op. cit.*, p. 234-239.

435 Gari Ledyard certifie que « Atlases current in Korea in the nineteenth century still show Japan generally south rather than east of Korea. » Gari LEDYARD, « Cartography in Korea », *op. cit.*, p. 273.

436 Sang-Hak OH, « 조선시대의 일본지도와 일본 인식 », *op. cit.*, p. 35-36.

Hoe s'appliqueront sur le *Kangnido* Ryūkoku à maquiller toute information pouvant compromettre la sécurité des côtes coréennes : nous ne savons pas s'ils perpétuent intentionnellement l'erreur des cartes Gyoki en dessinant les îles Kyushu au nord du Japon ; ce qui est sûr, c'est qu'ils simplifient délibérément le tracé du littoral de l'île de Tsushima et la rapprochent exagérément de la Corée, contrairement à ce que leurs sources – *Gyokizu* et *Haedongjegukki* (海東諸國記 해동제국기) – leur commandent[437]. Si ces deux premiers ensembles d'erreurs distillent des informations d'ordre militaire et stratégique sur l'état des relations bilatérales sino-coréennes et coréano-japonaises, le troisième, à savoir la taille du Japon rétrécie de moitié par rapport à une Corée, elle, doublée, renvoie plutôt à une lecture culturelle des relations régionales : en dépeignant un Japon marginalisé et anémié, Yi Hoe ne cherche pas forcément à minimiser le danger nippon mais signifie en fait que contrairement à la Chine, à la Corée, puis au Đại Việt dès 1428 où les lettrés-fonctionnaires l'emportèrent aussi face à la noblesse d'épée, le Japon n'est pas un membre de plein droit de la société néoconfucéenne alors qu'il est encore déchiré par les guerres intestines entre *daimyō* – seigneurs de guerre provinciaux. À travers ces trois libertés prises quant au traitement du Japon, il est évident que Yi Hoe ne fait pas que l'« ajouter » à sa carte comme l'affirme de façon elliptique Kwŏn Kŭn. Loin d'être un addenda au service de la pure recherche cartographique, il s'agirait plutôt d'une instrumentalisation politique du *Kangnido*, hypothèse que conforte le trait désinvolte de la zone septentrionale.

Outre le fait que la Corée du *Kangnido* soit hypertrophiée dans ses longitudes, elle présente dans l'ensemble un degré d'exactitude qui éclipse la Gaule-France de Fine. Cette méticulosité semble pourtant trouver ses limites à la rivière *Chŏngch'ŏn*, au nord de laquelle se concentrent les indices d'une géographie plus imaginaire que réaliste : la plaine du Liaodong y est anormalement tassée et surtout elle n'offre plus la même densité topographique et toponymique que sur le reste de la péninsule coréenne[438] ;

---

[437] Pour une explication détaillée des déformations côtières du Japon, voir Woo Sung BAE, « Chosŏn Maps and East Asia, Mapping the World : the Chosŏn Worldview as seen through old maps », *op. cit.*, p. 62.

[438] Chang-Mo Choi note que : « Par rapport au "monde intérieur", il y a beaucoup d'espaces vides dans le "monde extérieur" de la carte, surtout dans les régions d'Arabie et d'Afrique. Schématiquement, non seulement les informations sur "le monde extérieur" sont relativement insuffisantes mais, au-delà de toute logique, étant donné que pour la première fois sont intégrés dans une nouvelle carte des "espaces extrêmement vastes", il existe également des messages politiques cachés : cette région n'est qu'un "terrain vide", avec seulement une toponymie maigre. C'est-à-dire qu'on prend acte de son existence, mais on en minore la valeur. » Chang-Mo CHOI, « 조선시대 古地圖의 아라비아 · 아프리카 이해 소고 », *op. cit.*, p. 39-40. Nous pensons qu'un vide toponymique situé dans ce que Chang-Mo Choi nommerait le « monde intérieur », c'est-à-dire le territoire de la Corée ou

par ailleurs, les fleuves Yalu et Tumen suivent plus le cours fantaisiste de l'imagination du cartographe que celui d'une hydrographie rigoureuse. Plus concrètement, leurs estuaires sont localisés trop au sud et Yi Hoe rajoute un affluent inexistant à la rivière Yalu qu'il dessine horizontalement alors que celle-ci a en réalité une orientation sud-ouest/nord-est. Pour expliquer ces imprécisions, une justification historique consiste à souligner que le royaume de Chosŏn revendiquait toute la bande territoriale comprise entre la rivière *Chŏngch'ŏn* au sud et ses parallèles à quelque 50 kilomètres plus au nord formées par les rivières Yalu puis Tumen. Cette réticence à cartographier scientifiquement un espace pourtant bien balisé peut trouver une partie de ses origines dans le fait que la nouvelle dynastie Yi, qui tente alors de faire table rase des excès de la noblesse bouddhiste du Koryŏ, n'en est pas moins en quête de légitimité historique en se réclamant de Tan'gun, de Kija et de l'ancien royaume de Koryŏ (Kogoryŏ) dont une partie des territoires durant l'époque des trois royaumes s'étendait au nord, c'est-à-dire dans la plaine du Liaodong. Ces échos lointains entrent en résonance avec un passé plus proche si l'on considère qu'en 1398 Kyŏnghŭng, au nord-est, a été incorporé au royaume de Chosŏn et que Yi Hoe, d'une main alourdie par son dévouement au père fondateur du Chosŏn, annexe également sur sa carte des territoires bien plus au nord des zones sous contrôle coréen en 1402, sans doute pour honorer Yi Sŏnggye dont les ancêtres y avaient été inhumés.

Seulement, comme nous n'avons eu de cesse de le montrer chez Fine, l'histoire est en mouvement – une énergie cinétique tout aussi tangible sur le *Kangnido*. Alors même que Yi Hoe achève sa carte, un nouvel empereur est nommé en Chine. Yongle (1402-1424), dont toute la politique « consista en un habile jeu diplomatico-militaire qui profitait des rivalités des Mongols[439] » pour ne plus revenir dans leur giron, incarne simultanément les pires craintes des Coréens. Il déplace la capitale des Ming au nord à Pékin pour superviser au plus près une politique belliciste qui vise à refouler les Mongols et à apaiser les Jurchen en s'alliant à eux contre le Chosŏn ou contre ces mêmes Mongols. En effet, en 1403, Yongle crée la garde Jianzhou en pactisant avec différentes tribus Jurchen qu'il dépêche précisément entre les rivières Yalu et Tumen[440]. Néanmoins, le fait que Yongle, par excès de confiance, s'engage également sur ses frontières méridionales dans une lutte procrastinée et finalement infructueuse contre l'Annam (1407-1428), encourage Sejong (1418-1450) à poursuivre l'œuvre entamée par Taejo et à

---

une zone frontalière, constitue à l'inverse une façon de maquiller sa connaissance d'une réalité à laquelle cartographe et commanditaire accordent une extrême importance.

439 Jérôme KERLOUÉGAN, « L'empire des premiers Ming », in Patrick BOUCHERON, *Histoire du monde au XVe siècle. 1. Territoires et écritures du monde*, Paris, Fayard, 2009, p. 334.

440 Pour un aperçu incisif sur l'établissement de la garde Jianzhou par Yongle, voir Jungshin LEE, « Korean's Perception of the Liaodong Region During the Chosŏn Dynasty », *op. cit.*, p. 60.

caresser à nouveau l'idée d'étendre son royaume jusqu'aux confins septentrionaux « naturels » formés par les rivières Yalu et Tumen. Ainsi, entre 1433 et 1443, Sejong repoussa et consolida la frontière nord en établissant au nord-est les dénommées *Yukchin* (六鎮 육진), soit les six villes fortifiées de Chongsŏng (鐘城 종성), Onsŏng (穩城 온성), Hoeryŏng (會寧 회령), Kyŏngwŏn (慶源 경원), Kyŏnghŭng (慶興 경흥) et Puryŏng (富寧 부령), le long de la rivière Tumen ; et au nord-ouest les *Sagun* (四郡 사군), soit les quatre comtés de Yŏyŏn (閭延 여연), Chasŏng (慈城 자성), Much'ang (茂昌 무창) et Uye (虞芮 우예), au sud de la rivière Yalu. Au terme de cette décennie, grâce à la délégation menée par Sin Sukju en 1443, Sejong et le seigneur de Tsushima entérinèrent l'éviction de la piraterie *wakō* sur les côtes coréennes en décrétant que les échanges commerciaux coréano-japonais devenaient monopole d'État tandis que Sejong accordait l'ouverture de trois ports aux marchands et pêcheurs japonais à Pusan, Ch'angwŏn and Ulssan. Tant dans le cas de la frontière septentrionale que de la menace japonaise surjouée, nous percevons alors la manière dont ce qui pouvait être interprété comme des erreurs géographiques en 1402 tend à se convertir en politiques, conquêtes et traités, et ce plusieurs générations de rois après le règne de Taejong, dans ce qui constituait alors les préoccupations majeures de la politique extérieure du Chosŏn tout au long du grand XVe siècle coréen.

C. Analyse comparative

Par souci de clarté analytique, les renaissances française et coréenne peuvent être examinées en deux phases. Une culture extensible et non intentionnelle que nous avons définie pour l'humanisme comme une redécouverte d'anciens modèles qui a supposé une extension des champs de la connaissance et un recalibrage de valeurs commensurables à l'homme ; et, pour le néoconfucianisme, comme la même relecture d'autres classiques qui, à travers le prisme *zhuxiste*, focalisé sur l'élaboration d'une dynastie et d'une conscience nationale coréenne, a eu des implications bien plus pratiques sur les mœurs et les institutions du Chosŏn. Car ces renaissances ont dû s'ajuster à un contexte. En Extrême-Orient, dans l'effet de souffle du retrait des Ming et de leur perte progressive d'intérêt pour le nord-est de leur territoire à la faveur d'une zone méridionale dont rien ne laisse présager sur le *Kangnido* l'existence d'un quelconque foyer culturel néoconfucéen autre que la Chine et la Corée puisque le Vietnam est encore assimilé à ce qui fut l'une des provinces des Tang dès le VIIe siècle, et non au Đại Việt indépendant, soit l'Annam (安南), *Sud pacifié* par opposition au royaume Champa (佔城) ; et de la menace japonaise cristallisée sur la carte par la proximité de la pointe comminatoire de l'archipel japonais orientée vers les Ming mais à équidistance de la Chine et de la Corée ; Yi Hoe dessine, en même temps qu'un flou cartographique notoire autour de la frontière septentrionale, les pourtours d'une politique étrangère dont le contenu volontairement ambivalent restera à déterminer par les successeurs de Taejong au cours du XVe siècle et notamment Sejong puis Sejo. En Occident, la France met un terme aux onze guerres d'Italie et aux six confrontations entre Valois et Habsbourg grâce à la signature du traité du Cateau-Cambrésis (2-3 avril 1559) par lequel elle cède Naples, Milan, la Corse, la Savoie, le Piémont mais conserve le marquisat de Saluces, Turin, Pignerol, Metz, Toul, Verdun et Calais. La France n'a donc pas tout perdu car, face à elle, les deux glaives des pouvoirs spirituel et temporel s'émoussent : les pères conciliaires réunis à Trente (1545-1563) récusent point par point la confession d'Augsbourg et dessinent une Contre-Réforme qui mettra à feu le continent au cours de la seconde moitié du siècle, tandis que Philippe II (1556) succède à Charles Quint et voit fermenter les consciences nationales en herbe des Pays-Bas (révolte de 1566) et de l'Angleterre (échec de l'expédition de 1588).

Cette première phase en a entraîné une seconde, à bien des égards son antithèse, à savoir l'instrumentalisation contractile et calculée des savoirs. Pour ce qui est de la circulation du savoir, les quatre diasporas européennes (réfugiés grecs, artistes italiens, imprimeurs allemands et peintres flamands), la République des lettres des grands érudits, les échanges scientifico-diplomatiques ou encore les « conversations au fil du pinceau » entre les dynasties Ming et Yi, ont certes joué un rôle clé. Cependant, cette diffusion aurait été inenvisageable sans le passage d'une culture orale à une nouvelle culture écrite et imprimée en langue vernaculaire ouvrant la voie non seulement à une nouvelle forme de pensée mais supposant en outre un saut anthropologique. Pourtant, dès lors que les souverains coréens et français l'ont perçue telle une formidable libération d'énergies créatrices, leur renaissance les a fascinés tout en éveillant leurs craintes : car ce qui n'est pas intentionnel n'est pas prévisible non plus. Par conséquent, ils ont entrepris de canaliser ce potentiel culturel à travers des véhicules linguistiques, éducatifs, institutionnels mais aussi cartographiques en renforçant leur dispositif étatique. C'est le passage de l'expansion à l'orientation, de la spontanéité à la finalité, qui va définir l'instrumentalisation cartographique des renaissances humaniste et néoconfucéenne.

C.1. Les enjeux d'une temporalité flottante

« Combien serait petit le nombre des savants qui se dévoueraient à l'astronomie, si les hommes n'avaient pas espéré lire les événements futurs dans le Ciel[441] ! » Telle est la confession du grand astronome allemand du

[441] Lucien GALLOIS, « Un géographe dauphinois : Oronce Fine et le Dauphiné sur sa carte de France de 1525 », *op. cit.*, p. 7.

XVIIe siècle Johannes Kepler. Nous pensons qu'une part de l'instrumentalisation exercée par Fine et Yi Hoe réside dans le caractère programmatique de leurs cartes en ce qu'ils cherchent à aller au-delà d'une description rétrospective ou simplement actualisée, soit en décrivant *en clair* ce qui pourrait advenir et ce faisant influant sur le cours d'événements grâce au pouvoir d'information et de persuasion de la carte ; soit en dissimulant et en *invisibilisant en chiffré* le programme dont la carte est porteuse. La contention n'est pas mince pour qui essaie de voir dans ces cartes des miroirs du futur et non du passé. Pourtant, l'on sait de Fine que la lecture d'un horoscope à la reine-mère, aux augures collatéraux, lui valut un séjour en prison en 1517 dont on ne connaît la durée exacte ; et qu'en 1551, il publiait encore des éphémérides pour « scavoir prognostiquer des choses advenir[442] ». Yi Hoe, comme la plupart des géographes coréens, était féru de géomancie, science aux vertus prophétiques sans conteste et bien ancrée dans la tradition extrême-orientale du *Yi Jing* ou *Livre des mutations* (易經 역경). Bien que puisant ses vaticinations de techniques différentes, une science astrologique occidentale prospère également et n'est pas l'expression d'une lubie du seul Fine[443], qui ne pouvait ignorer que son maître Ptolémée lui avait déjà consacré les deux derniers livres de la *Tétrabible*. Il est donc difficile de croire que Fine comme Yi Hoe, si sensibles aux prédictions des destinées humaines individuelles et parmi celles-ci souvent celles de puissants friands des aléas de leur sort, n'aient pas franchi le pas consistant à relier la destinée d'un monarque à celle de son royaume[444] et à en tracer le sillon prospectif – sillon si possible optimiste, pour s'éviter d'autres incarcérations et exils[445] – sur le support qu'ils maîtrisaient le mieux, la carte. En d'autres termes, en maquillant un peu certaines données névralgiques – frontières, taille et

[442] Oronce FINE, *Briesve et isagogique introduction sur la judiciaire astrologie : pour scavoir prognostiquer des choses advenir*, Paris, 1551, in-8°. Alexander Marr confirme cet intérêt de Fine pour l'astrologie : « He published an edition of the cabalist Augustinius Ricius', *De motu octavae sphaerae* (1521) and composed several astrological treatises of his own. These include *Les canons et documens très amples touchant l'usaige et pratique des communs Almanachs* (1543) and *De duodecim caeli domiciliis* (1553). » Alexander MARR, « Introduction », *op. cit.*, p. 7.

[443] Pour les correspondances de calcul entre astrologie et cartographie, nous renverrons ici à l'article de Jean-Jacques BRIOIST, « Entre astrologie et cartographie, la genèse des logarithmes », *Journal de la Renaissance*, 2004, vol. 2, p. 63-74. En ce qui a trait aux écrits de Fine sur le même thème, voir : Oronce FINE, *Les canons et documents très amples touchant l'usaige et pratique des communs Almanachs* (1543) et Oronce FINE, *De duodecim caeli domiciliis*, (1553).

[444] Il est de notoriété publique qu'au XVe siècle déjà le duc de Bedford s'intéressait aux thèmes astrologiques de son rival le roi Charles VII.

[445] Fine fut incarcéré en 1517 pour une durée indéterminée sans doute en raison d'un horoscope défavorable à la reine-mère. Yi Hoe fut exilé à deux reprises suite à des différends au sujet de la collusion entre militaires et civils : en 1394 à Sunch'ŏn et en 1404 à Ongjin. Kenneth ROBINSON, « Yi Hoe and His Korean Ancestors in T'aean Yi Genealogies », *op. cit.*, p. 236-237.

emplacement des puissances limitrophes, ports et bases militaires – Fine et Yi Hoe ne seraient-ils pas, plutôt que de mentir effrontément, en train de montrer la France et la Corée telles que leurs souverains auraient souhaité qu'elles devinssent dans un futur relativement proche et compte tenu d'événements en cours sur lesquels il leur était encore possible de peser ? Ne pourrait-on pas alors renverser la maxime de Robert Cooper, dont les réflexions nous accompagneront plus bas, qui dans un ouvrage intitulé *The Breaking of Nations* – c'est-à-dire « la désagrégation des nations » au XXIe siècle – postulait que « penser la politique étrangère – comme toute pensée – requiert une carte conceptuelle qui, comme toutes les cartes, simplifie le paysage et se concentre sur les traits principaux[446] » ; et avancer que, au moment où ces mêmes nations étaient justement en train d'émerger et parfois de s'agréger les unes aux autres, dessiner une carte requérait une politique étrangère qui décryptât le contexte et se concentrât sur les principaux défis à relever ? Si nous accordons ne serait-ce qu'une faible dose de crédibilité à cette prémisse, alors la *Nova totius Galliae descriptio* et le *Kangnido* ouvrent ensemble la voie d'une temporalité plus souple qu'une stricte lecture binaire passé-présent ne le laisse supposer dans toutes les études publiées jusqu'à présent sur ces deux cartographes. Les réflexions qui précèdent ont déjà souligné que ni l'une ni l'autre ne pouvaient être considérés comme des chrononymes révélateurs de la seule époque qui les avait enfantés : passé mythologique chinois et grandeur gauloise sont mis à l'honneur et annoncent d'autres déclinaisons de ce dédoublement chronologique dans les dialogues diachroniques qui se nouent entre les différentes traditions cartographiques convoquées mais aussi dans les créneaux formés par les dates de parution originale et d'actualisations ultérieures. C'est du moins un avis partagé par Jerry Brotton lorsqu'il insiste sur le fait que les actualisations effectuées sur le *Kangnido* entre 1402 et 1485 sont partielles et concentrées sur la Corée. Citons-le assez largement :

> La meilleure copie de la carte *Kangnido* en notre possession est l'exemplaire conservé à l'université de Ryūkoku [...] daté de 1479-1485 [qui] semble être le miroir des angoisses de la dynastie Chosŏn à la fin du XVe siècle : sa toponymie intègre de nombreuses décisions administratives prises par les dirigeants du Chosŏn au cours de la période écoulée, notamment l'établissement d'une base navale à Chŏlla en 1479 [...]. À l'inverse, elle ne se soucie guère de mettre à jour la géographie du monde qui l'entoure : la Chine figure telle qu'elle était déjà sur les cartes Yuan du début du XVe siècle [...]. La carte de Ryūkoku n'est donc pas qu'une simple copie de l'original perdu de 1402 mais témoigne peut-être aussi des bouleversements rapides qui avaient alors lieu au sein de l'État Chosŏn. Les copistes de la fin du XVe siècle avaient probablement

[446] Robert COOPER, *The Breaking of Nations*, Londres, Atlantic Books, 2003, p. 4.

> envie d'affirmer que, tandis que le reste du monde se tenait immobile, l'administration civile et militaire de leur pays, grâce à ce nouveau régime, était en avance sur les autres[447].

Alors que la *Nova totius Galliae descriptio* se veut avant tout centrée sur la France, rien ne nous permet d'établir un décalage entre le traitement de la France et du reste du monde sur la *Recens et integra orbis descriptio* similaire au décalage entre le Chosŏn et le reste du monde sur le *Kangnido*. Pourtant, la *Nova totius Galliae descriptio* intègre, nous l'avons vu, les royaumes avoisinants et nous pourrions à la manière de Jerry Brotton affirmer que, tandis que la France arbore pléthore de toponymes, fleuves et reliefs, les autres royaumes représentés sont dépourvus de toute précision pour l'*Espaigne* et la *Grand Alemaigne* alors que l'Angleterre et l'Italie ne sont gratifiées que de quelques indications portuaires et estuaires. Ce soupçon d'un espace à temporalité chauvine et à doubles critères est confirmé par les actualisations que Fine mena à bien mais qu'il n'eut pas le loisir de publier – comme le firent Chŏng Ch'ŏk et Yang Sŏngji grâce à de nombreux recensements et enquêtes des décennies après Yi Hoe – et qui ne concernaient que les coordonnées de villes de France. Là aussi, le cartographe est soucieux de dresser le portrait d'une France en avance sur son temps et sur ses rivaux. Pour John Short, l'infléchissement de la nature des informations que le *Kangnido* divulgue serait même triple :

> La Corée est dessinée à partir d'informations actualisées tandis que le reste du monde apparaît tel qu'il était sur la carte originale de 1402. Une Corée contemporaine est incorporée à un monde anachronique [...]. Sa carte du monde a trois niveaux d'exactitude : au centre siège une image actualisée de la géographie administrative et militaire de la Corée ; dans une périphérie immédiate se conjoignent des descriptions plus maladroites et anachroniques de la Chine et du Japon ; et finalement, le reste du monde forme une périphérie extérieure floue[448].

En s'appuyant sur les travaux de François Cheng, il serait même possible d'avancer que cette division tripartite du temps et de l'espace est structurée par le moule de la peinture de paysage extrême-orientale :

> Dans les tableaux de grand format, pour montrer un paysage panoramique, chacune des distances [profonde, élevée et plate] comporte, à son tour, trois sections internes, lesquelles, contrastant entre elles, accentuent l'impression de distance. Prenons le *kao-*

---

447 Jerry BROTTON, *Une histoire du monde en 12 cartes*, *op. cit.*, p. 161.
448 John Rennie SHORT, *Korea, A Cartographic History*, *op. cit.*, p. 5-6.

> *yuan* « distance élevée » : les rangées de montagnes superposées sont en général au nombre de trois. De même, dans le *shen-yuan* « distance profonde », le tableau est souvent occupé par trois groupes de montagnes qui s'étendent de plus en plus loin. Les trois sections qui composent ainsi chaque distance sont séparées par des vides, en sorte que le spectateur [...] a l'impression de faire chaque fois un saut d'une section à l'autre. Saut qualitatif, car ces vides ont justement pour fonction de suggérer un espace non-mesurable, un espace né de l'esprit ou du rêve[449].

Il nous est alors possible d'entrevoir qu'aux trois niveaux d'exactitude du *Kangnido* correspondent les trois sauts qualitatifs de la peinture de paysage qui par un effet d'entraînement propulsent la Corée à la fine pointe d'une temporalité rêvée par son cartographe en 1402 et matérialisée en 1485. Comme pour mieux accuser ce décalage, la Chine, elle, conserve les toponymes de la dynastie précédente, celle des Yuan (1271-1368). Ce serait un contresens que de penser que, dans la *Recens et integra orbis descriptio*, les antipodes de la planète correspondent au flou embrumant la périphérie extérieure du *Kangnido*, puisque, pour être imprécis, ils correspondent tout de même aux dernières avancées des argonautes et sont en cela contemporains des mises à jour effectuées au sein du royaume de France. Plutôt que la temporalité en propre, c'est encore le traitement des espaces qui est triple sur les deux cartes de Fine : au détriment de la périphérie immédiate de la France, les antipodes du monde et le cœur du royaume se rejoignent dans leurs toutes récentes actualisations. Mais le décalage entre un passé proche et un passé lointain dans le *Kangnido* importe finalement moins que la volonté d'intégrer les toutes dernières avancées du royaume à l'image qu'on en projette, voire de se projeter dans un futur proche où elles finiront par être mises en œuvre. Si triple temporalité il y a, il faudrait en lieu de cela envisager les cartes de Fine et de Yi Hoe comme des feuilles de route où passé, présent et futur cohabitent. C'est en tout cas la conclusion vers laquelle nous guide le bénéfice du recul historique dont nous disposons un demi-millénaire plus tard. Nous l'avons dit : Sejong établit six garnisons le long de la rivière Tumen dans la province de Hamgyŏng et quatre commanderies le long de la rivière Yalu dans la province de P'yŏngan, et ce, trente et un ans après que Yi Hoe eut volontairement tassé la frontière septentrionale de la Corée. Mais derrière ces avancées militaires, Sejong apaise Jurchen et Japonais à travers des politiques d'assimilation culturelle et commerciale comme pour mieux étendre l'influence et justifier la centralité, certes dissimulée, que Yi Hoe puis les cartographes du *Kangnido* Ryūkoku octroient au Chosŏn sur la carte. Han Young Woo décrit ainsi le processus d'assimilation des Jurchen au Chosŏn :

---

[449] François CHENG, *Vide et plein, le langage pictural chinois*, *op. cit.*, p. 103.

> Le gouvernement du Chosŏn essaya non seulement de subjuguer les Jurchen, mais aussi de les assimiler. Afin d'apaiser le fardeau des Jurchen, le gouvernement leur permit de vendre leurs surplus alimentaires, leur matériel agricole et des vêtements le long de la frontière. De plus, il promut activement les échanges de tributs de la part des chefs de clan Jurchen ainsi que leur assimilation totale. Suite à cela, de nombreux Jurchen devinrent coréens[450].

De même, la France peut tabler sur quelques ajouts territoriaux en 1552 (Metz, Toul, Verdun), 1558 (Calais) et 1601 (Bresse et Bugey) qui, bien que modestes, n'en démontrent pas moins la volonté de revendiquer sa présence durable sur la scène continentale. L'usage d'une temporalité flottante dans les cartes de Fine et de Yi Hoe est donc renforcé par l'importance que monarques français et coréens accordent à la façon dont ils souhaitent articuler leur lecture de l'histoire à leur action politique. Car ces conquêtes militaires, même modestes au regard de celles que subira la Corée ou conduira la France au siècle suivant, dissimulent mal une ambition de faire valoir une nouvelle vision des relations internationales dans un étranger proche perçu et rendu plus malléable qu'auparavant. C'est à nouveau une explication de Han Young-woo qui éclaire la chaîne incassable entre le poids de l'histoire et les affaires étrangères du royaume de Chosŏn :

> Les premiers intellectuels considéraient Chosŏn comme une grande nation qui s'étendrait sur 10 000 *li* et inclurait la Mandchourie dans son territoire lorsqu'ils dessinaient des cartes ou des atlas. De telles références sont effectuées dans la section géographique de *Koryŏsa* ainsi que dans la préface de *L'enquête actualisée de la géographie coréenne*. Le rêve de reprendre possession de la Mandchourie n'ayant pas été abandonné, le Chosŏn s'embarquait dans une politique ambitieuse et vigoureuse d'expansion territoriale et de diplomatie[451].

Dans une sorte d'amalgame historique confus mais néanmoins suffisamment porteur pour s'en réclamer, les dirigeants néoconfucéens associaient l'expansion septentrionale de 10 000 *li* – si le *li* coréen équivaut à 0,43 km et le *li* chinois à 0,57 km, associée au nombre 10 000, cette unité de mesure devient symbolique plus que concrète et indique une très grande distance pouvant tout aussi bien signifier « jusqu'au bout du monde » – au père mythologique de l'ancien royaume de Chosŏn fondé en 2333 av. J.-C. et justement situé en Mandchourie, Tan'gun (檀君 단군) ; au grand passeur

[450] Young Woo HAN, *A Review of Korean History*, *op. cit.*, p. 44.
[451] *Ibid.*, p. 42.

civilisationnel Kija (箕子 기자) qui aurait apporté l'écriture et les premières formes de lois dans la péninsule coréenne ; aux neuf forteresses (東北九城 동북구성) érigées par Yun Kwan (1040-1111) lors de sa victoire contre les Jurchen ; et plus récemment, nous l'avons dit, aux ancêtres de Taejo enterrés sur les territoires de Parhae. Avec toutes les précautions que requiert ce type de parallèle, la France également exalte ses origines troyennes dans *Illustrations de Gaule et singularitez de Troye* de Jean Lemaire de Belges (1509) ; Estienne Pasquier fait de ses contemporains les héritiers des Gaulois et des Francs dans *Recherches de la France* (1560)[452] ; tandis que la carte de Fine par le châssis plus historique que géographique qu'elle propose semble insinuer que le cadre de la France est celui légué par la Gaule cisalpine – conquise au IVe siècle av. J.-C. et comprise entre les Alpes et les rivières Rubicon et Arno – et la Gaule transalpine, du point de vue romain. Tout comme Montaigne fait de l'histoire son gibier pour y puiser « comme les Danaïdes, remplissant et versant sans cesse[453] », la carte de Fine s'en repaît. Mais cette même histoire qui offre les rhizomes d'une légitimité pour tout dire inespérée aux nouveaux détenteurs du pouvoir est d'un secours plus maigre lorsqu'il faut la traduire non plus à ses propres sujets et éventuels amateurs de cartes, mais aux royaumes voisins, c'est-à-dire l'insérer dans la grammaire contraignante d'une politique étrangère aux acteurs moins ductiles que des figures historiques défuntes. Car François Ier ne revendique pas un simple retour à la Gaule romaine et son cartographe intitule bien son œuvre *La nouvelle description de toute la Gaule* (*Nova totius Galliae descriptio*) ; sous-entendu : à nouveau contexte, nouvelles politiques. Tout est à redéfinir, y compris la notion d'étranger proche, dans la mesure où la Gaule romaine n'est pas passée à la postérité comme un modèle de ce qu'on appellerait aujourd'hui le non-interventionnisme. De même, le terme chinois 歷代 (역대) dans le titre complet du *Kangnido* 混一疆理歷代國都之圖 peut être traduit par « générations successives » ou « époques successives » (le caractère 代 étant la forme contractée de 時代 시대, « époque »). Mais rien ne nous permet d'établir catégoriquement que la date de parution du *Kangnido* doive nécessairement marquer le terme de cette frise chronologique. Pour preuve, la version de 1402 sera réactualisée en 1485 – Ryūkoku – puis à la fin du XVIe siècle – Honmyōji , Honkōji et Tenri. Là encore, une ligne d'interprétation plausible nous amène à contempler la carte de Yi Hoe depuis une postérité annoncée, c'est-à-dire à la considérer comme une feuille de route pour les époques et générations à venir. Miroir concave dans lequel les événements, passés ou futurs, convergent vers l'axe optique de son observateur plutôt que daguerréotype figé, le *Kangnido* reflète une temporalité flottante à laquelle le long laps de temps entre sa parution

452 Michel CASSAN, *La France au XVIe siècle*, *op. cit.*, p. 66.
453 Michel de MONTAIGNE, *Les Essais*, *op. cit.*, p. 63.

originale égarée (1402) et la première version qui nous soit parvenue (1485) vient donner plus d'épaisseur. Une série d'adjonctions corroborent notre propos : Gari Ledyard[454] remarque que la version de Ryūkoku inclut le nom de plusieurs localités dans les méandres de la rivière Tumen qui ne furent intégrées au territoire coréen qu'à la suite des expéditions des années 1430, tandis que Jerry Brotton[455] note l'établissement d'une base navale à Chŏlla qui date, elle, de 1479 ainsi que de nombreuses décisions administratives prises durant la période écoulée entre ces deux versions. De manière plus intrigante encore, Kenneth Robinson[456] souligne que malgré le recensement en 1485 de dix-huit bases militaires dans les provinces du nord de Hamgyŏng et P'yŏngan, et cinquante-cinq bases navales dans toute la péninsule, dix-sept d'entre elles respectivement ne sont pas reportées sur le plan du *Kangnido* Ryūkoku.

Pour tenter d'élucider ces creux intentionnels, certains ouvrages antérieurs ou contemporains aux cartographes livrent un corpus écumé de guides théoriques à la politique des monarques. Parmi ceux-là, entre l'ouvrage de Kim Pu-sik *Annales des Trois Royaumes* (三國史記 삼국사기, *Samguksagi*), publié en 1145, et son pendant bouddhiste, *Histoire et légendes des trois royaumes* (三國遺事 삼국유사, *Samgugyusa*), rédigé par le moine Il Yŏn (一然 일연, 1206-1289) et paru deux siècles plus tard en 1454, les néoconfucéens se livrent à une réécriture de leur passé selon leurs propres critères. En attestent *L'histoire de Koryŏ* (高麗史 고려사, *Koryŏsa*) en 37 tomes, les *Annales de la dynastie Koryŏ* (高麗實錄 고려실록, *Koryŏsillok*) en 35 tomes ainsi que le *Précis historique du royaume de l'Est* (東國史略 동국사략, *Tongguksaryak* en 1403) en 6 tomes de Kwŏn Kŭn[457]. C'est au cours de ce même siècle que seront rédigés les *Tonggukt'onggam* (東國通鑑 동국통감, *Miroir complet du royaume de l'Est*, en 1484*)*, *Sinp'yŏndonggukt'onggam* (新編東國通鑑 신편동국통감, *Nouvelle édition du Miroir complet du Royaume de l'Est*, en 1485) et *Tonggukpyŏnggam* (東國兵鑑 동국병감, *Miroir des affaires militaires de Corée*). En France, les ouvrages le plus souvent cités sont *L'institution du prince* (1518), rédigée en français par Guillaume Budé – qui répond à *L'institution du prince chrétien* (1516), écrite par Érasme et dédiée à Charles Quint –, *La Grande Monarchie de France*, de Claude de Seyssel (1519), *Le Miroir politique*, de Guillaume de La Perrière (1555), *L'institution pour l'adolescence du Roi très chrétien Charles neuviesme de ce nom* (1562) de Pierre Ronsard dédiée à Charles IX

454 Gari LEDYARD, « Cartography in Korea », *op. cit.*, p. 291.
455 Jerry BROTTON, *Une histoire du monde en 12 cartes*, *op. cit.*, p. 161.
456 Kenneth ROBINSON, « Chosŏn Korea in the Ryūkoku *Kangnido* : Dating the Oldest Extant Korean Map of the World (15th century) », *Imago Mundi*, vol. 59, n° 2, 2007, p. 181.
457 Young Woo HAN, *A Review of Korean History*, *op. cit.*, p. 96-97.

ou encore le *De Sacra Francisci II Galliarum regis initiatione regnique ipusisu administrandi providentia* de Michel de L'Hospital, discours en latin dédié à François II traduit en français et versifié par Joachim du Bellay sous le titre de *Discours au Roy, contenant une brefve et salutaire instruction pour bien et heureusement régner accommodée à ce qui est plus nécessaire aux mœurs de ce temps* (1566)[458]. Malgré le fait que dès 1832 Jean-Charles Simonde de Sismondi s'intéresse à la dimension politique de la Renaissance, trop peu d'attention a été portée sur le fait que les cartes à leur manière aussi constituent des guides visuels et complètent cette écriture de l'histoire en devenir de l'instrumentalisation politique. Elles constituent des documents précieux pour les monarques français et coréens – ainsi que pour les historiens que les étudient – qui comptaient influer sur le déroulement d'événements en cours ou en germe. Dans un passage déjà mentionné que nous restituons ici dans son intégralité, John Short part du sens littéral de ce « déroulement » en insistant sur la fonction du support matériel pour argumenter que ce déroulement se loge également dans les sommets les plus significatifs du registre métaphorique :

> La carte [du *Kangnido*] est dessinée sur un rouleau de soie destiné à être déroulé pour être vu. Ce déroulement du monde est un thème récurrent dans la cartographie coréenne. Le monde est encodé dans des textes roulés dont le déroulement est à la fois une lecture et une fenêtre sur le monde. Ce déroulement revêt aussi l'importance symbolique de la révélation d'un texte secret. Tout au long du Chosŏn, les cartes ont plus souvent été propriétés du gouvernement […]. Les citoyens n'étaient pas autorisés à en posséder. Les cartes, tout particulièrement au début du Chosŏn, étaient des documents secrets dont l'accès était limité aux élites. La complexité qu'impliquaient les actes de relier, plier et enrouler était un symbole du pouvoir, de la puissance et du mystère des cartes[459].

Parallèlement à cette lecture symbolique, dans sa *Géographie*, Ptolémée préfigure de manière générale que « la géographie est une représentation en image de l'ensemble du monde connu ainsi que des phénomènes qui s'y déroulent[460] » – déroulement qui cette fois-ci annonce une certaine dose d'action sur le théâtre cartographique, bien qu'il se référât sans doute plus aux révolutions des astres nécessaires aux prélèvements des coordonnées qu'aux révolutions politiques. Ce Rubicon qui scinde science et politique est franchi par Fine lorsqu'il n'attend pas moins de sa discipline géographique

---

458 Michel CASSAN, *La France au XVIe siècle*, *op. cit.*, p. 185.
459 John Rennie SHORT, *Korea, A Cartographic History*, *op. cit.*, p. 4.
460 Claude PTOLÉMÉE, *Géographie*, *op. cit.*, p. 148.

qu'elle fasse « France flourir[461] ». Il suffit de comparer les cartes de Fine et Yi Hoe avec celles qui synthétisent les conquêtes territoriales effectuées dans des zones limitrophes quelques années plus tard pour comprendre que certains écarts scientifiques prennent une valeur programmatique que le passage du temps permet de déchiffrer plus aisément. Aussi, derrière les révérences protocolaires à l'empereur Jianwen et à la Gaule, le *Kangnido* et la *Nova totius Galliae descriptio* s'inscrivent dans un effort d'imagination pour s'émanciper d'autorités supranationales (la Chine comme centre de gravité civilisationnel et politique ; la papauté et l'empire des Habsbourg), ou comme le dit Pierre de Ronsard dans *L'institution pour l'adolescence du Roi très chrétien Charles neuviesme de ce nom* : « Après, il faut apprendre à bien imaginer ; / Autrement la raison ne pourrait gouverner[462] ». Pour tendre des ligatures entre imagination et gouvernance, les dirigeants s'en remettront, en plus de leurs cartes, à une série de principes qu'ils appliqueront ou dont ils tenteront de tester la résistance face à l'épreuve des faits, au cours de joutes verbales, dans un cadre diplomatique plus convenu ou manu militari.

C.2. Raison et déraison d'État

Les *Entretiens* de Confucius peuvent être lus comme une réflexion oscillatoire entre deux niveaux d'analyse : d'un côté, la gouverne de l'homme, auquel plusieurs chapitres sont consacrés (II. De l'homme, V. Des hommes, VI. Des disciples, VII. Du maître, XV. De l'homme de bien, XVIII. Des ermites) ; de l'autre, la gouverne d'un roi dont Confucius aurait tant souhaité être le conseiller (VIII. Des sages de l'Antiquité, XI. De l'ambition, XII. De l'art de gouverner, XIII. Des sages Rois, XVII. De la décadence, XX. Du Mandat Céleste)[463]. Ces deux niveaux d'analyse sont encore mis en parallèle au XVIe siècle en Corée par Yulgok (Yi I) à travers le concept d'*in'gansŏngch'wi* (人間成就 인간성취) ou « accomplissement de l'homme » que le coréanologue Philippe Thiébault déchiffre ainsi : « Les caractères chinois sont beaux : le premier, *sŏng*, évoque la réalisation ; le deuxième, *ch'wi*, "s'avancer", "progresser", se compose de *kyŏng*, capitale, palais royal construit sur une hauteur symbolisant la direction du pays, et de *u*, s'élevant encore davantage. L'accomplissement final n'est pas seulement le Soi mais un monde[464] ». La distance qui sépare la gouverne du soi de celle

[461] Oronce FINE, « Epistre exhortative, Touchant la Perfection & Commodite des Arts Liberaulx et Mathematiques », *op. cit.*, p. 8.

[462] Pierre de RONSARD, *L'institution pour l'adolescence du Roi très chrétien Charles neuviesme de ce nom* (1562), in Michel CASSAN, *La France au XVIe siècle*, Paris, Armand Colin, 2015, p. 181.

[463] Les titres de ces chapitres proviennent de la traduction d'Anne CHENG de CONFUCIUS, *Entretiens de Confucius*, Paris, Seuil, 1981.

[464] Philippe THIEBAULT, *La pensée coréenne, Aux sources de l'Esprit-Cœur, op. cit.*, p. 216.

du pays serait trop longue à parcourir sans une étape expérimentale à une échelle intermédiaire où éprouver ce degré d'aboutissement. Entre ces deux pôles émerge alors un troisième si l'on considère qu'une place privilégiée est accordée aux valeurs requises à la conduite des affaires familiales (piété filiale, respect envers les aînés, rites aux ancêtres, éducation des enfants)[465]. Ce sont ces trois niveaux d'analyse que Yulgok rend opératoires dans son *Anthologie de la sagesse extrême-orientale*, dont le plan tripartite met toujours à l'honneur la culture du soi, rendre droite la famille et gouverner, structure ternaire qu'il aurait empruntée au commentaire de *La Grande Étude* du Chinois Chen Te-hsiu (1178-1235), *Sens ajoutés*. Un parallèle est donc sciemment tracé entre les relations des différents membres d'une même famille et les relations entre les différents royaumes d'une même appartenance culturelle dans les formes pré-étatiques de la diplomatie extrême-orientale. Ou, plus exactement, la bonne conduite des affaires entre royaumes se doit d'être le fidèle reflet d'une forme d'autorité patriarcale au sein de la grande famille confucéenne. De là vient que progressivement le « "mandat céleste" (*tianming* [天命]) s'est transféré sur la famille régnante. Celle-ci est donc maintenant la famille étatique, la *guojia* [國家][466] ». Yi Tae-Jin affine ce parallélisme dans ce passage tiré des *Dynamiques du confucianisme et de la modernisation dans l'histoire coréenne* en y signalant une étymologie commune :

> Tout comme le caractère *ka/ga* « famille » (家 가) était mis en évidence dans le mot *kukga* "État" (國家 국가), la famille royale *wangga* (王家 왕가) et les familles de *sadaebu* (士大夫사대부), *sadaebuga* (士大夫家 사대부가) étaient les dirigeants du pays. Le concept de *minbon* (民本 민본) nous enseigne simplement que, bien

---

[465] D'autres notions récurrentes au fil des lectures pourraient être ajoutées à cette liste : 誠 (성), « le dévouement » ou « la sincérité » ; 敬 (경), « l'attitude respectueuse » ; 禮 (예), « la politesse » ; 正心 (정심), « les bonnes intentions », notions toutes constitutives de ce que les coréanologues contemporains appellent la 儒教思想 (유교사상), c'est-à-dire la pensée confucéenne, plutôt qu'un système philosophique structuré que supposerait le terme de confucianisme. Typiquement confucéennes car considérant la vie comme un chemin d'études, les notions de 養性 (양성), « la formation du caractère », et de 長幼有序 (장유유서), « le respect envers ses aînés », trouvent encore, d'après Su-Jeong Kim et Su-A Kim, des échos actuels dans la formation des jeunes talents de K-Pop à travers un « moralisme collectif ». Su-Jeong KIM, Su-A KIM, « '집단적 도덕주의' 에토스 : 혼종적 케이팝의 한국적 문화 정체성 », *언론과사회* 23 권 3 호, 2015.8, p. 18-21.

[466] Christofer SCHIPPER, « Le chinois », *op. cit.*, p. 175.

que les rois et *sadaebu* conduisissent la politique, ils ne devaient pas oublier que le peuple constituait le fondement du pays[467].

Bien qu'occupant la première place dans la hiérarchie des royaumes tributaires des Ming, le Chosŏn ne devait pas moins prêter obéissance et soumission à son aîné politique, la Chine, conformément au double échelonnement stipulé dans les classiques confucéens entre 尊卑 (*zunbei*, haut et bas) et entre 長幼 (*zhangyou*, aîné et cadet)[468]. Que la montée en puissance d'un nouvel acteur politique ne se traduise pas par une remise en question du statu quo est difficilement appréciable par l'entendement occidental mais s'explique sous d'autres latitudes selon une logique que David Kang formule ainsi : « Les fondateurs de la nouvelle dynastie du Chosŏn n'étaient pas des intrus se rebellant contre un ordre établi – en fait, ils venaient des élites éduquées – et leur mécontentement était alimenté par un désir d'intensifier des pratiques néoconfucéennes et non de les subvertir[469]. » Cela ne revient pas à dire que toute entreprise néoconfucéenne est par nature pacifique : l'émergence du Đại Việt offre un contre-exemple notoire avec les mises en déroute du royaume Champa et des Ming au XVe siècle. Mais derrière des avancées militaires territoriales de façade, ou en tout cas surtout dirigées contre les Jurchen et contre les pirates japonais – la première année du règne de Sejong (1419), par exemple, 227 navires chargés de 17 000 soldats sont dépêchés sur l'île de Daema pour mater les *wakō* –, les politiques des monarques coréens au cours du long XVe siècle ne sortent finalement pas ou peu de l'ornière familiale néoconfucéenne dont Sejong se fait même le chantre en désirant « cimenter les deux familles (Zhou et Yi) en une seule[470] ».

Plusieurs corollaires découlent de ce mariage de raison, ou de sagesse faudrait-il plutôt dire : l'inégalité propre à un système hégémonique étant reconnue et acceptée, les différends diplomatiques l'emportèrent sur les conflits armés ; et les sphères privées et publiques se reflétant l'une dans l'autre, la dimension morale demeurait prégnante à toute action politique. À ce mariage de sagesse correspondait en Europe occidentale, et ce jusqu'à la fin du Moyen Âge, une autre association de fortune – que nous avons déjà mentionnée, celle des glaives de l'empire et de la papauté – que Henry Kissinger définit comme suit :

---

467 Tae-Jin YI, *The dynamics of Confucianism and Modernization in Korean history*, New York, Cornelle East Asia Series, 2007, p. 299.

468 Hyewon CHA, « Was Chosŏn a Model or an Exception ? Reconsidering the Tributary Relations during Ming China », *op. cit.*, p. 39.

469 David KANG, *East Asia before the West, Five centuries of trade and tribute*, *op. cit.*, p. 64.

470 Wanne J. JOE, Hongkyu A. CHOE, *Traditional Korea, A Cultural History*, *op. cit.*, p. 266.

> […] un concept d'ordre mondial [qui] représentait un mélange des traditions de l'Empire romain et de l'Église catholique. Le monde était conçu tel un miroir des Cieux. Tout comme un seul Dieu régnait au Ciel, de même seul un empereur régnait sur le monde séculier, et un pape sur l'Église universelle. […] Eût l'Empire romain réussi à établir un contrôle centralisé sur tous les territoires techniquement sous sa juridiction, les relations des États européens occidentaux avec celui-ci auraient été similaires à celles des voisins de la Chine avec l'empire du Milieu, la France étant comparable au Vietnam ou à la Corée, et l'Angleterre au Japon[471].

Même si, au XVIe siècle, l'Occident se désunifie et se décentralise, l'extrapolation de l'ancien secrétaire d'État n'en reste pas moins valide : la France étant comparable au Vietnam ou à la Corée, et l'Angleterre au Japon… À cette différence près que, Rome ayant chu, la France et la Corée évoluent alors dans des systèmes internationaux distincts régis par des codes de conduite fort contrastés : en Occident, l'équilibre des puissances tout autant menacé que maintenu par la raison d'État ; en Extrême-Orient, le déséquilibre du système tributaire qui met en grande pompe une réalité crue : l'iniquité de ses membres. Pour l'heure, qu'il nous soit permis de constater que les dirigeants du XVIe siècle français ne partageaient pas la nature zélée et conservatrice de leurs homologues coréens et qu'ils cherchaient, selon la formule de Robert Cooper, « une troisième voie […] entre la stase du chaos et la stase de l'empire[472] ». En effet, entre les extrêmes que représentaient le chaos et l'empire, les maillons étaient devenus trop lâches et trop nombreux – fiefs seigneuriaux, comtats, comtés, vicomtés, évêchés, duchés, villes – pour que les dirigeants de l'unité la plus virulente du système – le royaume en phase de devenir État – ne soient pas tentés de les asservir voire de les annihiler. Et à leur tête, la France, qui éprouvait toutes les raisons de pâtir du « syndrome de la forteresse assiégée » puisque les territoires des Habsbourg l'encerclaient : au sud, la couronne d'Espagne ; par-delà les Alpes, les cités-États italiennes convoitées par Charles Quint et le Saint-Siège ; sur son flanc est, la Franche-Comté sous suzeraineté habsbourgeoise ; au nord-est, les Pays-Bas, « base de départ de toutes les invasions dangereuses en direction de Paris à travers la Picardie[473] » ; au nord, enfin, *ALBION* qui n'a de cesse de prêter main-forte à Charles Quint non sans préalablement promettre troupes et loyauté à la France. Malgré quelques tentatives de conciliation au sein de la grande famille catholique à travers le concordat de Bologne (18 août 1516) qui permet à François Ier de sélectionner les membres du haut

---

471 Henry KISSINGER, *Diplomacy*, New York, Simon & Schuster, 1994, p. 56-57.
472 Robert COOPER, *The Breaking of Nations*, *op. cit.*, p. 8.
473 Guy SAUPIN, *La France à l'époque moderne*, Paris, Armand Colin, 3e édition, 2016, p. 117.

clergé tout en reconnaissant la primauté de la papauté sur l'Église de France, ainsi que des politiques matrimoniales accommodantes – en juillet 1530, en guise de trêve, François Ier épouse en secondes noces Éléonore, sœur de Charles Quint –, l'agressivité et l'égoïsme des monarques en place les poussent à envisager des remèdes à leurs maux où les gains relatifs – obtenus aux dépens de leurs adversaires – leur paraissent toujours plus attrayants que des gains absolus – où la coopération entre les différents partis aurait permis de jouir d'une donne supérieure à la précédente, même si dans ce deuxième cas les gains d'un partenaire auraient éventuellement pu surpasser les gains propres[474]. Nicolas Machiavel offre le commentaire canonique de cette mentalité dans les *Histoires Florentines* lorsqu'il discourt *De la vanité des guerres d'alors* :

> Le but de tous ceux qui entreprennent la guerre a toujours été et, raisonnablement, doit être de s'enrichir soi-même et d'appauvrir son ennemi ; on ne doit chercher dans une victoire ou une conquête qu'à accroître sa puissance et affaiblir celle de l'adversaire ; d'où il résulte que toutes les fois que l'on se trouve ou appauvri par sa victoire ou affaibli par ses conquêtes, on a dépassé son but [...]. Une république ou un prince sont enrichis par la guerre et la victoire lorsque, après avoir anéanti leurs ennemis, ils restent possesseurs du butin et des contributions ; au contraire, ils sont appauvris par la victoire lorsque l'ennemi n'est pas détruit et que le butin et les contributions ne lui sont pas réservés, mais deviennent la proie de ses soldats[475].

Contrairement à l'Extrême-Orient où l'inégalité intrinsèque au système garantit une paix d'un demi-millénaire entre 1368 et 1841 – à l'exception de l'invasion du Đại Việt par la Chine (1407-1428), de l'invasion de la Corée par le Japon (1592-1598) ainsi que des échauffourées entre acteurs non étatiques, selon la thèse de David Kang –, la guerre est perçue en Occident comme une condition *sine qua non* à la viabilité du système en ce qu'elle régule les inégalités qui ne sont pas institutionnalisées mais bannies ou perçues comme des *casus belli.* C'est ce que Henry Kissinger nomme, dans un chapitre éponyme, le passage « de l'universalité à l'équilibre » :

> Après l'effondrement du concept d'unité, les États en herbe d'Europe avaient besoin de principes pour justifier leur hérésie et

[474] Pour une discussion incisive sur les dilemmes entre la coopération et l'intérêt national dans un contexte plus récent, voir Joseph NYE, « Neorealism and Neoliberalism », *World Politics*, vol. 40, n° 2, 1988, p. 235-251.

[475] Nicolas MACHIAVEL, *Histoires florentines*, livre VI, chap. I, in Gérard CHALIAND, *Anthologie mondiale de la stratégie, Des origines au nucléaire*, Paris, Robert Laffont, 1990, p. 630.

> pour réguler leurs relations. Ils les trouvèrent dans les concepts de raison d'État et d'équilibre des puissances. La raison d'État établissait que le bien-être de l'État justifiait d'employer tous les moyens nécessaires pour l'atteindre ; l'intérêt national supplantait la notion médiévale de moralité universelle. L'équilibre des puissances remplaçait la nostalgie d'une monarchie universelle par la consolation que chaque État, en poursuivant ses intérêts égoïstes, contribuerait d'une façon ou d'une autre à la sécurité et au progrès de tous les autres[476].

Aussi, pour éviter une régression vers l'hégémonie impériale, l'égalité prenait la forme d'alliances précaires à géométrie variable qui se faisaient et se défaisaient au gré de guerres aussi fréquentes au XVIe siècle européen que les missions diplomatiques des royaumes vassaux à l'empire du Milieu – qui s'inscrivaient, elles, dans le cadre du système tributaire (朝貢體制 조공체제, *chogongch'eje*) –, le Chosŏn envoyant trois ambassades annuelles en Chine tout au long du XVe siècle. David Kang nous fournit une définition limpide de ce système qui contraste de manière flagrante avec celui d'équilibre des puissances : « Le système tributaire insistait sur l'asymétrie et l'interdépendance des relations entre supérieur et subordonnés et l'inégalité était la base de toutes les relations entre deux unités[477]. » Ce sont les mêmes symptômes – la répartition inégale de la force et le désir de domination – qui engendrent l'institutionnalisation de remèdes singulièrement distincts que l'on nomme système tributaire et équilibre des puissances. Si celui-là était en vigueur en Extrême-Orient depuis déjà des siècles, ce dernier – sous-tendu par la raison d'État appliquée à la lettre par Richelieu (1634-1642) – ne sera proprement reconnu qu'à partir des traités de Westphalie (1648), mais il nous a semblé que, François Ier et consorts en pressentant déjà les signes avant-coureurs, il nous était autorisé d'en identifier quelques applications précoces au siècle précédent. Édith Garnier prend également ce parti en faisant remonter au XVIe siècle « le début de la concurrence entre les États[478] » et en affirmant qu'aussi bien le réseau de Guillaume du Bellay que Charles Quint fondaient leur conduite sur la raison d'État[479].

Par rapport à sa population totale – environ dix millions d'âmes au XVe siècle – la Corée du Chosŏn pouvait tabler sur un nombre élevé de soldats : 370 000 soldats sous Taejo, puis 700 000 sous Sejong et entre 800 000 et 1 000 000 sous Sejo, soit quasiment un dixième de sa population au pic des évaluations établies par Han Young Woo[480]. Grâce à un système

---

476 Henry KISSINGER, *Diplomacy*, *op. cit.*, p. 58.
477 David KANG, *East Asia before the West, Five centuries of trade and tribute*, *op. cit.*, p. 56.
478 Édith GARNIER, *Guillaume du Bellay, l'ange gardien de François Ier*, *op. cit.*, p. 12.
479 *Ibid.*, p. 42.
480 Young Woo HAN, *A Review of Korean History*, *op. cit.*, p. 75.

de conscription universelle, le gouvernement recrutait ses troupes chez les hommes de seize à soixante ans tandis, dont les deux autres tiers étaient constitués de contribuables versant un impôt en argent et en nature sous la forme de coton – impôt connu sous le nom de *bonjok* – pour aider le gouvernement à nourrir et habiller l'armée. Compte tenu de cette proportion qui tiendrait en respect tout autre royaume guerrier, comment se fait-il que le Chosŏn des premiers temps n'ait pas mené de guerres frontales ni durables ? Un premier élément de réponse nous est fourni par la propension néoconfucéenne à calquer le modèle des relations familiales sur celui des relations interrégaliennes. Dans le cas qui nous occupe, cela signifie que, de même que l'obéissance aux parents de la part d'un enfant constitue une forme de bienséance élémentaire, de même un petit royaume n'est pas en droit de s'en prendre à un royaume qui lui est hiérarchiquement supérieur. Tel est le sens de trois déclinaisons d'un même axiome *isosadae* (以小事大 이소사대) ou « les pays faibles doivent servir les pays forts », *sadae* (事大 사대) ou « servir le plus grand », et *isoyŏktae* (以小逆大 이소역대) ou « une petite nation ne doit pas attaquer une nation plus grande ». La question qui importe ici est de comprendre selon quels critères se mesure la grandeur relative d'un royaume par rapport à un autre. Sur le plan militaire, on pourrait alléguer que, en dernière analyse, il eût été suicidaire pour le Chosŏn de vouloir envahir la Chine des Ming. Or, ce même Chosŏn ne tergiversa pas à l'heure de repousser les Mongols qui menaçaient à nouveau les Ming au milieu du XVe siècle et dont les troupes étaient largement supérieures, en termes strictement quantitatifs, aux siennes. Ceci nous induit à appréhender cette grandeur sous un autre angle. Dans le livre XII « De l'art de gouverner » des *Entretiens*, la force est bien la première chose dont un gouvernement peut se passer dans l'exercice du pouvoir selon Confucius, autrement dit un ultime recours pour conserver celui-ci :

> Zigong : Qu'est-ce que gouverner ?
>
> Le Maître : C'est veiller à ce que le peuple ait assez de vivres, assez d'armes, et s'assurer sa confiance.
>
> Zigong : Et s'il fallait se passer de l'une de ces trois choses, laquelle serait-ce ?
>
> Le Maître : Les armes[481].

---

[481] CONFUCIUS, *Entretiens de Confucius*, *op. cit.*, p. 97. Usant de cette même dialectique entre grandeur d'armes et grandeur d'âme, Mencius dit : « Celui qui utilisant la force prétend recourir au *ren* est un tyran. Un tyran a besoin d'un grand royaume. Celui qui utilisant la vertu met en pratique le *ren* est un roi. Un roi n'a pas besoin de grandeur [dans son acception militaire ici]. Soixante-dix *li* suffirent à Tang et cent *li* au roi Wen. » Yi I YULGOK, *Anthologie de la sagesse extrême-orientale*, *op. cit.*, p. 94.

L'usage de la force ne sera pas promu non plus par les textes néoconfucéens, dans l'ensemble assez peu diserts sur les affaires militaires qui relèvent d'un corpus extra-confucéen. Nous invoquerons incidemment l'œuvre archétypale *L'art de la guerre* (孙子兵法与三十六计, soit littéralement « les 36 stratagèmes de l'art de la guerre de Sunzi »), pour remarquer que son auteur discourt surtout des moyens de s'éviter une confrontation directe en s'appuyant sur le *shi* 势 (« potentiel ») que le sinologue François Jullien a interprété comme « l'énergie potentielle de la situation » et ses propensions physiques et psychologiques[482]. En lieu et place de la force donc, la grandeur se mesure à l'aune de valeurs et notamment celle de *ren* à laquelle Confucius consacre le livre IV des *Entretiens* et qu'Anne Cheng analyse comme suit : « Le *ren* est une vertu d'humanité, le caractère chinois 仁 se composant des deux éléments 人 homme et 二 deux. Il ne désigne donc pas un Bien abstrait, absolu, mais le bien qu'un homme peut faire à un autre[483]. » Il s'agirait dès lors d'une grandeur d'âme morale, moins individuelle qu'interpersonnelle. Or l'éthique confucéenne dans son rapport à l'autre est sélective en ce qu'elle ne s'applique qu'en vertu d'un critère de réciprocité. C'est ce qu'établit clairement le sinologue Léon Vandermeersch lorsqu'il en sonde l'orée : « Le régime rituel a en effet une limite, qui n'est autre, pour la définir à la chinoise, que la frontière entre l'état de rite et l'état de barbarie, au-delà de laquelle ne fonctionne plus la sociabilité civilisée, et où par conséquent on ne peut plus que recourir à la répression[484]. » Le commentaire de Chung Chai-sik, lorsqu'il analyse les intentions de Chŏng Dojŏn, architecte institutionnel et idéologique de la dynastie Yi, et en quelque sorte bras droit du roi de guerre Yi Sŏnggye, va également dans ce sens :

> Il [Chŏng Dojŏn] maintenait que, en tant que nation vouée aux valeurs confucéennes, la relation de la Corée avec la Chine des Ming devait se résumer à « servir le plus grand » (*sadae*), afin de véritablement conserver la hiérarchie d'un ordre confucéen universel. Ainsi, la relation tributaire de la Corée avec la Chine des Ming était par définition différente de ses relations antérieures avec les Jurchen ou les Mongols. Les relations avec les Ming devaient être fondées sur la reconnaissance de valeurs culturelles

[482] François JULLIEN, *Traité de l'efficacité*, *op. cit.*, p. 34. Voir le chapitre II « Ou s'appuyant sur la propension », p. 31-48.

[483] Dans le livre VI, 28, on peut lire « Pratiquer le *ren*, c'est commencer par soi-même, vouloir établir les autres autant qu'on veut s'établir soi-même, et souhaiter leur réussite autant qu'on souhaite la sienne propre. Puise en toi l'idée de ce que tu peux faire pour les autres – voilà qui te mettra sur la voie du *ren* ! » CONFUCIUS, *Entretiens de Confucius*, *op. cit.*, p. 20.

[484] Léon VANDERMEERSCH, « Un détournement social de la religion : le ritualisme confucianiste », in Flora BLANCHON, Rang-Ri PARK-BARJOT, *Le nouvel âge de Confucius, Modern Confucianism in China and South Korea*, Paris, PUPS, 2007, p. 83.

confucéennes communes, tandis que celles avec les non-Chinois avaient été fondées sur la pure subjugation militaire[485].

C'est ce même principe qu'invoqua Yi Sŏnggye et cette même logique qu'il entretint lorsqu'en 1392, contre les ordres de son propre roi, il ordonna la retraite de l'île de Wiwha – depuis laquelle il était censé attaquer les Ming – et lança le coup d'État qui le fit couronner roi. En clair, la fidélité aux principes atemporels de l'ordre confucéen passe avant la convoitise d'un pouvoir temporel dans l'orbite ceignant un fonds culturel commun. Voici comment Yi Sŏnggye, en passe de devenir le premier roi du Chosŏn, harangua ses adjudants pour justifier ses propres actes :

> « Il est immoral pour un petit pays d'envahir les frontières du pays du Fils du Ciel. De plus, si nous commettons un péché contre la Dynastie Céleste, alors le peuple de l'Est ne sera même plus en mesure d'exister. » De nombreux adjudants m'écoutèrent et entreprirent la retraite pour servir notre noble cause, ce faisant rétablissant la paix à l'Est. C'est ainsi que je devins celui que je suis aujourd'hui[486].

La morale doit présider aux destinées des individus comme à celles des royaumes et servir de guide à la politique étrangère dans le concert des royaumes de la grande famille confucéenne. Dévier du droit chemin conduit à la perdition morale du citoyen, pris moins dans son individualité que dans les liens interpersonnels qui l'unissent à ses concitoyens, et peut donc mener à la perte celui à qui échoit toute charge politique.

Ces cas de conscience se présentent différemment pour la France encore bercée par l'idéal chevaleresque auquel vient s'adjoindre le réalisme d'une pensée que synthétise Machiavel. Sous ces latitudes, la force se mesure aux victoires de l'armée que l'État entretient – seulement 30 000 soldats français, épaulés par des supplétifs le plus souvent écossais, allemands ou suisses – ainsi qu'à la très relative pérennité de ses alliances. Pour autant qu'il s'agisse du XVIe siècle, s'en prendre à plus fort que soi[487] semble être la ligne de

---

485 Chai-sik CHUNG, « Chŏng Dojŏn: "Architect" of Yi Dynasty Government and Ideology », in Theodore de BARY, *The rise of Neo-Confucianism in Korea*, New York, Columbia University Press, 1985, p. 64.

486 Jungshin LEE, « Korean's Perception of the Liaodong Region During the Chosŏn Dynasty », *op. cit.*, p. 57.

487 Comme dans le discours d'Érasme, ce que dicte la raison semble toujours emprunt de déraison et inversement. Donnant la parole à la Folie, il proclame : « Je puis dire qu'il n'est aucune action d'éclat que je n'inspire, aucun art que je n'aie inventé. La guerre n'est-elle pas la source et le théâtre de tous les hauts faits ? Or, quoi de plus fou que d'engager, à propose de je ne sais quoi, une pareille lutte, d'où il résulte toujours pour les deux partis

conduite favorite des rois français, la condition nécessaire au maintien de l'ordre dans un royaume de France qui doit « survivre à la disparition de la pression anglaise[488] » suite à la guerre de Cent Ans. Même si François Ier lançait l'essentiel de ses campagnes contre ses concitoyens, il ne fait qu'exercer *L'art de la guerre* (1521) tel que l'entendait Nicolas Machiavel : « Les républiques se conservent plus longtemps armées que sans armes. Rome a vécu libre quatre cents ans, et elle était armée ; Sparte, huit cents ans[489]. » Outre les gains financiers et territoriaux découlant d'un triomphe militaire, le roi victorieux peut alors se parer de gloire et se placer dans la digne lignée des modèles qu'il invoque pour envahir l'Italie :

> Dans le climat de la Renaissance humaniste, François Ier est comparé aux illustres conquérants de l'Antiquité. Comme Hannibal, il a traversé les Alpes dans des conditions périlleuses pour surprendre l'adversaire. Comme Jules César qui avait battu les Helvètes, il a défait les piquiers suisses qui semblaient invincibles. Tous ces exploits sont dus au talent du jeune prince mais aussi à la volonté divine. Le Roi Très Chrétien qui inaugure son règne sous des auspices aussi brillants ne peut être que guidé par Dieu et destiné à un règne d'exception[490].

Guidé par Dieu, mais un Dieu de quelle confession ? François Ier, qui garde toujours sur lui son livre d'heures – récemment racheté par le musée du Louvre – et dont le marque-page même est enchâssé d'un Christ, s'il n'obtient au mieux que la neutralité de la papauté, va livrer contre son grand rival Charles Quint un combat de tous les instants afin que celui-ci, dont la devise est « Plus oultre » (« Plus loin »), ne puisse s'emparer du monopole consistant à rendre compatibles les aspirations universelles de la chrétienté et le pouvoir temporel de l'empire qu'il dirige. Le double affront des Valois à l'endroit des Habsbourg et de la papauté figure l'antithèse de la servitude coréenne envers les grands au sein d'une sphère culturelle commune. En d'autres termes, pour le « Roi Très Chrétien », les préférences confessionnelles ne sont d'aucun secours pour mener à bien une politique étrangère ; en leur place prévalent les intérêts du royaume gouverné – de France en l'occurrence –, intérêts supérieurs à tous les autres dans la

---

plus de mal que de bien ? » ÉRASME, *Éloge de la Folie*, Paris, Paris, Livre Club du Libraire, 1957, p. 44.

488 Jean-Philippe GENET, « France, Angleterre, Pays-Bas : l'État moderne », », in Patrick BOUCHERON, *Histoire du monde au XVe siècle. 1. Territoires et écritures du monde*, Paris, Fayard, 2012, p. 243.

489 Nicolas MACHIAVEL, *L'art de la guerre*, livre I, chap. II, in Gérard CHALIAND, *Anthologie mondiale de la stratégie, Des origines au nucléaire*, Paris, Robert Laffont, 1990, p. 624.

490 Michel CASSAN, *La France au XVIe siècle*, *op. cit.*, p. 185.

hiérarchie des valeurs occidentales. Il est donc important de comprendre que la raison d'État telle que la conçoit François Ier ne répond nullement à la définition classique de l'humanisme politique qui « place la morale avant la politique, l'Évangile et la Justice avant la raison d'État[491] » mais découle plutôt de celle de Nicolas Machiavel qui écrivait dès 1513 : « Je pose le principe qu'un prince, et surtout un prince nouveau, ne peut exercer impunément toutes les vertus de l'homme moyen, parce que l'intérêt de sa conservation l'oblige souvent à violer les lois de l'humanité, de la charité, de la loyauté et de la religion. Il doit se plier aisément aux circonstances dans lesquelles il peut se trouver[492]. » Un fait hautement symbolique souligne cette césure entre les sphères intime et publique. Alors que le messianisme des Croisades avait imprégné toute la vision du monde au Moyen Âge, François Ier, dans un cas d'école avant-coureur de ce qui constituerait le grand jeu géopolitique de l'Europe du XVIIe au XXe siècle – c'est-à-dire l'équilibre des puissances – tenta d'ériger un rempart face au « monstre à dix-sept couronnes[493] » de Charles Quint en envoyant sa bague au sultan ottoman Soliman Ier et à son ministre Ibrahim le soir même de la défaite de Pavie (le 24 février 1525). « "Les Turcs occupent l'Empereur et font la sûreté de tous les princes" disait François Ier aux Vénitiens. Il ira encore plus loin puisqu'il lancera contre son ennemi jusqu'aux pirates d'Alger[494]. » Pour remédier au déséquilibre dont souffre François Ier face aux quatre acteurs susmentionnés (Espagne, républiques italiennes, Pays-Bas et Angleterre), le roi de France, s'il veut le rester, n'a d'autre choix que de sonder la viabilité d'une alliance orientale qui permette à la fois de rompre l'encerclement de la France et de restaurer l'équilibre des forces en présence. Même si l'émoi causé par l'alliance avec l'infidèle ne fut pas des moindres – Jacques Bainville n'y voit rien de moins que « la fin de l'idée de chrétienté[495] » – il est utile de nuancer la portée du rapprochement entre la France et la Porte (le gouvernement ottoman) en soulignant que le précédent avait déjà été établi au XVe siècle par Ludovic Sforza qui avait fait appel au Turc dans le cadre de la politique extérieure du duché de Milan qu'il dirigeait pour régler des

---

[491] Étienne THUAU, *Raison d'État et pensée politique à l'époque de Richelieu*, Paris, Albin Michel, 2000, p. 165.

[492] Nicolas MACHIAVEL, *Le Prince*, Paris, Livre Club du Libraire, 1956, p. 125-126. Écrit en 1513, *Le Prince* ne sera publié qu'en 1532. Souvent censuré, l'ouvrage connaîtra un plus large succès au siècle des Lumières. Par ailleurs, la distinction qu'opérera Richelieu entre une morale vulgaire et une morale d'État, où prévalent toutes « les considérations de salut public qui passent avant la nature, la justice, la religion et l'humanité », ne feront que reprendre ces thèses. Étienne THUAU, *Raison d'État et pensée politique à l'époque de Richelieu*, *op. cit.*, p. 351.

[493] Pierre CHAUNU, *La France*, Paris, Robert Laffont, 1982 p. 193.

[494] Jacques BAINVILLE, *Histoire de France*, Paris, Arthème Fayard & Cie, 1924, p. 145.

[495] « La conception de la République chrétienne était abolie [...]. Peut-être la chrétienté, lointain souvenir de l'unité romaine, était-elle déjà une illusion. Elle ne fut plus qu'une chimère. » *Ibid.*, p. 145.

différends diplomatiques jusque-là intra-européens ; ou en convoquant, comme le fait Édith Garnier, la juridiction en vigueur au XVIe siècle : « Pour ceux qui pourraient s'étonner de voir un humaniste ne pas hésiter à en appeler au Turc, il faut savoir que [...] un article du droit canon (qui tenait lieu de droit international) autorisait "un prince en grande difficulté abandonné des autres princes chrétiens à recourir à l'aide d'un prince musulman"[496] ». Mais d'autres moyens que l'assistance des Morisques, pirates d'Alger, Ottomans et autres pays de ce qu'il était alors courant d'appeler la Barbarie, sont bons pour saper l'autorité et la puissance de ses adversaires. Dans un registre plus conventionnel, François Ier tisse également des liens avec les princes luthériens de la Ligue de Smalkalde (27 février 1531) opposés à l'élection elle aussi truquée de Ferdinand de Habsbourg à la couronne de roi des Romains dans l'espoir de retourner en sa faveur les conditions désavantageuses de la « paix des Dames » (3 août 1529). Une fois encore, cette politique fera date puisqu'elle sera reprise lorsqu'il faudra soutenir l'indépendance des Provinces-Unies dans les années 1580 puis, au siècle suivant, la Suède de Gustave II au cours de la guerre de Trente Ans (1618-1648), quitte à s'inscrire en porte-à-faux avec la Contre-Réforme que la France mène parallèlement sur son front intérieur. Les années qui s'écoulent entre la première et la seconde édition de la *Nova totius Galliae descriptio* (1525-1538) sont donc marquées par les conflits entre Valois et Habsbourg et l'on comprend d'autant mieux que ce que Michel Cassan nomme le « glacis protecteur d'une frontière exposée et mal maîtrisée[497] » se traduise par un flou cartographique qui caractérise tout le flanc oriental d'une France épaissie, qu'au moment où Fine publie la *Recens et integra orbis descriptio* (1536) puis la *Nova totius Galliae descriptio* (1538) les hostilités s'intensifient sur la péninsule italienne. À partir de janvier 1536, François Ier subjugue la Bresse et le Bugey que la trêve de Nice (18 juin 1538) ôtera au duc de Savoie. De plus, la fin des années 1530 marque un tournant dans la diplomatie de François Ier puisque, à partir de ce moment-là, le contentieux va s'exporter sur d'autres fronts et sortir du cadre transalpin : les trois villes épiscopales de Metz, Toul et Verdun, ainsi que Calais et Thionville sont autant de conquêtes d'Henri II que la paix du Cateau-Cambrésis (2-3 avril 1559) entérine. Les intérêts français se sont déplacés vers le nord et l'est et c'est bien ce que figure la frange orientale de la carte de Fine, lisière faite de monts et fleuves débordant aussi bien vers la péninsule italienne que vers ce nouvel horizon qui constituera l'un des principaux fronts des guerres menées au siècle suivant par Louis XIV.

Le bilan des guerres d'Italie est mitigé sur le plan des conquêtes puisque la France doit renoncer au Milanais et à Naples qui devaient être les

---

[496] Édith GARNIER, *Guillaume du Bellay, l'ange gardien de François Ier*, *op. cit.*, p. 114.
[497] Michel CASSAN, *La France au XVIe siècle*, *op. cit.*, p. 57-58.

premières étapes vers l'Orient des Croisades. De la même façon, après la reconquête de l'île de Daema en 1419 et l'établissement des six garnisons et quatre commanderies entre 1433 et 1443, les lettrés-fonctionnaires du Chosŏn renonceront finalement à envahir la Mandchourie et feront disparaître des annales historiques de *Koryŏsa* les territoires septentrionaux de Parhae, jadis occupés, pour ne pas compromettre la légitimité historique du Chosŏn. Mais ces avancées militaires en demi-teinte ne doivent pas cacher le biais d'inertie qui enjoint au Chosŏn de préserver le statu quo. De manière emblématique, dans l'édit fondateur du Chosŏn, Yi Sŏnggye adopte le calendrier chinois et se réfère aux dynasties chinoises[498], observance répliquée dans le préambule du *Kangnido* de Kwŏn Kŭn. Conscients que leur politique extérieure était tributaire de la protection des Ming contre des ennemis communs qui auraient pu menacer leur existence (Mongols, Japonais, Jurchen), après avoir reçu l'investiture diplomatique établissant l'envoi de trois ambassades par an, les néoconfucéens coréens privilégièrent une approche oblique leur permettant d'étendre leur influence en contournant l'aîné chinois : assimilation culturelle et commerciale des Jurchen et traités commerciaux et de bon voisinage *kyorin* (交隣 교린) avec les Japonais. Sachant leurs options militaires limitées, les Coréens, tout en prétendant faire cause commune avec les Ming, cherchent des exutoires vers d'autres horizons mais surtout dans d'autres domaines. À l'inverse, François Ier ne fait que très peu de cas du protocole diplomatique ou du moins des conventions au sein des royaumes chrétiens. Nous avons vu qu'il n'hésite pas à s'allier avec les Ottomans et les protestants sur des fronts extérieurs, allant ainsi à l'encontre des politiques qu'il mène à l'intérieur de son royaume. De plus, il multiplie les initiatives visant à s'attirer sinon la clémence de ses ennemis du moins leur neutralité : treize des dix-huit cantons helvètes signent une « Paix perpétuelle » avec François Ier le 29 novembre 1516 et « s'engagent à ne servir que le roi de France dans un périmètre bordé par les Alpes et la plaine du Pô, en échange d'indemnités pour les soldats et de pensions pour les vétérans[499] » ; et le camp du Drap d'Or (7-24 juin 1520) est censé sceller des relations elles aussi de bon voisinage entre la France et l'Angleterre d'Henri VIII. Mais on voit la limite d'une diplomatie de bon voisinage qui, contrairement à celle des Coréens, ne s'était pas préalablement attirée les faveurs du plus fort : trois semaines plus tard, Henri VIII rend nul et non avenu ce traité en en signant un autre avec Charles Quint. Enfin, François Ier n'hésite pas non plus à rompre ses engagements, quitte à laisser ses deux fils en captivité : cinq mois après la signature du traité de Madrid (14 janvier 1526), il en propose déjà la renégociation à Charles Quint et crée pour ce faire la ligue de Cognac (22 mai 1526) composée de l'Angleterre, la papauté, Venise, Florence et

---

[498] David KANG, *East Asia before the West, Five centuries of trade and tribute*, *op. cit.*, p. 64.
[499] Michel CASSAN, *La France au XVIe siècle*, *op. cit.*, p. 49.

Milan. Bon voisinage et piété filiale sont loin de préoccuper outre mesure le roi de France. Ce sont plutôt les monnaies de change d'une comptabilité géopolitique où l'optimisation des intérêts du royaume tient lieu de solvabilité morale : pris en otages depuis quatre ans, le dauphin François et Henri (futur Henri II) seront échangés le 1er juillet 1530 contre quatre tonnes et demie d'or, quelques jours avant que François Ier ne célèbre ses secondes noces avec la sœur de son grand rival, Charles Quint.

Les cartes du *Kangnido* et de Fine reflètent donc une mise en tension entre des modèles politiques mis à l'honneur au recto des cartes et un ordre contestataire tapi au verso de celles-ci. Le vide laissé par des cartographies spirituelles n'est pas entièrement comblé par l'abondance de données positives que leur fournissent leurs instruments. Et c'est ce vide que les cartographes réinvestissent et instrumentalisent par le biais de déformations et désinformations. Une interprétation plausible, résumée dans le Tableau 4 ci-dessous, suggère que derrière une allégeance de façade au statu quo, les cartographes dessinent les pourtours d'un nouvel ordre recentré sur les royaumes de Chosŏn et de France. Tout ce paradoxe se fonde sur le fait que le Chosŏn et la France tentent de se démarquer des Ming et de l'empire Habsbourg en s'appropriant une partie des ressources grâce auxquelles ceux-ci – entendus comme pôles politiques et culturels 中國 / 中華 (*zhongguo/zhonghua*) ; le Saint Empire romain germanique/Rome héritière d'Athènes – avaient eux-mêmes fondé leur rayonnement. Partant, l'instrumentalisation entreprise par les cartographes du *Kangnido* et Fine est double : les instruments nécessaires à la levée d'une carte puis la carte à son tour sont une première fois dévoyés de leurs fonctions scientifiques pour servir la mise en place du pouvoir ; or ce même pouvoir, les dynasties Yi et Valois en herbe, empruntent à leurs aînés, en plus de leurs instruments, les principes qui les activent pour s'octroyer une part du prestige qui en découle. En cela, le Chosŏn du XVe siècle comme la France du XVIe siècle entretiennent les courants du néoconfucianisme et de la Renaissance à un moment où les affluents qui les avaient irrigués se tarissaient. Cette réappropriation sous forme de décentrement est la condition nécessaire au renouvellement et à la mutation d'un ensemble de traditions. Et les cartes ne font que cadrer un mouvement qu'elles alimentent à travers la diachronie qui met en tension un ordre loué mais dépassé et un ordre inavoué car en devenir.

Tableau 4 : L'instrumentalisation cartographique

	Au recto	
France		**Chosŏn**
Les *Gallia Narbonesis*, *Gallia alpina*, *Gallia belgica* et *Gallia celtica* se substituent aux royaumes concurrents : l'empire Habsbourg réduit à une *Espaigne* euphémique, l'*Italie*, la *Holande*, *La Grand Alemaigne* et l'*Angleterre*, toutes tronquées	**Traitement anachronique des royaumes voisins**	Chine hypertrophiée aux toponymes datant de la dynastie Yuan ; Annam absorbé par la Chine des Ming en référence à l'ancienne province chinoise ; Japon des cartes Gyoki tourné de 90°, situé sous la Corée et rapproché de la Chine
Tracé fluvial esthétisé et peu réaliste (Rhin) ; reliefs montagneux expansionnistes (Alpes, Pyrénées)	**Zones frontalières maquillées**	Rivières Amnok/Yalu et Tumen trop horizontales ; reliefs montagneux imprécis (Mont Paektu) ; échelle tassée
Glorification des Gaules	**L'alibi du passé**	Glorification d'un passé historico-mythologique chinois
Un seul Dieu règne au Ciel ; un seul empereur sur Terre ; un seul pape sur l'Église universelle	**Système**	Système tributaire sinocentrique 朝貢體制
Allégeance aux divisions de l'empire romain et à son héritier – le Saint Empire romain germanique –, allégeance d'apparat qui résume la symbiose entre pouvoirs politique et spirituel	**Principe**	*Sadae* 事大, soit une forme de piété filiale au sein de la famille néoconfucéenne internationale telle que l'impliquent les termes *ka* « famille » (家 가), *kukka* « État » (國家 국가), famille royale *wangga* (王家 왕가)
	Au verso	
Équilibre des puissances	**Système**	Recentrement de l'orthodoxie néoconfucéenne sur le Chosŏn (理一分殊)
Raison d'État ou clivage entre morale publique et morale privée	**Principe**	Rayonnement par-delà l'échiquier militaire dans les domaines scientifique, commercial et culturel

La France s'affranchit des contraintes géographiques qui la ceignait encore au Moyen Âge (le royaume des quatre rivières) et s'étend vers l'est	**Projection vers le futur**	La Corée bénéficiant seule des dernières actualisations toponymiques (1485) est présentée en avance sur son temps, tandis qu'administrativement se reflète le passage de Koryŏ à Chosŏn de 7 à 8 provinces
Avec les princes luthériens de la Ligue de Smalkalde (27 février 1531) ; avec les Morisques, pirates d'Alger et l'Empire ottoman (suite à Pavie ; Capitulations 1535)	**Alliances révisionnistes**	Avec le Japon (politique de bon voisinage *kyorin* 交隣 교린) au moment même où Chine et Japon mettent entre parenthèses leurs relations officielles de 1404 à 1559 ; avec les Jurchen (accords commerciaux et d'assimilation culturelle)
Metz, Toul et Verdun, Calais et Thionville (paix du Cateau-Cambrésis, 2-3 avril 1559)	**Conquêtes territoriales**	Reconquête de l'île de Daema (1419) ; établissement des six garnisons *Yukchin* et quatre commanderies *Sagun* entre 1433 et 1443
Connétables de Bourbon et Montmorency ; guerres de religion ; jacqueries paysannes	**Dissidences internes**	Résurgence du bouddhisme ; partisans de l'examen écrit 훈구파/oral 사림파; purges des lettrés (1498, 1504, 1519, 1545)

La conscience du prestige que confèrent les conquêtes militaires comme celles de l'esprit, les monarques, princes, seigneurs, diplomates, lettrés-fonctionnaires et même cartographes vont œuvrer à en tirer parti à travers des organes étatiques censés contrecarrer la dispersion des magistères du pouvoir qui les menace : en deçà de l'hégémonie continentale que se disputent les deux glaives de la papauté et de l'empire des Habsbourg, de l'empire temporel des Ming ou atemporel du Mandat Céleste, les universités et instituts confucéens publics[500], bibliothèques, collèges, salons et tavernes

[500] Avant que ne fleurissent les instituts privés ou *sŏwŏn* au XVIe siècle, le dernier cycle du système éducatif coréen se poursuivait à l'Académie confucéenne nationale (成均館

fleurissent en ville tandis que chancelleries, cours, manoirs ruraux, monastères ou instituts confucéens privés *sŏwŏn* (書院 서원) tentent de conserver leurs privilèges en province. Mais, à trop vouloir isoler les objets de notre analyse par niveaux (international et national), espaces (villes et campagnes), catégories sociales (qui fleurissent dès lors entre le peuple et la noblesse), et parfois même périodes – car, n'en déplaise aux médiévistes chronophages, pour autant qu'il s'agisse de géographie et de cartographie, la césure entre le Moyen Âge et la Renaissance, ou entre Koryŏ et Chosŏn, est affilée –, l'on encourt le risque de mettre en sourdine le fait que l'intérêt premier de la Renaissance française et du premier Chosŏn réside bien dans le réagencement de frontières propres comme figurées, phénomène auquel nous consacrerons donc le dernier chapitre de cette deuxième partie.

성균관), aux Quatre Écoles de la capitale et enfin dans les écoles locales (鄕校 향교) en province, soit 15 800 étudiants en tout à la fin du XVe siècle.

Chapitre 3 – Des frontières en question

A priori, quoi de plus figé qu'une carte ? Inamovible, son cadre définit les limites d'un espace à représenter. Contemporaine des événements qui l'ont vu naître, elle offre un cliché immuable d'un temps qui n'est plus. Encore malléables à leur conception, les traits que sculpte le cartographe se pétrifient un à un pour ériger une réalisation statufiée dans le cas des planches xylographiques de Fine, asséchée dans celui de l'encre des pinceaux de Yi Hoe, dans les deux cas, un corps sans vie ni mouvement. Pourtant, malgré la multitude de renseignements qu'elles recèlent et qui déjà, sous une inertie feinte, semblent fourmiller, il est un élément que les cartes de Yi Hoe et Fine ne parviennent pas à pleinement saisir ni fixer : ce sont les frontières des mondes qu'ils créent, fussent-ils physiques ou abstraits. Nous voudrions consacrer le dernier chapitre de cette partie à ces frontières, en nous interrogeant sur le sens que revêt cette notion au moment où Fine et Yi Hoe conçoivent leurs cartes ; et aux obstacles qui leur résistent à l'heure de saisir sur bois ou sur soie une ligne frontalière, délimitation qui de toute évidence n'est pas représentée là où des attentes anachroniques voudraient qu'elle prît forme. Si ni même les frontières de la diplomatie moderne n'apparaissent, alors comment débusquer celles de tout temps plus ténues des sphères sociales et culturelles ? C'est à l'aune de cette problématique que nous tenterons de démontrer en quoi la Renaissance et le néoconfucianisme peuvent être appréhendés aussi bien par le contenu des idées qu'ils véhiculèrent que par les nouvelles aires géographiques et immatérielles avec lesquelles ils entrèrent en contact en déplaçant ce qui tenait lieu de frontières et en faisant de ces zones mitoyennes leur habitat conceptuel et l'une des définitions possibles de ce à quoi ils aspiraient : la conquête d'entrelacs en expansion.

A. Comment (se) représenter les frontières ?

L'apparition du mot frontière date du XIIIe siècle en France. Il signifie alors « front d'une armée »[501] et ne revêt donc pas les mêmes connotations qu'aujourd'hui : ce n'est qu'avec l'avènement de la diplomatie moderne au XVIIe siècle qu'il prendra alors une signification plus précise – géopolitique, diplomatique et déjà douanière – et que la zone tampon alors âprement disputée par deux armées ennemies se résorbera jusqu'à ne devenir qu'une sinuosité sur les cartes. Mais celle-ci marque avant tout une délimitation administrative au sein du royaume entre domaines ecclésiastiques et circonscriptions judiciaires. La ligne-frontière entre deux États n'apparaît de

[501] Jean DUBOIS, Henri MITTERAND, Albert DAUZAT, *Dictionnaire étymologique*, Paris, Larousse, 2007, p. 344.

manière complète et sans équivoque qu'au XVIIIe siècle avec la *Carte de France* (1718) de Jacques Cassini et le *Croquis de la frontière sino-coréenne et du mont Paektu* (1712) établi par le fonctionnaire mandchou Mukedeng (1664-1735) dans un atlas *ch'ŏnhado*[502]. Car en Extrême-Orient, le vide – dans la peinture, mais en général aussi – précède et prime toujours sur le trait ; et tous deux n'acquerront un sens géopolitique qu'ultérieurement et secondairement : au commencement, c'est la culture et plus exactement le niveau de culture qui caractérise une société et définit les limites de ses affinités avec l'autre. Selon le *Yugong* (VIe siècle av. J.-C.), le monde se divise en cinq zones d'appartenance civilisationnelle : « le "domaine royal" (*tien fu*), alias la capitale impériale ; le pays des princes féaux tributaires, les feudataires, les "domaines" (*hou fu*) ; la "zone de pacification" (*sui fu*), c'est-à-dire les marches où la civilisation chinoise progresse ; la "zone des barbares alliés" (*yao fu*) ; et enfin la zone des "sauvages non civilisés" (*huang fu*)[503] ». Cette tension est visible dans la graphie même du caractère 疆 (ch. *jiang*, co. *kang*) présent dans le titre abrégé du 疆理圖 (*Kangnido*), soit la « Carte qui organise les frontières ». Son radical représente un arc avec une poignée au milieu 弓 (*gong*) – et dans sa forme la plus ancienne, cet arc peut être tendu ou vibrer[504] –, arc qui lui-même abrite un territoire 土 (*tu*), tandis que la partie droite du pictogramme se compose du caractère trois 三 (*san*) entre les lignes duquel s'intercalent deux champs 田 (*tian*)[505]. Les connotations martiales et territoriales qu'il revêt sont indéniables et se retrouvent d'une certaine façon dans le caractère 國 (*guo*) qui figurait déjà dans les inscriptions oraculaires et qui « se compose de deux éléments : une arme 或, en l'occurrence une hallebarde, et une bouche ouverte 口[506] ». Le « front d'armée » français renvoie, lui, à une lecture tout aussi belliqueuse du monde selon laquelle le *limes* romain désignait une zone tampon servant tout à la fois de rampe de lancement à de nouvelles invasions et de bordure défensive habitée et, tout comme les *tian*, cultivée par les soldats romains ou alliés. Cette mise en marche par la pensée ou l'action trouve encore des déclinaisons militaires au XVIe siècle puisque dans leurs luttes incessantes les armées de François Ier et Charles Quint pratiquent le « gast » en brûlant tout ce dont elles voulaient priver l'adversaire, créant ainsi un glacis protecteur conforme au flou frontalier issu du fond des âges. Ainsi, ni Yi Hoe ni Fine ne sont habilités à dessiner une frontière qui n'existe ni sous la

---

502 Pierre SINGARAVÉLOU, Fabrice ARGOUNÈS, *Le monde vu d'Asie, Une histoire cartographique*, *op. cit.*, p. 75.

503 Philippe PELLETIER, *L'Extrême-Orient. L'invention d'une histoire et d'une géographie*, *op. cit.*, p. 67.

504 Léon WIEGER, *Chinese characters, Their origin, etymology, history, classification and signification*, *op. cit.*, p. 222.

505 *Ibid.*, p. 29.

506 Christofer SCHIPPER, « Le chinois », *op. cit.*, p. 172.

forme conceptuelle ni sous la forme graphique qu'on lui connaît actuellement. Se référant aux territoires que se disputent Jurchen, Mongols, Chinois et Coréens au XVe siècle, Jérôme Kerlouégan estime que « les frontières ne sont ni fixes ni clairement tracées ; il s'agit plutôt de zones tampons, de peuplement mixte, culturellement hybrides et d'une importance stratégique cruciale[507] ». En Occident, comme l'explique Jean-Pierre Bois, « les frontières sont plutôt des lieux de pénétration ou de confrontation, qu'on appelle souvent des "marches" (du latin *margo*, du francique *marka*, du germanique *mark*) à l'époque carolingienne, des districts déterminés jouant le rôle de protection frontalière dans une région mal pacifiée[508] ». Commune à nos deux traditions eurasiatiques, la notion de « marche » est révélatrice d'un état d'avancement ou de retard qui implique en tout état de cause un mouvement, soit culturel soit militaire, difficilement traduisible sur une carte.

À l'inverse de l'image sédentaire à laquelle on associe la tradition qu'il lègue, la vie même de Confucius n'est d'ailleurs pas antinomique avec cette notion de mouvement. Selon l'historien Si Ma Qian, Confucius voyagea par monts et par vaux durant au moins quatorze ans avant de regagner sa patrie en 484 av. J.-C. Jean Levi le considère, par essence et de par ses errances, comme un *déplacé* et propose pour itinéraire de lecture aux *Entretiens* une pédagogie du voyage[509]. Qu'ils aient été personnels ou politiques, ces déplacements peuvent trouver des origines plus symboliques qui expliquent une distanciation vis-à-vis du réel et le flou qu'elle engendre. Le chaos primitif de la matière est selon la cosmogonie taoïste sans objet (无物, *wuwu*), sans forme (无形, *wuxing*), sans ego (无我, *wuwo*), c'est-à-dire qu'il n'est ni tangible, ni représentable, ni réductible à la mesure que l'homme pourrait en prendre. Toutes choses étant égales par ailleurs, cette conception du chaos originel n'est pas entièrement étrangère à l'infinité éternelle telle qu'Anaximandre la nomme, l'*apeiron*, soit un monde illimité dont il proposa une version, différente du Chaos originel d'Hésiode en « suggérant qu'au commencement se trouvait une infinité éternelle, l'*apeiron*. Cette infinité secréta une graine qui produisit une flamme, laquelle se développa autour de l'air qui encercle la Terre comme l'écorce croît autour d'un arbre[510] ». Or l'infinité, même incommensurable, reste concevable par l'entendement

---

507 Jérôme KERLOUÉGAN, « L'empire des premiers Ming », *op. cit.*, p. 350.

508 Jean-Pierre BOIS, *La naissance historique des frontières, de la féodalité aux nationalités*, p. 13, in http://www.pur-editions.fr/couvertures/1220958019_doc.pdf (consulté le 01.09.2020). Jacques Le Goff a pu dire à ce propos que « ce qui tient lieu de frontière au Moyen Âge, jusqu'à l'établissement tardif des États, sont des zones de rencontre, lieux d'affrontements, mais aussi d'échanges et de mélanges dont Charlemagne, au début du IXe siècle, a fait des marches dont on ne saurait exagérer l'importance dans l'Europe médiévale ». Jacques LE GOFF, *L'Europe est-elle née au Moyen Âge ? op. cit.*, p. 14.

509 Jean LEVI, *Confucius*, Paris, Albin Michel, 2003, p. 228-236.

510 Jerry BROTTON, *Une histoire du monde en 12 cartes*, *op. cit.*, p. 36.

humain et peut en tant que telle être figurée par une première cartographie spirituelle. Sur le bouclier d'Homère, c'est un fleuve océan qui symbolise la frontière (*peirata*) du monde ; le *Shanhaijing*, lui, enserre ses continents dans des anneaux océaniques concentriques (influence que l'on retrouve sur les *Kangnido* Honmyōji et Tenri) ; les *mappae mundi* médiévales recourent également à l'océan pour dépeindre la bordure du monde ; et l'on retrouve encore la mer dans les marges des *ch'ŏnhado* que confectionnent les Coréens jusqu'au XVIIIe siècle.

L'océan symbolise d'abord une inconnue mais devient progressivement une zone perméable que l'homme repousse à mesure qu'il l'absorbe et s'imprègne de connaissances sur un environnement domestiqué toujours plus vaste. À la charnière du spirituel et de l'intelligible, la bordure océanique en vient à incarner, selon l'interprétation qu'en fait Gilles Tiberghien, « cette zone spéculative où l'imaginaire à l'œuvre dans toute opération cognitive permet d'articuler l'esprit aux données qu'il tente de rassembler pour mieux les comprendre[511] ». Parallèlement, l'océan devient aussi un moyen de communication et de connaissances figuré par les périples grecs, les portulans médiévaux et les cartes des vents que Zheng He emprunte aux marins arabes et qu'il emporte avec lui au cours de ses expéditions (1405-1433). À mesure que l'homme se familiarise avec cette frontière, il la fréquente pour en faire son chemin. Pour qui sait se l'approprier, elle n'est plus synonyme de restriction de l'accès à un monde inconnu, mais en devient l'une des voies d'accès, la condition de l'entendement des codes et coutumes qui régissent les mondes gisant par-delà. Aussi, au premier sens du *limes* romain, marge d'un empire militaire, nous pouvons apposer une seconde acception : l'itinéraire, comme celui que figure la *Table de Peutinger* intégrant des dimensions également commerciales et culturelles. Tout comme l'on peut opposer sur un plan géométrique abscisses et ordonnées et sur un graticule ptoléméen latitudes et longitudes, la frontière dans le sens large que Fine et Yi Hoe pouvaient lui conférer s'entendait aussi bien comme une marge que comme un chemin permettant de traverser différents paliers de valeurs géographiques et culturelles. Et de la même manière que le *Kangnido* figure des mondes amalgamés auxquels il cherche à donner une certaine unité non plus en plaçant le royaume de son commanditaire en son centre, mais en faisant de l'amalgame l'élément clé de sa compréhension ; avec les circumnavigations de la Renaissance, le monde peut être envisagé « comme un continuum[512] » et « commencer à prendre conscience de sa finitude[513] », finitude qui bon gré mal gré détermine les dimensions et les enjeux d'une nouvelle unité planétaire. En parfaisant leur connaissance du

[511] Gilles TIBERGHIEN, *Finis Terrae. Imaginaires et imaginations cartographiques*, *op. cit.*, p. 31.
[512] Jerry BROTTON, *Une histoire du monde en 12 cartes*, *op. cit.*, p. 213.
[513] Eugenio GARIN, *L'Homme de la Renaissance, op. cit.*, p. 344.

monde au sein et au-delà de leur univers culturel, les humanistes et les néoconfucéens se rapprochent de nouvelles frontières et en font les tangentes à de nouvelles inconnues en même temps que les passerelles vers leur découverte. Mais ce constat, sorti de la gangue d'une époque et d'une idiosyncrasie, vaut plus généralement pour la condition humaine. C'est du moins ce qu'explicite Gilles Tiberghien dans une réflexion ultérieure aux époques examinées ici : « Depuis Galilée et Copernic, nous savons que la Terre n'est plus au centre du système. Nous sommes toujours rejetés sur les rives, aux bords des mondes inconnus qui nous entourent et que nous tentons d'explorer[514]. »

De manière explicite parfois mais le plus souvent implicite, nous avions signalé, dans la première partie, des frontières épistémologiques entre les traditions cartographiques et les disciplines naissantes, mais aussi des coupures dérivées de partis pris théologiques, mythologiques et culturels – la frontière entre le monde sinocentrique et les barbares matérialisée par la Muraille de Chine, la barrière légendaire qu'Alexandre le Grand aurait dressée dans le Caucase pour se protéger de Gog et Magog –, la division tripartite du monde dans les cartes dites T/O où le T – réminiscence des trois continents ptoléméens ? – de l'exégèse biblique partage l'Europe, la Libye et l'Asie entre Japhet, Cham et Sem. Nous avions également abordé l'affaissement d'une autre frontière, celle séparant le jour de la nuit, c'est-à-dire, plus généralement, l'atrophie de la part d'inconnu permise par des avancées techniques qui, appréhendées par le prisme de l'histoire des technologies, levaient les barrières disciplinaires contemporaines séparant l'histoire cartographique de la France et de la Corée. Après tout, ce nouvel éclairage s'inscrit dans l'histoire même de la discipline historiographique puisque chaque époque est décrite, perçue et interprétée différemment selon l'époque depuis laquelle on la juge : si les contemporains du XVIe siècle avaient déjà bien conscience de vivre un moment de l'histoire exceptionnel, le terme de Renaissance, qui sous la plume de Vasari théorisait un moment de l'histoire de l'art, fut repris par Jules Michelet avec un grand R (*Renaissance*, 1855) puis par Jacob Burckhardt (*La Civilisation de la Renaissance en Italie*, 1859) pour être appliqué à toute une période et en caractériser l'essence par opposition aux ténèbres moyenâgeuses. La tendance se serait récemment inversée puisque les médiévistes accrédités ne nous autorisent qu'à y voir un avatar du Moyen Âge. Quant au néoconfucianisme du dernier Chosŏn, il fut longtemps décrié et jugé coupable d'une stagnation et d'un repli ayant facilité l'occupation japonaise. Pire, reprenant à son compte les thèses de Marx et de Weber, la *doxa* coréenne l'estimait incompatible avec la modernité. Voici la façon dont était

---

[514] Gilles TIBERGHIEN, *Finis Terrae. Imaginaires et imaginations cartographiques*, *op. cit.*, p. 143.

perçu le confucianisme dans les années 1960 dans les cercles académiques selon la propre expérience de Yi Tae-Jin :

> Dans les années 1960 […] le confucianisme, l'idéologie qui domina l'histoire coréenne prémoderne, n'était qu'un mode de pensée sans application pratique. À ce moment-là, les spécialistes d'Extrême-Orient pensaient pour la plupart que l'Orient était incapable de développer ses sciences et son économie comme l'Occident à cause des barrières idéologiques imposées par le confucianisme. En Corée, l'incapacité du Chosŏn à se moderniser et la perte de la souveraineté du pays rendue au Japon furent entièrement imputées à la pensée confucéenne […]. Bien que la société coréenne ne se proposât pas expressément d'éradiquer le confucianisme comme ce fut le cas en Chine communiste à travers la Révolution culturelle, les Coréens furent bien conscients qu'ils s'évertuaient à enterrer cette idéologie. Pour ma part, cette notion de défaitisme culturel me semble indésirable pour le futur de l'Extrême-Orient[515].

Plus de deux millénaires après que la dynastie Han n'instrumentalise le confucianisme pour la première fois, une historiographie patriote fille de la décolonisation de la seconde moitié du XXe siècle et du décollage économique des États partageant ces prétendues « Asian values[516] » louera les points d'orgue du roman national coréen et, parmi ceux-ci, le règne du roi Sejong. Qu'ils soient taxés de défaitisme culturel ou de patriotisme, qu'ils soient des médiévistes invétérés ou des seiziémistes démodés, tous les historiens reconnaissent pourtant qu'avec les révolutions de la Renaissance et du néoconfucianisme, les lignes de démarcation se déplacent, à des degrés divers selon les allégeances académiques, d'un universalisme spirituel vers une instrumentalisation séculaire des ressorts culturels. Poussée démographique, essor commercial et avènement d'une idéologie nouvelle contribuèrent sous le Chosŏn comme en France à déséquilibrer l'ordre social jadis plus convenu et plus fermement contrôlé par les classes dirigeantes. L'interstice que les *sinhŭngsadaebu* (新興士大夫 신흥사대부), c'est-à-dire les érudits officiels nouvellement promus à la tête du royaume, avaient échancré entre la noblesse *kwi* (貴 귀) du Koryŏ constituée de propriétaires forains et le peuple *ch'ŏn* (賤 천) s'était vite converti, sous la pression des

---

[515] Tae-Jin YI, *The Dynamics of Confucianism and Modernization in Korean History*, *op. cit.*, p. vii-viii.

[516] Promu par Lee Kuan Yew et Mahathir Mohamad, le concept de valeurs asiatiques met en avant la dimension collective du pacte socio-économique de certaines sociétés asiatiques, se démarquant ainsi de la notion de droits de l'homme prévalant en Occident. Pour une lecture stimulante sur les convergences et divergences de ces deux ordres, voir Théodore DE BARY, *Asian values and human rights, A Confucian communitarian perspective*, Cambridge, Harvard University Press, 1998.

bouleversements technologiques, en une embrasure sociale où les *yusuja* (流水者 유수자)[517], les expropriés errants, quand ils n'étaient pas reconvertis en artisans ou commerçants, se voyaient promus *sajok* (士族 사족), lettrés locaux. Aussi, le diagnostic établi par Ja-Hyun Kim Haboush et Martina Deuchler sur le « bas Chosŏn », s'écoulant de la fin du XVIe siècle à la fin du XIXe siècle, selon lequel « le pouvoir et l'influence que chaque groupe exerçait étaient déterminés par une relation interactive et dynamique entre idéologie, politiques gouvernementales, ajustements sociaux et opinions que chacun de ces groupes se faisait de lui-même ; et chaque relation devait être continuellement recalibrée et renégociée[518] », est déjà amplement valable et applicable au siècle qui nous concerne, le XVe siècle. Dans *Culture and the State in late Chosŏn Korea*, Ja-Hyun Kim Haboush et Martina Deuchler détectent donc une tendance immanente au phénomène comme au concept de néoconfucianisme. Symétriquement, nous avons bien compris que la cascade d'allégeances qui définissait les relations interpersonnelles allant des serfs aux seigneurs au Moyen Âge ne se mue pas en un individualisme forcené. Mais nous n'irons pas jusqu'à affirmer avec Robert Mandrou que « le plus individualiste des hommes modernes, le réformé qui abandonne son village et sa patrie pour rompre sans retour avec la tradition catholique, reste l'homme d'un groupe […] ; il reste aussi l'homme d'un métier, voire d'une classe ; né roturier ou noble, il le demeure, même sur une terre étrangère[519] ». Si cet avertissement permet de se distancier du prisme prosopographique pour lui préférer un canevas réticulaire non moins complexe, nos recherches suggèrent plutôt que les frontières sociales et professionnelles ne sont pas aussi rigides, qu'elles sont moins l'attribut d'une discrimination que le signe d'un rattachement à un rets bigarré, prétexte de rencontres et de désunions aussi multiples que précaires. Voici ce que ces évolutions suggèrent à Eugenio Garin au sein de la seule sphère intellectuelle dans son chapitre sur *Le philosophe* :

> D'où l'extrême difficulté bien souvent de tracer une ligne de démarcation entre l'artiste et le savant, le moraliste et le philosophe. Car ces connotations valent pour beaucoup de ces intellectuels, qu'ils soient hommes de lettres, ou peintres, ou techniciens de très haut niveau (architectes et ingénieurs) ou savants

[517] Dans ces mutations sociales aux allures de jeux de rôle dramatiques, nous pourrions également oser un rapprochement entre les *yusuja* coréens, paysans errants victimes de la conjoncture économique, et les *fuorusciti* (littéralement les « jetés dehors ») italiens, faction perdante d'un conflit au sein d'une cité contrainte, elle aussi, d'errer dans l'attente d'un changement de pouvoir.

[518] Ja-Hyun KIM HABOUSH et Martina DEUCHLER, *Culture and the State in late Choson Korea*, Cambridge, Harvard University Press, 1999, p. 2.

[519] Robert MANDROU, *Introduction à la France moderne (1500-1640), Essai de psychologie historique*, *op. cit.*, p. 109.

(astrologues/astronomes, mathématiciens). Où finit le Politien poète et où commence le Politien philologue ? Où finit le « grammairien » et où commence le « logicien », le théoricien de la rhétorique et de la dialectique[520] ?

Et nous pourrions décliner ces interrogations sur les commencements et les finitudes des mondes en ajoutant les catégories sociales précédemment mentionnées et non moins importantes : les marchands, banquiers, bourgeois, princes, voyageurs, prêtres, courtisans, cardinaux. Tout lecteur averti complétera la liste. Ce que nous retiendrons par-dessus tout de l'ouverture de ces nouveaux horizons sociaux et de la création de nouveaux agents de changements sociaux français et coréens, c'est que, d'une part, ils ne sont pas tant mal définis par une littérature abondante qu'indéfinissables séparément les uns des autres ; et ce constat concerne au premier chef les deux cartographes auxquels nous consacrons ces lignes[521]. Fine est à la fois mathématicien, éditeur-entrepreneur, technicien, lecteur royal et cosmographe du roi auquel il dédie ses œuvres. Yi Hoe occupe, lui, toute une gamme de fonctions dans l'armée et dans l'administration civile sans négliger ses talents de peintre-cartographe et diplomate-poète. Fine et Yi Hoe signent les cartographes de leur temps en ce que tout ce qui les distance de la sphère géographique leur permet paradoxalement de mieux la cerner et l'emblaver. Ensemble, toutes leurs autres étiquettes sociales et compétences sont leur plus sûre revendication au statut de cartographe : se déploie en eux une partie de l'éventail social dans lequel ils évoluent et qu'ils sollicitent largement pour la confection de cartes – œuvre collaborative s'il en est.

D'autre part, l'étude des cartes peut également nous aider à faire ressortir l'ambivalence des processus de recalibrage et de renégociation qu'évoquent Ja-Hyun Kim Haboush et Martina Deuchler et que nous pouvons en partie attribuer à son dédoublement. Ces processus de transformation se déroulent sur deux niveaux : l'un explicite, ce que la carte montre sans équivoque – une ville, une province, une montagne – ; l'autre implicite, soit ce que la carte laisse transparaître non par description mais par interprétation de la réalité, soit que son cartographe veuille délibérément dissimuler des informations qu'il juge confidentielles. Ces deux niveaux sont constitutifs du

---

520 Eugenio GARIN, *L'homme de la Renaissance, op. cit.*, p. 204.

521 Fine et Yi Hoe sont en cela représentatifs d'un ordre tout en flux et en mouvement qui prendra fin avec l'enrégimentation sociale telle que la décrit Lewis Mumford : « Bien avant que les peuples occidentaux ne se fussent orientés vers la machine, le machinisme, en tant qu'élément de vie sociale, avait fait son apparition. Avant que les inventeurs ne créent des machines pour remplacer l'homme, les conducteurs d'hommes avaient entraîné et enrégimenté des multitudes d'êtres humains. Ils avaient découvert le moyen de réduire l'homme à une machine. […] Ces maîtres de l'enrégimentation connurent leur apogée au XVIIe siècle. » Lewis MUMFORD, *Technique et civilisation, op. cit.*, p. 46-47.

pouvoir de la carte, pouvoir à la fois administratif qui édicte des ordres formels que nous détaillerons dans la troisième partie, et pouvoir symbolique qui insuffle des idées par suggestion, transgression ou omission. Ces deux types de pouvoir – formel et informel – se complètent et s'équilibrent, mais ils ne s'opposent pas, car les commanditaires des cartes veillent à ce qu'à travers elles ils puissent capitaliser un pouvoir symbolique d'autant plus précieux que le pouvoir réel – financier et militaire – vient souvent à leur manquer. Eugenio Garin l'exprime une fois de plus très clairement au sujet toujours des intellectuels : « ils se meuvent dans un réseau de rapports qui ne connaît pas de frontières, et ils tendent également, comme Ficin avec l'appui des Médicis, à fonder de nouvelles institutions culturelles, comme l'Académie de Careggi[522] ». Le caractère inédit de leur rôle social et la singulière combinaison de leurs compétences les amènent à convertir ces acquis en de nouvelles formes de pouvoir. Cette tension entre pouvoirs formels et informels se mesure dans cet exemple au degré d'institutionnalisation de la manne culturelle humaniste non moins torrentielle chez les néoconfucéens. Cette lutte pour l'orthodoxie de nouvelles valeurs et pratiques puis pour leur diffusion à travers des moyens officieux ou officiels explique en partie la fondation des équivalents français et coréens de l'Académie de Careggi mentionnée ci-dessus : le Collège de France fondé par François Ier en 1530, et qui n'est doté d'aucun statut ni règlement, ou le *Chiphyŏnjŏn*, Pavillon des Élites, réhabilité par Sejong en 1419, qui lui aussi est régi *ad nutum* par le souverain. Une mise en tension ne peut que découler de leurs savoirs et de ceux d'un enseignement plus classique dispensé dans les universités, gymnases protestants, collèges jésuites ; ou de ceux de l'Académie confucéenne nationale (성균관), des Quatre Écoles de la capitale et enfin des écoles locales (향교) et instituts confucéens privés (서원) en province. Même l'élan séculaire d'un humanisme anthropocentrique est vite rattrapé par le christianocentrisme : les plus grands humanistes doivent justifier leurs positions vis-à-vis de Dieu et s'en réclament souvent. Grande figure de l'humanisme, Érasme restera chanoine toute sa vie et Pierre de Ronsard, dans son *Institution pour l'adolescence du Roi très chrétien Charles neuviesme de ce nom* (1562) enjoint à son souverain d'« apprendre à craindre Dieu,/ Dont vous êtes l'image, et porter au milieu/ De votre cœur son nom et sa sainte parole,/ Comme le seul secours dont l'homme se console[523] ». Comme la plupart des monarques coréens, Sejong prêche le pragmatisme néoconfucéen en public et se fait construire dans l'enceinte du palais royal des temples bouddhistes où il méditera de plus en plus la mort approchant. Ils incarnent en leur âme et intellect les ambivalences de leur temps romancées par Kim Man-Jung (金

---

522 Eugenio GARIN, *L'homme de la Renaissance, op. cit.*, p. 203.

523 Pierre de RONSARD, *Institution pour l'adolescence du Roi très chrétien Charles neuviesme de ce nom*, *op. cit.*, p. 180.

萬重 김만중) au XVIIe siècle dans *Le rêve nuage des neuf* (九雲夢 구운몽), où un moine bouddhiste fait l'expérience, à travers une série de rêves et de transmigrations, des dilemmes et délices de l'existence d'un lettré-fonctionnaire au gré des rencontres avec huit fées au cours de différentes étapes initiatiques de sa vie dans la Chine des Tang. Comme le résume la coréanologue Isabelle Sancho, le Chosŏn aussi est aux prises avec une reconfessionnalisation et une intellectualisation des débats spirituels :

> L'adoption du néoconfucianisme aux XIIIe et XIVe siècles va bouleverser cette coexistence harmonieuse du confucianisme et des religions où chaque enseignement avait un rôle bien défini. À ce moment les frontières se brouillent : les lettrés se doivent de traiter la question de l'existence des esprits, ils présentent comme acquise une corrélation entre le Ciel et les agissements bons ou mauvais du souverain ; au XVIe siècle, on peut même trouver un sujet de concours sur la vie, la mort et les esprits[524].

Aussi apprécions-nous mieux la manière dont ces différents champs et niveaux de mise en tension participent largement du flou définitoire de la Renaissance comme du néoconfucianisme, souvent vaguement définis, puisque ce qui est recalibré et renégocié entre l'ancien et le nouveau échappe en partie aux sphères du visible, tangible, explicite et n'est identifiable qu'au prix d'interprétations toujours subjectives, parfois contradictoires, mais nécessaires pour restituer un sens complexe et nuancé, sous-jacent aux pièces cartographiques examinées. L'une des clés pour saisir la portée des cartes de Yi Hoe et de Fine serait ainsi de les aborder depuis la perspective de la circulation des signes qu'elles mettent en mouvement, car la cinétique du sens caché y est souvent plus instructive que la cristallisation des données figées dont elles renvoient l'image.

B. La cinétique des marges

Dans la *Nova totius Galliae descriptio* et le *P'altodo*, le traitement des frontières entre royaumes, provinces et autres unités administratives concentre toutes les ambiguïtés puisque la frontière est tantôt ourlet mouvant, contractile ou extensible – acception et réalité alors les plus courantes –, tantôt, à l'image des alliances sociales ou diplomatiques à géométrie variable, couture traversant ce premier ourlet, pour ainsi dire perpendiculairement.

[524] Isabelle SANCHO, « L'orthodoxie néo-confucéenne coréenne de la première moitié de Chosŏn (XIVe-XVIe siècles) et les interrogations de type religieux : le cas de Yulgok, Yi I (1536-1584) », in Flora BLANCHON, Rang-Ri PARK-BARJOT, *Le nouvel âge de Confucius, Modern Confucianism in China and South Korea*, Paris, PUPS, 2007, p. 145-146.

Mais dans l'étude de cartes aux multiples strates herméneutiques, paradoxe n'est pas contradiction. Quelques exemples cartographiques concrets nous aideront à clarifier cette nuance. Afin de mettre en forme la relation bilatérale entre la Chine et la Corée des *sadaebu* au sein du système tributaire sinocentrique, les dirigeants de Koryŏ commanditèrent la *Carte des cinq provinces et deux régions frontalières* (五道兩界圖 오도양계도, *Odoyanggyedo*), qui retraçait l'itinéraire allant de Uiju à Liaoyang, c'est-à-dire l'itinéraire qu'empruntaient les diplomates coréens pour se rendre en Chine, intersectant donc la frontière septentrionale et notamment la rivière Amnok/Yalu et les huit relais routiers de la région de Tongpalcham, dont quatre au moins auraient été retranscrits – Yunshan (ko. Yŏnsan), Longfeng (Yongbong), Kaizhou (Kaeju) et Tangzhan (T'angch'am)[525]. En interprétant ces données d'un point de vue logistique, la représentation du réseau fluvial, très détaillée, peut également contribuer à la facilitation de la gestion de l'acheminement des marchandises ou du moins en permet la lecture. Comme le souligne Gari Ledyard, « l'indication des ports et des criques, par des cartouches ovales, permet d'apprécier le transport des grains et l'organisation de la défense des côtes, qui subissaient les fréquentes attaques des pirates japonais au moment où fut tracée la carte[526] ». Selon la thématique privilégiée – énergétique, commerciale, diplomatique, cognitive – le *Kangnido* requiert des outils de décryptage qui peuvent aussi bien disjoindre que conjoindre les données qui l'émaillent. Parmi les indices disjonctifs, nous avons identifié les cercles concentriques d'appartenance culturelle centrés sur la Chine, mais également les cercles concentriques dont la frontière sépare les dernières actualisations d'une obsolescence qui sont, eux, centrés non plus sur la Chine mais sur la Corée, puis incluent dans une deuxième zone en voie d'obsolescence la Chine des Yuan et, dans des tiers confins désuets, le reste du monde, selon la temporalité tripartite établie par John Short. Dans cette veine où la disjonction prime sur la conjonction, le nouveau découpage administratif des provinces est suivi de près par des catégorisations chorographiques par compilateur ou par région : yŏji (annales chorographiques nationales), *ŭpchi* (annales chorographiques par commune), *toji* (annales chorographiques par province), *kunhyŏnji* (annales chorographiques par comté et sous-préfectures), *ch'ondongmyŏnji* (annales chorographiques par village), *jinyŏngji* (annales chorographiques par forteresse militaire) et *byŏnbangji* (annales chorographiques par frontière)[527]. Parmi les outils de décryptage qui conjoignent les informations figurées,

[525] Jungshin LEE, « Korean's Perception of the Liaodong Region During the Chosŏn Dynasty », *op. cit.*, p. 63. Parallèlement, les cartes annamites recensent également l'itinéraire des ambassades tributaires entre Hué et Pékin. Cf. Pierre SINGARAVÉLOU, Fabrice ARGOUNÈS, *Le monde vu d'Asie, Une histoire cartographique*, *op. cit.*, p. 79.

[526] Gari LEDYARD, « Cartography in Korea », *op. cit.*, p. 289.

[527] Bo-kyung YANG, « Traditional Geography, Korean Geography and Geographers », *op. cit.*, p. 25.

l'amalgame de traditions et d'outils technologiques cosmopolites n'est peut-être pas directement visible sur le *Kangnido*, mais il en sous-tend autant la vision que la réalisation, ce que nous nous sommes évertué à démontrer dans la première partie. Par ailleurs, une réticularité shamanique cède progressivement le pas à une réticularité utilitaire touchant aux domaines militaires, administratifs et commerciaux. Ces différentes thématiques se conjuguent et se renforcent pour faire de la carte un outil de gestion plus qu'un objet de décoration. Si le *Kangnido* est dépourvu de frontières au sens où nous l'entendons aujourd'hui, c'est qu'en fait celles-ci semblent constamment se dérober à notre regard dans une danse où toute nouvelle grille de lecture en fait resurgir certaines pour en ensevelir d'autres.

En France, les lignes des marches et *limes* s'imbriquent pour se convertir en réseau dont les linéaments ne sont plus ceux des portulans, ni ceux des allégeances interpersonnelles, des diocèses ou des foires commerçantes. Nous avions montré dans la première partie que tout séparait les cartes nautiques des cartes « terrestres » ptoléméennes : ces premières privilégiaient la toponymie de la côte voire des récifs et accidents, elles traçaient les itinéraires des vents, des caps et des directions qui noircissaient l'océan d'indications délaissant les continents tels des coquilles vides. Par contraste, la géographie ptoléméenne offrait une vision mathématique, continentale et statique du monde qui, par le report de coordonnées sur le plan insistait plus sur ce qui sépare deux points que sur ce qui les relie. Cette dichotomie s'estompe au milieu du XVIe siècle avec la parution de plusieurs œuvres moins délinéantes que réticulaires et conjonctives. À l'instar de la *Carte du diocèse du Mans* confectionnée en 1539 à partir d'itinéraires pédestres, *La guide des chemins de France* de Charles Estienne (1552) et la *Carte du Berry* dessinée par Jolivet (1545) sont révélatrices de la mise en forme graphique de nouveaux schémas mentaux qui font de l'homme l'aune de la mesure de son territoire. La France n'est plus le « royaume des quatre rivières[528] » – l'Escaut, le Rhône, la Saône et la Meuse –, comme on la nommait au Moyen Âge, qui s'insère aisément dans un cadre délimité par des frontières naturelles. Elle devient un espace qui se parcourt non seulement pour être mesuré – il faut vingt-deux journées de marche pour rejoindre le nord du sud de la France et seize d'est en ouest –, mais encore pour que chemin faisant se dessine l'esquisse d'une identification entre l'homme et le paysage retranscrite sous forme de miniatures enluminées dans *Les Très Riches Heures du duc de Berry* au XVe siècle et plus spécifiquement sous forme de cartes et de tableaux au XVIe siècle qui voit la résurgence de la peinture de paysage comme arrière-plan prenant progressivement les devants du panorama mental de l'homme. Les chemins

[528] Léonard DAUPHANT, *Le Royaume des quatre rivières. L'espace politique français 1380-1515*, Seyssel, Champ Vallon, 2012.

parcourus à pied connectent les localités et les sujets d'un même « pais » ou d'un même royaume entre eux. Nous rejoignons ici Robert Mandrou lorsqu'il démontre que l'espace et le temps « sont une construction de l'esprit : un effort de l'homme, à partir de ses mouvements. [...] La mesure de l'espace est toujours tirée du corps humain : pied, pas, coudée ; puis du déplacement : une forêt a trois journées de marche de profondeur, un champ a trois jours de charruage de superficie, trois journaux... Tout ceci à la mesure de la vie rurale, traditionnelle, dans le cadre d'un terroir[529]. » Mais dessinées à la main, les mesures du temps et de l'espace deviennent des voies d'accès à une opération plus symbolique : l'appropriation mentale du territoire par la carte, soit l'identification du sujet avec un environnement dont l'artifice transfère à la culture ce que la nature a inspiré à l'homme. Ce désir d'appropriation voire de contrôle n'est pas qu'individuel : la cartographie lui permet de saisir le devenir politique d'une communauté d'êtres. Et pour garantir la gouverne de son royaume, le roi se doit de repenser le maillon manquant entre sa personne et ses sujets et considérer la perception du pouvoir qu'il exerce depuis chacune des hauteurs de vue que les échelons de la hiérarchie sociale confèrent à ses sujets. Dans la préface du *Prince*, Nicolas Machiavel explicite la nature mouvante du point de vue à adopter dont la maîtrise est l'expression de la vertu telle qu'il la préconise dans son opuscule : « Mais comme ceux qui ont à dessiner des pays montagneux se placent dans la plaine, et sur des lieux élevés lorsqu'ils veulent lever la carte d'un pays plat, de même, je pense qu'il faut être prince pour bien connaître la nature des peuples, et peuple pour bien connaître celle des princes[530]. » Cette pluralité des points de vue peut paraître déconcertante pour qui tente de la rapporter à un plan mais elle est consubstantielle à l'ère cartographique antérieure à l'avènement d'une échelle rigoureusement appliquée, ère dans laquelle s'inscrit bien entendu la peinture de paysage extrême-orientale. François Cheng en établit une typologie tripartite dont la labilité n'aurait sans doute pas déplu au secrétaire florentin : le *shen-yuan* ou « distance profonde » campe le spectateur sur une hauteur lui offrant une vue plongeante ; le *kao-yuan* ou « distance élevée » oblige le spectateur à regarder vers le haut ; tandis que le *ping-yuan* propose une « distance plate » qui s'étend en toute liberté à l'infini[531]. Or toute typologie résiste rarement

---

529 Robert MANDROU, *Introduction à la France moderne 1500-1640, Essai de psychologie historique*, *op. cit.*, p. 96.

530 Nicolas MACHIAVEL, *Le Prince*, *op. cit.*, p. 3.

531 François CHENG, *Vide et plein, le langage pictural chinois*, *op. cit.*, p. 103. Quelques pages plus tôt, l'auteur annonce déjà que, « un artiste accompli doit être capable de montrer avec des coups de pinceau les choses vues de divers côtés ». *Ibid.*, p. 84. La viabilité de l'entreprise néoconfucéenne et le maintien au pouvoir de son élite passe par la stabilisation de l'autre extrême constitué par le peuple, interdépendance des points de vue que Nam-Yi Kim résume ainsi : « Dans la discussion à propos de divers systèmes, les savants du *Chiphyŏnjŏn* placent "l'ordre qui permet de maintenir le pays" avant toute

aux voies de la pratique et à travers les distorsions propres aux jeux d'échelles et de distances du *Kangnido* nous pensons avoir relevé suffisamment d'indices pour affirmer que ses spectateurs s'y meuvent différemment selon l'orientation qu'ils souhaitent privilégier. C'est en tout cas cette prise en compte d'une hypsométrie littérale et figurée qui impulse la chorographie du Chosŏn et la géographie des « pais » de France pour aboutir à un renforcement de la centralisation du pouvoir. Cette tendance fut amorcée par Gilles Le Bouvier, qui, épris de « délectation à voir et parcourir le monde », fut le premier à tenter d'unifier la vision de son royaume dans son *Livre de la description des pays* pour le compte de Charles VII pour témoigner des « beaux et haults faits qui pourroient dorénavant advenir en iceluy Royaume [...] et qu'après leur veüe je redigerois ou ferois mettre en escrit [...] tant les biens que les maux[532] ». Fine, Nicolas de Nicolay, Jean Jolivet, et François de La Guillotière poursuivent et complètent « en figures » ce que Gilles Le Bouvier avait mis « en escrit ».

La visualisation de l'espace semble donc être une condition nécessaire à son contrôle en France et en Corée où les hommes s'empressent au sommet d'observatoires astronomiques, donjons, échauguettes, flèches de cathédrale, beffrois et montagnes pour accorder la hauteur de vue impartie aux vues de l'esprit amendé. De manière officieuse, elle altère un ordre tacite en contribuant à déplacer les lignes, les schémas et les règles non écrites des relations sociales et administratives au sein du royaume mais aussi au-delà de ce qui en constitue des frontières floues, dans ce que l'on pourrait appeler une société des royaumes naissante. Nous voudrions conclure cette deuxième partie en récapitulant les facteurs contribuant à faire de la carte un déroulement – c'est-à-dire un processus en cours représenté par une frontière entendue comme une zone mouvante – et non un dénouement où des lignes de démarcation trop rigides, d'ailleurs absentes des cartes de Fine comme de celles de Yi Hoe, auraient figé l'Histoire, suspendu le temps et tué la polysémie de leurs cartes. La dimension internationale est prégnante chez les Valois comme les Yi du fait de leur position géographique : si c'est le continent eurasiatique qui rattache la France et la Corée aux autres royaumes, aux autres cultures, la Manche et le coude du détroit de Corée ne les en isolent pas non plus. Leur ouverture internationale « naturelle » est essentielle pour comprendre en quoi Français et Coréens voient en l'autre à la fois un barbare et un alter ego : il est plus rapide au XVIe siècle de se rendre en bateau de Barcelone à Londres que de parcourir à pied la distance qui sépare Paris de Toulouse ; et le millier de kilomètres reliant la capitale impériale à Hansŏng dans le cadre des échanges diplomatiques de tributs

---

chose et le facteur fondamental de cet ordre est la stabilité du "peuple". » Nam-Yi KIM, « 집현전 학사의 삶과 문학 세계 », *op. cit.*, p. 128.

532 Gilles LE BOUVIER, *Le livre de la description des pays*, in http://gallica.bnf.fr/ark:/12148/bpt6k1120936/f9.image (consulté le 01.09.2020).

entre les Ming et le Chosŏn devait sans doute être un paysage si familier pour les lettrés-fonctionnaires dépêchés trois fois par an en Chine qu'ils l'intériorisèrent comme leur et faisait à n'en point douter partie de leur cartographie mentale. Cette affinité avec un ailleurs fait de l'étranger proche l'objet de trois formes de politiques retranscrites sur la carte par une bordure conjonctive plutôt que disjonctive : les conquêtes territoriales ; les concordes diplomatiques et économiques ; l'assimilation culturelle débouchant sur le rayonnement – politiques à triple détente dont nous traiterons à présent.

La *Nova totius Galliae descriptio* et le *Kangnido* représentent tous deux des conquêtes territoriales, soit parce qu'ils les entérinent soit parce qu'ils les espèrent. Il ne faudrait pas se méprendre en accordant une attention exagérée aux guerres d'Italie, qui, bien qu'elles subsument la rivalité entre les Valois et les Habsbourg, ne sont pas le seul enjeu de la consolidation du territoire français qui passe également par une *reconquista* intérieure. La lutte contre le connétable de Bourbon et plus tard contre Montmorency illustre la double dimension internationale et nationale de frontières, cicatrices identitaires à panser : leur chute constituera la perte d'alliés de Charles Quint en même temps que le rattachement à la couronne de France de territoires qui échappaient au contrôle du roi. Derrière l'image du roi-savant qu'on a bien voulu lui prêter, Sejong est également un roi de guerres – plutôt qu'un roi guerrier comme Taejo – : la première année de son règne donne le la avec l'éviction des pirates *wakō* de l'île de Daema (1419) ; il attendra ensuite la déroute des Ming au Đại Việt pour établir les six forts et quatre garnisons entre 1433 et 1443. Pourtant, les gains territoriaux semblent faibles par rapport aux sommes et aux vies humaines engagées. Mais, entre le début et la fin du XVe siècle en Corée et le début et la fin du XVIe siècle en France, les stratégies d'*offension* et de *deffension* militaires n'auront finalement que peu repoussé les confins de leur royaume, le recours à la force guère contribué à leur prestige.

François Ier et Sejong voyaient souvent dans les périodes de trêve le prétexte d'une intense activité diplomatique propice à d'autres types de bénéfices. Chez les Coréens, elle s'inscrit dans le système tributaire qui dessert en partie les intérêts militaires du Chosŏn dans le Liadong en limitant sa marge de manœuvre aux zones disputées aux Jurchen et aux Mongols tout en garantissant l'appui des Ming en cas d'offensive d'un acteur voulant renverser le système néoconfucéen, le Japon. Elle peut aussi prendre la forme d'accords commerciaux et contribue par là à étendre l'influence économique du Chosŏn (accords commerciaux et de bon voisinage *kyorin* avec Japonais et Jurchen dès 1433). Chez les Français, l'activité diplomatique est plus variée, souvent plus éphémère et toujours plus périlleuse. François Ier tente de modifier ses relations avec le Saint-Siège en sa faveur en concluant avec le pape Léon X le concordat de Bologne (18 août 1516) qui annule la Pragmatique Sanction du 7 juillet 1438, reconnaît la suprématie du pape sur les conciles nationaux mais permet au souverain français de nommer les abbés, évêques et archevêques auxquels il ne se prive pas de donner des prérogatives politiques. De fait, le Saint-Siège nourrit à l'égard de François Ier une suspicion extrême et privilégiera presque toujours les républiques italiennes et l'appui des Habsbourg. Déjà stipulé dans les traités de paix de Madrid (1526) et Cambrai (1529), le mariage entre la sœur de Charles Quint, Éléonore, et François Ier est célébré le 7 juillet 1530 afin d'apaiser les tensions entre les deux rivaux. Sur le front intérieur, l'édit du Plessis-Macé (août 1532) concrétise quarante-trois ans de politique matrimoniale et dynastique pour rattacher les États de Bretagne à la couronne de France. Pourtant, l'influence de ces concordes diplomatiques sur les frontières cartographiques n'est pas toujours visible ou synthétise en tout cas l'action de plusieurs rois qu'il ne nous a pas toujours été possible de nuancer. Bien que monarchiques et tendant à la centralisation, les maisons des Valois et des Yi ont également connu de graves crises d'autorité remettant en cause la légitimité du souverain. En France, François Ier doit composer avec le parti conservateur et ultra-orthodoxe qui considère comme hérétiques « les luthériens, les évangéliques, les humanistes, les novateurs, à savoir tous ceux qui propageaient les idées nouvelles, les frères du Bellay étant leurs chefs de file[533] ». Et après que le connétable de Bourbon est éliminé (1527), c'est Anne de Montmorency, connétable de France en 1538 mais qui a déjà la main sur la politique étrangère dès 1536, qui fait de l'ombre à son souverain il est vrai diminué par la maladie. Ces fractures intestines n'apparaissent pas à la surface des cartes mais elles resurgissent souvent en politique internationale : Guillaume du Bellay cherche l'appui des princes protestants allemands et il est saisissant de voir que Fine emprunte le terme « doctrines[534] » dans son *Épître exhortative* (1532), qui selon l'une de ses acceptions peut faire référence aux nouvelles doctrines venues d'Allemagne, c'est-à-dire à la cause luthérienne, alors que paradoxalement, à l'intérieur du royaume et à la suite de l'affaire des Placards (18 octobre 1534), des mesures de plus en plus drastiques seront prises contre les luthériens.

En Corée, les dirigeants néoconfucéens écartent des devants de la scène spirituelle leur principal rival, le bouddhisme, non seulement en le délégitimant politiquement mais en plus en absorbant certains de ses attributs. Voici l'analyse qu'en livrent Wanne Joe et Hongkyu Choe :

> Tout en ridiculisant les « superstitions » de la théologie bouddhiste, le néoconfucianisme s'est approprié sans scrupule d'importants

---

[533] Édith GARNIER, *Guillaume du Bellay, l'ange gardien de François Ier*, *op. cit.*, p. 199.

[534] « Lon verra briefvement/France flourir et passer en doctrines/Les nations et gens circumvoisines » nous dit Fine dans Oronce FINE, « Epistre exhortative, Touchant la Perfection & Commodite des Arts Liberaulx et Mathematiques », *op. cit.*, p. 8.

> concepts métaphysiques du bouddhisme. Il mettait également la méditation en exergue, comme un moyen d'obtenir rien moins qu'une illumination soudaine, la même méthode et le même but que le bouddhisme zen avait parfaits […]. Tout en interdisant les rituels et services bouddhistes, il s'attelait à répandre les pratiques de cérémonies et rites confucéens complexes. Afin de rendre la littérature confucéenne plus accessible, les néoconfucéens se lancèrent aussi dans des projets d'impression, une tradition que les bouddhistes avaient établie depuis longtemps. Tandis qu'ils réduisirent considérablement le nombre de temples bouddhistes et de monastères et confisquèrent leurs biens et leurs esclaves, ils construisirent des centaines de *sŏwŏn* avec, en leur centre, un sanctuaire fonctionnant grâce à l'étendue de leurs terrains et des esclaves y travaillant[535].

Mais derrière cette lutte entre bouddhistes et néoconfucéens se profile un débat entre néoconfucéens aux répercussions bien plus profondes : les tensions entre les défenseurs de l'examen écrit (훈구파) et la classe politique émergente (사림파) débouchèrent sur les purges de lettrés de 1498, 1504, 1519 et 1545. Ces luttes pour l'orthodoxie et leurs implications éducatives et politiques[536] ne sont pas sans rappeler que la Réforme et la Contre-Réforme débordèrent largement le cadre religieux. Car, avec la parution de ses 95 thèses, Luther va indirectement contribuer à transformer les institutions éducatives françaises. Les zones d'implantation protestantes (dans le Nord et le Nord-Est) s'alphabétisent plus rapidement grâce aux gymnases. Henri II, dont la volonté est de réprimer la Réforme, va fonder la Chambre ardente et censurer toute publication jugée réformiste. La Contre-Réforme encourage la fondation des collèges jésuites qui offrent une formation allant des petites classes à l'enseignement supérieur. Le collège de Messine ouvre ainsi la même année où les instituts coréens *sŏwŏn* obtiennent du gouvernement central les statuts éducatifs, en 1548. Trente-sept autres suivront notamment dans les zones protestantes. Mais le mouvement s'étend puisque les ordonnances de 1561 demandent la création auprès de toute église cathédrale ou collégiale d'un poste de précepteur chargé d'instruire gratuitement la jeunesse.

---

535 Wanne J. JOE, Hongkyu A. CHOE, *Traditional Korea, A Cultural History*, *op. cit.*, p. 289.

536 Dans un article consacré aux stratégies de récupération culturelle sous la présidence de Park Gen-He, Min Hoe souligne que de tout temps l'essence de la culture est séditieuse et qu'elle s'exprime par la résistance au contrôle politique. Pour illustrer son propos, il s'appuie sur le mouvement de la résistance des belles lettres contre l'occupation japonaise, ou sur l'engouement pour les reliques culturelles qui sont l'expresion d'une volonté de renverser la tyrannie pour instaurer la démocratie sous les présidences de Lee Seung-Man, Park Jung-Hee et Jun Doo-Hwan. Min HOE, « 문화를 보호해야 한다-문화융성 시대의 문화적 위기들 », *문화과학*2014 년 봄호 (통권 제 77 호), 2014.03, p. 81.

Si la carte ne peut être le miroir fidèle de tous ces aléas, l'inquiétude qu'ils suscitaient chez les monarques se mesure à la multiplication des projets chorographiques. Au-delà du royaume, l'absence de données et d'acteurs clés dans les rouages de la diplomatie d'alors peut interloquer : Fine et les cartographes du *Kangnido* Ryūkoku se gardent de figurer sur leurs cartes deux puissances de premier ordre, l'Empire ottoman et le Đại Việt. Dès le désastre de Pavie (1525), l'« alliance orientale » avec l'Empire ottoman s'impose à François Ier comme une évidence et, en « signant » les Capitulations en 1535[537], le Grand Seigneur et son grand vizir Ibrahim accordent aux Français la prépondérance du commerce maritime aux dépens de toutes les autres nations, y compris des Vénitiens[538]. Le « hasard » des autres échelles, non pas commerciales mais cartographiques, fait que la Turquie n'entre pourtant pas dans le cadre de la *Nova totius Galliae descriptio* et qu'elle est tout juste gratifiée d'une mention « Turchia », entre « Asia Minor » et « Armenia » sur la *Recens et integra orbis descriptio.* Cette négligence peut s'expliquer par le fait que la décennie qui précéda les Capitulations fut marquée par le sceau de négociations aussi intenses que secrètes, de peur de provoquer l'opprobre de la chrétienté ou d'annuler l'effet surprise de l'ouverture d'un nouveau front méditerranéen. En ce qui se rapporte à la prétérition de l'Annam sur la carte de Yi Hoe, soulignons avant toute chose qu'au moment de la confection du *Kangnido* de 1402, l'Annam est encore dirigé par la dynastie Hồ (1400-1407) et que ce n'est qu'en 1407 que l'empereur des Ming Yongle tente de l'envahir, ce que semble prophétiquement figurer le *Kangnido* où toute la péninsule indochinoise est absorbée par la Chine comme s'il ne s'agissait que d'une province des Ming comme elle le fut aux temps des Tang. Comme pour magnifier l'ascension du statut du Chosŏn et rendre l'appartenance néoconfucéenne plus exclusive encore, la version Ryūkoku du *Kangnido* (1485), pourtant ultérieure à l'avènement des Lê (1428-1788), ne fait aucune mention d'un autre pôle néoconfucéen en dehors de la dialectique sino-coréenne. La Turquie ne figure pas plus ostensiblement sur la *Recens et integra orbis descriptio* que l'Annam sur le *Kangnido*, alliée pour la France et diversion pour le Chosŏn sans lesquels François Ier et Sejong auraient été bien plus inquiétés par les Habsbourg et les Ming. Mais, la non-

---

537 Les Capitulations sont en fait une construction historique postérieure à l'an 1535 mais comme des échelles furent effectivement établies au Levant quelques années plus tard, l'année 1535, où la relation franco-ottomane fut officialisée, leur fut finalement accolée. Selon Jean-Marie Le Gall, il s'agit d'un document de travail rédigé par l'ambassadeur Jean de La Forest ; de son côté, Édith Garnier affirme qu'elles proviennent de la plume de Guillaume du Bellay. Jean-Marie LE GALL, *François Ier : la Renaissance et le goût du monde*, in https://www.franceculture.fr/emissions/tout-un-monde/francois-ier-la-renaissance-et-le-gout-du-monde (consulté le 01.09.2020) ; Édith GARNIER, *Guillaume du Bellay, l'ange gardien de François Ier*, *op. cit.*, p. 303.

538 *Ibid.*, p. 303.

concrétisation d'un pacte coréano-vietnamien contre la Chine est à proportion de la déférence des cartographes coréens à l'endroit de la Chine – si l'on s'en tient aux dimensions de celle-ci. L'irrévérence que tolère le protocole occidental autorise Fine à minimiser et niveler la puissance des royaumes autres que la France : ses cartes ne laissent nullement apparaître la grandeur de l'empire de Charles Quint – qui règne tout de même, depuis le traité de Tordesillas (1494), sur toutes les terres localisées à l'ouest d'un méridien lui-même situé à 370 lieues à l'ouest des îles du Cap-Vert[539] –, et préfèrent à cela indiquer *Espaigne*, *Grand Alemaigne* ou *Italie*, Italie dont François Ier fomente le nationalisme pour contrecarrer l'emprise de Charles Quint sur la péninsule[540]. Paradoxalement donc, les lignes de fracture religieuses et idéologiques internes au royaume peuvent, dans la recherche d'alliés qu'elles suscitent, repousser ou en tout cas consolider sa frontière extérieure.

Les années qui s'écoulent entre la parution de la première version de la *Nova totius Galliae descriptio* (1525) et la *Recens et integra orbis descriptio* (1536) sont décisives pour la France. En 1526, Guillaume du Bellay rédige le premier texte de propagande au nom de François Ier – l'*Apologia Madriciæ conventionis inter Franciscum I & Carolum V. Dissuasoria*, « un texte destiné à justifier le refus du roi de respecter le traité de Madrid au nom de l'intérêt supérieur de la France, texte qui sera diffusé dans toute l'Europe ». En filant l'analyse d'Édith Garnier qui affirme immédiatement après que « Langey deviendra désormais la plume de François Ier [541] », nous avons tenté de soutenir la thèse concordante consistant à démontrer qu'à partir de 1525 Fine en devint le pinceau. Autrement dit, tandis que Montmorency et du Bellay se partagent politiques officielles et officieuses, les cartes de Fine en brossent le cadre, les aspérités et les perspectives en masquant autant qu'en dévoilant les desseins de François Ier. Au début du chapitre XIV de son ouvrage, Édith Garnier s'appuie passagèrement sur un tableau en perspective – une enluminure datant de 1530 figurant le roi tel un « modèle accompli de prince de la Renaissance » dans un « monde en ordre[542] », c'est-à-dire reconnaissant la victoire des alliés de l'empereur – pour montrer que les apparences sont trompeuses. En réalité, le monde n'est pas en ordre, et tout est plutôt à régler, puisqu'en 1536 le dauphin François

[539] Bartolomé Bennassar mentionne la titulature d'un acte officiel espagnol qui débute ainsi : « Don Carlos, par la grâce de Dieu roi de Castille, de León, d'Aragon, des Deux-Siciles, de Jérusalem, de Navarre, de Grenade, de Jerez, de Valence, de Galice, de Majorque..., des Indes Orientales et Occidentales..., Seigneur de Biscaye... ». Bartolomé BENNASSAR, *Un siècle d'or espagnol*, *op. cit.*, p. 19.

[540] « "Libérons l'Italie du joug étranger", tel est le slogan que l'on entend le plus souvent, signalaient les impériaux. » Édith GARNIER, *Guillaume du Bellay, l'ange gardien de François Ier*, *op. cit.*, p. 138.

[541] *Ibid.*, p. 134.

[542] *Ibid.*, p. 235.

meurt à huit ans, que les pleins pouvoirs sont accordés à Montmorency qui réoriente la politique extérieure de la France vers le Nord tout en se rapprochant des Habsbourg, alors que la relation franco-ottomane est officialisée au moment où le vizir Ibrahim, spécialiste des affaires européennes, et l'ambassadeur Jean de La Forest ne sont plus. Nous avons recouru directement ou en filigrane à la dialectique qu'Édith Garnier établit entre un langage en clair et un langage crypté pour tenter d'épuiser le sens de cartes que Fine confectionne à un moment charnière plein d'incertitudes. La périodisation entre le premier *Kangnido* (1402) et la première version dont nous disposions (1485) est plus ample mais tout aussi dense puisque pas moins de neuf rois s'y succèdent et que, les lettrés-fonctionnaires au pouvoir ayant résolu leurs différends avec les Ming, les Jurchen, les Mongols et les Japonais, leurs conflits se concentreront à partir de la seconde moitié du XVe siècle sur la mise en œuvre de réformes administratives, fiscales, éducatives et juridiques entraînant elles aussi leur lot de purges et de morts. En clair, Fine et Yi Hoe se rejoignent en ce qu'ils glorifient le passé de la Gaule et d'un sinocentrisme atemporel mais aussi là où ils translatent les maximes politiques de leur temps et de leur culture en feuilles de route exploitables par leur commanditaire. Pour Fine et les monarques français, le non-respect des engagements devient la norme car prévaut en leur lieu et place la poursuite de la raison d'État : la taille des royaumes voisins est donc amoindrie, ce qui donne l'illusion d'un relatif déséquilibre des puissances sur la *Nova totius Galliae descriptio* à l'avantage de la France. À l'inverse, la politique étrangère coréenne se fonde sur le respect des codes du système tributaire : la Chine est magnifiée et le Japon rapproché et réduit pour refléter la hiérarchie de la société des royaumes néoconfucéens. En crypté, leurs cartes ne sont pas si dissemblables non plus en ce que l'histoire sert d'écran masquant les intentions réelles des cartographes et de leurs commanditaires. La bordure naturelle de la *Nova totius Galliae descriptio*, faite de reliefs extensibles qui prolongent et amplifient l'erreur longitudinale, aide Fine à dépeindre une France telle que son roi souhaiterait qu'elle prît forme à l'avenir, c'est-à-dire une France souveraine ayant repoussé ses voisins par-delà, volonté concrétisée par des conquêtes militaires et culturelles du siècle suivant. Cette projection dans un futur plus ou moins immédiat n'a pas été signalée dans d'autres études et son originalité démarque également les cartes de Fine de la peinture contemporaine au XVIe siècle, puisqu'un spécialiste comme Philippe Hamon remarque parallèlement que la valeur différée de l'argent, c'est-à-dire fiduciaire, n'est pas représentée sur des tableaux où ne figurent que des pièces et stocks, les dernières évolutions n'étant pas montrées de peur qu'elles restent indéchiffrables par les amateurs d'art[543]. Au contraire, notre étude aura

[543] Philippe HAMON, *L'or des peintres : l'image de l'argent du XVe au XVIIe siècle*, Rennes, Presses universitaires de Rennes, 2010.

soutenu que l'œuvre finienne est au moins autant le dépositaire de gestes passées qu'une incitation à se projeter vers un avenir où se dessine une nouvelle vision de la France dans son rapport au monde. Usant d'une temporalité tout aussi souple, Yi Hoe et ses successeurs se servent aussi du temps et de l'histoire comme de leurres pour replacer la Corée au centre de toutes les vagues d'actualisations afin de dresser le portrait d'un royaume de Chosŏn à la fine pointe d'un nouvel ordre spatio-temporel. Par ailleurs, même si nous ne sommes pas en mesure d'établir de correspondances géographiques directes entre retard chorographique et poches d'insoumission politique, il est à noter que les progrès d'une cartographie provinciale voire locale sont à la mesure du contrôle toujours plus tentaculaire que le pouvoir central tente d'exercer sur les protestants et une noblesse dissidente en France et sur les lettrés provinciaux défenseurs d'un néoconfucianisme toujours plus méritocratique, imperméable aux compromissions politiques et désireux d'appliquer leur doctrine à la lettre.

Des lettres et des caractères, les cartes en contiennent également et, en poursuivant le mouvement général de notre réflexion qui va du plus occulte au plus explicite, nous avons jugé pertinent, après avoir traité des coulisses matérielles et épistémologiques des cartes en première partie et de ce que Tacite nommait les *arcana imperi* ou « arcanes de l'empire » qui se convertissent à la Renaissance en *regni aracana* ou « arcanes du royaume » en deuxième partie, d'amener notre propos vers l'analyse des lettres et de l'esprit qu'elles insufflent aux langues dans les cartes de Fine et Yi Hoe mais aussi plus généralement dans les entreprises renaissantes et néoconfucéennes de leur siècle. Plusieurs indicateurs convergent vers cette thématique. Nous avions souligné en première partie que, comme en Occident où la racine du terme « géographie » renvoie aussi bien au graphisme du dessin qu'à celui de l'écriture, dans la tradition orientale, les supports visuels géographiques ont longtemps été précédés ou accompagnés de descriptions textuelles exhaustives. À la faveur de cette polysémie, il n'est pas surprenant de constater que les langues nationales que sont le français et le coréen naissent et s'émancipent au moment précis où la cartographie franchit un cap qualitatif qui lui aussi la distingue d'autres traditions et disciplines : à l'ordonnance de Villers-Cotterêts de 1539 correspond la parution en 1446 des *Sons corrects pour l'instruction du peuple* ou *Hunminjŏngŭm* (訓民正音 훈민정음) qui consacre la création du *han'gŭl*. Or le français et le coréen ne sont pas conçus dans un seul élan philologique mais dénotent en outre une volonté du pouvoir royal d'édicter des lois et d'expliciter ses injonctions. L'analyse des lettres et de la langue qui sous-tendent l'œuvre de Fine et Yi Hoe nous permettra de confirmer, d'infirmer voire de dépasser le sens que nous avions jusque-là pensé pouvoir attribuer à leurs cartes afin de combler le hiatus entre l'indessinable et le dicible. En mariant dessins et lettres, la cartographie se ferait alors frontière entre l'implicite et l'explicite et c'est sur ce trait d'union que nous voudrions disserter en troisième partie.

TROISIÈME PARTIE : LE LANGAGE DES CARTES

Chapitre 1 – Les théories du *zhengming* et de la rectitude morale à travers les cartes de Yi Hoe et de Fine

Outillées du haut par leurs mandants, du bas par les instruments et les théories qui les sous-tendent, les cartes le sont également de l'intérieur par les mots qui y fourmillent et tentent de dire le monde. Les liens qui unissent les langues aux cartes sont multiples et cette union se consume dès son étymologie en Occident comme en Orient. Du grec *geôgraphia*, le mot français « géographie » employé par Jean Lemaire de Belges dès 1525 renvoie à la graphie d'un texte autant qu'au graphisme du dessin qui figure cette « description de la Terre[544] ». Les images se substituent aux mots lorsque ceux-ci ne suffisent plus à nous dire le monde mais, inversement, les mots relaient les images, ou plutôt les articulent en orientant leurs observateurs dans la lecture du monde que le cartographe veut imprimer sur sa rétine et peut-être dans son subconscient. Dans le mouvement général de notre étude qui va de l'invisible à l'explicite, les mots se délestent des équivoques symboliques du dessin lorsque l'imaginaire lui réclame une béquille verbale à laquelle s'accoter. Une chose est sûre, ils sont interdépendants et c'est de leur association que se nourrit la science géographique depuis le bouclier d'Homère jusqu'aux *descriptiones* de Fine en passant par le Moyen Âge, qui ne fait pas exception à la règle dans ce cas précis, puisque le livre XIV des *Étymologies* de saint Isidore de Séville (560-636) appose une description littéraire aux *mappae mundi* de son temps. Même sans son pendant textuel – légende, préambule voire colophon –, le versant scriptural d'une carte se définit a minima par sa toponymie, dont l'étymologie grecque scelle l'union d'un lieu *topos* à un nom *nomya*, ou comme l'illustre Ryu Je-Hun, « unissant géographie et langage, les toponymes sont matériels et métaphoriques tout en étant à la fois substantiels et symboliques[545] ». En Extrême-Orient aussi, un aperçu étymologique parallèle met à nu ce double ressort puisque le caractère chinois *tu* (圖) comporte des dénotations picturales et scripturales en ce qu'il renvoie aussi bien à un plan, un dessin, qu'au fait d'esquisser, de conspirer, d'estimer, de calculer ou de tâcher d'obtenir quelque chose[546], quand il ne renvoie pas à des annotations, des descriptions voire des poèmes qui accompagne le dessin

[544] Jean DUBOIS, Henri MITTERAND, Albert DAUZAT, *Dictionnaire étymologique*, *op. cit.*, p. 361.

[545] Je-Hun RYU, « A Cultural History of Korean Toponyms », *Korea Journal*, Vol. 52, n° 1, Spring 2012, p. 5.

[546] Léon WIEGER, *Chinese characters, Their origin, etymology, history, classification and signification*, *op. cit.*, p. 686.

à proprement parler. La complémentarité inextricable de cette double parenté sémantique est bien formulée par le lettré chinois du XIIe siècle Zheng Qiao : « Les images (图, *tu*) sont le fil de chaîne et les mots (书, *shu*) le fil de trame [...]. Voir les mots sans l'image, c'est entendre une voix sans voir de forme humaine ; voir l'image sans les mots, c'est voir quelqu'un sans l'entendre[547] ». Cultivant cette symbiose entre la lettre et l'image, François Cheng ajoute que sous les Song « inscrire des poèmes dans l'espace blanc du tableau visait à l'origine à métamorphoser la peinture en un art en quelque sorte plus *complet*, où se combinent qualité plastique de l'image et qualité musicale des vers, c'est-à-dire, plus en profondeur, dimension spatiale et dimension temporelle[548] ». Un siècle plus tard, le poète Yi Kyubo (1168-1241) introduira en Corée les *Hwaido* (*Carte de Chine et des Barbares*) par l'entremise d'un poème intitulé « *Che hwaido changdanku* » (*Phrases longues et courtes sur les Cartes de Chine et des Barbares*)[549]. Nous comprenons donc que tout lettré accompli devait être à la fois peintre, calligraphe et poète. L'actualité des cartes et des langues dans des « dessins-textes » ne semble pas décroître au XVe siècle sous le règne de Sejong, même si les deux syntagmes se concurrencent parfois. Selon Gari Ledyard, malgré les nombreuses enquêtes chorographiques ordonnées, seulement deux cartes peuvent être attribuées au cartographe attitré du roi Sejong, Chŏng Ch'ŏk :

> Cette perte momentanée d'intérêt cartographique fut peut-être liée aux problèmes de vue qui affligeaient le grand roi durant la dernière décennie de sa vie, ou à son implication croissante au cours de ces années-là dans des projets portant sur la langue et la littérature. Au cours des six dernières années de sa vie, il inventa l'alphabet coréen et supervisa plusieurs projets éditoriaux de grande envergure sur la langue vernaculaire, deux événements capitaux dans l'histoire culturelle de la Corée[550].

En effet, la création du *han'gŭl*[551] – terme ultérieurement inventé par l'universitaire Ju Si-Gyeong en 1912 – est pour la première fois mentionnée dans les *Annales du roi Sejong* (世宗實錄 세종실록) en 1443 et c'est en 1446 que la langue coréenne prend alors le nom de langue vernaculaire (諺文 언문, *ŏnmun*) et le document qui en détaille l'usage, celui de *Hunminjŏngŭm* (訓民正音 훈민정음), c'est-à-dire « Les Sons corrects pour

---

547 Jerry BROTTON, *Une histoire du monde en 12 cartes*, *op. cit.*, p. 498.
548 François CHENG, *Vide et plein, le langage pictural chinois*, *op. cit.*, p. 25-27.
549 Young-woo HAN, « The historical development of Korean cartography », *op. cit.*, p. 5.
550 Gari LEDYARD, « Cartography in Korea », *op. cit.*, p. 283.
551 Youg-Key KIM-RENAUD, « Sejong's theory of literacy and writing », *Studies in the Linguistic Sciences*, Vol. 30, n° 1, Spring 2000, p. 36.

l'instruction du peuple ». Ce texte fondateur est par ailleurs accompagné du *Hunminjŏngŭmhaerye* (訓民正音解例 훈민정음해례), soit les *Explications et exemples des sons corrects pour l'instruction du peuple*, texte divisé en six parties : « L'explication de la forme des lettres » ; « L'explication des lettres initiales » ; « L'explication des lettres médianes » ; « L'explication des lettres finales » ; « L'explication de la combinaison des lettres » ; « Les exemples de l'usage des lettres ». Nous ne rentrerons pas ici dans les détails linguistiques et phonétiques de ce syllabaire ni dans le débat de la parenté du *han'gŭl* qui reviendrait, selon les trois principales théories, à Sejong seul, à Sejong et au prince héritier (le futur roi Munjong), ou, plus probablement, à un travail collaboratif entre Sejong et les érudits-fonctionnaires du *Chiphyŏnjŏn* – notamment Chŏng Inji, Ch'oe Hang, Pak P'aeng-Nyon, Sin Sukju, Sŏng Samun, Kang Hui-An, Yi Kae, and Yi Sol-Lo, de toute façon unanimement reconnus comme coauteurs du *Hunminjŏngŭmhaerye*. Cela étant posé, ce qui nous importe de retenir pour le bon développement de notre propos, ce sont trois faits que nous résumerons ainsi. D'une part, la création du *han'gŭl*, bien que postérieure à la première version du *Kangnido* (1402), est antérieure à la seconde version de Ryūkoku (1485) qui nous est parvenue ; et cette séquence chronologique rend donc pertinente toute problématique cherchant à évaluer le rôle des langues – soit la lingua franca, le chinois classique ; soit la langue vernaculaire, le *han'gŭl* – comme vecteurs et aussi comme débordements exponentiels de l'instrumentalisation cartographique. D'autre part, et à première vue bien plus inquiétant pour le déroulé de notre enquête, la version de Ryūkoku du *Kangnido* ne présente aucun indice suggérant la présence d'un quelconque nom ou toponyme calligraphié en *han'gŭl* : seuls les *hanja*, les caractères chinois, y figurent. Pire, mis à part la *Carte complète du Chosŏn* (朝鮮全圖 조선전도, *Chosŏnjŏndo*) de Kim Taegŏn (金大建 김대건, 1821-1846) datant de 1845 mais confectionnée selon les canons occidentaux, la seule carte du Chosŏn de style traditionnel à avoir exclusivement recours au *han'gŭl* est la carte dite de Gabor et elle fut levée trois siècles après le *Kangnido*, soit au XVIIIe siècle[552]. Le *han'gŭl* n'est pas même mis à l'honneur sur le *P'aldoch'ongdo* de 1531, carte censée synthétiser les avancées cartographiques et culturelles du XVe siècle coréen. Néanmoins, l'absence du *han'gŭl* sur le *Kangnido* ne nous a pas paru rédhibitoire dans l'analyse de l'interaction entre langues et cartes en raison d'un troisième fait, ou plutôt d'une convergence qui n'a pas été énoncée de manière suffisamment explicite dans d'autres études pour que nous la taisions. Il est acquis que la transition dynastique du Koryŏ au Chosŏn était la première occurrence d'un régime de la première modernité qui proclamait son avènement sur un bien-fondé idéologique – la doctrine néoconfucéenne comme mode de gouvernance et non plus seulement comme

[552] Gari LEDYARD, « A unique 18th-century Korean map », *East Asia Institute special report*, June 2013, p. 15.

prétexte à l'étude. Or, à la source des canons confucéens figurent bien entendu *Les Entretiens* de Confucius qui irriguent, parmi la pléthore de sujets abordés, une réflexion sur la langue que l'on pourrait même qualifier de doctrine linguistique, celle du *zhengming* (正名 정명), soit la doctrine du « juste nom », de la « rectification des noms », ou littéralement du « nom correct ». Ces traductions plus ou moins heureuses sont loin d'atteindre l'efficacité visuelle du caractère *zheng* (正) que tout lecteur, sinologue ou pas, peut facilement associer à une forme de droiture qui annonce avec une longue avance le contenu d'un programme linguistique devant rectifier dénominations et nomenclatures, éveiller les locuteurs au sens du juste, et non plus seulement aux sons justes, et inspirer le code moral des gouvernements afin que leur action s'accorde à tous les échelons de la hiérarchie confucéenne comme un son à une gamme. C'est tout aussi justement que doivent retentir les sons du texte fondateur de Sejong, *Les Sons corrects pour l'instruction du peuple*, qui reprend le caractère *zheng* (正 정) dont l'épaisseur des connotations confucéennes ne peut plus nous échapper[553]. Ces considérations pourraient tourner aux byzantinismes si elles n'entraient pas en résonance avec la décennie qui précéda la confection du *Kangnido* et dont elle fut la matrice, soit les dix années allant de la fondation de la dynastie Yi en 1392 au terme du conflit connu du nom de *p'yojŏnmunje* (表箋問題 표전문제) : en 1401, la Chine des Ming reconnut officiellement son voisin coréen, les deux parties étant enfin convenues sur le point de leur contentieux, le juste nom de la dynastie Yi et du royaume de Chosŏn. En somme, un conflit à teneur langagière qui déboucha, l'année suivant sa résolution, sur ce qui à nos yeux constitue l'acte fondateur officieux du Chosŏn dans ses relations au monde, la confection du *Kangnido* en 1402. En effet, cette carte entérine picturalement et verbalement l'issue d'un débat dont le sens excède largement, comme nous l'avons analysé dans la deuxième partie, le champ philologique.

Une séquence événementielle inchoative pas tout à fait dissemblable va faciliter la convergence de la formalisation et de la promotion du statut de la langue française – et non de son invention puisque l'ancien français et le

[553] Dans une glose inspirée, Alexis Lavis détaille la façon dont la tradition confucéenne reprend à son compte le sens d'un sinogramme qui la précède : « On traduit ordinairement ce terme *zheng* (正) par "droiture, justesse, rectitude". Malheureusement, si c'est bien là le sens général de ce mot, le phénomène qu'il décrit disparaît dans une telle traduction. Ce sinogramme [...] montre un pied dont les orteils s'arc-boutent ou se plantent dans le sol. Le trait supérieur indique l'idée de limite ou de frontière. On imagine la marche d'un homme qui brusquement s'arrête, ne pouvant faire un pas de plus ou refusant de le faire. Pour cela, il doit peser de tout son poids sur ses pieds et les ancrer dans le sol à l'aide de ses orteils. On retrouve illustrée, par cette image si simple et concrète que retient la langue, toute la pensée confucéenne du gouvernement comme "façon de se tenir" fermement enraciné dans le sol de la Tradition. » Alexis LAVIS, *Paroles de sages chinois*, *op. cit.*, p. 69.

moyen français sont déjà parlés et écrits – et de la cartographie finienne. Comme pour le *Kangnido*, la première version de la *Nova totius Galliae descriptio* (1525) est antérieure à la *Guillemine*, le surnom donné à la loi rédigée par l'orateur du barreau Guillaume Poyet et passée à la postérité comme ordonnance de Villers-Cotterêts (entre le 10 et le 25 août 1539). Signe que les humanistes souhaitaient « briser la diglossie propre au gouvernement médiéval [...], cette même année 1539, paraissait le *Dictionnaire françois-latin* d'Estienne, le premier dictionnaire partant du français pour aller au latin, et non l'inverse[554] ». Et deux versions de la carte de France de Fine (1553, 1557) seront ultérieures à la *Défense et Illustration de la langue française* (1549) de Joachim du Bellay. Comme pour les cartes de Yi Hoe entre 1402 et 1485, la période de parution des cartes de Fine entre 1525 et 1557 encadre l'acte fondateur d'une langue nationale (1539 en France, 1446 en Corée). Contrairement à l'absence du *han'gŭl* sur le *Kangnido*, ce qui signe la singularité de la *Nova totius Galliae descriptio*, c'est la présence synchrone de la langue latine (dans le titre et pour d'autres noms propres sur lesquels nous reviendrons plus en détail) et de la langue française tout de suite identifiable dans l'incipit de la légende conçue « pour ample et facile intelligẽce de cette presente et nouvelle description[555] ». Nous ne pouvons donc que récuser l'imprudence commise par Jerry Brotton lorsqu'il affirme de but en blanc que « la dimension sensible – perceptible ici dans l'interaction entre *tu* et *shu* [l'image et le verbe] – est quasiment absente des définitions occidentales de la carte. Utilisé sous sa forme verbale, *tu* décrit le fait de planifier, d'anticiper, de réfléchir. Il a même pu être directement traduit par "difficulté à organiser"[556] ». En s'épargnant une lecture certes ardue de Cicéron ou la consultation moins fastidieuse d'un dictionnaire latin, Jerry Brotton surfait l'asymétrie Orient-Occident et nous prive d'acceptions comme « reproduction », « dessin », « tracé », « délimitation », mais aussi « fixation des fonctions », « définition du philosophe », et bien sûr « description », toutes disponibles à l'entrée « descriptio » du dictionnaire de Félix Gaffiot[557].

N'en déplaise à Jerry Brotton – dont l'approche globale montre ici ses limites en se dispensant des nuances auxquelles invite une étude plus ciblée –, le bilinguisme de la carte de Fine traduit une transition aussi bien dans l'art de dresser des cartes que dans celui d'organiser le territoire et de légiférer. Et il nous a semblé pertinent d'analyser la manière dont Fine tente de résoudre ce possible hiatus à la lumière du principe qui prévaut dans l'entreprise néoconfucéenne parallèle, à savoir la légitimité morale qui sourd

---

[554] Patrick BOUCHERON, « 1539. L'empire du français », in Patrick BOUCHERON, *Histoire mondiale de la France*, Paris, Seuil, 2017, p. 274.
[555] Oronce FINE, « Légende de la *Nova totius Galliae descriptio* », *op. cit.*, p. 113.
[556] Jerry BROTTON, *Une histoire du monde en 12 cartes*, *op. cit.*, p. 140.
[557] Félix GAFFIOT, *Dictionnaire LATIN FRANÇAIS*, Paris, Hachette, 1990, p. 505.

d'un usage seyant de la langue. Pour ce faire, nous mettrons en regard la théorie du *zhengming* chère à Confucius avec celle de la « rectitude morale » qui transparaît à travers des œuvres de Guillaume Budé comme le *De studio litterarum recte et commode instituendo* (1527) ou le *De philologia* (1529), mais aussi dans la *Défense et Illustration de la langue française* (1549) de Joachim du Bellay. Cette troisième partie nous permettra ainsi d'aller à l'échelle des mots, en les prenant comme unités d'analyse. Le premier chapitre mettra en regard la Renaissance et le néoconfucianisme avec les traditions philologiques dont ils se réclamaient, à savoir le *zhengming* et la philologie humaniste philhellène, pour que de cet examen diachronique surgisse la signification de l'entreprise langagière du XVe siècle coréen et du XVIe siècle français et son éclat sur ce que les cartes comportent en termes de langues, d'écriture et de messages que l'on suppose plus explicites que ceux inférés en première et deuxième parties. Il nous sera alors loisible de vérifier si ces différents niveaux d'analyse cohabitent sans interférences majeures, concordent pour se compléter ou s'invalident mutuellement. Au-delà de la dimension morale des entreprises philologiques, le deuxième chapitre en retracera les rejaillissements pratiques, et notamment la portée juridique des langues comme des cartes dans l'édification des royaumes de France et de Chosŏn. Il nous sera alors permis de montrer comment cartographies et langues nationales contribuent à rationaliser et à renforcer l'exercice du pouvoir par des monarques soucieux de se doter d'outils de gouvernance déconfessionnalisés. Loin d'être une coïncidence, l'émergence simultanée d'une nouvelle cartographie et d'une nouvelle langue nationales participe du même effort de substituer au vide de la mise au ban du bouddhisme et de la chrétienté une idéologie mise au service du royaume qui s'apparente déjà au nationalisme. En s'appropriant certains éléments des dogmes spirituels qu'ils écartent, en leur retranchant d'autres jugés contre-productifs dans leur quête de légitimité et surtout en forgeant les ressorts d'une conscience nationale embryonnaire, les monarques français et coréens se lancent à la conquête de l'imaginaire du peuple qu'ils gouvernent, et instrumentalisent l'humanisme et le néoconfucianisme à travers les cartes qu'ils commanditent. Car, si les frontières géopolitiques n'apparaissent pas clairement au sens moderne du terme sur les cartes, pas plus que les frontières linguistiques, les ordonnances d'un royaume ne peuvent être appliquées qu'à mesure de son unification linguistique.

A. La diglossie latin-français renversée

Remise dans son contexte humaniste, la corrélation entre savoir et pouvoir n'est pas surprenante et doit en grande partie être interprétée comme une mise en tension entre la langue de ce savoir et le pouvoir qui en découle. « Antonio de Nebrija, dans le prologue de sa grammaire espagnole publié en

1492, soutenait que la langue est la compagne de l'empire : elle s'élève, fleurit et s'effondre avec lui[558]. » Pour illustrer ces propos, il suffit de convoquer les débats suscités par la Vulgate. Érasme pointe du doigt les omissions ou contresens de la traduction du grec au latin de saint Jérôme et propose en 1516 une nouvelle traduction et, au-delà, un programme d'études humaniste trilingue car ce sont bien le latin, le grec et l'hébreu qui donnent un accès direct aux textes de l'Antiquité. Mais le concile de Trente (1545-1563) l'interdira ainsi que l'enseignement et l'impression en grec. Néanmoins, à l'image de la Renaissance qui oscille entre retour au passé et rénovation, les humanistes ne nous encouragent pas uniquement à réinterpréter les textes anciens ; ils invitent également à l'avènement d'une nouvelle culture littéraire. Rabelais participe de « la restitution des bonnes lettres », Érasme de bonnes lettres renaissantes (*renascentes bonas litteras*) et Lorenzo Valla, dans son manifeste de l'humanisme, *Elegantiae linguae latinae*, assure qu'« avec la langue toutes les sciences seront rétablies[559] ». En bonne importatrice culturelle, la France du début du XVIᵉ siècle et de François Iᵉʳ fonde le Collège de France dont l'appellation originale n'est autre que le « Collège des trois langues ». Dans *Défense et Illustration de la langue française* (1549), Joachim du Bellay déplore la stérilité et l'indigence de la langue française. Il propose d'y remédier en inventant des néologismes. Traduction rime alors avec création. La langue de la Pléiade était effectivement riche en termes empruntés au grec comme anagrammatisme, analytique, anapeste et astronomique, autant de néologismes à cette époque[560]. Le français s'étoffe en puisant également dans les langues vernaculaires et dans le langage technique des ouvriers, artisans et paysans. Si la langue pour séduire doit être codifiée (les sonnets de Pétrarque inspirent la Pléiade qui les transpose en sonnets francisés, odes, éloges et autres poèmes courts), il en va de même pour gouverner. Avec l'ordonnance de Villers-Cotterêts (1539), la langue française devient donc la langue du pouvoir royal et de l'administration. Tandis qu'« Axelle Chassagnette met en évidence trois niveaux de lecture de la carte – comme synthèse philogoqiue, acte militant et invitation à la méditation[561] », nous l'interpréterons plutôt ici comme simple trait d'union entre les deux pôles que sont la puissance du royaume et la séduction par la culture qui en émane. La cartographie

---

558 Peter BURKE, *La Renaissance européenne*, *op. cit.*, p. 97.

559 Johan HUIZINGA, *Le problème de la Renaissance, op. cit.*, p. 11-12.

560 Peter BURKE, *La Renaissance européenne, op. cit.*, p. 165. Alain Borer en relève d'autres : « C'est dans une conception de l'avenir par transmission que les humanistes de la Renaissance s'étaient attachés à "traduire en notre langue" ces "mots d'antiquité" que Dolet énumère en les savourant "auspices, augures, calendes, comices, consuls, distracteurs, édiles, nones, préteurs, questeurs, sesterces, tribuns". » Alain BORER, *De quel amour blessée. Réflexions sur la langue française*, Paris, Gallimard, 2014, p. 54.

561 Catherine HOFMANN, Hélène RICHARD, « La cartographie », *Revue de la Bibliothèque nationale de France*, n° 24, 2006, p. 4.

finienne ne peut que refléter cette tension diglossique entre latin et français, à la fois menaçante d'un point de vue géopolitique et garante, dans une perspective renaissante, des liens qui unissent les humanistes à leurs modèles antiques. Une dialectique de l'ambivalence élit à nouveau domicile dans la carte, cette fois-ci par le biais de la langue. D'un point de vue strictement linguistique, il est notoire que la *Nova totius Galliae descriptio* est un document bilingue rédigé en latin et en français, langues auxquelles correspondent deux polices distinctes, respectivement les caractères romains et gothiques. La carte de Fine serait presque une première leçon d'orthographe (le mot date de 1529) en français, langue dont la vérification a lieu à l'écrit qui « comble l'écart avec le sens[562] ». Le bilinguisme de la cartographie finienne a déjà donné lieu à de multiples interprétations. Celle de Numa Broc en fournit une bonne introduction :

> La toponymie est remarquable par son abondance et sa diversité ; par une certaine hétérogénéité aussi puisque Oronce Fine a voulu faire figurer sur le même document à la fois la nomenclature latine et la nomenclature "moderne". Les diverses parties de la Gaule, les noms des peuples gaulois, sont indiqués en caractères romains ; les provinces et les villes figurent en caractères gothiques. La nomenclature relative à la géographie physique est plus pauvre : fleuves et affluents, lacs parfois avec double appellation : lac de Genève-*lacus Lemanus*. L'oronymie est peu abondante et présente la même dualité : Les Monts Pyrénéens, les Alpes mais *lura Mons Vosagus*[563].

Nous pouvons en effet parcourir le document original le long de deux itinéraires de lecture dont il nous faut néanmoins préciser les bornes et le tracé. Le « parcours des Anciens » proposerait avant toute chose un cheminement intellectuel et plus géographique que Numa Broc voudrait nous le faire croire, puisque la carte de Fine est enserrée dans quatre bordereaux en latin : en haut, le titre (*Nova totius Galliae descriptio*), en bas la signature et la date (*Orontius F. Delphinas Faciebat 1553*), à gauche les

[562] Jean-Michel DELACOMPTÉE, *Notre langue française*, Paris, Fayard, 2018, p. 139-140. Alain Borer corrobore cette idée lorsqu'il affirme : « Quand on dit en langue française "il est", on prononce "è" mais on écrit EST ; le S devant le T ne se prononce pas : le latin est présent mais silencieux en français. Transmise à travers les siècles en une ligature ST (dessinée par Plantin, le typographe tourangeau), la mémoire latine reste liée à une esthétique de l'écriture. Entre les mots, dans les mots mêmes, passe "le couteau de la valeur", disait Barthes. » Alain BORER, *De quel amour blessée. Réflexions sur la langue française*, *op. cit.*, p. 53. Pour Fine, ce couteau, avant de prendre une valeur métaphorique, est au sens propre celui de la gravure xylographique dont le rendu sur les ais est plus net en utilisant la police gothique.

[563] Numa BROC, « Quelle est la plus ancienne carte "moderne" de la France ? », *op. cit.*, p. 516.

climats ptoléméens (*Ordo Climatum*) et à droite la durée en heures du jour le plus long (*Dies Maximi*), bordereaux tous doublés de leur direction cardinale respective (*Septemtrionalis Pars, Meridionalis Pars, Occidentalis Pars, Orientalis Pars*) et des données latitudinales et longitudinales (*latitudo locorum, longitudo locorum*). Au sein de ce cadre se distinguent quatre catégories d'indications scripturales : les anciennes divisions de l'Empire romain (*Gallia Narbonensis, Gallia Cisalpina, Gallia Transalpina, Gallia Belgica, Gallia Celtica* mais aussi *Magna Germania, Albion Insula Britanica, Aquitania*), les peuples et tribus d'antan auxquels Fine s'efforce de restituer leur ethnonyme (*Caninefates, Menapii, Allobroges, Tolosates, Bigerones*, etc.) ou encore des toponymes à plus proprement parler (*Templum Veneris, Xanctonv Promon., Idus Velicci portus, Gobeum promont, Istria, Liguria, Armoricae*) ; mais aussi des villes dans le cas de *Lutecia*. Le latin représente donc la langue qui structure le document de Fine, qui lui donne une profondeur historique en même temps qu'une assise scientifique ; et ce n'est qu'à partir de cette langue première et primordiale que s'insèrent des appellations en français qui, si elles en dérivent chronologiquement, les excèdent numériquement. Celles-ci se ramifient en six catégories : le nom des mers (*La grand mer oceane* – Fine ne distingue pas la Manche, la mer du Nord et l'océan Atlantique –, *La mer mediterranee, La mer hadriatique*), des montagnes (*Les mons pyrenees, Alpes*), certaines villes (*Tholouse, Narbonne, Honfleur*, etc.), de fleuves flanqués d'un « f. » (*Seine, Rhosne, Sone, Alier, Rhin*, etc.). Mais les plus nombreux et lisibles sont les noms des pais de France comme *Bretaigne, Normandie, Picardie, Lorraine, Franche Conte, Gascogne, Perigueux, Auvergne*, etc. Enfin, les noms des royaumes voisins viennent compléter cette liste de toponymes français : *Angleterre, La grand Alemaigne, Italie, Espaigne*.

Plusieurs remarques liminaires découlent de ces observations. Tout d'abord, ce double référentiel linguistique en latin et en français est le reflet d'une vision purement intellectuelle et abstraite de l'espace qui ne se soucie guère des réalités et pratiques linguistiques du XVIe siècle dont une carte plus fidèle ferait, elle, apparaître des clivages entre langues d'oïl (le gallo, l'angevin, le normand, le francien, l'orléanais, le tourangeau, le picard, le wallon, le champenois, le lorrain, le berrichon, le bourbonnais, le poitevin, le saintongeais, le bourguignon, le franc-comtois) et langues d'oc (le roman, le savoyard, le limousin, l'auvergnat, le gascon, le languedocien, le vivaro-alpin, le provençal, le nissard, le béarnais, le catalan, le corse) ; entre langues romanes (les langues d'oïl, les langues d'oc, le franco-provençal, le castillan, les dialectes italiens) et langues d'autres origines (le basque, le breton, l'anglais, les dialectes germaniques – alsacien, francique et flamand)[564]. La

[564] Déborah COHEN, Antoine DESTEMBERG, Aurélia DUSSERRE, Arnaud HOUTE, *Nouvel Atlas de l'histoire de France*, Paris, Autrement, 2016, p. 58-59.

carte de Fine ne fait donc pas jour sur le triple étagement qui meuble l'espace linguistique français et plus généralement européen jusqu'à la fin du Moyen Âge, et que Patrick Boucheron définit ainsi :

> Le système des langues des mondes médiévaux peut se ramener à l'étagement de trois registres de communication linguistique : au premier niveau est la multiplicité des parlers vernaculaires peu ou pas écrits ; en contrebas, des langues véhiculaires promues par le prestige des constructions politiques (comme le français du roi, mais aussi le quechua des empereurs Incas) ou le dynamisme des réseaux commerciaux (comme le moyen néerlandais des villes flamandes [...]). Le troisième niveau est occupé par les langues référentielles héritées et théoriquement intangibles : le latin, l'arabe classique, le chinois classique, le sanskrit et dans une certaine mesure le persan[565].

Chez Fine, la complexité du présent est sacrifiée sur l'autel du manichéisme entre une langue qui concentre toute la charge symbolique et sacrée du passé, le latin, et une autre à laquelle le roi attache les ambitions profanes de son avenir. C'est sans doute ce qui incite Monique Pelletier à estimer que :

> Fine est sensible à la dimension historique de sa carte qu'il intitule *Nova totius Galliae descriptio*. Il y donne les noms latins [...] "afin de satisfaire a ceulx qui se delectent a lire les anciennes histoires de ladite Gaule" [...]. Il alimente ainsi le courant historique de la Renaissance, qui glorifie la Gaule [...]. C'est sur *La guerre des Gaules* de César, traduite par Robert Gaguin en 1485, que se fonde la nouvelle géographie du royaume. Lorsque Gaguin écrit en latin, il utilise indifféremment *Gallia* et *Francia*, *Gallus* et *Francus* car, pour lui, il y a continuité entre la Gaule et la France de son temps[566].

Il est certain que Fine, en humaniste cultivé, ne pouvait qu'éprouver respect et admiration pour la grandeur passée, si ce n'est de la République romaine, du moins des auteurs et des lettres qu'elle vit naître. Toutefois, plusieurs éléments nous amènent à nuancer les propos de Monique Pelletier. Considérons, pour commencer, l'acte de naissance cartographique de l'Amérique, soit le planisphère de Martin Waldseemüller (1507). Originaire de Freiburg im Breisgau mais ayant suivi ses études successivement au

565 Patrick BOUCHERON, « Prose du monde : diversité des langues et des écritures », dans Patrick BOUCHERON, *Inventer le monde, Une histoire globale du XVe siècle*, Paris, La Documentation française, dossier 8090, novembre-décembre 2012, p. 58.

566 Monique PELLETIER, *De Ptolémée à La Guillotière (XVe-XVIe siècle). Des cartes pour la France, pourquoi, comment ?*, *op. cit.*, p. 20.

gymnase de Saint-Dié des Vosges en France puis à l'université de Freiburg alors située dans le Saint Empire romain germanique, Waldseemüller choisit le latin pour retranscrire tous les toponymes de sa carte ainsi que la légende curieusement scindée aux quatre coins de son planisphère. Dans une région polyglotte où l'on parlait, nous l'avons vu, le lorrain, le francique et l'alsacien, il opte pour la langue référentielle qu'est le latin sans lui accoler de pendant diglossique vernaculaire. Pourquoi ? On aurait tort de croire que lui aussi souhaitait louer les gloires de la Gaule ou, dans le cas d'une carte-monde, réaffirmer la domination de l'Empire romain *urbi et orbi*, alors que Martin Waldseemüller n'est pas originaire du même royaume que Fine, que les États germaniques jouissent d'une certaine autonomie au début du XVIe siècle et que, de manière plus concluante encore, il ne dresse pas une carte de *La grand Alemaigne* comme l'appelait Fine, mais bien une carte du monde. C'est également au latin que Fine a recours pour sa *Recens et integra orbis descriptio* et il paraît plus prudent d'avancer que le latin étant la lingua franca de l'époque, il permettait une meilleure diffusion et un plus sûr rayonnement de leurs œuvres que si elles avaient été exclusivement rédigées dans leurs langues vernaculaires. Car, comme l'indique Fine dans la légende de sa carte-monde, « elle plut à ce roy savant […] ainsi qu'à d'autres, même étrangers[567] ». Derrière cette flagornerie à l'endroit de son mandant, Fine parvient à peine à masquer une réalité bien plus crue : si l'éloquence de François Ier est un fait avéré, le roi de France ne lisait en général que très peu, et quand il le faisait c'était en français car il ne comprenait pas le latin, précisions peu glorieuses que nous fournit Antoin Coron et qui donnent au titre de « lecteur royal » un tout autre sens, bien moins prestigieux : piètre lecteur, François Ier avait en fait bien plus le goût de se faire lire des livres par les érudits de son entourage[568]. Nous ne contestons donc pas l'argument

---

[567] Oronce FINE, « Légende de la *Recens et integra orbis descriptio* », *op. cit.*, p. 93.

[568] À ce propos, Marie-Madeleine de La Garanderie nous fournit cet éclairage précieux : « Des textes précieux évoquent l'importance, à la table de François Ier, du rôle d'un "lecteur du roi" (notamment Jacques Colin). Le lecteur ne se borne pas à lire, il traduit éventuellement, il commente, il alimente la conversation à la table royale. Ce vocable de lointaine tradition, désignant à la fois lecture (au sens français) et *lecture* (au sens anglais, lequel implique transmission, enseignement) sera tout naturellement disponible le moment venu. » Marie-Madeleine de LA GARANDERIE, « Émergence de la notion de lecteur royal », in Marc FUMAROLI, *Les origines du Collège de France (1500-1560)*, Paris, Éditions Klincksieck, 1998, p. 5-6. Cette présomption d'ignorance est confirmée, nombreux témoignages à l'appui, quelques pages plus loin par Antoine Coron : « Le Père des lettres et des arts dans notre pays, tout comme Charles VIII, ignorait les langues anciennes […]. Ce qu'écrit Guillaume Postel de l'éducation que reçut le roi confirme amplement De Thou : il ne progressa guère au-delà de lire en français et d'écrire son nom : Françoys, en caractères presque informes et grossiers […]. Dès le 5 février 1517, Guillaume Budé avertit Érasme : François Ier « n'est pas lettré – *literarum nescius* –, ce qui, je le regrette est trop fréquent chez nos rois. » Antoine CORON, « Collège royal et Bibliotheca regia », in Marc FUMAROLI, *Les origines du Collège de France (1500-1560)*, Paris, Éditions Klincksieck, 1998, p. 146.

qui dote le latin d'une aura historico-culturelle, mais nous préférons le nuancer en soulignant que cette langue offrait aux cartes de Fine un rayonnement scientifique qui n'avait d'égal que le rayonnement politique du rival de François Ier, Charles V.

Mais c'est dans l'association du français au latin, plus que dans leurs vertus intrinsèques, qu'il faut chercher les clés d'autres interprétations possibles. Complémentaires pour les besoins d'une cause scientifico-publicitaire, le latin et le français n'en restaient pas moins concurrents sur le terrain politique. À bien des égards, le latin pouvait aussi être considéré comme la lingua franca d'un continent européen que les Habsbourg voulaient investir de leur autorité politique au détriment des langues véhiculaires de nations naissantes qui leur résistaient, ne serait-ce que linguistiquement grâce au français, à l'italien, au castillan ou au portugais. Plus qu'une rivalité entre le latin de la chrétienté et le français profane ou qu'un clivage entre langue des anciens et langue des modernes, l'association du français au latin se pare de résonances politiques. Dans sa *Lettre aux États allemands* datée du 1er février 1534, Guillaume du Bellay délaisse le latin pour la langue vulgaire, moins protocolaire[569], et indique implicitement, derrière sa volonté d'apaiser les haines religieuses, que les langues véhiculaires sont un moyen de protéger les particularismes et les différences (dans ce cas, la confession protestante), de lutter contre l'hégémonie de Charles Quint et au passage bien sûr de faire la « promotion du français en tant que langue des sciences [...], de contribuer à l'illustration de la nation française[570] ». À ce titre, il est intéressant de noter que Fine ose reprendre la police gothique pourtant utilisée lors de l'affaire des placards où, durant la nuit du 18 octobre 1534, des revendications luthériennes avaient été placardées sur la porte du roi. Or nous ne nous risquerons pas à un surinvestissement symbolique des langues et de leur police non plus en rappelant un détail technique au déterminisme concluant : Fine était adepte des gravures xylographiques et les ciseaux à bois à lame plate se mariaient commodément avec la forme heurtée de la police gothique. Avec la généralisation de la gravure sur cuivre dès la seconde moitié du XVIe siècle, la cohabitation de caractères romains et gothiques typique des cartes de Waldseemüller et de Fine laissera la place au règne sans partage de la police romaine qui prévaut dans l'œuvre d'un cartographe de la seconde moitié du XVIe siècle comme Mercator.

---

569 Édith GARNIER, *Guillaume du Bellay, l'ange gardien de François Ier*, *op. cit.*, p. 302.

570 « Selon Giovanna Cifoletti, Fine aurait fait usage de la langue française dans une démarche de promotion du français en tant que langue de science [...]. Cette hypothèse serait cohérente avec sa volonté de contribuer à l'illustration de la nation française par le développement de l'enseignement des mathématiques, volonté qu'il affiche, comme nous l'avons vu, dans la conclusion de la préface de la Protomathesis. » Angela AXWORTHY, *Le mathématicien renaissant et son savoir, Le statut des mathématiques selon Oronce Fine*, *op. cit.*, p. 276.

B. L'absence du han'gŭl *sur le* Kangnido *et la diglossie* hanja-han'gŭl

L'on déraisonnerait à cloisonner la géographie et le confucianisme car, tout ténus que fussent leurs liens au commencement, ils n'ont eu de cesse de s'envigorer pour acquérir une forme d'épaisseur historique au fil des dynasties. Après que la culture confucéenne et l'écriture furent diffusées dans la péninsule coréenne aux IVe et IIIe siècles avant J.-C. et qu'une première interprétation du terme *dili* (地理), « géographie » selon son étymologie chinoise, en a fait la science de la « mise en ordre de la Terre », Kim Sun-Bae, dans le prolongement d'un premier article intitulé « The Cultural Politics of Place Names in Korea : Contestation of Place Names' Territories and Construction of Territorial Identity[571] » qui établissait une corrélation entre l'exercice du pouvoir politique, le rôle de l'idéologie et la construction d'une identité territoriale, affine ses critères d'analyse dans une deuxième étude intitulée « The Confucian Transformation of Toponyms and the Coexistence of Contested Toponyms in Korea[572] » pour observer la confucianisation progressive des toponymes dès la fin du Koryŏ mais surtout tout au long de la dynastie Yi (1392-1910) :

> Les toponymes confucéens peuvent être classifiés en cinq catégories générales en fonction du lien confucéen à leur morphème toponymique initial : 1) les toponymes liés aux Trois relations (三綱 삼강, *samgang*) et aux Cinq vertus constantes (五常 오상, *osang*) ; 2) ceux associés à des notions confucéennes ; 3) ceux liés aux établissements et cours confucéens ; 4) ceux associés aux affiliations confucéennes ; 5) et enfin ceux dérivant d'événements et anecdotes passés, de textes sacrés et de sites historiques chinois[573].

Les résultats des recherches de Kim Sun-Bae nous confortent dans la conjecture qui voudrait que le Chosŏn ait contribué à l'instauration, si ce n'est d'une géographie, du moins d'une toponymie à teneur de plus en plus confucéenne, et cela d'autant plus que les *hyangni* (鄉吏 향리), ou lettrés locaux, affermissaient leur emprise sur leurs fiefs, la décentralisation du pouvoir confucéen de la seconde moitié du Chosŏn allant de pair avec l'enracinement d'une chorographie confucéenne. Mais qu'en est-il à cette période charnière que constituent les premières années de la dynastie Yi ? Plusieurs éléments donnent à entendre que la confucianisation de la

[571] Sun-Bae KIM, « The Cultural Politics of Place Names in Korea: Contestation of Place Names' Territories and Construction of Territorial Identity », *The Review of Korean Studies*, Vol. 13, n° 2, June 2010, p. 161-186.

[572] Sun-Bae KIM, « The Confucian Transformation of Toponyms and the Coexistence of Contested Toponyms in Korea », *Korea Journal*, Vol. 52, n° 1, Spring 2012, p. 105-139.

[573] *Ibid.*, p. 111.

géographie n'était alors qu'un projet en germe, elle était encore loin de se matérialiser dans les faits et dénominations, voire d'être représentée par des cartes. En atteste le décalage entre la parution en 1395 de la carte du ciel censée donner légitimité cosmique à la dynastie Yi, mais qui n'a rien de confucéen en elle-même, la carte de la Corée de Yi Hoe de 1400 et enfin le *Kangnido*, qui explicite la relation du Chosŏn au monde et au sein de celui-ci à l'ordre confucéen, et ne paraît qu'en 1402, soit dix années après la prise du pouvoir par les néoconfucéens, alors qu'il n'a fallu à Yi Hoe que deux mois pour la confectionner. En effet, le 17 juillet 1392, la dynastie Yi est fondée et adopte le nom de famille de son fondateur Yi Sŏnggye. L'ampleur des réformes lancées et la longévité de la dynastie Yi donnent du poids au récit qui énonce que les composantes jusque-là éparses de l'identité coréenne se sont cristallisées pour s'amalgamer autour de ce qui constitue le stade embryonnaire de l'unité de la nation coréenne. Cette légitimité est ratifiée par les cinquante hauts fonctionnaires du *Top'yŏngŭisasa* (都評議使司 도평의사사, *Conseil privé*) représentant le peuple et par la notion chère à Mencius, selon laquelle un changement dynastique révolutionnaire est parfois nécessaire[574]. À partir de 1393 le royaume s'appela Chosŏn conformément au souhait des Ming qui y voyaient le reflet d'un héritage confucéen, tandis qu'aux yeux des Coréens le compromis était également acceptable, car ce nom portait en lui les réminiscences de la grandeur du Kochosŏn, le Chosŏn ancien. Pourtant, derrière cet arrangement verbal précaire, les Ming ne joignent pas le geste à la parole et n'accordent pas de reconnaissance protocolaire formelle au royaume de Chosŏn. Entre 1392 et 1401, dix années s'écoulent au cours desquelles les dirigeants coréens sont soupçonnés de vouloir redéfinir le statut de leur royaume au sein du système tributaire centré sur la Chine, tandis que celle-ci exprime la plus grande réticence à leur accorder un statut non plus synonyme de sujétion à la norme confucéenne et au pouvoir chinois, mais conforme aux aspirations d'un premier sentiment, sinon national, du moins identitaire, évoquant pour les natifs de la péninsule la richesse et l'unité de l'héritage culturel coréen. Dans un premier temps, les dynasties Ming et Yi semblent trouver un équilibre dans cette nouvelle configuration. Dans son étude intitulée « Chŏng Dojŏn : "Architect" of Yi Dynasty Government and Ideology », Chung Chai-sik circonstancie de la sorte les termes de l'équation sino-coréenne :

> Le nom de Chosŏn fut adopté sur les suggestions des Ming et reflète le point de vue de Chŏng sur la diplomatie et les relations étrangères. Chosŏn avait pour la première fois été utilisé par l'ancien royaume de Chosŏn fondé par Tan'gun, le progéniteur légendaire du peuple coréen […]. Chŏng justifiait l'adoption de Chosŏn comme un nom dynastique dérivé de l'ancien royaume de Chosŏn fondé par Kija,

[574] Young Woo HAN, *A Review of Korean History*, *op. cit.*, p. 30.

> qui avait reçu la Corée comme fief du roi Wu de Chou. […] En traçant un parallèle entre l'inféodation de Kija par le roi Wu et la légitimation de Yi Sŏnggye par l'empereur Ming, Chŏng se fit le promoteur de l'idée selon laquelle la Corée des Yi était la restauration légitime du Chosŏn de Kija […]. Il soutenait que, en tant que nation dévouée aux valeurs confucéennes, la relation de la Corée avec les Ming de Chine devrait s'astreindre à servir le grand (*sadae*), afin de préserver comme il se doit la hiérarchie de l'ordre du monde confucéen à propension universelle[575].

Pourtant si la Chine et la Corée sauvent les apparences dans des prouesses d'équilibrisme entre bienséance confucéenne et quête de prestige national, ni l'une ni l'autre ne font preuve de bonne foi et les relations bilatérales s'enveniment dès 1396, année où « la cour des Ming condamna la correspondance Chosŏn, la jugeant "désinvolte et suspecte", et retint ses émissaires venus en visite officielle. Cela provoqua une grave crise diplomatique connue sous le nom de « conflit de *p'yojŏn* » (表箋問題 표전문제, *p'yojŏnmunje*). Définir ce qui relevait du territoire de l'empire devint alors un enjeu crucial[576] ». Le conflit de *p'yojŏn*, qui relève de la problématique éminemment confucéenne visant à attribuer un juste nom aux choses et aux concepts afin que de celui-ci découle l'ordre moral et politique, a retenu toute notre attention, non seulement en raison du fait que sa résolution a coïncidé avec la parution, un an après seulement, du *Kangnido*, mais également car un autre différend nominatif, différent sur la forme mais similaire sur le fond, va continuer de marquer les relations sino-coréennes durant deux siècles au point d'en révéler et d'en définir un aspect essentiel. Les propos de la coréanologue Isabelle Sancho donnent toute leur acuité à la doctrine du juste nom au sein des relations entre royaumes membres de la famille confucéenne :

> Le principal sujet de conflit entre la Chine et la Corée concerne ce qui est appelé le *chonggyebyŏnmu*, à savoir une erreur répétée pendant deux siècles sur la généalogie du fondateur de la dynastie des Yi, le roi Taejo, dans les textes officiels Ming (*Taiwu shilu et Daing huidian*). Cette erreur porte [...] sur l'identité même du père du roi qui est confondu avec un personnage fortement soupçonné de conspiration régicide sous Koryŏ. Une telle erreur, qui relève d'un problème de "rectification des noms" (*zhengming/chŏngmyŏng*) selon la terminologie confucéenne, est considérée comme une grave insulte par la cour coréenne. En remettant en cause l'intégrité morale du clan royal, cette erreur menace la légitimité même de

575 Chai-sik CHUNG, « Chŏng Dojŏn : "Architect" of Yi Dynasty Government and Ideology », *op. cit.*, p. 64.

576 Jerry BROTTON, *Une histoire du monde en 12 cartes*, *op. cit.*, p. 157.

l'État de Chosŏn, qui fut déjà durement acquise au début presque concomitant des dynasties Ming en Chine et Yi en Corée à la fin du XIVᵉ siècle[577].

Ces deux conflits – *p'yojŏnmunje* (表箋問題 표전문제) et *chonggyebyŏnmu* (宗系辨誣 종계변무) – placent la rectification des noms au cœur de la relation sino-coréenne. Pour résoudre le premier, c'est Kwŏn Kŭn, futur rédacteur du préambule du *Kangnido*, qui est tenu de mettre ses talents d'écrivain au service d'une cause moins scientifique que le levé d'une carte : le rétablissement des relations entre les Ming et les Yi. Après le retour de Kwŏn Kŭn en Corée, Chŏng Dojŏn, pourtant si peu enclin aux ambivalences lorsqu'il s'agissait de vilipender le bouddhisme, retrouve envers l'aîné Ming un ton bien plus conciliant :

> En définissant le rituel et le cérémonial (禮 예, *ye*) comme les clés d'un ordre social harmonieux, Chŏng présenta dans les codes cérémoniels Yejŏn les principes des cérémonies et rituels de cour, les sacrifices royaux, le calendrier, le système éducatif et de recrutement basé sur la méritocratie et attesté par les concours mandarinaux, des échanges ouverts d'information, des relations étrangères "servant le grand" (la Chine), les rites de passages et les sanctuaires ancestraux[578].

En somme, les dirigeants coréens se sont plus ou moins fait dicter par les Ming le nom de leur dynastie Yi – nom qui n'empiète pas sur les lignages chinois –, le nom de leur royaume Chosŏn – qui tout en faisant allusion à la grandeur passée du Kochosŏn ne froisse pas la susceptibilité des Chinois dans son allégeance au confucianisme –, ainsi que le titre de « roi » Taejo et non d'« empereur » pour ne pas porter atteinte à la hiérarchie néoconfucéenne au centre de laquelle une seule place est autorisée, celle de l'empire du Milieu. Ils adoptent également le calendrier impérial chinois (年號, *nianhao*), calendrier dont le don lors des visites protocolaires exprimait la bienveillance de l'empereur ou, inversement, dont la fin de non-recevoir par le Đại Việt avait signifié le rejet de l'ordre sinocentrique et avait, sur le plan symbolique, déclenché les hostilités entre Chinois et Vietnamiens (1407-1428). Aussi, de l'avis d'Oh Sang-Hak, « à travers les dénominations et les changements fermes dont elles sont porteuses, il est stipulé que la Chine [중화, *chunghwa*] et le Chosŏn [소중화, *sojunghwa*, ou "petite

---

[577] Isabelle SANCHO, « Introduction », in YI I, *Principes essentiels pour éduquer les jeunes gens*, Paris, Les Belles Lettres, 2011, p. xix-xx.

[578] Chai-sik CHUNG, « Chŏng Dojŏn : "Architect" of Yi Dynasty Government and Ideology », *op. cit.*, p. 66.

Chine"] doivent entretenir les mêmes relations qu'un roi et son ministre[579] ». Kwŏn Kŭn s'attacha les services de Yi Hoe qui confectionna le *Kangnido* où, sur la péninsule coréenne, figurent 朝鮮 (조선, Chosŏn, soit « matin calme »), deux caractères en guise d'épilogue cartographique d'une décennie de tumultes séculaires. Le terme du *p'yojŏn* en 1401 débouche sur la parution du *Kangnido* en 1402 et, en n'excluant pas un possible lien de cause à effet, on pourrait y voir une sorte de synthèse à la fois structurelle et symbolique du compromis auquel seraient parvenus les Ming et les Yi. Selon cette grille de lecture où se conjuguent le sinocentrisme cartographique analysée dans la première partie et toute l'ambivalence politico-culturelle examinée dans la deuxième partie, les Coréens ne sont plus ces barbares de l'Est *Tongyi* mais « un royaume civilisé avec l'adoption du confucianisme, nous explique Isabelle Sancho. Ils se sentent ainsi les dépositaires et les garants de cette Voie confucéenne au même titre que les Chinois[580] ». C'est aussi l'avis de Kwŏn Kŭn qui conclut que pour ce dernier la « Traversée du Liaodong » ne doit pas être perçue comme une pierre d'achoppement entre les deux fratries mais plutôt comme un prétexte à un « voyage confucéen » : « La route s'étend sans fin à travers les plaines, avec ferveur je suis résolu à créer des ouvrages de valeur dans la plaine centrale[581] ». Ces ouvrages seraient bien entendu confucéens et illustreraient le rayonnement du foyer qu'est la « plaine centrale », c'est-à-dire la Chine. C'est bien l'écriture qui véhicule la culture chinoise et qui relie la Corée à la Chine ; et en cela, le *Kangnido* ressemble fort à un produit dérivé du confucianisme puisque tous les noms et toponymes [582] y figurant sont calligraphiés en idéogrammes chinois, des récits mythologiques et listes des capitales historiques de la Chine aux royaumes confucéens, une centaine de toponymes en Europe, 640 pour les régions de l'Ouest (Perse, Afrique, Europe), 425 pour la Corée seulement, et 4 428 en tout, transcriptions phonétiques en idéogrammes de langues bien plus variées que l'uniformisation idéographiée de la carte ou la seule

---

579 Sang-Hak OH, « 조선시대 세계지도와 중화적 세계인식 », *op. cit.*, p. 10. Ce baptême politique a pour symétrique, dans la vie sociale, « le rite de la remise du bonnet viril, correspondant à l'attribution du nom social, [lors]qu'un jeune homme entrait dans l'âge adulte, lors de sa dix-neuvième année ». LEVI Jean, *Confucius*, *op. cit.*, p. 133.

580 Isabelle SANCHO, « Note en bas de page 17 », in YI I, *Principes essentiels pour éduquer les jeunes gens*, Paris, Les Belles Lettres, 2011, p. 47.

581 Jerry BROTTON, *Une histoire du monde en 12 cartes*, *op. cit.*, p. 160.

582 Pour des études plus appronfondies sur la toponymie du *Kangnido*, nous renverrons à : Nurlan KENZHEAKHMET, « The place names of Central Asia in the *Kangnido* », *Journal of Asian History* (49) 2015, 1/2, p. 141-160 ; KENZHEAKHMET Nurlan, « The Place Names of Euro-Africa in the *Kangnido* », *op. cit.*, p. 106-125 ; Angelo CATTANEO, « World Cartography in the Jesuit Mission in China. Cosmography, Theology, Pedagogy », in Artur K. WARDEGA, *Education for New Times: Revisiting Pedagogical Models in the Jesuit Tradition*, Macau, Macau Ricci Institute, 2014, p. 71-86 ; Gil-Sun OH, « 〈元經世大典地理圖〉에 나오는 지명의 조사와 〈混一疆理歷代國都之圖〉 서역지명과의 비교 », *op. cit.*, p. 83-105.

hypothèse de sources lexicales arabo-persanes ne le laissent soupçonner : « certains noms de lieux viennent du mongol et du turc, d'autres du perse et de l'arabe, ou encore de langues indienne, slave et grecque, du latin, de l'espagnol et du catalan aussi[583] ».

C. Analyse comparative : les ressorts d'un coup d'État linguistique

Ayant démontré que l'avènement du royaume de Chosŏn en Extrême-Orient et la réaffirmation de la place du royaume de France dans l'ordre européen s'opèrent en concomitance avec les revendications linguistiques que sous-tendent la théorie de la rectification des noms et l'entreprise philologique et politique humaniste à travers le *Kangnido* et la *Nova totius Galliae descriptio*, nous aimerions désormais approfondir l'analyse et la comparaison des implications que supposent les actes de naissance des langues française et coréenne que sont l'ordonnance de Villers-Cotterêts et le *Hunminjŏngŭm* entre la version originale et la première version nous étant parvenue de ces deux cartes en suivant deux axes analytiques : l'influence réciproque voire exponentielle de l'ordre philologique et de la science géographique et l'évolution des diglossies *hanja/han'gŭl* et latin/français comme corollaires d'un nouvel ordre politique. Nous exclurons de notre champ d'étude, dans la lignée d'observations antérieures, la généralisation imprudente qui ne conçoit la révolution cartographique du XVe siècle coréen et du XVIe siècle français que comme un effet secondaire des mises au point de nouvelles techniques d'impression[584], car ni la carte de Yi Hoe, peinte sur soie, ni celles de Fine, gravées sur bois, n'en bénéficièrent autant que des cartes imprimées comme le *P'aldoch'ongdo* (1531) et gravées sur cuivre comme celles de La Guillotière, toutes représentatives d'une Renaissance et d'un néoconfucianisme plus tardifs.

C'est un fort soupçon d'élitisme envers le chinois classique comme envers le latin et le grec qui constitue le moteur premier de la création et de la promotion des langues française et coréenne. Dans sa *Défense et Illustration de la langue française*, Joachim du Bellay dénonce le fait que l'usage des

---

583 *Ibid.*, p. 99.

584 D'après Young-key Kim-Renaud, le roi Sejong fut impliqué dans vingt-cinq projets liés à l'amélioration des techniques d'impression. Youg-Key KIM-RENAUD, « Sejong's theory of literacy and writing », *op. cit.*, p. 39. Tandis que les caractères mobiles métalliques étaient déjà utilisés sur la péninsule coréenne depuis 1234, soit deux siècles avant Gutenberg, un Bureau gouvernemental d'impression fut créé en 1403. C'est en fait tout le XVe siècle qui bénéficie des vagues d'optimisation des techniques d'impression portant le nom des années du calendrier traditionnel luni-solaire (*kyemija* en 1403, *kyongja* en 1420, *kabinja* en 1434, *imsinja* en 1452, *urhaeja* en 1455, *kapchinja* en 1484 et *kyechukcha* en 1493). Songmu YI, « The influence of Neo-confucianism on education and the civil service examination system in fourteenth and fifteenth century Korea », *op. cit.*, p. 128 et 145.

langues classiques comme le grec et le latin maintiennent les masses illettrées dans l'ignorance : « Il me souvient de ces reliques, qu'on voit seulement par une petite vitre et qu'il n'est permis toucher avecques la main. Ainsi veullent ilz faire de toutes les disciplines, qu'ilz tiennent enfermées dedans les livres Grecz et Latins, ne permettant qu'on les puisse voir autrement [585] ». De manière analogue, le mandarinat linguistique qu'entretenait la connaissance des *hanja* prévalait en Corée et il faudra un demi-millénaire au *han'gŭl* pour en avoir raison. Effectivement, Shim Jaekee[586] estime que l'usage des caractères chinois remonte au Ier siècle de notre ère dans la péninsule coréenne mais que leur pleine maîtrise par les érudits et lettrés-fonctionnaires n'aurait été atteinte que vers les IVe et Ve siècles. Il n'empêche que la situation linguistique en Corée restait problématique à plusieurs égards. L'apprentissage des caractères chinois dits *hanja* (漢字 한자) et de la culture qu'ils véhiculaient requérait des années d'études que seules les familles aisées ou proches du pouvoir pouvaient se permettre. À cette discrimination financière vint s'ajouter un décalage croissant entre la langue telle que la lisaient et transcrivaient les mandarins sinophiles et la langue parlée par les Coréens ordinaires. Car, si les idéogrammes regorgent de nuances sémantiques, phonétiquement, ils ne suffisaient pas à translater la variété des sons issus du parler vernaculaire. En fait, trois systèmes de retranscription coexistèrent jusqu'au milieu du XVe siècle : le *idu* (吏讀 이두), qui tout en recourant aux idéogrammes modifiait les structures syntaxiques et ajoutait suffixes et particules ; le *kugyŏl* (口訣 구결) qui lui aussi partait des caractères chinois pour en compléter les ressources grammaticales souvent succinctes et qui était principalement utilisé pour les textes sacrés bouddhistes et confucéens ; et enfin le *hyangch'al* (鄕札 향찰) essentiellement consacré à la retranscription des poèmes *hyangga* (鄕歌 향가), soit la première littérature vernaculaire[587]. Diglossie et dysfonctionnements obéraient donc la rencontre de l'écriture et de l'oralité et rendaient les caractères chinois de plus en plus étrangers aux Coréens. C'est seulement à la lumière de ce clivage que l'on peut comprendre l'intention du roi Sejong d'unifier les langues écrites et parlées, non seulement pour les *umin* (愚民 우민) – terme traduit, selon les coréanologues, par « illettrés », « pauvres gens », « stupides », « non éduqués » ou se référant à tous les Coréens [588]. En outre, l'on peut

585 Jean-François COUROUAU, « La Deffence de Du Bellay et les apologies de la langue occitane, XVIe-XVIIe s. », in *Bulletin de l'Association d'étude sur l'humanisme, la réforme et la renaissance*, n° 53, 2001, p. 14.

586 Jae-Kee SHIM, *Formation of Korean alphabet*, Colloquium of the Center for Korean studies, Berkeley, University of California, on March 27, 1986, p. 530.

587 National Institute of Korean Language, « The background of the invention of *han'gŭl* », in https://www.korean.go.kr/eng_hangeul/setting/001.html (consulté le 01.09.2020).

588 Youg-Key KIM-RENAUD, « Sejong's theory of literacy and writing », *op. cit.*, p. 16.

appréhender la création du *han'gŭl* dans le cadre de « la recherche académique officielle, la diffusion de la culture confucéenne, la formation des talents, la promotion de la coutume de vénération des lettres [文風 문풍)] et la création de documents diplomatiques » que promouvait le *Chiphyŏnjŏn*[589].

Ensuite, les langues française et coréenne vont puiser dans leurs racines respectives pour se forger une identité propre. À l'unisson avec Pelletier du Mans, qui affirme dans *L'Intelligence de la langue* (1541) qu'il est « impossible proprement parler ni correctement écrire notre langue sans acquisition de toutes deux (grec et latin) ou bien de la latine pour le moins, étant la plus grande partie de nos termes vulgaires prise et déduite des langues susdites [590] », du Bellay est pourtant bien conscient que ces compétences sont souvent réservées à une élite éduquée, et c'est bien dans un souci de compromis entre ces réalités contradictoires qu'outre l'apport des langues ouvrières et vernaculaires que le français absorbera jusqu'à les anéantir, le recours aux néologismes à partir du grec et du latin constitue l'un des procédés retenus par l'auteur de la *Défense* pour enrichir la langue française. L'emploi de néologismes se distingue non seulement de la dénomination qui, au sens confucéen du terme, en réparant la langue répare l'homme dans son rapport au monde, mais aussi de la « dé-nomination » actuelle que regrette Alain Borer et qui constituerait le procédé inverse des néologismes, « c'est-à-dire, la substitution pure et simple de mots anglo-saxons à des mots français disponibles de longue date[591] ». L'absence de la langue grecque dans les cartes de Fine peut s'expliquer par le fait que celui-ci était avant tout un latiniste qui rédigeait la plupart de ses ouvrages directement dans cette langue et que le grec était encore moins répandu que le latin, plus populaire et popularisé ne serait-ce que par les offices religieux et la diffusion de la Vulgate. Or cette omission du grec n'en est pas vraiment une si l'on considère l'idée, clairement défendue par Joachim du Bellay, que le latin contenait déjà en lui une part de l'héritage linguistique grec et des méthodes dont le français pouvait s'inspirer pour prospérer. Le chapitre VII du même ouvrage, intitulé « Comment les Romains ont enrichi leur langue », est on ne peut plus explicite :

> Imitant les meilleurs auteurs grecs, se transformant en eux, les dévorant et, après les avoir bien digérés, les convertissant en sang et nourriture, se proposant, chacun selon son naturel et l'argument qu'il voulait élire, le meilleur auteur dont ils observaient diligemment toutes les plus rares et exquises vertus et icelles

589 Kyeong-Su KIM, « 朴彭年의 生涯와 現實意識 », *조선시대사학보* 11, 1999, p. 40-41.

590 Jacques PELLETIER DU MANS, *L'intelligence de la langue*, in Alain BORER, *De quel amour blessée. Réflexions sur la langue française*, Paris, Gallimard, 2014, p. 54.

591 Alain BORER, *De quel amour blessée. Réflexions sur la langue française*, *op. cit.*, p. 41.

> comme greffes entaient et appliquaient à leur langue. Et de ce que je dis font bonne preuve Cicéron et Virgile[592].

Les termes du problème linguistique auquel est confronté Sejong ne se posent pas de la même manière que pour les Français du XVIe siècle, tant la présence lexicale du chinois est omniprésente en coréen. En effet, encore aujourd'hui, 80 % des mots et expressions de la langue coréenne proviennent du chinois. L'on pourrait même affirmer à rebours de la démarche de du Bellay que c'est de la richesse de la langue vernaculaire coréenne qu'est né le besoin de lui créer un alphabet, et non, comme pour le français, de la volonté de s'extirper du latin qu'est né le besoin d'étoffer son lexique. La disjonction entre écriture et oralité, nous l'avons vu, et le titre *Hunminjŏngŭm* l'exprime très clairement, réside dans l'incohérence phonétique entre le chinois écrit et le coréen parlé. Ce décalage intenable rappelle plutôt en Occident l'âge axial où, à la suite de la disparition du monde mycénien et de son écriture, les Grecs empruntent aux Phéniciens des éléments de leur alphabet et les « modifient sensiblement afin de transcrire correctement les sons, élaborant ainsi un genre nouveau d'écriture phonétique[593] ». Pour sortir de cette impasse, et c'est sans doute l'une des originalités les plus frappantes du *han'gŭl*, Sejong crée un alphabet composé de vingt-huit lettres[594] capables de retranscrire tous les sons nécessaires à l'énonciation du parler vernaculaire coréen. Sa geste linguistique dépasse même le cadre d'une simple rectification des noms pour, selon l'une des interprétations possibles du *zhengming* mise en avant par Granet, s'en prendre à la correction même des caractères d'écriture[595]. C'est cette singularité que Baek Kichan met en exergue comme suit :

> L'alphabet romain tire son origine des hiéroglyphes égyptiens et des alphabets syllabiques phéniciens, et a subi une longue évolution

---

[592] Colette DEMAIZIÈRE, « La langue à la recherche de ses origines : la mode des étymologies grecques », *Bulletin de l'Association d'étude sur l'Humanisme, la Réforme et la Renaissance*, n° 15, 1982. « Les rapports entre les langues au XVIe siècle ». Actes du colloque de Sommières, 14-17 septembre 1981, tome I, p. 66.

[593] « L'écriture, poursuit El Murr, n'est plus alors fonction d'un savoir spécialisé mais est largement diffusée dans le public et le sera continûment du VIIIe au IIIe siècle, tant et si bien qu'elle deviendra progressivement, avec l'apprentissage d'Homère et d'Hésiode, l'un des éléments de base de la *paideia* grecque. » Dimitri EL MURR, « Raison et politique : Jean-Pierre Vernant et la polis grecque », *Cahiers philosophiques*, 2007/4, n° 112, p. 81.

[594] Jae-Kee SHIM, *Formation of Korean alphabet*, *op. cit.*, p. 533.

[595] « La notion même de *zhengming* va parfois être assimilée après les Qing, comme le rappelle Granet, à la "correction des caractères d'écriture". » Redouane DJAMOURI, « Théorie de la "rectification des dénominations" et réflexion linguistique chez Xunzi », in Karine CHEMLA, François MARTIN, « Le juste nom », *Extrême-Orient, Extrême-Occident. Cahiers de recherches comparatives,* Paris, Presses universitaires de Vincennes, Vol. 15, 1993, p. 73.

> avant de devenir ce qu'il est aujourd'hui. De façon analogue, les idéogrammes chinois ont commencé par l'écriture sur des ossements ou sur des écailles de tortue et prirent des milliers d'années avant d'atteindre leur forme actuelle. Le *han'gŭl* n'est pas basé sur d'anciennes langues écrites. Il n'est pas non plus une imitation d'une autre série de lettres mais un alphabet unique à la Corée[596].

Vraisemblablement assisté par quelques lettrés, Sejong met donc au point 28 lettres qui, si l'on en croit les explications du *Hunminjŏngŭm*, établissent une correspondance entre la forme graphique des traits et la fonction graphique des organes qui l'exécutent :

> Les symboles consonantiques de base étaient des traits schématiques représentant les organes humains de la parole lorsqu'ils articulent les sons. Les autres consonnes étaient formées par l'ajout de traits aux cinq formes de base. La vélaire ㄱ k représente la base de la langue obstruant la gorge. La prévélaire ㄴ n représente la courbe de la langue touchant le haut du palais. La labiale ㅁ m représente les contours de la bouche. La dentale ㅅ s représente le contour des incisives. La gutturale ㅇ zéro initial représente le contour de la gorge. La prononciation de la vélaire aspirée ㅋ k' est plus marquée que celle de ㄱ k, c'est pourquoi un trait oblique a été ajouté[597].

Aux soucis lexicaux des Français et phonétiques des Coréens s'ajoute un effort commun pour structurer la langue autour d'une grammaire. En France, il ne s'agit pas que d'une mode des étymologies gréco-latines ou d'une imitation des Anciens. Ces différentes tendances se formalisent déjà avec Pétrarque et Boccace, qui édifient un code de la bonne latinité et des règles de la philologie classique, modèle que perfectionne Lorenzo Valla dans ses *Elegantiarum linguae latinae*[598]. Nous verrons donc dans les labeurs de Louis Meigret (1550) ou de Pierre de La Ramée (1562) la volonté de doter la langue française des mêmes armes grammaticales, syntaxiques et lexicales que celles de ses aînées. Car, comme le note Érasme, la grammaire « s'occupe de choses qui sont peut-être très petites, mais sans lesquelles personne ne peut devenir grand ; elle soulève des questions sans importance,

---

596 Kichan BAE, *Le roi Sejong le Grand*, *op. cit.*, p. 92.
597 *Ibid.*, p. 94.
598 Bartolomé BENNASSAR, Jean JACQUART, *Le XVIe siècle*, *op. cit.*, p. 86.

mais dont les conséquences sont très sérieuses[599] ». À leur manière, les Coréens se doivent de codifier les règles du *han'gŭl*, afin de, comme le souhaitait Sejong, rétablir le désordre du chinois classique des livres (韻書 운서, *unsŏ*)[600]. En complément des vingt-neuf pages explicatives du *Hunminjŏngŭm* adjointes aux quatre pages de présentation de Sejong, et deux années seulement après sa parution, Sŏng Samun (1414-1475) publie en 1448 le *Tonggukchŏngun* (東國正韻 동국정운), c'est-à-dire le *Dictionnaire de la prononciation coréenne standardisée des caractères chinois*, très vite concurrencé par des ouvrages aux visées inverses tentant de réinstaurer et faciliter l'accès au chinois : le *Sasŏngt'onggo* (四聲通攷 사성통고), *Études des quatre tons*, de Sin Sukju (1457), et le *Sasŏngt'onghae* (四聲通解 사성통해), *Explications générales des quatre tons*, de Choe Sejin (1517)[601]. Pourtant, le désordre déploré par Sejong n'est pas que phonétique et les Coréens auront fort à faire en essayant de systématiser grammaticalement le *han'gŭl*, alphabétique et polysyllabique, dont la structure syntaxique est communément associée au tibétain et au mongol (avec un ordre canonique des mots Sujet-Objet-Verbe), mais qui présente aussi la particularité d'être « une langue agglutinante aux nombreux affixes grammaticaux[602] ».

Nous n'irons pas jusqu'à prétendre que Fine souhaitait à travers ces cartes redonner ces lettres de noblesse à la grammaire française. Néanmoins, sa discipline, la géographie, étant à la frontière des sciences dures et des arts libéraux, entre le quadrivium (arithmétique, géométrie, musique, astronomie) et le trivium (grammaire, logique, rhétorique), ou encore entre la *sapientia* pure et une certaine *eloquentia* plus utilitaire, il ne serait pas inutile de considérer que, à la manière des mathématiques qu'il hissait au rang de propédeutique à toute connaissance scientifique, le recours au français dénotait sans doute déjà une volonté de recentrer la source d'un savoir plus littéraire et donc philologique autour de la langue du roi. Notre propos n'est pas de voir dans les cartes de Fine non plus l'élan budéen qui, mettant le grammairien et le théologien sur le même plan, faisait de la philologie une « théosophie », c'est-à-dire une philosophie théologique à même, par sa méthodologie exégétique, de révéler le sens originel des Écritures : il

---

599 « Érasme a compris que ce n'est pas une discipline, la grammaire, qui veut usurper les fonctions de la philosophie et de la théologie, mais que c'est une méthode de lecture et d'interprétation des textes qui entend se substituer à d'autres méthodes. […] L'exégèse philologique y constituait en réalité une importante opération de renouvellement de la "philosophie chrétienne". » Eugenio GARIN, *L'homme de la Renaissance, op. cit.*, p. 190-191.

600 Ki-Ho CHOI, « 훈민정음 창제에 관한 연구; 집현전관과 언문반대상소 », *동방학지* 36·37, 1983, p. 556.

601 Ogg LI, *La Corée des origines à nos jours*, *op. cit.*, p. 268.

602 Youg-Key KIM-RENAUD, « Sejong's theory of literacy and writing », *op. cit.*, p. 18.

s'agirait ici plutôt d'y voir un complément propédeutique à la rigueur logique des sciences mathématiques.

Alors que la démarche géographique de Yi Hoe est bien moins scientifique dans l'ensemble que celle de Fine, on ne peut pas en dire autant de l'entreprise philologique coréenne qui rejoint, bien que par d'autres voies, les exigences propédeutiques humanistes. On ne semble guère s'être avisé jusqu'à présent d'une lecture croisée des fondements de la géographie et de la philologie extrême-orientales dont il résulte que les injonctions ordonnatrices du *dili* qui « range la Terre » ou, pour reprendre la formule de Sejong sur le *han'gŭl* qui « rétablit le désordre », n'étaient pas tout à fait étrangères à la théorie du *zhengming* confucéen qui apparaît en filigrane dans l'élaboration du *Hunminjŏngŭm* mais aussi dans la carte de Yi Hoe, qui en nommant le monde le réordonne. Pour démontrer le bien-fondé de cette correspondance, nous pouvons nous appuyer sur l'analyse d'Anne Cheng :

> La répartition *fen* trouve une éclatante illustration dans la rectification des noms *zhengming* [...]. La notion de répartition ou de partition (rappelons que *fen* signifie d'abord découper) correspond à l'idée que nommer c'est d'abord diviser, démarquer, tracer des lignes de pertinence entre le semblable et le différent. On trouve ici une conception taxonomique du monde comme champ d'objets naturellement ordonnés en ensembles selon les principes fondamentaux d'identité et de différence[603].

Même si Yi Hoe n'utilise pas encore le *han'gŭl*, qui accentuera la nécessité d'affirmer une identité coréenne face à une différence chinoise en illustrant les préceptes néoconfucéens de donner au monde et aux choses leur juste nom géographique, il multiplie les retombées épistémologiques du *fen* inhérent au *zhengming* et du *li* inhérent à la géographie en réagençant le monde à partir d'une dénomination actualisée. Cette concordance des disciplines – mathématiques et philologie chez Fine, géographie et *zhengming* chez Yi Hoe – est loin d'apparaître évidente à une première lecture de la carte, mais il nous a semblé qu'elle n'avait pas été assez soulignée jusqu'ici, voire qu'elle n'avait nullement été détectée, et ce encore moins dans une perspective comparative entre la France et la Corée. Pour explorer cet axe herméneutique, il est nécessaire de lui donner consistance en élucidant en quoi l'apport philologique prégnant dans la cartographie de la Corée du XVe siècle et de la France du XVIe siècle va puiser ses racines dans des traditions antiques qui, réactualisées, caractérisent bien la notion de régénération inhérente aux concepts de Renaissance et néoconfucianisme.

[603] Anne CHENG, *Histoire de la pensée chinoise*, *op. cit.*, p. 227.

L'apparition de différentes formes de rationalité et leurs croisements féconds ne sont pas l'œuvre première des philologues du XVIe siècle et on peut la faire remonter à la Grèce antique où un rationalisme nuancé s'extrait graduellement et se définit par opposition à des pratiques irrationnelles : la religion, la mythologie, l'autorité divine et arbitraire de l'*anax*. Tout au long de son œuvre, l'helléniste Jean-Pierre Vernant démontre que ce rationalisme était alors nuancé car déjà multiple et polymorphe, et qu'il existait plusieurs formes de rationalités au sein de ce qu'il est convenu d'appeler la raison grecque : le raisonnement persuasif du sophiste capable tour à tour de soutenir une thèse puis son contraire n'emprunte pas la même logique que l'articulation démonstrative du réseau conceptuel du philosophe, ni que celle du juge dont les déductions découlent de preuves, de témoignages et de lois récemment publicisées, ni que celle encore de l'enchaînement quasi mécanique des tragédies. En s'entrecroisant puis en se distendant, les fils conducteurs de toutes ces formes de rationalité tisseront le réseau et le cadre intellectuels du mode de pensée occidental[604]. Mais plus que sur tout autre domaine, l'avènement de la philosophie s'est reflété sur les formes et les fonctions du langage. L'aristocratie détenait, en plus de la direction des rituels, les formules religieuses et sentences morales qui lui assuraient le monopole de la communication entre le divin et l'humain. Avec la philosophie, l'ésotérisme et l'aura mystérieuse dont se voilaient les sectes et confréries s'estompent grâce à ce que Jean-Pierre Vernant considère comme un « grand mouvement social d'élargissement et de divulgation d'une tradition sacrée aristocratique[605] ».

Une lecture parallèle du post-scriptum du *Hunminjŏngŭm* de Chŏng Inji et du deuxième paragraphe du septième des dix chapitres du *Yijing* (易經 역경) nous autorise à penser que le roi Sejong se considérait ou, s'il n'en était pas conscient, peut être considéré comme un héritier des empereurs de la mythologie chinoise. Chŏng Inji y fait une allusion à peine voilée : « Après mûre réflexion, notre roi, étant un sage aux dons célestes, a institué différents systèmes et institutions à la mesure de ceux établis par des centaines d'autres rois[606] » – rois que nous pensons pouvoir faire remonter aux « empereurs Huangdi, Yao et Shun [qui] changèrent cela par l'écriture des inscriptions : les cent fonctionnaires s'en servirent pour administrer et les dix mille populations pour distinguer le sens des choses[607] ». Contrairement

[604] Jean-Pierre VERNANT, *Les origines de la pensée grecque*, Paris, PUF, 2004.

[605] Jean-Pierre VERNANT, *Mythe et pensée chez les Grecs. Études de psychologie historique*, Paris, La Découverte, 1996, p. 390.

[606] Inji CHŎNG, *Excerpts from Chŏng Inji's postscript to the Hunminjŏngŭm*, New York, Columbia University, 2009, p. 3.

[607] Léon VANDERMEERSCH, « Rectification des noms et langue graphique chinoises », *Extrême-Orient, Extrême-Occident. Cahiers de recherches comparatives*, Paris, Presses universitaires de Vincennes, vol. 15, 1993, p. 16.

donc au *logos* occidental dont on peut dater et rationaliser les origines, Sejong, en créant une nouvelle forme d'écriture, ne fait que perpétuer une tradition et réaliser une prophétie aux origines pour le moins incertaines. Paradoxalement, en voulant prendre ses distances par rapport à un sinocentrisme culturel aliénant, Sejong le perpétue de plain-pied. Il ne se désolidarise pas non plus d'un courant philosophique extrême-oriental, duquel sa dynastie essaye par ailleurs de faire table rase, en se réclamant implicitement, encore une fois dans le post-scriptum du *Hunminjŏngŭm* de Chŏng Inji, du taoïsme :

> Tout comme il existe des énonciations qui sont naturelles au ciel et à la terre, il doit y avoir une écriture qui soit naturelle au ciel et à la terre. C'est pour cette raison que les anciens conçurent des lettres correspondant aux énonciations, afin qu'elles transmettent les situations et les sentiments d'une myriade de choses et pour retranscrire les voies du ciel, de la terre et des hommes, et pour que cela ne puisse être modifié par les générations ultérieures [...]. Ces lettres embrassent les principes du ciel, de la terre et des hommes ainsi que les mystères du yin et du yang, et il n'existe rien qu'elles ne puissent exprimer. Avec ces vingt-huit lettres, des tournures et nuances infinies peuvent être expliquées ; elles sont simples et pourtant elles contiennent toutes les essences ; elles sont raffinées et cependant facilement communicables[608].

De manière tout aussi explicite mais bien plus concrète encore, les trois symboles vocaliques ㅇ, ㅡ et ㅣ représentent respectivement le ciel, la terre et l'homme ; tandis que les cinq consonnes de base – la vélaire ㄱ (k), la prévélaire ㄴ (n), la labiale ㅁ (m), la dentale ㅅ (s) et la gutturale ㅇ (zéro initial) – renvoient aux cinq éléments – le bois, le feu, la terre, le métal et l'eau. En reprenant les voies tracées par d'anciennes traditions philosophiques et épistémologiques, les entreprises renaissantes française et coréenne ne courent-elles pas le risque d'en privilégier la teneur théorique et abstraite et de faire litière de la part empirique que suppose une réactualisation de courants anciens dans un contexte nouveau ? Jean-Pierre Vernant regrettait que, en se campant sur le plan d'une raison immanente aux phénomènes naturels, l'univocité et la monosémie de la démarche du *logos* se soient déjà coupées non seulement du monde visible mais surtout du réel et de l'empirique : « Dans cette tâche, elle s'est peu appuyée sur le réel sensible ; elle n'a pas beaucoup emprunté à l'observation des phénomènes naturels ; elle n'a pas fait d'expériences [...] entre la mathématique et la physique, le calcul et l'expérience, la connexion a manqué ; la mathématique est restée solidaire de la logique. Pour la pensée grecque, la nature représente

608 Inji CHŎNG, *Excerpts from Chŏng Inji's postscript to the Hunminjŏngŭm*, *op. cit.*, p. 2-3.

le domaine de l'à peu près[609] ». Or Fine, en insérant des préoccupations linguistiques à ses cartes, renoue justement avec l'empirisme qui n'avait pas pris racine ni en Grèce ni même de loin dans les *mappae mundi* médiévales. L'on pourrait même avancer qu'il se fait fort d'une compréhension de la grammaire qui avait survécu de l'Hellade au Moyen Âge. Dans ses *Quelques remarques comparatives à partir de la tradition sémantique occidentale médiévale*, Irène Rosier mentionne le prologue d'une grammaire du XIIIe siècle qui établit que « la grammaire est la mère la plus ancienne de toutes les sciences [...]. Sans elle, l'astronome ne ferait pas d'observations, ni le géomètre de mesures, ni encore le musicien d'harmonies ou l'arithméticien de calculs. Sans elle, tant de grands personnages ne pourraient que balbutier et non parler[610] ». La science géographique telle que la conçoivent les humanistes, et en particulier Fine, essaye donc de combler cette césure originelle entre la *theoria* et l'*historia* – césure que Descartes renforcera au contraire. À l'inverse de l'Occident, le déséquilibre qui met en mouvement la pensée extrême-orientale penche du côté de l'empirisme ou plus exactement du pragmatisme, lest dû, en ce qui se rapporte à notre cas d'étude, aussi bien à la langue qu'à la géographie. Toute réflexion sur la langue et les conjectures qui en procèdent sont à la racine ancrées dans la réalité. Dans deux articles qui ont fait date, le sinologue Léon Vandermeersch rappelle que les idéogrammes furent à l'origine inscrits à côté de fissures scapulomantiques ou sur des écailles de tortue :

> Le système idéographique est ainsi beaucoup plus qu'un simple système d'écriture. Il est un autre système de divination, les formules composées en langue idéographique, en *wenyan* [文言, langue idéographique], opérant comme des algorithmes de calcul du sens des choses, de la même façon que les hexagrammes du *Yijing* permettent de calculer le sens d'opportunité des conjonctures et des entreprises[611].

Dès le départ, la langue est conçue non pas pour s'abstraire de la réalité et chercher à en définir les lois ou les essences, mais pour déchiffrer un sens qui permette à l'homme d'interagir avec son environnement selon les circonstances qui le conditionnent. La langue n'est donc pas la source dont

[609] Jean-Pierre VERNANT, *Mythe et pensée chez les Grecs. Études de psychologie historique*, *op. cit.*, p. 401.

[610] Irène ROSIER, « Quelques remarques comparatives à partir de la tradition sémantique occidentale médiévale », *Extrême-Orient, Extrême-Occident. Cahiers de recherches comparatives*, n° 15, Paris, Presses universitaires de Vincennes, 1993, p. 169.

[611] Léon VANDERMEERSCH, « La lettre qui révèle et la lettre révélée. La glose confucianiste aux antipodes de l'herméneutique biblique », in Flora BLANCHON, Rang-Ri PARK-BARJOT, *Le nouvel âge de Confucius. Modern Confucianism in China and South Korea*, Paris, PUPS, 2007, p. 66-67.

découlent toutes les disciplines comme chez les humanistes mais la source dont découlent tous les comportements [612] de l'homme dans un environnement où le poids des éléments naturels l'emporte pour les traditions taoïstes et shamaniques sur le poids des relations sociétales. On aurait tort de croire que Sejong et Chŏng Inji se départent entièrement de cet héritage en ce que les caractères du *han'gŭl* ressembleraient de loin en loin aux pictogrammes chinois. C'est du moins ainsi que Chŏng Inji nous les dépeint : « Ressemblant à des pictographes, ces lettres imitent les formes des caractères sur les vieilles estampilles[613] ». Et la source d'inspiration des *Sons corrects pour l'instruction du peuple* transcenderait toute généalogie humaine : « En ce qui a trait aux *Sons corrects*, ce n'est pas quelque chose qui a été transmis par nos ancêtres mais qui a été accompli par la nature. Il n'existe rien dans les *Sons corrects* qui ne soit pas basé sur le principe ultime[614]. » À ce premier élan philologique où, pour faire simple, prédomine l'apport de la nature, le *zhengming* insuffle sa contrepartie, la culture. En nommant les choses ou plutôt en rectifiant les noms, Confucius invite tout gouvernant à fixer un ensemble de conventions normatives, et moins des définitions descriptives, qui régissent les différents aspects de la vie en société, de l'ordre politique à la vie familiale en passant par le système judiciaire et les rites. Il nous suffira de citer le célèbre passage des *Entretiens* où Confucius déclare que rectifier les noms serait la première chose qu'il ferait si une fonction publique lui était offerte[615]. Pour démontrer à nouveau la corrélation entre l'acte de nommer justement et un empirisme extrême-oriental qui s'exprime notamment avec insistance à travers la volonté de rétablir un ordre linguistico-politique, ainsi que pour retracer une filiation, non exclusive mais suffisamment substantielle pour qu'elle soit soulignée, entre le *zhengming* et le *Hunminjŏngŭm*, nous préférerons mentionner un passage souvent oublié des *Entretiens*. Dans le Livre VII, « Du Maître », §17, on peut lire : « Le Maître utilisait toujours la prononciation correcte 雅言 (*yayan*) quand il récitait les Odes ou les Documents, ou quand il exécutait les

---

612 Anne Cheng a pu dire à ce propos : « Alors que les dialogues platoniciens se préoccupent principalement de formuler les définitions les plus exactes comme moyens d'atteindre la vraie connaissance, un Confucius, un Mencius ou un Laozi sont au contraire soucieux d'éviter de fournir des définitions aux termes pourtant cruciaux qu'ils utilisent. […] Ce refus de la définition ne s'explique pas seulement par la crainte qu'elle ne soit nécessairement limitative mais plus largement par une différence de visée, l'important n'étant pas la signification théorique que l'on peut donner à une notion mais la manière dont celle-ci doit être utilisée et surtout vécue […] La pensée chinoise se distingue donc en premier lieu par l'accent qu'elle place sur le langage comme générateur de comportements plutôt que comme expression sémantique d'un contenu. » Anne CHENG, *Histoire de la pensée chinoise*, *op. cit.*, p. 146-147.

613 « Resembling pictographs, these letters imitate the shapes of the old seal characters. » Inji CHŎNG, *Excerpts from Chŏng Inji's postscript to the Hunminjŏngŭm*, *op. cit.*, p. 2.

614 *Ibid.*, p. 3.

615 CONFUCIUS, *Entretiens de Confucius*, *op. cit.*, p. 102.

rites. Dans toutes ces occasions, il n'utilisait que la prononciation correcte[616]. » En plus du caractère *zheng* (正)/*chŏng* (정) commun au *zhengming* et au *Hunminjŏngŭm*, cette citation, et notamment l'expression 雅言 (*yayan*) – qu'Anne Cheng a traduite par « prononciation correcte » et qui en est venue à signifier aujourd'hui « précieux conseils » – a également retenu toute notre attention en ce que le caractère 雅 n'a d'autre signification en ancien chinois que son équivalent moderne *zheng* (正), soit correct. Par la prononciation correcte, le Maître s'éveille au sens de l'étude en même temps qu'il accomplit les rites[617]. Cette double fonction du langage reprend d'ailleurs celle de l'écriture des inscriptions des empereurs Huangdi, Yao et Shun, grâce à laquelle les cent fonctionnaires administrent et les dix mille populations distinguent (le sens des choses)[618]. Le *Hunminjŏngŭm* se situe dans le droit fil de cette tradition car, d'un côté, Chŏng Inji nous spécifie bien dans sa postface que Sejong avec le *han'gŭl* a pu « instituer de nombreux systèmes et institutions[619] » et, d'autre part, Sejong lui-même insiste dans sa préface sur le fait que ses vingt-huit nouvelles lettres ont été conçues pour « les gens non éduqués » et pour qu'ils les « adoptent dans la vie ordinaire[620] ». Il faudrait donc nuancer la théorie qui énonce que Sejong a inventé des caractères coupés de toute racine et conçu une langue à partir de rien. Car, si sur le plan strictement graphique il est vrai que la parenté entre idéogrammes chinois et caractères coréens est difficilement démontrable, en revanche, sur le plan philologique voire philosophique, la démarche de Sejong, les moyens mis en œuvre et les fins qu'il attribue au langage mettent bien le *han'gŭl* dans la droite ligne de la tradition confucéenne et des dernières évolutions dans la Chine des Ming. De la tradition confucéenne, car Sejong est convaincu que « le juste ton (正聲) et l'intonation correcte (正音) pourraient faire cesser le désordre des langues, ceux-ci étant le fondement théorique de la création de l'alphabet coréen ainsi que la garantie pour conduire sa politique[621] ». De la Chine des Ming car, comme le

[616] *Ibid.*, p. 64. Il est probable que Confucius, originaire du royaume de Lu, en ait eu l'accent et que par prononciation correcte il se soit référé à un accent standardisé compréhensible à travers les différents royaumes de la Chine d'alors qui n'était pas unifiée politiquement.

[617] L'on peut retrouver cette imbrication de l'écriture et du sens que révèle son oraison scandée dans la tradition hébraïque : « La compréhension de la Bible hébraïque est liée aux voyelles. Représentées par des accents inscrits au-dessous ou au-dessus des lettres, ce sont les voyelles qui mettent le texte en mouvement, qui lui confèrent du son et du sens. […] Muet, le mot hébreu se présente comme un corps obscur à la signification cachée. Celle-ci ne peut se découvrir que dans l'éclat de la voix. Pour lire le Texte, il faut le chanter, lui prêter ce souffle qui l'anime et que des siècles de vocalisations ont légitimé. » Maurice OLENDER, *Les langues du Paradis*, Paris, Seuil, 1989, p. 57.

[618] Léon VANDERMEERSCH, « Rectification des noms et langue graphique chinoises », *op. cit.*, p. 16.

[619] Inji CHŎNG, *Excerpts from Chŏng Inji's postscript to the Hunminjŏngŭm*, *op. cit.*, p. 3.

[620] Kichan BAE, *Le roi Sejong le Grand*, *op. cit.*, p. 91.

[621] Hong-Gap PARK, « 집현전 학사 최만리의 정치활동 », *민족문화* 37, 2011, p. 214.

démontre Kim Daeyeol, Sejong n'aurait que suivi la « Voie royale » pavée par l'empereur Hongwu qui fit composer le 洪武正韻 (*Hongwuzhengyun* ou *Dictionnaire des rimes correctes*) pour rétablir l'ordre public par la standardisation du système phonétique[622]. De même que cet ouvrage parut en 1375, c'est-à-dire quelques années seulement après le changement dynastique des Yuan aux Ming (1368), de même Sejong voulut par sa geste phonologique (1446) énoncer tambours battants la transition du Koryŏ au Chosŏn (1392). Parallèlement, nous avons également établi que, si les philologues du XVIe siècle, et dans leur sillage François Ier et Fine, revendiquaient expressément les racines antiques du renouveau de la langue française et de sa promotion, ils n'en ignoraient pas pour autant les répercussions politiques qui s'ensuivirent dans les cités antiques et qu'ils espéraient sans doute au sein de leur royaume. Mais avant de considérer ce que les cartes laissent transparaître des relations entre langue et construction institutionnelle et juridique et d'éventuellement déceler des parallélismes avec la Grèce antique et l'âge de Confucius, il nous a semblé nécessaire de souligner la dimension éthique des entreprises philologiques française et coréenne dans un contexte où dénommer correctement relève en même temps de la droiture morale individuelle et gouvernementale.

D. Éthique et cinétique des langues

Alors que d'un point de vue occidental la géographie constitue en partie une invitation au voyage, le mouvement auquel elle incite en Extrême-Orient est souvent plus introspectif, comme le signifie cette explication de François Cheng à propos de l'intelligence cinétique du regard dans la peinture de paysage :

> Le peintre, en général, est censé se tenir sur une hauteur, jouissant d'une vision globale du paysage (pour montrer la distance entre les choses baignant dans un espace atmosphérique, il use des contrastes de volume, de forme et de tonalité) ; mais en même temps, il semble se mouvoir à travers le tableau, épousant le rythme d'un espace dynamique et contemplant les choses de loin, de près et de différents côtés (ainsi, les montagnes sont souvent vues à la fois

[622] Daeyeol KIM, « Les sons corrects pour l'instruction », in Patrick BOUCHERON, *Histoire du monde au XVe siècle. 1. Territoires et écritures du monde*, Paris, Fayard, 2009, p. 556-557. Nous avons dénoncé la tendance des sinologues et japonologues à minorer la Corée, mais inversement, peu de coréanologues veulent se souvenir que six siècles avant la création du *han'gŭl*, « les lettrés japonais avaient eux-mêmes extrait deux syllabaires des idéogrammes, pour écrire plus commodément leurs proses et poésies courtoises dans la langue du Yamato ». Benoît GRÉVIN, « La lente révolution des cultures linguistiques », in Patrick BOUCHERON, *Histoire du monde au XVe siècle. 2. Temps et devenirs du monde*, Paris, Fayard, 2012, p. 437-465.

> d'une certaine hauteur et de face ; celles du lointain peuvent paraître plus grandes que celles du premier plan. [...]). Rappelons à ce sujet la conception du « microcosme-macrocosme ». Le peintre vise à créer un espace médiumnique où l'homme rejoint le courant vital ; plus qu'un objet à regarder, un tableau est à vivre[623].

Et c'est sans doute de cette absence de règles absolues et définitives que naissent les multiples interprétations possibles d'un parcours intellectuel comme artistique du *Kangnido* où les reflets de la carte renforcent la subjectivité de sa réception, quand une lecture trop littérale ne permet plus de discerner le sens d'une œuvre. Cette approche sollicite plus le regard de l'observateur, qui doit lui-même réajuster les perspectives en fonction de la partie de la peinture ou de la carte qu'il contemple, que dans les cartes occidentales où le cartographe, grâce au concours d'une projection, lui mâche la tâche. Néanmoins, l'on pourrait objecter à ces généralités que la projection unicordiforme qu'emprunte Fine déforme suffisamment le plan, pour des amateurs de cartes jusqu'alors habitués à des documents sans profondeur, pour que leur regard doive, comme celui de leurs homologues orientaux, évoluer dans et avec le paysage, voire – et c'est à ce stade que le mouvement, d'une opération intellectuelle, se convertit en déplacement physique –, que, à la manière de certains plans figurés du territoire et du paysage contemporains des travaux de Fine, la carte unicordiforme ne demande qu'à être tournée circulairement ou que son observateur la contourne pour que la cinétique du regard comme du corps en donne la pleine mesure, en révèle les clés d'une autre lecture.

Dans les pas d'Érasme et de Luther, à sa manière, Guillaume Budé dans son *De philologia* insiste sur le fait que la philologie, pour déceler le sens de textes sacrés ou antiques, doit reposer sur une nouvelle méthode. D'emblée, l'étymologie du terme « méthode » interpelle par la double acception qu'il comporte. « Méthode » vient du mot grec *methodos*, qui signifie bien recherche ou poursuite. Mais *methodos* est lui-même un terme qui dérive de *hodos*, soit le « chemin » ou la « route ». Bien conscient de l'inertie étymologique des termes qu'il emploie, Budé renforce ce jumelage sémantique en se référant au dieu Mercure. Comme l'explique Normand Doiron, Mercure représente la connaissance même des lettres antiques. Considérant les divines fonctions qui sont les siennes, les mots et le mouvement se séparent à peine, car Mercure est messager. Il se déplace pour le langage, c'est l'éloquence qui l'anime et qui le meut. Messager et médiateur : *Internuntius atque interpres*[624]. Normand Doiron relève ensuite

[623] François CHENG, *Vide et plein, le langage pictural chinois*, *op. cit.*, p.101.
[624] Normand DOIRON, « Mercure dans l'œuvre de Guillaume Budé. Pour une herméneutique du déplacement dans l'espace », *Réforme, Humanisme, Renaissance*, n° 61, 2005, p. 23.

les multiples déclinaisons de cette métaphore filée dans le texte de Budé : ainsi, le grand érudit rappelle « le cours et le progrès de ses études » – « *viam me ingressum esse* / je me suis engagé sur une voie » – ne spécifiant pas s'il s'agit d'un voyage ou de ses études. Synthèses de voyages révolus ou exhortations à de futures explorations, les cartes se situent évidemment elles-mêmes à la frontière – au sens seiziémiste du terme, c'est-à-dire plutôt sur une bordure politique et culturelle aussi floue que féconde – entre connaissance et périple – les périples grecs « naviguer autour » étant, nous l'avions noté dans la première partie, eux-mêmes des guides côtiers manuscrits mêlant croquis et commentaires utiles effectués à vue et en cours de route. Dans une veine plus ptoléméenne, Fine a complété ces descriptions des pourtours de la Terre en s'intéressant en particulier au contenu des masses continentales, notamment dans sa *Recens et integra orbis descriptio*, sa *Description récente et entière de l'orbe*. Là encore, les recherches de Normand Doiron sont éclairantes en ce qu'elles creusent les sillons étymologiques pour exhumer les liens qui ne manquent pas d'unir déplacement et connaissance : « Le mot *orbitae* désignait les "ornières" sur le chemin de la sagesse, "les traces d'une roue". Au sens abstrait, il signifie : "cours, orbites, révolutions". Il se rattache, bien sûr, à *orbis* : le cercle. » Mercure présidant à « "*orbicularis doctrina*", science qui médite sur les principes de toutes les sciences. Elle réunit "le chœur de toutes les études", elle trace "l'orbe de la culture" (*eruditionis orbem*)[625] ». « Marqué de "deux ornières" (*orbitae*), la langue grecque et la langue latine, ce "chemin escarpé", explique Budé, conduit à deux sommets où sont cachés "les trésors de l'antique sagesse"[626]. » L'on pourrait même estimer que ces deux ornières ouvrent la voie à une compréhension épurée de la révélation chrétienne comme de la révélation pré-chrétienne qu'auraient eue Grecs et Romains. Alors que les cartes de Fine sont contemporaines des écrits de Budé et que les deux hommes se côtoyaient au Collège des lecteurs royaux[627], la méthode que Fine emprunte – véritable symbiose des traditions et des dernières avancées aussi bien géographiques que linguistiques – suit le cheminement du philologue car, pour dresser une carte, le cartographe doit nécessairement être polyglotte et notamment versé en grec et en latin pour pouvoir matérialiser la cinétique des connaissances collationnées en un orbe à la fois physique – la Terre –, cognitif – la « science orbiculaire » chère à Budé et la compatibilité des connaissances amassées – et symbolique – la cartographie

---

[625] *Ibid.*, p. 18.

[626] *Ibid.*, p. 15.

[627] Rappelons à cet égard que l'auteur des *Commentarii linguae græcae* (1529) bénéficie de la faveur du roi, qu'à partir de 1521 « il est appelé à la fois à la Librairie du Roi et à la dignité de Maître de Requêtes [et qu'il prendra] une part déterminante dans la désignation des premiers lecteurs royaux ». Marie-Madeleine de LA GARANDERIE, « Émergence de la notion de lecteur royal », *op. cit.*, p. 14.

comme circumnavigation humaniste où s'opère un déplacement des perspectives, des sources du savoir et du pouvoir.

Comme pour les siècles de gloses bibliques compassées, en Extrême-Orient, il est également délicat de s'extirper de la gangue spirituelle du langage, car la fonction première des signes écrits épousait sans médiation intellectuelle les lignes naturelles de l'univers et laissait moins de place à l'interprétation personnelle qu'à une pratique oraculaire, le caractère sino-coréen 史 (사, *sa*) désignant initialement le scribe ainsi que le devin[628]. De même, si l'on s'en tient à l'histoire de la littérature de voyage en Corée, la quête mêlant écriture et voyage mène également sur des chemins mystiques car, depuis des temps immémoriaux, les Coréens invoquent le *sansin* (山神 산신 ou l'esprit de la montagne), et sous Silla les chevaliers Hwarang s'embarquaient sur la *hwarangdo* (花郎徒 화랑도), c'est-à-dire une quête d'excellence en arts martiaux, beaux-arts, mais aussi d'accomplissement bouddhiste, et pratiquaient pour cela des pèlerinages réguliers en montagne[629]. En analysant l'étymologie du caractère sino-coréen voyager 游 (유, *yu*), Kim Tae-Joon remarque qu'il peut aussi bien faire allusion à des rites bouddhiques qu'à des voyages où l'artiste apprécie un cadre bucolique[630]. Cette double acception d'inspiration sacrée mais également artistique nous éclaire sur la dialectique que tisse Yi Hoe entre les voies à prendre et leur représentation, entre la lettre et l'esprit de la lettre, qu'il s'agisse de ses sources à proprement parler géomantiques ou d'autres plus scientifiques et administratives. Mais avant d'être une métaphore filée, les chemins qu'arpentaient des moines-soldats et qu'arpente encore l'écrivain-voyageur Nicolas Bouvier dans *Les Chemins du Halla San* (1994) sont littéralement des chemins d'écriture, puisque les caractères gravés à même la roche tracent un « immense bréviaire de roc » et font d'un monastère « un livre de pierre[631] ». De plus, tout comme la méthode budélienne consiste en

[628] Anne CHENG, *Histoire de la pensée chinoise*, *op. cit.*, p. 87-88.

[629] Tae-Joon KIM, *Korean Travel Literature*, Séoul, Ewha Womans University Press, 2006, p. 6-7. « Au Sane-Sine (esprit de la montagne) les Coréens ont attribué de tous temps une puissance extraordinaire. On l'invoqua jadis pour protéger le pays contre les invasions mongoles, et il fit des miracles. » Émile BOURDARET, « En Corée », in Nicolas BOUVIER, Alexandra DAVID-NÉEL, Pierre LOTI, *La Corée, le Voyage vers l'Est*, Paris, Éditions la Bibliothèque, 2007, p. 67.

[630] Tae-Joon KIM, *Korean Travel Literature, op. cit.*, p. 12.

[631] Nicolas BOUVIER, *Les Chemins du Halla San, op. cit.*, p. 35-36. Ce thème de l'écriture-mouvement est d'ailleurs déjà présent chez Charles Varat : « Tous mes hommes s'enveloppent dans d'énormes manteaux en papier huilé qui couvrent entièrement le rôle beaucoup plus glorieux, car, aux caractères chinois dont ils sont recouverts, mon interprète reconnaît que ce sont des feuilles de concours d'aspirants lettrés. Rien de curieux comme de voir ainsi se promener à travers la campagne ces vénérables thèses ambulantes. » (Charles VARAT, « Le Tour du monde », in Nicolas BOUVIER, Alexandra DAVID-NÉEL, Pierre LOTI, *La Corée, le Voyage vers l'Est*, Paris, Éditions la Bibliothèque, 2007,

une voie à la fois matérielle et immatérielle, on pourrait remarquer que Zhu Xi, le fondateur du néoconfucianisme chinois, emploie le terme *daoxue* – littéralement l'étude de la voie – dans sa doctrine de l'Invariable Milieu (*Zhongyong*), le reprenant du classique confucéen *La Grande Étude*, *Daxue*. Kwŏn Kŭn à son tour joue largement sur la polysémie du terme *dao* lorsqu'il conclut ses poèmes à l'endroit de Hongwu en affirmant que « la route s'étend sans fin à travers les plaines mais avec ferveur je suis résolu à créer des ouvrages de valeur dans la plaine centrale[632] ». Dans son article « *Dohak* in Korean Confucianism » – *dohak* étant ici la retranscription du chinois *daxue* – Suk-won Oh s'appuie sur une analyse étymologique poussée du pictogramme *dao* pour en déchiffrer le foisonnement sémantique qui mérite bien cette citation in extenso :

> Le caractère *dao* 道 de *Daoxue* 道学 est composé des éléments *chuo* 辶 (partir puis se reposer pour repartir ensuite) et *shou* 首 (la tête). *Chuo* 辶 est composé des éléments *chi* 彳 (marcher, faire des pas) et *zhi* 止 (s'arrêter, faire une halte). Ainsi, le *Shuowen jiezi* de Xu Shen (c. 58-147) fournit la définition suivante : « marcher un peu, s'arrêter un peu »). Le *Yupian* le définit comme « courir ». Aussi *chuo* se réfère-t-il à une action ou à un mouvement. *Shou* 首 renvoie à la tête d'un homme. Nous pouvons donc interpréter le caractère *dao* 道 comme signifiant « un chemin convenant à la rectification de l'esprit » [ou] « mettre en action en ayant recours au jugement indépendant de l'esprit humain ». Alors qu'il peut se référer à une route matérielle sur laquelle on peut marcher, il peut aussi se référer à une voie abstraite d'un comportement humain correct ou à une vérité absolue que les êtres humains cherchent à atteindre au cours de leur vie. Dans un contexte confucéen, *dao* 道 renvoie au cheminement de l'homme tel que Confucius l'explicita. Il s'agit de la voie de la raison de l'homme *daoli* 道理 qui doit être suivie au cours de notre vie quotidienne[633].

Aussi la voie philologique humaniste et la voie confucéenne se rejoignent-elles là où curieusement elles se dédoublent : au carrefour où il n'est plus possible de dissocier le mouvement de l'esprit en marche et la marche du

---

p. 113) ; ou chez Jean de Pange : « On continue l'ascension à travers des voûtes de rochers, sur lesquels des bonzes ont gravé des caractères chinois, rappelant le passage de pèlerins illustres, ou la légende qui se rattache au site. [...] D'ailleurs, c'est la montagne tout entière que, depuis quinze siècles, l'imagination des pèlerins et les traditions des monastères ont remplie de prestige et d'enchantements. » Jean de PANGE, « En Corée » in Loïc MADEC, Charles-Édouard SAINT-GUILHEM, *Corée, Voyageurs au Pays du matin calme. Récits de voyage 1788-1938*, Paris, Omnibus, 2006, p. 528.

632 Jerry BROTTON, *Une histoire du monde en 12 cartes*, *op. cit.*, p. 160.

633 Suk-won OH, « Dohak in Korean Confucianism », *op. cit.*, p. 106.

corps en mouvement. Mais alors que Budé proposera une théosophie remontant à l'esprit de la lettre des Écritures, le confucianisme fera prévaloir une dimension éthique et non plus religieuse à son entreprise. C'est probablement ce qui incite Yi Hoe à mettre en sourdine les sources géomantiques de sa carte, tandis que Fine se pose en géographe de la rupture en ne préservant rien, si ce n'est la langue latine, des *mappae mundi* médiévales. En somme, et en reprenant l'image budéenne des deux ornières que sont le grec et le latin, l'on pourrait dire que pour Fine l'ornière grecque est moins linguistique à proprement parler que scientifique, puisqu'il fait tout de même fond sur la science ptoléméenne pour sa projection et ses méthodes de mesure des coordonnées. Ne se contentant pas de sauvegarder l'héritage ptoléméen de manière stérile mais espérant plutôt l'améliorer, Fine s'inscrit à sa façon dans une démarche de rectification d'usages perdus, pervertis ou dévoyés au sens humaniste du terme. Lorsqu'il avance dans sa légende que « notre principale intention a esté [...] de généralement descripre et réformer longitudes et latitudes et situation des lieux principaulx [...] pour préparer la voye à chascun de lamplier et corriger à son plaisir[634] », il est difficile de ne pas voir dans sa réforme des points orthonormés un dessein plus profond visant à réinterpréter l'espace pour le redéfinir dans un exercice de réécriture géographique similaire au projet philologique impulsé par Budé et du Bellay, où les projections réactualisées seraient l'économie syntaxique de la carte, les toponymes des « lieux principaulx », son lexique et les coordonnées ajustées, sa ponctuation – ponctuation qui fait l'objet de tentatives de codification systématique dans la *Grammatographia* (1529) de Jacques Lefèvre d'Étaples, *Champ fleury* (1529) de Geoffroy Tory et surtout *De la punctuation de la langue francoyse* (1540) d'Étienne Dolet[635]. Ainsi en va-t-il de la *Recens et integra orbis descriptio* qui a été « corrigée et augmentée d'après de nombreuses observations des hydrographes récents[636] ». Et l'apparente contradiction qui transparaîtrait dans les titres de ses deux cartes – comment une carte peut-elle être « *recens* » ou « *nova* » tout en étant rédigée dans la langue qui a permis à l'Église de maintenir en circulation des traductions pour le moins controversées de la Bible ? – se dissipe si on lui appose la seconde ornière budéenne, le grec, qui, en donnant lui aussi accès aux savoirs des Anciens, n'assure pas au « lecteur studieux » de rester dans une « voye » sans issue mais au contraire lui offre les garanties d'un renouveau par l'étude. Quoi qu'il en soit, les leitmotivs qui scandent les légendes de Fine tels que « préparer la voye », « corriger » ou

---

634 Oronce FINE, « Légende de la *Nova totius Galliae descriptio*, *op. cit.*, p. 113.

635 Pour une plus ample discussion sur l'évolution de la ponctuation du Moyen Âge au XVIe siècle, voir Alexei LAVRENTIEV, « Ponctuation française du Moyen Âge au XVIe siècle : théories et pratiques » in Sabine PÉTILLON, Fanny RINCK, Antoine GAUTIER, *La ponctuation à l'aube du XXIe siècle. Perspectives historiques et usages contemporains*, Limoges, Lambert-Lucas, 2016, p. 39-62.

636 Oronce FINE, « Légende de la *Recens et integra orbis descriptio* », *op. cit.*, p. 93.

« réformer » pourraient être tirés des manifestes budéens ou, ce que nous nous proposons de démontrer à présent, des *Entretiens* de Confucius.

L'absence de *han'gŭl* sur le *Kangnido* rend la connexion entre philologie et géographie, *zhengming* confucéen et cartographie néoconfucéenne plus fragile qu'en France, mais ne doit pas nous dissuader d'observer au plus près la façon dont Yi Hoe puis, quatre décennies plus tard, Sejong s'étaient imprégnés d'une démarche confucéenne dans toute la palette de leurs réalisations graphiques. Nous avons souligné que le terme chinois pour géographie, 地理 (*dili*), signifiait ordonner la Terre et il est important que ce caractère 理 (*li*) soit présent dans le titre complet 混一疆理歷代國都之圖 comme dans sa version abrégée 疆理圖 – que l'on pourrait à notre tour traduire – il n'y a pas trop de traductions pour en épuiser le sens – par « la carte de la remise en ordre des frontières » – comme si la notion de *li* était irréfragable à l'esprit qui animait Yi Hoe lorsqu'il le peint. De plus, Sejong, si sensible à la prononciation correcte de la langue, prend comme caractère initial de son *Hunminjŏngŭm*, le caractère chinois *hun* (訓) dont la prononciation est identique à celle du *hun* chinois (混) du *Kangnido* 混一疆理歷代國都之圖, prononcé *hon* en coréen et donc très proche du *hun* coréen (훈) utilisé là aussi en amorce du titre les *Sons corrects pour l'instruction du peuple* (訓民正音 훈민정음). Ce sont donc par deux allitérations que commencent le titre des cartes de Yi Hoe et le manuel fondateur de la langue coréenne encore parlée à ce jour. Et l'on pourrait même faire remonter ce parallèle aux cartes mêmes dont s'est inspiré Yi Hoe, en rappelant que l'œuvre de Li Zemin s'intitule 聲教廣被圖 (*Shengjiaoguangbeitu*), soit la *Carte pour la diffusion de l'instruction*, un titre fort semblable aux *Sons corrects pour l'instruction du peuple*. En effet, le caractère 訓 renvoie au caractère 教, tous deux signifiant instruire ou enseigner. Et la similitude est d'autant plus troublante que l'oralité qu'impliquent les sons dans 音 ou le radical 言 (c'est-à-dire la parole) dans 訓 fait écho au caractère 聲 signifiant la voix ou le ton se référant aux quatre tons de la langue chinoise, mais aussi, associé à 出, prononcer, comme dans 出聲 (*chusheng*). Ces multiples itérations d'une tradition sinon confucéenne du moins sinocentrée tapie au cœur des projets linguistiques et cartographiques du néoconfucianisme coréen illustre le principe selon lequel, pour Sejong, les cartes mais surtout les langues doivent servir à instruire le peuple. Or il ne faudrait pas naïvement s'arrêter à l'acception simplement éducative comprise dans la notion d'instruction comme le fait une littérature complaisante et nationaliste[637] qui voit en Sejong un monarque désintéressé et bienveillant,

[637] « Sejong's motive for inventing the alphabet thus was clearly universal literacy. His theory of literacy and that of the relationship between literacy and writing were basically as follows : a. Literacy is for everyone, and a matter of human rights, necessary for basic

voire la première incarnation d'un souverain démocratique – contresens qui plus est anachronique. À travers la focale confucéenne, cette instruction revêt un caractère assurément politique : « Que le peuple reçoive l'instruction d'un bon souverain pendant sept ans, et il fera face à tout, même à la guerre[638]. » Mais nous aurons le loisir d'approfondir la dimension politique de la langue au sein de la carte dans le deuxième chapitre de cette partie. Donnons pour l'instant plus de consistance à l'argumentaire qui détecte dans les desseins cartographiques et linguistiques des néoconfucéens une réhabilitation plus ou moins masquée du *zhengming*. Le préambule de Kwŏn Kŭn, s'il ne se réclame pas d'une lignée confucéenne, dénote pourtant un penchant prononcé pour le rétablissement d'un ordre par la carte et les noms qu'elle comporte, puisqu'il fut demandé à Yi Hoe de « collationner puis de fusionner en une seule carte » deux cartes chinoises, cette synthèse présupposant qu'il corrige « de nombreuses lacunes » pour dresser « une carte totalement nouvelle, très méthodique[639] ». Le recours aux *sources chinoises* pour *rectifier* un état de la connaissance grâce à une *méthode* ne nous surprendra plus à ce stade et n'est pas tout à fait étranger non plus à ce que Fine entreprend à sa façon, bien que puisant dans d'autres traditions philologiques et cartographiques. De plus, il est intéressant de noter également que, contrairement aux rivières Liao et Tumen dont la prononciation coréenne reprend celle du chinois (遼河 라오허 ; 图们江 두만강), la rivière que les Chinois nomment Yalu (鸭绿江) sera rebaptisée Anmok (압록강) par les Coréens. Cette rectification d'un toponyme dans une zone aussi contestée que l'était la fameuse « zone à l'est du fleuve Liao » confirme qu'en géographie aussi une rectification des noms peut contenir des revendications politiques. Enfin, nous avons déjà à maintes reprises évoqué l'origine arabo-persane des toponymes en Europe, en Afrique et au Moyen-Orient. Même si leurs noms ne figurent pas en *han'gŭl* sur la carte, qu'il nous soit permis d'insister sur le fait que leur retranscription phonétique relève dans une ample mesure d'un effort de proposer et de diffuser une prononciation correcte et standardisée de contrées qui ne sont plus vues comme barbares comme dans l'opposition entre *hua*/*yi* (華/夷), mais intégrées *hun* (混) non pas à un ordre politique confucéen mais à un régime de classification confucéen dont les catégories linguistiques correspondent à un ordre moral.

---

comfort. Those without it are to be pitied and helped ; b. Literacy is being able to EXPRESS one's own feelings in writing ; c. Literacy is enhanced by a writing system with a good linguistic fit ; d. Literacy is enhanced by a sound-based writing system ; e. A simple writing system enhances literacy. » Youg-Key KIM-RENAUD, « Sejong's theory of literacy and writing », *op. cit.*, p. 17.

[638] CONFUCIUS, *Entretiens de Confucius*, *op. cit.*, p. 29.

[639] Kŭn KWŎN, « Préambule du *Kangnido* », *op. cit.*, p. 136.

Avant d'entrer en politique, c'est-à-dire de gouverner, tout humaniste et tout confucéen doivent apprendre à se gouverner, autrement dit, à mettre l'étude au service de leur propre gouverne morale. Dans son *De philologia*, Guillaume Budé prévient que « les études littéraires doivent être correctement (*recte*) menées ». C'est ce qu'annonce encore plus explicitement son *De Studio literarum recte et commode instituendo* (*De l'étude des lettres correctement et convenablement menée*). Comme le note fort à propos Normand Doiron, en corollaire, tout manquement à cette exigence conduira à un dévoiement, une déviation, une dévalorisation morale[640], soit à une déroute de l'esprit, Budé continuant de filer la métaphore entre les sens littéraux et figurés du verbe « se perdre ». Ceci n'a rien d'étonnant et mérite un rapprochement avec l'un des modèles auxquels se référaient les humanistes, *l'Odyssée* d'Ulysse. Homère y met en scène le langage et en particulier la dualité du sens que l'homme peut prêter aux mots. À Ulysse, pour qui le langage n'est que ruse et prétexte à des interprétations bivalentes, Homère oppose Polyphème dont les sentences univoques prennent un sens sacré. Dans son article « *Logos*, *Mythos* et *Mètis :* formes de savoir et rapport à la langue », Marilia Amorim suggère que, « Ulysse est cet homme qui a perdu le sens du langage, qui s'est perdu dans l'arbitraire du signe et pour qui le langage n'est qu'un outil de la démesure. [...] Polyphème fait dépendre Ulysse du langage. Il lui enseigne que l'homme ne maîtrise pas sans risques l'essence du langage. Il le fait errer dans la signification[641] ». Un siècle après le récit d'Homère, paraissent à Corinthe, vers la fin du VIIe siècle, des représentations de type tragique avec Arion, ou encore à Sicyone, lorsque des chœurs, qu'Hérodote appelle tragiques, chantaient les malheurs d'Adraste. Puis sont inaugurés sous Pisistrate, en l'an 530 avant J.-C., les concours tragiques. Il est difficile de croire que les tragédiens n'aient pas songé aux fameux *dissoi logoi* ou « discours doubles » qui permettaient aux sophistes de soutenir une thèse puis son contraire dans le simple but de démontrer que le langage est par essence trompeur et sujet à des interprétations variables et que la rationalité d'un raisonnement n'en exclut pas pour autant l'irrationalité du langage. Par conséquent,

> le genre exige qu'on joue sur le langage et sur ses ambiguïtés [...]. C'est la façon dont le texte comporte à l'intérieur de lui-même une intertextualité. Les discours de chacun à la fois s'opposent et s'interpénètrent, ils font partie d'un système unique où, par conséquent, il y a des recoupements, des flottements, des retournements d'un langage à l'autre qui font que chaque langage

---

640 Normand DOIRON, « Mercure dans l'œuvre de Guillaume Budé. Pour une herméneutique du déplacement dans l'espace », *op. cit.*, p. 15.

641 Marilia AMORIM, « *Logos*, *Mythos* et *Mètis :* formes de savoir et rapport à la langue », *Le Télémaque* 2011/2, n° 40, p. 56.

> prend un sens autre que celui qui lui est donné par celui qui parle. C'est la technique même de la tragédie[642].

Ce conflit entre différents types d'ordre s'illustre particulièrement sur le terrain moral où deux systèmes de valeurs entrent en collision : d'un côté, le héros mythologique grec est habité par l'*hubris,* cette démesure arrogante qui lui permet malgré tout d'accomplir des exploits individuels ; de l'autre, la *sophrosune*, c'est-à-dire cet équilibre, ce juste milieu qui vise à concilier les aspirations du citoyen avec celles de la communauté politique entière incarnée par la cité naissante. S'ouvre alors un débat moral lié à un dédoublement des contextes passé et présent. Le héros tragique prend donc conscience du fait que son destin est nécessairement tragique car il se situe au carrefour de décisions qui ne peuvent satisfaire qu'une partie de sa conscience déchirée. À ces dilemmes, le philosophe de la cité grecque répondra comme on le sait en mettant l'accent sur une univocité qui n'est pas celle, divine, de Polyphème, mais celle de la rigueur de la démonstration.

L'on retrouve dans les *Entretiens* des ressorts métaphoriques qui avertissent leur lecteur qu'à défaut de rectitude morale, l'homme de peu, ou *xiaoren* (小人), par opposition à l'homme de bien, *junzi* (君子), risquera de « dévier[643] ». « La vie de l'homme tient à la droiture. Sans droiture, elle ne tient qu'au hasard[644] », avertit encore Confucius. Citons à la volée les quelques autres occurrences de cette métaphore filée le long des *Entretiens* entre voies terrestres et morales : « Si vous le [le gouvernail] tenez droit et ferme, qui osera dévier ?[645] » ; « Le souverain incarne-t-il la rectitude ? Nul n'est besoin de ses ordres pour que tout aille bien. Ne l'incarne-t-il pas ? Il multiplierait les ordres qu'il ne serait point obéi[646] » ; « L'homme formé à la rectitude, quelle difficulté aura-t-il à gouverner ? Quant à l'homme incapable de rectitude, comment prétendrait-il rectifier les autres[647] ? » Et ceux qui faillissent « tombent épuisés à mi-chemin[648] ». Cette déviation confucéenne relève presque de l'ordre du mécanisme et il est peut-être utile ici de mettre la rectification des noms et de la langue sur le même plan que le recalibrage et la refonte du système des poids et des mesures qui avaient occupé aussi bien François Ier que Sejong (cf. première partie, chapitre 3.C.). Exprimer au plus juste les réalités reviendrait en quelque sorte à en prendre la juste mesure, à les jauger selon des unités de valeurs scientifiques et mais aussi

---

642 Jean-Pierre VERNANT, *Entre mythe et politique*, *op. cit.*, p. 456-457.

643 « Le Maître dit : le Livre des Odes compte trois cents poèmes, mais l'essentiel se ramène à trois mots : "Sans jamais dévier" » CONFUCIUS, *Entretiens de Confucius*, *op. cit.*, p. 33.

644 *Ibid.*, p. 17.

645 *Ibid.*, p. 17.

646 *Ibid.*, p. 104.

647 *Ibid.*, p. 13.

648 *Ibid.*, p. 57.

morales. Dans le livre XX des *Entretiens*, on peut lire : « Le roi Wu régla avec soin les poids et mesures, révisa le corps des lois, remit en place les fonctions abolies, et le gouvernement reprit son cours dans tout le royaume[649]. » Les mesures scientifiques et l'institutionnalisation d'une morale confucéenne sous la forme d'énoncés juridiques sont mises sur le même plan et c'est de leur recalibrage qu'émane la bonne conduite des affaires du royaume[650]. Tel l'orfèvre qui ajuste la précision de ses instruments, le souverain linguiste doit forger son lexique mais aussi la grammaire des relations interpersonnelles de son royaume à partir d'une norme éthique épurée dès sa conception, car de ce réglage découlera l'engrenage vertueux ou à défaut l'enrayement vicié de toutes les affaires du royaume. Ce qui n'est qu'un sous-thème refait néanmoins surface tout au long des *Entretiens* où Confucius donne une valeur normative au langage en le dépouillant des scories propres aux malentendus, à la négligence ou au manque d'éducation des locuteurs dont les fautes d'expression prennent automatiquement valeur de fautes morales. Il recommande de « se régler sur le rituel[651] » pour régler sa conduite comme on accorderait un instrument de musique ; il critique ses « jeunes disciples [qui] brillent tous de l'éclat de la culture, mais n'en connaissent pas encore la juste mesure[652] » et dénonce tout écart qui consisterait à agir « outre mesure[653] », c'est-à-dire à se désajuster par rapport aux normes éthiques et sociales. Enfin, il s'exclame : « Vertu de la Grande Mesure[654], n'y a-t-il rien de plus élevé ? » Ces divergences ou déviances peuvent être interprétées comme une compréhension fourvoyée des préceptes des anciens entraînant une dénomination inexacte de réalités atemporelles. Et l'on doit en inférer que, avec le concours du temps qui

---

649 *Ibid.*, p. 152.

650 Il existe une « convention sociale qui lie dénominations et réalité […] enfreindre cette convention […] s'avère être aussi grave pour l'ordre et la stabilité politique que "le crime de falsification des poids et mesures" (*fujie duliang zhi zui*) ». Redouane DJAMOURI, « Théorie de la "rectification des dénominations" et réflexion linguistique chez Xunzi », *op. cit.*, p. 60.

651 CONFUCIUS, *Entretiens de Confucius*, *op. cit.*, p. 69.

652 *Ibid.* p. 52-53.

653 *Ibid.*, p. 83.

654 Anne Cheng fournit l'explication suivante au titre de cette œuvre : « maître mot de la sagesse confucéenne, qui donna son titre à un traité traduit en français *l'Invariable Milieu* » Anne CHENG, « Note en bas de page 3 », in CONFUCIUS, *Entretiens de Confucius*, Paris, Seuil, 1981, p. 60. L'on est alors en mesure de se demander quels sont les sous-entendus du truisme que Mencius énonce comme suit : « Le compas et l'équerre produisent des cercles et des carrés parfaits », formule a priori aussi irréfutable qu'imperméable à toute interprétation. Yulgok YI I, *Anthologie de la sagesse extrême-orientale*, *op. cit.*, p. 218. Pour nous éclairer, Yulgok exhume les sous-entendus oblitérés entre les lignes : « La politique des anciens rois a été exposée dans les livres et c'est comme si on avait en main le compas et l'équerre qui permettent de faire des objets carrés ou ronds. Si au début il y a des divergences, par la suite on s'habituera progressivement, alors comment se souciera-t-on de ne pas réaliser la politique royale ? » *Ibid.*, p. 251.

passe, une moindre inadéquation entre le sens et son interprétation à la source peut conduire, à mesure que le précepte se matérialisera en institutions et politiques, à un écart toujours plus important débouchant sur un échec. Dans le prolongement de cette pensée qui conçoit l'éthique à la façon d'un appareillage dont le langage juste serait précisément la condition sine qua non à l'ajustement des valeurs de l'homme et à leur alignement sur l'axe tracé par la Voie, Chŏng Inji, pour justifier l'avènement du *han'gŭl* en Corée, déclare : « En général, les langues de différents pays ont leur propre énonciation mais pas leurs propres lettres et empruntent donc les caractères chinois pour communiquer leurs besoins. Néanmoins, cela équivaudrait à essayer d'insérer une poignée carrée dans un trou rond[655]. » À nouveau, un ustensile inapproprié conduit à une impasse matérielle et morale, à cette différence près que l'interprétation du *zhengming* par les Coréens est peut-être encore plus radicale, puisque les quatorze siècles s'étant écoulés entre l'apprentissage du chinois classique par les premiers lettrés coréens et sa pratique au début du Chosŏn ont conduit, selon le diagnostic de Chŏng Inji, à un dévoiement tel que la nécessité du *han'gŭl* en fait non plus une illustration possible du *zhengming*, mais qu'à travers le *Hunminjŏngŭm* toute l'entreprise de la rectification des noms a été rehaussée en doctrine d'une plus juste langue, le *han'gŭl*. Or les mécanismes mis en œuvre restent invariés puisque par ce moyen que Léon Vandermeersch identifie comme un « surcodage sémantique à connotation morale [656] », Sejong et consorts tendent à créer une « une osmose parfaite entre épistémologie et éthique, le principe de partition relevant à la fois de la connaissance objective et du jugement de valeur. Le Saint est par excellence celui qui est capable de classer les situations selon leurs implications éthiques et d'y réagir de manière appropriée, c'est-à-dire rituelle[657] ». La langue ferait donc partie de la panoplie de nouveaux outils que les Coréens forgèrent au XVe siècle pour redéfinir leur rapport au monde, Sejong accédant par sa geste langagière au trône hérité des saints Shun et Yao.

[655] Inji CHŎNG, *Excerpts from Chŏng Inji's postscript to the Hunminjŏngŭm*, *op. cit.*, p. 1.
[656] Léon VANDERMEERSCH, « Rectification des noms et langue graphique chinoises », *op. cit.*, p. 18.
[657] Anne CHENG, *Histoire de la pensée chinoise*, *op. cit.*, p. 227-228.

Chapitre 2 – Des langues et des lois sur et par-delà les cartes

A. *Les invariants du grec et du chinois classique modifiés par l'instrumentalisation du français et du* han'gŭl

En Extrême-Orient comme en Occident, l'apparition des premières formes d'écriture ou les transformations opérées sur celles-ci se sont accompagnées d'un changement de support. Le scribe devin Cang Jie, en imitant les empreintes de pattes, créa non seulement une nouvelle graphie mais, pour la retranscrire, changea également son support : pour les textes de plus de cent mots, les tablettes de bois remplacèrent les omoplates, écailles de tortue, cordelettes nouées et autres lamelles de bambou[658]. On retrouve ces mutations avec bien entendu mille nuances à la fin du IXe siècle avant J.-C., lorsque les Grecs réinventèrent une écriture phonétique syllabique inspirée de celle des Phéniciens : elle ne fut plus l'apanage d'une classe de scribes qui, confinés dans leur palais, la retranscrivaient sur des parchemins mais fut, sinon systématiquement, du moins symboliquement, hiératisée dans le marbre et gravée *es to meson*, « au milieu de l'espace de la cité », c'est-à-dire exposée aux yeux de tous. Les intrications du glissement de support et du nouveau degré de publicisation dont jouirent alors la langue grecque et le chinois classique eurent des moteurs relativement semblables et des implications conséquentes sur les cadres de vie de leurs contemporains. Pour ce qui est des éléments déclencheurs, Léon Vandersmeersch estime que le système des cordelettes nouées ne permettait qu'une estimation rudimentaire des décomptes, mais que, au-delà des malversations de plus en plus fréquentes du temps du saint empereur Shennong, « le but de la rectification des noms [était bien d'] empêcher que soit donné le nom d'héritier présomptif à un fils qui n'est pas le prince héritier[659] ». Le constat que nous évoque cette évolution peut s'énoncer ainsi : une dénomination est d'autant plus juste que le changement de support dont elle bénéficie l'éloignera de possibles concussions. Pareillement, l'*anax* et ses « *basileis* dont la fonction était de dire le droit » sont dépossédés de leur pouvoir verbal absolu et les activités de la *polis* sont désormais « soumises à reddition de comptes[660] ». Bien entendu, ces évolutions eurent des implications sur les modes de vie de leurs locuteurs. Les transferts de l'oralité à l'écriture, et de supports concernant celle-ci, entraînèrent une plus grande visibilité de la langue, inséparable d'une plus grande transparence dans les conduites en société.

658 Léon VANDERMEERSCH, « Rectification des noms et langue graphique chinoises », *Extrême-Orient, Extrême-Occident, Cahiers de recherches comparatives*, 15, Paris, Presses universitaires de Vincennes, 1993.

659 *Ibid.*, p. 17.

660 Jean-Pierre VERNANT, *Les Origines de la pensée grecque*, *op. cit.*, p. 47-48.

Peut-on pour autant en induire que, parce que la langue peut être vue[661], elle peut automatiquement être lue ? Et que cette plus grande publicisation, tendant vers une alphabétisation, est porteuse d'une *isotès* (égalité) ou *isonomia* (« égale participation de tous les citoyens à l'exercice du pouvoir[662] ») entre les descendants de l'ordre grec, ou d'une aspiration au *yi* (義), « ce sens du Juste, cette capacité de juger par soi-même de ce qu'il est équitable et judicieux de faire dans telles ou telles circonstances[663] » chez les héritiers des idéogrammes ? Tout comme les Grecs et les Chinois, en insufflant une cure de jouvence à leur langue, Français et Coréens sont confrontés aux choix politiques, juridiques et éducatifs que suppose une plus grande divulgation de leur langue. Et observer l'usage des langues sur les cartes de Fine et Yi Hoe permet à ce titre de comprendre jusqu'à quel point leurs commanditaires souhaitaient véritablement les publiciser afin de trancher sur un débat trop souvent centré sur ces mêmes langues pour éclairer les véritables intentions des monarques en place quant à leur usage.

Ce qui nous importe plus spécifiquement est de cerner dans quelle mesure il est possible de voir dans l'usage des langues que font Fine et les cartographes du *Kangnido* dans leur carte une perpétuation ou une transgression de ce que jadis l'avènement du chinois classique et celui du grec contenaient en eux, en prédestinant en quelque sorte des langues qui, à l'instar du coréen et du français, en dérivent directement et s'endettent de leur arrière-plan philosophique, à savoir l'instauration d'un nouvel ordre juridique et politique. En effet, s'il est délicat de faire remonter ou du moins de prouver l'usage de cartes dans la Grèce antique et à l'époque de Confucius[664], soit vers le Ve siècle avant notre ère dans les deux cas, un philosophe comme Han Fei dira deux siècles plus tard que « les lois sont codifiées dans des cartes et des livres[665] », tandis que l'aménagement urbain de la *polis* grecque se voulait l'image géométrique du schéma mental égalitaire que les Grecs développèrent, l'institution de la *Hestia koinè*,

---

661 Voici le point de vue de Dong Zhongshu (190-105 avant notre ère) sur la rectification des noms : « Voilà pourquoi le principe du gouvernement de l'État réside dans la rectification des noms. Outre que celle-ci déploie l'histoire des cinq époques des règnes de Yao, de Shun, des Xia, des Ying et des Whou dans les cinq commentaires traditionnels des Annales […], elle rend visible concrètement ce qui est bien et ce qui est mal. C'est ce qui s'appelle saisir le vrai. » Léon VANDERMEERSCH, « Rectification des noms et langue graphique chinoises », *op. cit.*, p. 19.

662 Jean-Pierre VERNANT, *Les Origines de la pensée grecque*, *op. cit.*, p. 56.

663 Anne CHENG, « Introduction », *op. cit.*, p. 25.

664 Centré sur la mer Égée, le plus vieux planisphère connu remonterait à la Grèce antique et serait l'œuvre d'Anaximandre de Milet (610-546 av. J.-C.). En Chine, trois cartes sur soie de Mawangdui au Hunan datent de 168 av. J.-C. Ce sont des représentations topographiques d'une région du sud de l'État de Changsha retraçant, par une vue en surplomb, des rivières et montagnes. Anne ROONEY, *Cartes. Chroniques du monde connu*, *op. cit.*, p. 9-17.

665 Jerry BROTTON, *Une histoire du monde en 12 cartes*, *op. cit.*, p. 144.

« foyer public », étant placée « à égale distance des diverses familles constituant la cité[666] ». À n'en rester qu'à ces événements vaguement parallèles, on pourrait en conclure qu'ils sont le fruit de coïncidences. Ce n'est pas ce que suggère une analyse plus approfondie.

Le sinologue Jean Levi a examiné avec limpidité « quelques aspects de la rectification des noms dans la pensée et la pratique politiques de la Chine ancienne » et il nous suffira ici de le citer brièvement pour en soupeser les retombées :

> Tout l'art confucéen des taxinomies est un art de la caractérisation des conduites en fonction d'un vocabulaire des relations de parenté hypostasiées en vertus morales. [...] La rectification des noms s'inscrit dans une grammaire des règles de comportements cérémoniels [...]. Plutôt qu'à une réflexion abstraite sur le réel et ses représentations, le *zhengming* renvoie à la propriété du langage en tant que système de classification des conduites rituelles ; on comprend dès lors qu'il puisse déboucher, dans la pratique de l'administration politique, sur un système de tarification des peines[667].

Par une inertie inhérente au chinois classique, et en cela programmatique dans toutes les langues qui y trouvent leur source, ce souci de l'ordre moral et juridique s'exprime sans équivoque au cours de l'histoire. D'une part, au cours de l'histoire du caractère 灋 (*fa,* la loi) car « La graphie ancienne comporte trois éléments : d'abord "eau", puis "vaillant, vigoureux", enfin "écarter". Le dictionnaire étymologique *Shuowenjiezi* (début du IIe siècle de notre ère) interprète l'élément eau par "égalité" et glose les deux autres éléments par "écarter vigoureusement tout ce qui n'est pas droit"[668] » ; d'autre part, au cours de l'introduction de différentes formes d'écriture sur la péninsule coréenne et de manière plus prononcée encore dès la création du *han'gŭl*. Avec l'écriture des *hanja*, le grand passeur civilisationnel Kija aurait, d'après la légende, également transmis les premières formes de lois en Corée au XIe siècle avant notre ère. Sur le plan moral, il est intéressant de constater que les premières œuvres traduites du chinois vers le coréen ne sont pas les quatre classiques confucéens (*Les Entretiens*, *Le Mencius*, *L'Invariable Milieu* et *La Grande Étude*, seulement traduits au XVIe siècle), mais un ouvrage intitulé *Samganghaengsil* (三綱行實 삼강행실, *Les*

[666] Jean-Pierre VERNANT, *Les Origines de la pensée grecque*, *op. cit.*, p. 126.
[667] Jean LEVI, « Quelques aspects de la rectification des noms dans la pensée et la pratique politiques de la Chine ancienne », *op. cit.*, p. 28-30.
[668] Christofer SCHIPPER, « Le chinois », *op. cit.*, p. 166.

Illustrations des trois principes et des exemples de leurs pratiques)[669], ces trois vertus étant la piété filiale, la loyauté au roi et la fidélité. Sans aucune portée juridique à proprement parler, ce manuel n'en constitue pas moins un précis d'axiomes dont les injonctions morales en font un code éthique officieux, faisant momentanément office de code éthique coréen, son pendant juridique n'entrant en vigueur que trois décennies plus tard. En extrapolant l'analyse du sinologue Jérôme Kerlouégan de la Chine des Ming au Chosŏn, l'on peut, mutatis mutandis, estimer que « l'existence d'un corpus de normes (les classiques, les précédents historiques, les divers textes réglementaires de la dynastie, le rituel) opposables à l'empereur [forment, avec des textes comme celui que nous évoquions] une "constitution" virtuelle[670] ». Sur ces entrefaites, des œuvres représentatives à la fois des talents littéraires coréens et d'un patriotisme se nourrissant de la singularité de l'histoire culturelle de la Corée fleurissent – *Yongbiŏch'ŏn'ga* (龍飛御天歌 용비어천가, *Chants des dragons volants*, 1445, un éloge des six ancêtres immédiats de Sejong), *Sŏkposangjŏl* (釋譜詳節 석보상절, 1447, en mémoire de la reine Sim Sohŏn, disparue en 1446), *Wŏrinch'ŏnggangjigok* (月印千江之曲 월인청강지곡, *Chants des reflets de la lune sur mille rivières*, 1448, dédiés, eux, à la gloire de Bouddha). Les sujets détenteurs de vertus morales étaient même distingués, des sanctuaires érigés en leur honneur[671]. Les réminiscences juridiques de l'écriture chinoise, voire la déclinaison légiste du *han'gŭl*, héritée de cette même école qui fera florès en Chine jusqu'à en imprégner le droit pénal, retrouvent des accents dans les regrets de Chŏng Inji lorsqu'il justifie la création du *han'gŭl*, en déclarant que « ceux qui administrent le système pénal étaient encombrés par la difficulté à communiquer la complexité de ses textes juridiques[672] ». La parution du *han'gŭl* se solidarise avec une volonté de rétablir un ordre – moins dans le sens d'un retour *ab antiquo* direct que dans celui d'un réajustement plus conforme aux desseins des lettrés-fonctionnaires coréens, et ce à travers toute la gamme des attributs qui leur ont conféré une forme d'autorité, gamme partant de simples préceptes moraux et recommandations éthiques et pouvant néanmoins aller jusqu'à des formes juridiquement contraignantes comme dans l'instauration d'un ordre constitutionnel. Dans cette optique, « l'instruction pour le peuple » contenue dans le titre du *Hunminjŏngŭm* ne semble pas être dotée de l'aura paternaliste et éducative que certains ont trop facilement voulu prêter au projet de Sejong, mais plutôt dénoter un enseignement moral dont la teneur néoconfucéenne confère au

669 L'importance de ce texte fondateur se mesure au nombre de rééditions dont il a fait l'objet en 1481, 1511, 1516, 1554, 1606 et 1729. Daeyeol KIM, « Les Sons corrects pour l'instruction », *op. cit.*, p. 557-559.

670 Jérôme KERLOUÉGAN, « L'empire des premiers Ming », *op. cit.*, p. 356.

671 Wanne J. JOE, Hongkyu A. CHOE, *Traditional Korea, A Cultural History*, *op. cit.*, p. 156.

672 Inji CHŎNG, *Excerpts from Chŏng Inji's postscript to the Hunminjŏngŭm*, *op. cit.*, p. 2.

monarque une souveraineté éthique en même temps qu'elle enjoint au peuple obéissance civique.

Dans la Grèce du Ve siècle avant notre ère, c'est par l'écriture de la loi – par opposition aux intimations orales et tyranniques de l'*anax* – que le nomothète promulgue en même temps qu'il publicise un rééquilibrage des forces sociales qui tendent dès lors vers une répartition du pouvoir proportionnelle à chaque citoyen. Cette juste mesure juridique dérive en partie d'une évolution des valeurs morales, dont l'agora – nouvel ancrage de la vie politique – veut se prévaloir pour se distinguer du palais de l'ordre aristocratique. Ce conflit entre différents types d'ordre s'illustre particulièrement sur le terrain moral où deux systèmes de valeurs entrent en collision : d'un côté, le héros mythologique grec est habité par l'*hubris,* cette démesure arrogante qui lui permet malgré tout d'accomplir des exploits individuels ; de l'autre, la *sôphrosunè*, c'est-à-dire cet équilibre, ce juste milieu qui vise à concilier les aspirations du citoyen avec celles de la communauté politique entière incarnée par la cité naissante. S'ouvre alors un débat moral lié à un dédoublement des contextes passé et présent qui se déroule jusque dans une autre forme d'écriture, celle de la tragédie, qui à sa manière aussi offre un instantané de cette transition. Pierre Ponchon exprime cette contradiction de la manière suivante : « Deux lignes se déploient donc : celle de l'ancien univers de valeur et de pensée, lié aux représentations des mythes et fondé sur l'idée de justice divine – elle obéit à la logique du *daimôn* ; et celle du nouveau régime de la pensée positive, centré sur l'*èthos*[673]. » Si c'est la philosophie qui parachève la transformation du mythe en raison, il ne faut pas négliger non plus l'ensemble des réformes civiques et administratives qui sous-tendent ce nouvel ordre urbain et le scindent de la nature par la « promulgation d'un calendrier civil répondant aux exigences de l'administration humaine et entièrement distinct du temps lunaire, [et par l']abandon de la correspondance entre le nombre des tribus dans le groupe social et celui des saisons dans le *cosmos*[674] ». Comme en Extrême-Orient donc, écriture, éthique et lois sont intimement liées, et pour mieux l'illustrer, nous pourrions préciser qu'aux jérémiades de Chŏng Inji quant à la complexité du chinois légal répond la proscription du latin – mais aussi de l'occitan dans la partie méridionale du royaume – en droit français et plus particulièrement les articles 110 et 111 de l'ordonnance de Villers-Cotterêts, qui se lisent comme suit : « Et afin qu'il n'y ait cause de douter sur l'intelligence desdits arrêts, nous voulons et ordonnons qu'ils soient faits et écrits si clairement qu'il n'y ait ni puisse avoir aucune ambiguïté ou incertitude ni lieu à demander interprétation », arrêts qui doivent être rédigés

[673] Pierre PONCHON, « D'un miracle à l'autre : la tragédie grecque et le tragique selon Vernant », Cahiers philosophiques, 2007/4, n° 112, p. 28-29.

[674] Jean-Pierre VERNANT, *Mythe et pensée chez les Grecs. Études de psychologie historique*, *op. cit.*, p. 394.

en « langage maternel français et non autrement[675] ». Dans une logique processuelle d'une symétrie implacable, au *Dictionnaire des rimes correctes du pays de l'Est* correspond le *Dictionnaire françois-latin*, paru la même année que la susdite ordonnance, en 1539. « Premier dictionnaire partant du français pour aller au latin, et non l'inverse[676] », l'œuvre d'Estienne entérine la passation du statut de lingua franca du latin au français.

Après ces quelques considérations, nous pourrions sans doute préciser que, sur le maillon moral entre écriture et droit autour duquel s'articule une partie du changement de l'ordre politique en France comme en Corée, se superpose une autre dimension esthético-politique, que Jean-Michel Delacomptée fait remonter à la *Séquence* (ou *Cantilène*) *de sainte Eulalie*, poème composé aux alentours de 880 et réputé premier texte littéraire français. « Jamais on ne mettra assez en relief ce nœud fondateur, ce mariage politique puis poétique où s'ancre notre langue en tant que langue écrite à vocation esthétique[677]. » Or nous venons de voir que la tragédie grecque contenait déjà en elle cette graine qui ne fera que croître et mûrir dans toutes les langues aux accents helléniques. Aux nœuds politico-littéraires annonciateurs d'un changement, comme le furent la tragédie dans les cités grecques et la *Cantilène de sainte Eulalie* sous les règnes conjoints de Louis III et Carloman II, succède ainsi le couple de l'ordonnance de Villers-Cotterêts (1539) et de *Défense et illustration de la langue française* (1549) qui cimentera le socle du français comme lingua franca au sein des milieux curiaux européens du XVIIe au début du XXe siècle. Les paragraphes précédents avaient aussi souligné que ces deux régimes, juridico-scriptuaire et politico-esthétique, constituaient également deux clés d'interprétation possibles dans l'évolution à très faible pente de la langue en Extrême-Orient. Par contre, les Français du XVIe siècle accordent aux cartes une plus grande valeur juridique, illustrée par la présence du français sur la *Nova totius Galliae descriptio* de Fine, qui ne trouve pas d'équivalent en *han'gŭl* dans les rééditions du *Kangnido* ultérieures au *Hunminjŏngŭm*. À ce propos, Kim Daeyeol a raison d'insister sur le fait que, « jusqu'à la naissance d'une littérature populaire au XVIIIe siècle, l'alphabet coréen demeura une écriture vulgaire et secondaire. C'est seulement en 1894 qu'il devint l'écriture officielle coréenne au détriment du chinois classique[678] ». Mais avant d'élucider pleinement ce qui prend des allures d'anomalie dans le cadre de notre recherche comparative, voire de voie sans issue pour reprendre l'image de prédilection des néoconfucéens, il est bon de préciser au préalable la manière dont les cartes s'insinuent progressivement dans le paysage juridique du XVIe siècle en France. Si l'on ne craignait pas l'équivoque, on

---

[675] Patrick BOUCHERON, « 1539. L'empire du français », *op. cit.*, p. 273.
[676] *Ibid.*, p. 274.
[677] Jean-Michel DELACOMPTÉE, *Notre langue française*, *op. cit.*, p. 61.
[678] Daeyeol KIM, « Les Sons corrects pour l'instruction », *op. cit.*, p. 560.

dirait volontiers que l'apparition du mot « carte » dans la langue française en 1532 passe pour une coïncidence synchrone à l'acquisition par celle-ci d'une plus grande valeur légale. Ce serait ignorer deux faits singuliers. Premièrement, le traité de Tordesillas (1494) est l'antonomase qui cristallise, mais obombre trop souvent, les répliques d'un phénomène dont la France est aussi le théâtre, Fine en étant l'un des acteurs principaux. Nous l'avions spécifié, Fine avait participé à la résolution de conflits juridiques portant sur les propriétés respectives de l'Université et des moines de Saint-Germain, alors que Yi Hoe lève le *Kangnido* en qualité de conseiller juridique (*kŏmsang*)[679]. Sans risquer de trop généraliser cette tendance, il est raisonnable d'affirmer que le développement des « vif pourtrait », « vray pourtraict » ou « figure au vif » tout au long du XVIe siècle participera amplement d'un réalisme propice à l'impartialité judiciaire. En cela encore, la représentation géométrique de la science mathématique sur le plan cartographique alimente la thèse d'une *utilitas* éthico-judiciaire de la géographie. En second lieu, il faut également prendre en compte un rapprochement sémantique significatif. Derrière le terme de *descriptio* que choisit Fine, se profilait déjà l'ombre grandissante de la polysémie du terme « carte », alors employé dans la langue certes moins scientifique mais plus couramment parlée et écrite qu'était le français : le mot « carte » dérive du latin classique *charta* qui veut dire « papier » et qui a donné en latin médiéval *chartularium*, soit un « recueil d'actes juridiques » à valeur religieuse ou laïque. Il est donc loisible d'observer la manière dont, par une série d'infléchissements lexicaux et cartographiques à première vue disjonctifs, les langues française et coréenne conservent, par-delà certains atours populaires que leur prêtent leurs promoteurs, les vertus de leurs aînées chinoise et grecque, à savoir un fond éthique et juridique.

Nous nous étions fixé comme objectif en deuxième partie de déceler les visées géopolitiques que contenaient des messages cryptés à valeurs historique, géographique et même simplement graphique. Un pan de notre argumentaire dans cette troisième partie consisterait plutôt à mettre en lumière la réverbération politique du contenu linguistique des cartes. Qu'importe qu'elle soit passée à tort à la postérité comme un projet national, alors qu'en réalité écarter le latin, égaler le grec et concurrencer les autres langues nationales véhiculaires ne pouvait que trahir la portée universelle en même temps qu'impérialiste du dessein de François Ier, l'ordonnance de Villers-Cotterêts porte en elle, dans une interprétation comme dans l'autre, un programme éminemment politique. Qu'à partir de son entrée en vigueur les contrats, actes et arrêts dussent être rédigés en français et non plus en latin ne certifiait en rien que l'ordonnance se bornât à des technicismes

679 Kenneth ROBINSON, « Yi Hoe and His Korean Ancestors in T'aean Yi Genealogies », *op. cit.*, p. 237.

juridiques, comme le démontre avec véhémence Édith Garnier : « Il s'agissait avant tout d'une loi liberticide : sur les 192 articles, certains limitaient les prérogatives des villes, d'autres rendaient obligatoire la tenue de registre de baptêmes avec le jour et l'heure de la naissance, le patronyme exact du nouveau-né et son domicile. Un renforcement du contrôle des populations, donc, à l'heure où la traque contre les hérétiques était plus active que jamais[680]. » Alors que le droit civil était la voie d'accès aux humanités[681], tout porte à croire qu'à l'encontre des valeurs d'un humanisme qui se voulait plus égalitaire que l'ordre féodal et qu'à l'encontre de celles qui donnèrent aux citoyens des cités grecques plus de liberté que n'en dispensait l'*anax*, le nœud politique se soit resserré dans les prémices de ce qui constitue un basculement vers plus d'absolutisme et moins de modération dans la tenue des affaires de la monarchie française.

Pour mesurer cette même alliance entre langue et justice dans le projet politique qui gravite autour du *han'gŭl*, il peut être instructif d'entreprendre un détour par la théorie qui l'inonde – bien que son ou ses inventeurs se soient bien gardés de s'en réclamer –, le *zhengming*. Deux passages des *Entretiens* sont immanquablement cités pour illustrer la charge politique du *zhengming* : « Que le souverain agisse en souverain, le ministre en ministre, le père en père et le fils en fils[682] » ; et : « Zilu : À supposer que le prince de Wei compte sur vous pour l'aider à gouverner, que feriez-vous en tout premier lieu ? – Le Maître : Une rectification des Noms, sans doute[683] ». Pour Anne Cheng, tous deux évoquent les énoncés performatifs du linguiste John Langshaw Austin[684], tandis que Gérard Siary et François Vergnaud soulignent, eux, la corrélation illocutoire entre bien-dire et bien-faire[685]. Nous leur préférerons la formule laconique « Gouverner (政 *zheng*), c'est être dans la rectitude (正 , *zheng*)[686] », qui, outre le rapprochement entre ces deux homonymes, permet de visualiser clairement la similitude idéographique où la réplique de *zheng* (正) – celui-là même utilisé dans la

[680] Édith GARNIER, *Guillaume du Bellay, l'ange gardien de François Ier*, *op. cit.*, p. 364.

[681] Marie-Madeleine de LA GARANDERIE, « Émergence de la notion de lecteur royal », *op. cit.*, p. 7.

[682] CONFUCIUS, *Entretiens de Confucius*, *op. cit.*, p. 98. Et Anne Cheng de commenter : « Nommer quelqu'un "ministre" (par dénomination), c'est le nommer ministre (par nomination) » Anne CHENG, *Histoire de la pensée chinoise*, *op. cit.*, p. 83.

[683] « Les Noms (*ming*) ne sont donc pas tant signes linguistiques que symboles politiques et moraux qui règlent le système hiérarchique, rituel, judiciaire, etc. Le Nom est investi d'un pouvoir, d'une efficacité "politiques" au sens le plus large du terme. » Anne CHENG, « Note en bas de page 1 », in CONFUCIUS, *Entretiens de Confucius*, Paris, Seuil, 1981, p. 98-103.

[684] Anne CHENG, *Histoire de la pensée chinoise*, *op. cit.*, p. 91.

[685] Gérard SIARY, François VERGNAUD, « Quand faire, c'est dire : Confucius et la Rectitude des noms », *Cahiers de praxématique*, 1993, vol. 20, p. 65-86.

[686] Anne CHENG, *Histoire de la pensée chinoise*, *op. cit.*, p. 82.

formule du *zhengming* – dans le radical de *zheng* (政) ouvre par la graphie même des caractères le champ des glissements sémantiques qui en découleront.

Dans la préface du *Hunminjŏngŭm*, tout se passe pourtant comme si Sejong s'abstenait de toute instrumentalisation politique du *han'gŭl*. En apparence, la portée pragmatique du nouveau syllabaire se concentre, non sur les bénéfices qu'il pourrait en tirer, mais sur les intérêts du « peuple non éduqué » à qui il souhaite rendre « la vie ordinaire » plus « agréable ». Il semblerait pourtant que, comme pour les cartes dont un examen attentif révélait un moteur à double détente, superficielle et souterraine, la langue soit l'objet d'un dédoublement téléologique dont chacun des pans du diptyque langue/gouvernance complète l'autre plus qu'il ne le contrecarre. Certaines interprétations du *Hunminjŏngŭm* ramifient les motifs de l'instauration du *han'gŭl* au sein d'un plan exclusivement linguistique. Ainsi, Young-Key Kim-Renaud nous assure que « Kang identifie quatre raisons qui incitèrent Sejong à mettre en œuvre une réforme de la langue : a. La création d'un système d'écriture national ; b. La standardisation de la prononciation sino-coréenne ; c. La compréhension correcte de la prononciation chinoise ; d. L'étude d'autres langues étrangères[687] ». À la différence du jugement émis par Sin-Hang Kang, il nous a semblé spécieux d'omettre le fait que, parallèlement à son projet linguistique, Sejong avait réhabilité le *Chiphyŏnjŏn* (集賢殿 집현전), ou Pavillon des Élites, en 1420 – initiative qui nous habilite à croire que le monarque coréen souhaitait voir fleurir et cultiver les connaissances dans des domaines qui outrepassaient largement les langues. Pour attester de cet engouement intellectuel sans frontière disciplinaire, Ogg Li rapporte que dix puis vingt lettrés du Pavillon des Élites – à titre indicatif, ils n'étaient que cinq à l'instauration du Collège des lecteurs royaux en France en 1530 – « faisaient des recherches et publiaient des œuvres (117 études entre 1428 et 1436) sur la politique, les mœurs, la langue, l'histoire, selon un but bien précis, celui de tracer "le chemin de la vertu parfaite" du monarque pour ouvrir la voie à un gouvernement sage et idéal[688] ». Pourtant, la portée de ces études dépasse rapidement le champ académique. Dans sa thèse de doctorat initialement parue en 1966 puis rééditée en 2003 en raison de la pertinence de ses vues sur la genèse de l'instrumentalisation du savoir dans les *sŏwŏn* (書院 서원), ou académies confucéennes, Warren W. Smith Jr. explique que les fonctions des lettrés du Pavillon des Élites comprenaient également la préparation de documents officiels à envoyer en Chine, l'accueil de diplomates chinois, des instructions pour le dauphin, des annales historiques, la rédaction des décrets royaux, la gestion des examens nationaux, l'édition de livres et les

---

[687] Youg-Key KIM-RENAUD, « Sejong's theory of literacy and writing », *op. cit.*, p. 32.
[688] Ogg LI, *La Corée des origines à nos jours*, *op. cit.*, p. 247.

commentaires de classiques confucéens destinés à la cour[689]. Les trajectoires de la langue et de la politique s'intersectent donc dans la version revisitée du confucianisme coréen autant que dans l'originale. Kang Mun-Sik est formel sur le lien qui unit le langage tant à l'expansion des connaissances qu'à la conduite des affaires publiques : « La logique de la phrase transcende cette dernière qui constitue en fait la base idéologique de la gouvernance du pays. Ils [les lettrés du *Chiphyŏnjŏn*] conçoivent la phrase en liaison avec l'administration gouvernementale. Ils soutiennent que le pragmatisme requiert d'élargir leurs connaissances dans d'autres domaines et se manifeste par une politique formulée en phrases[690]. » Deux autres exemples nous en fourniront la preuve. Shim Jaekee défend la thèse qu'il existerait « des desseins cachés derrière la création du *han'gŭl* [691] », dans un article intitulé « La formation de l'alphabet coréen ». En effet, tout comme le *han'gŭl* facilitait la transcription phonétique d'une langue a priori complexe et (phonétiquement) éloignée du chinois classique, celui-ci pouvait également servir de « système de transcription phonétique » pour les envoyés chargés des relations diplomatiques avec les Mongols, les Mandchous et les Japonais, dont les langues étaient souvent moins bien maîtrisées par les Coréens[692]. L'on voit donc que les propriétés inhérentes au *han'gŭl* – éducatives, transcriptives du chinois au coréen – n'en restreignent pas les usages mais au contraire les démultiplient et que l'instruction du peuple pouvait fort bien aller de pair avec celle de diplomates annotant des conversations surprises auprès d'homologues qui pensaient, à juste titre d'ailleurs, que ceux-là ne pouvaient s'exprimer dans leur langue. Le *han'gŭl* aurait ainsi été au moins autant un vecteur d'alphabétisation parmi les gens non éduqués qu'un outil d'espionnage, ou disons de diplomatie pour les envoyés qui ne pouvaient pas tous être polyglottes. À ce propos, nous avions étayé la thèse, dans la deuxième partie, que la carte constituait elle aussi un instrument diplomatique essentiel parmi la panoplie dont disposait le bon lettré-fonctionnaire du Chosŏn : pour rendre compte de son activité, celui-ci devait dès son retour en Corée présenter au Bureau des rites, qui faisait office de ministère des Affaires étrangères, les cartes qu'il s'était procurées ou qu'il avait lui-même dressées. Or ceci n'explique toujours pas l'absence de *han'gŭl* sur les cartes ultérieures à la parution du *Hunminjŏngŭm*. Pour élucider ce point de notre argumentaire, nous avons donc cherché à affiner notre compréhension des usages extra-linguistiques que Sejong assignait au chinois classique et au *han'gŭl*.

---

689 Warren. W. SMITH Jr., *16th century sŏwŏn*, Suwon, Sosung Institute of Advanced Studies, 2003, p. 32.

690 Mun-Sik KANG, « 集賢殿출신 官人의 學問觀과 政治觀 », *한국사론* 39, 서울대국사학과, 1998, p. 117.

691 Jae-Kee SHIM, *Formation of Korean alphabet*, *op. cit.*, p. 528.

692 *Ibid.*, p. 530.

Nous apprenons de Baek Kichan que les annonces publiques destinées aux petites gens étaient rédigées en *han'gŭl*[693]. De plus, l'un des principaux soucis des lettrés-fonctionnaires néoconfucéens, qui, rappelons-le, avaient réformé l'idéologie et les institutions de leur royaume avant d'en réformer la langue, était de « rendre plus efficace leur administration[694] » et à cet effet les ordonnances royales étaient édictées à la fois en caractères chinois et dans la nouvelle écriture coréenne[695], car la version coréenne du *Daminglü*, le Code pénal des grands Ming (1395), tendant elle aussi vers un idéal de justice, n'avait pu porter ses fruits en raison du fait qu'elle était écrite en *idu*[696], système connu par peu de personnes et phonétiquement bancal. Car il est bon de prendre en compte le fait que certains des fonctionnaires postés en province ne jouissaient pas d'une culture aussi profonde que celle de leurs supérieurs hiérarchiques dans la capitale, et en l'absence d'une maîtrise pointue des caractères chinois et de la complexité des énoncés juridiques que nous évoquions plus haut, les lettrés locaux se retrouvaient dans l'incapacité de mettre en application la politique du pouvoir central. Le bilinguisme des directives administratives aurait donc assuré en outre le contrôle de la transmission de leur contenu ainsi que la clarté de l'explication fournie auprès des citoyens[697]. Toutefois, ce bilinguisme n'était ni systématique ni synonyme de parité entre les *hanja* et le *han'gŭl*. Comme l'énonce clairement Shim Jaekee, « parmi toutes les publications parues sous le roi Sejong, il n'existe aucune preuve que Sejong ait poussé pour un usage exclusif du *han'gŭl*[698] » et elle en conclut même que, en raison de leur maîtrise du chinois classique, le *han'gŭl* n'était d'aucune utilité aux lettrés et que, à l'image des classes sociales auxquelles il était destiné, il s'agissait d'une langue de deuxième classe[699].

Cette hiérarchie qu'entretiennent les langues, ou diglossie pour reprendre le terme précis qu'emploient les linguistes au sujet des relations entre langues et pouvoir, est exemplifiée de diverses manières, à commencer par le fait significatif que les *Annales de la dynastie Chosŏn* – or l'on ne peut ignorer à ce stade toute l'importance qu'accordait l'idéologie confucéenne aux écrits historiques[700] – aient été rédigées en caractères chinois, langue

---

693 Kichan BAE, *Le roi Sejong le Grand*, *op. cit.*, p. 98.
694 Ogg LI, *La Corée des origines à nos jours, op. cit.*, p. 266.
695 Kichan BAE, *Le roi Sejong le Grand*, *op. cit.*, p. 98.
696 Daeyeol KIM, « Les Sons corrects pour l'instruction », *op. cit.*, p. 557.
697 Young Woo HAN, *A Review of Korean History*, *op. cit.*, p. 104.
698 Jae-Kee SHIM, *Formation of Korean alphabet*, *op. cit.*, p. 529.
699 *Ibid.*, p. 529.
700 Voici ce que nous en dit Léon Vandermeersch : « Le choix de tel ou tel mot (par Confucius dans les *Annales*) pour mentionner le départ d'un prince pour l'étranger faisait de celui-ci un homme de bien persécuté contraint à l'exil ou un odieux rebelle traître à sa patrie. Par le moyen de surcodage sémantique à connotation morale puissamment renforcée, la rectification des noms confucéenne est devenue dans la culture chinoise de la

dans laquelle les concours mandarinaux donnant accès aux plus hautes sphères du pouvoir continuèrent d'être passés. À cet égard, Kim Daeyeol précise en effet qu'« en 1460 le texte des *Commentaires et exemples* fut de manière éphémère inséré dans le programme de grands concours pour le recrutement des hauts fonctionnaires civils. Mais l'année suivante, en 1461, l'examen d'écriture *han'gŭl* fut réservé au recrutement des *noksa* (錄事 녹사, fonctionnaires subalternes : secrétaires, greffiers ou rédacteurs de chroniques). L'alphabet coréen eut un usage d'abord limité à l'écriture des documents officiels avant de subir une interdiction[701] ». Même l'adhésion des lettrés-fonctionnaires à un organe semi-officiel comme le *Chiphyŏnjŏn* n'était validée que pour ceux qui obtenaient la meilleure mention aux concours nationaux en section lettres[702].

Nous conclurons cette série d'illustrations en revenant au fait que les directives de plus grande importance ou, et cela revient au même, à caractère plus confidentiel, restaient expressément cryptées en caractères chinois. Tout comme le *Kangnido* crypte d'autres informations jugées stratégiques, à la lumière de cette interprétation, il paraît donc logique que, même dans des versions postérieures à l'invention du *han'gŭl*, le *Kangnido* n'ait pas été dénaturé par la présence d'une langue autre que le chinois classique. L'absence du *han'gŭl* sur le *Kangnido* Ryūkoku et sur les cartes en général jusqu'au XVIIIe siècle prouve donc deux arguments souvent débattus séparément mais que notre contribution a voulu convoquer ensemble pour montrer que, associés, ils prennent plus de poids et de crédibilité : à savoir, d'une part, le caractère confidentiel du *Kangnido* et, d'autre part, l'instrumentalisation du *han'gŭl*. Le *Kangnido* Ryūkoku est dispensé de *han'gŭl* autant en raison du fait qu'au Chosŏn une carte reste un outil diplomatique réservé à des hauts fonctionnaires qu'en raison du fait que le *han'gŭl* ne se prête pas à être calligraphié sur une carte étant donné que ses promoteurs en circonscrivent l'usage à la publicisation de certaines lois et préceptes moraux surtout destinés aux masses. C'est dans le silence du non-report du *han'gŭl* sur le *Kangnido* Ryūkoku que ce dernier secrète une partie de son essence stratégique, silence qui une fois dénaturé dans le bruit de politiques en *han'gŭl* accuse la même distinction que celle constitutive d'une diplomatie confidentielle car cryptée et d'une propagande divulguée car

---

langue graphique, l'homologue de la fulmination d'anathème dans la culture judéo-chrétienne du verbe. Toute mention surcodée négativement dans les Annales équivalait à excommunier le personnage visé de la communauté des hommes de bien [...] Aussi l'acte historico-graphique est-il apparu si grave à Confucius que celui-ci en a fait de tous ses engagements le plus lourd pour lui-même : "si on sait ce que je vaux, ce sera par les Annales ; si on m'incrimine, ce sera pour les Annales". » Léon VANDERMEERSCH, « Rectification des noms et langue graphique chinoises », *op. cit.*, p. 18.

701 Daeyeol KIM, « Les Sons corrects pour l'instruction », *op. cit.*, p. 560.

702 Chung-Hee HAN, « 朝鮮初期集賢殿官硏究 », *조선사연구* 16, 2007, p. 23.

décryptée. En d'autres termes, l'instauration du *han'gŭl* se pare de promesses d'instruction et de diffusion des connaissances mais telles des valves à sens unique, le monopole des caractères chinois sur le *Kangnido* et dans les décrets plus stratégiques vise surtout à « désinstruire » le peuple en filtrant des informations jugées sensibles qui, lorsqu'elles ne le sont plus, sont mises en circulation sous d'autres formes telles que les cartes à grand tirage comme le *P'aldoch'ongdo* et des mesures politiques, juridiques et morales en *han'gŭl* dans un but, non plus d'instruction et de diffusion des connaissances, mais de propagande et de manipulation des masses.

Les lignes qui suivent devraient pouvoir nous permettre de démontrer que la somme des usages politiques des nouvelles langues créées aboutit à une instrumentalisation ramifiée – essentiellement en deux familles de régimes, cartographique et juridique – qui infléchit l'ADN des langues mères dont elles s'inspirent – le grec et le chinois classique – au point d'en pervertir progressivement les valeurs et de se déprendre de leurs invariants : en Corée, la rectification des langues et de leur support aurait dû tendre vers l'équité civique, la transparence et un regain de moralité salutaire ; en France, l'entreprise philologique humaniste aurait dû tendre vers une plus grande redistribution du pouvoir et du savoir. En lieu et place de cela, sous couvert de simplification et de diffusion, la nouvelle diglossie mise en place – à l'avantage du français vis-à-vis du latin et des langues vernaculaires et à l'avantage du chinois classique et non du *han'gŭl* –, et qui ne dit pas son nom, déséquilibre un autre rapport de force entre un exercice modéré du pouvoir et sa verticalisation.

B. La tentation de l'absolutisme

Dans son étude sur la culture politique sous l'Ancien Régime, Guy Saupin évalue la monarchie française le long d'un axe analytique reliant les deux extrêmes que sont la monarchie modérée et la monarchie absolue. Celle-là « bénéficie du succès de l'humanisme qui défend sous la plume d'Érasme la synthèse des catégories d'Aristote en alliant les avantages de la monarchie, de l'aristocratie et de la démocratie » et prône « l'union de l'individu-roi et des trois états de la société[703] ». Une monarchie modérée se caractérise ainsi par le partage de l'exercice du pouvoir entre le monarque, l'aristocratie et le peuple. En principe, François Ier et Henri II en fournissent chacun l'illustration puisqu'ils favorisent la transformation de la cour en institution et s'appuient d'une part sur des conseillers pour formuler leurs directives et d'autre part sur des états provinciaux et administrateurs à travers le royaume pour déléguer leur pouvoir. À ces compromis s'ajoute l'usage de trois freins comme antidotes à l'absolutisme, freins que recommande Claude de Seyssel

[703] Guy SAUPIN, *La France à l'époque moderne*, *op. cit.*, p. 73.

dans *La Grande Monarchie de France* (1519) : « La dignité et l'autorité royale demeurent toujours en leur entier, ni totalement absolues ni par trop restreintes, mais réglées et refrénées par de bonnes lois, ordonnances et coutumes [...]. Et pour parler des freins par lesquels la puissance des rois de France est réglée, j'en trouve trois principaux : la religion, la justice et la police[704]. » En ce qui a trait à la religion, Jacques Bénigne Bossuet déclare, dans *Politique tirée des propres paroles de l'Écriture sainte*, que « Dieu établit les rois comme ses ministres [...] c'est par eux qu'il exerce son empire[705] ». Dans une vision modérée de la monarchie, le roi serait donc au service de Dieu, son autorité en émanerait et l'Église pourrait encore empiéter sur la souveraineté du monarque. À ce compromis entre religion et politique s'oppose une vision du pouvoir qui aboutirait à l'aliénation du peuple. En effet, dès le XIIIe siècle, les légistes thomistes actualisent les droits romain et canonique pour signifier qu'en raison de sa nature divine le roi est en droit de s'octroyer le monopole de l'exercice du pouvoir. Autrement dit, la liberté d'un seul individu – ou plus précisément, et comme nous le préciserons plus bas, d'un seul groupe d'individus – s'exerce au détriment de celle de tous ses sujets. S'agissant du XVIe siècle, c'est cette version du pouvoir qui nous semble prévaloir au moins jusqu'à l'entropie des guerres civiles car, avant cela, et en échange de sa protection et sécurité, les sujets sont prêts à accepter une soumission absolue au monarque, érigé en figure paternaliste seule connaisseuse de l'intérêt général et du bien public. Ce n'est qu'au XVIIe siècle que les juristes Grotius et Pufendorf théoriseront un droit de nature qui, une fois rationalisé, assurera un équilibre entre les deux. Si rétrospectivement François Ier et ses successeurs ont pu paraître usurper certaines prérogatives, celles-ci sont pourtant tolérées tout au long du XVIe siècle par des hommes de droit comme le chancelier Duprat – « nous devons obéissance au Roi, et n'est à nous de récalcitrer à ses commandements » (1518) –, le président du parlement de Paris – « nous ne voulons révoquer en doute ou disputer de vostre puissance. Ce seroit espece de sacrilege et sçavons bien que vous estes par sus les loix » (1527) – ou Jean Bodin – « le Roi n'a pas de compagnon en son pouvoir souverain » (1575)[706]. L'optimisme chrétien et humaniste en une nature humaine foncièrement bonne a fait place non seulement aux humeurs aléatoires d'un monarque tout-puissant mais aussi à la passivité de sujets prompts et disposés à subir le joug de l'absolutisme. Il peut être utile de garder à l'esprit le mode d'investigation philosophique du néoconfucianisme pour

704 Claude de SEYSSEL, « La Grande Monarchie de France », in Guy SAUPIN, *La France à l'époque moderne*, Paris, Armand Colin, 2016, p. 91.
705 Jacques Bénigne BOSSUET, *Politique tirée des propres paroles de l'écriture sainte*, in Œuvres complètes, vol. 4, Besançon, Outhenin-Chalandre fils éditeur, 1836, p. 161.
706 Bartolomé BENNASSAR, Jean JACQUART, *Le XVIe siècle*, *op. cit.*, p. 263.

comprendre en quoi ses applications politiques diffèrent de celles de l'humanisme. Voici l'explication qu'en fournit Yi Tae-Jin :

> Au début de la dynastie des Song se développa ce que l'on appelle l'étude classifiée ou encyclopédique (*lei shu xue*), qui se consacrait à l'art pragmatique de gouverner. Puis, à partir du milieu de la dynastie des Song, surtout durant la période des Song du Sud, l'étude de la nature de l'homme et des principes (*xing li xue*) prospéra et fut considérée comme le noyau de l'entreprise intellectuelle néoconfucéenne. Ces deux méthodes d'investigation formèrent alors les principales tendances du néoconfucianisme[707].

Resurgissent une fois de plus la gouverne de l'être moral – le versant essentialiste centré sur la nature de l'homme – et la gouvernance du corps politique – le versant, lui, plus encyclopédique fondé sur la classification d'annales et de documents à valeurs historiques dont l'étude permet de mieux diriger. C'est sur ce socle que va s'opérer le tournant *zhuxiste* qui impulsera le néoconfucianisme :

> Le Chu Hsi-isme, ou métaphysique néoconfucéenne, se ramifiait en deux écoles : l'école du Principe ou de la Raison et l'école de l'Esprit ou de l'Intuition. Celle-ci insistait sur la promptitude de l'esprit et parvint à maturité au début du XVIe siècle en la personne de Wang Yang-ming. Celle-là, l'école du Principe, parfaite par Chu Hsi à la fin du XIIe siècle, devint l'orthodoxie néoconfucéenne. Cette philosophie de l'idéal est également connue sous le nom de l'école du Li (I en coréen signifiant la Raison)[708].

C'est donc sur cette base rationnelle qu'il faut comprendre, d'une part, la constitution d'un subconscient collectif (éthique néoconfucéenne) qui, d'autre part, se dédouble d'une constitution juridique sujette à des débats et réajustements incessants qui expliquent son entrée en vigueur tardive. Chŏng Dojŏn (鄭道傳 정도전), dont le nom signifie fort à propos « Passeur de la Voie », épaulé par d'autres thuriféraires réformistes comme Jo Jun, Nam Eun et Yun Sojong, se porte moins sur la narration de gloires passées que sur la juridiction présageant celles à venir. Il se consacre donc à rassembler tout texte susceptible d'instruire l'élaboration d'une constitution censée assurer la transition du Koryŏ au Chosŏn et la pérennité du nouveau régime. Il s'inspire pour cela de ses propres ouvrages et notamment de *Chosŏn'gyŏnggukchŏn* (朝鮮經國典 조선경국전), ou *Codes pour*

---

[707] Tae-Jin YI, *The Dynamics of Confucianism and modernization in Korean History*, *op. cit.*, p. 24.

[708] Wanne J. JOE, Hongkyu A. CHOE, *Traditional Korea. A Cultural History*, *op. cit.*, p. 216.

gouverner le Chosŏn (1394), pour rédiger le Code national (經國大典 경국대전) dont la version finale ne verra le jour qu'en 1471.

Raison, modération, équité auraient dû, par l'opération d'une morale chrétienne exercée avec toute la retenue qu'exige la conduite d'affaires publiques comme privées, empêcher la monarchie de se convertir en tyrannie. Et en leur absence, le deuxième frein constitué par les lois aurait pu jouer ce rôle. Si l'effort législatif est indéniable en France comme en Corée, nous voudrions porter notre regard sur la nature des réformes mises en place au sein du système juridique. En France, celles-ci ne présentent pas plus de garanties de modération que le premier frein constitué par la religion. Le parlement de Paris est ramené à un rôle strictement judiciaire et non plus politique après le retour de captivité de François Ier et notamment le lit de justice des 24, 26 et 27 juillet 1527 qui le prive de toute intrusion dans les débats et formulations des édits royaux. Bien que des cours souveraines (cours d'appel) soient formées sur le modèle du parlement de Paris à Toulouse (1443), Grenoble (1453), Bordeaux (1462), Aix-en-Provence (1501), Rouen (1515), Nantes (1554) et Rennes (1561)[709], elles sont systématiquement éludées par le roi, qui, au même titre que les états généraux depuis 1484, ne les consulte plus. Au lieu d'un système représentatif qui aurait donné un véritable rôle aux états provinciaux en Languedoc, Normandie, Bretagne, Dauphiné, Bourgogne, Guyenne, Béarn et Provence[710], le roi leur préfère des assemblées de notables qu'il désigne et ne convoque qu'en 1527 et 1558. Grâce à ce dispositif, des ordonnances « touchant à tous les aspects de la vie du royaume » sont promulguées sans contestation possible – ordonnances de Moulins (1566), Blois (1579), sur les eaux et forêts (1575) et sur l'amirauté (1584)[711]. Dès 1574, ce processus culmine avec l'édiction des lois fondamentales qui assurent un règne sans partage et notamment la transmission de la couronne à une primogéniture masculine à l'intérieur de la dynastie régnante excluant les enfants mâles non légitimes et proclamant roi un dauphin même mineur à la mort de son père[712].

Sans illusion sur la nature de l'homme depuis les avertissements de Xunzi (IIIe siècle avant notre ère), mais sans doute également échaudés par les dérives de l'oligarchie de Koryŏ, les néoconfucéens coréens surent, eux, ériger des freins, non exclusivement théoriques comme ceux de Claude de Seyssel, mais tangibles car institutionnalisés et mieux répartis au sein de la classe dirigeante. En d'autres termes, l'entreprise néoconfucéenne consistant à synthétiser et à rendre non seulement intelligible mais surtout viable tout un héritage intellectuel débouche en ultime instance sur l'efficience politique

---

709 Guy SAUPIN, *La France à l'époque moderne*, *op. cit.*, p. 149.

710 Michel CASSAN, *La France au XVIe siècle*, *op. cit.*, p. 42.

711 Bartolomé BENNASSAR, Jean JACQUART, *Le XVIe siècle*, *op. cit.*, p. 431.

712 Michel CASSAN, *La France au XVIe siècle*, *op. cit.*, p. 29.

de cette science de penser et de vivre. Dans leur articulation du paradigme politique de la dynastie Yi, les penseurs néoconfucéens, et notamment Chŏng Dojŏn, prennent comme contre-modèle le despotisme des monarques de Koryŏ. Ces derniers perpétuaient les tares responsables de la dégradation des mœurs et du royaume, à savoir un pouvoir héréditaire réservé à une noblesse de sang inamovible à qui ni les institutions ni la conscience ne pouvaient épargner les excès propres au pouvoir absolu : népotisme, corruption et impunité. Or le pôle inverse de l'absolutisme – une décentralisation précipitée – aurait représenté un danger d'ordre différent mais tout aussi rédhibitoire : une fragmentation du territoire et de la nation coréenne qui cherchait alors les fondements moraux et institutionnels de son unité. Dans une forme de compromis entre ces deux extrêmes, Chŏng Dojŏn va concevoir les moyens de préserver un équilibre opérable sur le plan politique entre la tyrannie et ce que l'on nommerait aujourd'hui la décentralisation. Puisant dans une tradition remontant aux *Rites des Zhou* et aux préceptes de *La Petite Étude* commentés par Zhu Xi (et que Yulgok lui-même reprendra à son compte dans les *Principes essentiels de la sainteté* adressés au roi Sonjo au XVIe siècle), son souci principal est bien de limiter le pouvoir du roi, de renforcer les institutions et le pouvoir exécutif des lettrés-fonctionnaires et du premier ministre vis-à-vis du roi et d'atténuer les dérives arbitraires de despotes dynastiques[713]. Pour mettre en pratique ces principes modérateurs, Chŏng Dojŏn a recours à des mécanismes de répartition, de contrôle et même, osons le mot, de relative transparence du pouvoir qui contrairement aux freins de la trinité de Claude de Seyssel ne sont pas simplement théorisés mais insérés dans la pratique quotidienne des affaires de l'État. En ce qui a trait à la répartition du pouvoir, l'émergence d'une classe dirigeante, qui sans se substituer au roi partage certaines de ses prérogatives, est favorisée par le processus de prise de décision nommé *sangch'am* (常參 상참). Loin de la solitude souveraine un temps envisagée par Bodin, le monarque coréen est flanqué d'une batterie d'organes qui façonneront la mesure discutée, ce que Han Young Woo précise comme suit :

> Le roi était présent tous les jours au *P'yŏnjŏn* (便殿 편전, Conseil royal) pour débattre et consulter les membres du *Ŭijŏngbu* (議政府 의정부, Conseil d'État), six ministres ainsi que des fonctionnaires du *Hongmun'gwan* (弘文館 홍문관, Bureau des conseillers spécialisés), du *Saganwŏn* (司諫院 사간원, Bureau des censeurs), du *Sahŏnbu* (司憲府 사헌부, Bureau de l'inspecteur général), du

[713] Theodore de BARY, « Introduction », *op. cit.*, p. 39.

Yemunwŏn (藝文館 예문원, Bureau des décrets royaux) et du *Sŭngjŏngwŏn* (承政院 승정원, Secrétariat royal)[714].

Si ce nouvel organigramme n'empêchait pas les fonctionnaires du *Chiphyŏnjŏn* de favoriser un régime centralisateur[715] ni le roi de prendre des initiatives, celles-ci étaient pourtant surveillées et évaluées par le *Samsa* (三司 삼사), c'est-à-dire les trois bureaux de censure formés par les *Sahŏnbu Hongmun'gwan* et *Saganwŏn*. Enfin, il serait injuste d'omettre le fait singulier que la possibilité de prendre part ou d'interférer dans ce processus complexe de prise de décision était non seulement offerte aux fonctionnaires via la pratique du *Sangso* (上疏 상소, soit lors d'une cérémonie commémorative, ce qui ne va pas sans rappeler les maîtres de requêtes en France), mais également permise aux citoyens n'exerçant pas de fonctions publiques, et ce par le truchement d'une pratique connue sous le nom du « tambour du pétitionnaire » (申聞鼓 신문고, *sinmun'go*) frappé lors de processions royales pour interpeller le roi et éventuellement lui signifier directement son désaccord[716]. Même si l'emploi du terme peut paraître anachronique, force est de constater qu'une plus grande transparence est impulsée par deux initiatives touchant au domaine sensible de la circulation et du renouvellement des élites. D'une part, les candidats aux postes de fonctionnaires devaient désormais être recrutés indépendamment de leur lieu de provenance géographique, et ce afin d'éradiquer la pratique connue sous le nom d'*ŭmsŏ* (蔭敍 음서, nomination protégée) ; et d'autre part, mais toujours afin de lutter contre la concussion, la mise en œuvre du *sangp'i* (相避 상피 ou loi d'évitement) devait éviter que des membres d'une même famille exercent leurs fonctions au sein d'un même ministère, d'une même ville ou qu'ils soient membres du jury lors du passage d'un de leurs proches aux concours mandarinaux[717]. Le contraste est donc frappant avec la France où les opportunités de promotion sociale, quand elles ne sont pas laissées à la discrétion du roi, sont monnayables. En effet, la vénalité des charges est

---

714 Young Woo HAN, *A Review of Korean History*, *op. cit.*, p. 50.

715 « Les fonctionnaires du *Chiphyŏnjŏn* ont des opinions partagées quant à la structure du pouvoir, mais tous pensent qu'une consolidation d'un régime centralisateur est l'idéal pour établir et gouverner le pays. Ils estiment que le rôle des fonctionnaires chargés de la gouvernance du pays est très important pour établir un régime centralisateur. » Mun-Sik KANG, « 集賢殿출신 官人의 學問觀과 政治觀 », *op. cit.*, p. 127.

716 Young Woo HAN, *A Review of Korean History*, *op. cit.*, p. 53.

717 *Ibid.*, p. 53-72. Chŏng Dojŏn prévoit donc un système éducatif basé sur les mérites et non plus la naissance (exception faite des *munum*, c'est-à-dire l'exemption d'examen accordée aux descendants d'un *yangban* ayant rendu des services émérites à l'État) et l'exclusion de la famille royale qui suit une éducation parallèle lui bloquant l'accès au pouvoir. Chai-sik CHUNG, « Chŏng Dojŏn : "Architect" of Yi Dynasty Government and Ideology », op. cit., p. 65.

en principe proscrite au Chosŏn et le déséquilibre entre la noblesse d'épée, dont Chŏng Dojŏn est pourtant issu, et celle de lettres est inversé au profit de cette dernière. L'un des principaux faits du Chosŏn au XVe siècle est l'installation indirecte au pouvoir d'une classe dirigeante lettrée par l'ascenseur méritocratique que constituent des examens nationaux idéologiquement centrés sur les textes néoconfucéens. Qu'est-ce à dire, sinon que cette insertion d'une nouvelle idéologie dans les conduits éducatifs et institutionnels n'a pas d'équivalent en France et que le degré d'humanisme dont sont imprégnées les politiques des monarques français est fonction de l'influence fluctuante de conseillers plus ou moins éclairés et, en dernier ressort, des dispositions personnelles du roi. Car, de manière parallèle puis concurrente au « rassemblement des réseaux nobiliaires[718] », un gouvernement par les sages se développe de façon officieuse en un conseil dont le critère de sélection des membres, désignés par le roi, ne repose plus sur la naissance mais sur les compétences que le monarque voit en eux. Cette innovation s'opère en adjonction avec une division de la nature des tâches que le roi confère à une noblesse héréditaire encore majoritaire (environ 2/3) qui voit ses responsabilités restreintes aux questions ordinaires et à une noblesse récemment recrutée pour ses compétences techniques (1/3) et rassemblée au conseil des affaires, à qui incombe la gestion des grandes questions de politique intérieure et extérieure. Cette spécialisation thématique se précisera dès la fin du XVIe siècle avec « la guerre et la maison du roi en 1570, les affaires étrangères en 1589, la marine en 1669[719] ». En province aussi les gouverneurs sont directement nommés par le roi, rendant obsolète le rôle des baillis, et dans un mouvement de resserrement des élites dirigeantes contraire à celui du Chosŏn, leurs charges se transmettent de père en fils. Comme le signale Michel Cassan avec forte raison, « des études récentes ont démontré qu'il fallait chercher l'origine des intendants dans l'entourage des gouverneurs [et non dans l'édit de Compiègne de 1553]. Ceux-ci s'adressent à des conseillers recrutés pour leurs compétences juridiques et leurs aptitudes à aplanir des questions financières et administratives. Ce sont des hommes qui peu à peu voient leurs pouvoirs étendus en une préfiguration des attributions des intendants de police, justice et finances au XVIIe siècle[720] ». À cette répartition qualitative des fonctions prébureaucratiques s'ajoute une augmentation quantitative du personnel de l'État, qui souligne une volonté inéquivoque de quadriller et contrôler un territoire de 450 000 km^2 peuplé de 16 millions d'âmes. À partir des calculs de Roland Mousnier, Pierre Chaunu évalue que l'épaisseur du service de l'État – quelque 4 000 officiers royaux – et de la petite société que constitue la monarchie au sein du royaume de France est passée d'une

---

718 Guy SAUPIN, *La France à l'époque moderne*, *op. cit.*, p. 147.
719 *Ibid.*, p. 148.
720 Michel CASSAN, *La France au XVIe siècle*, *op. cit.*, p. 38.

technostructure de 4 officiers pour 1 000 habitants au début du XVIe siècle, soit 60 000 personnes, à 4 officiers pour 100 habitants en 1665. Et il conclut qu'« aucun État n'a été au même degré que le nôtre un État d'offices[721] ».

Bien que nous ne soyons pas en possession de statistiques ou estimations équivalentes en Corée, nous ne nous avancerons pas trop en signalant qu'une tendance similaire a traversé le XVe siècle : les lettrés-fonctionnaires du Chosŏn furent les produits du système de promotion que chapeautent les concours mandarinaux *kwagŏ* (科舉 과거). À telle enseigne qu'ils sont passés à la postérité comme les acteurs sociaux emblématiques des fortunes de leur époque : encensés pour les réformes qu'ils promurent aux XVe et XVIe siècles, puis stigmatisés en satrapes locaux responsables de la sclérose de leur dynastie à partir du XVIIe siècle. Cette vision quelque peu schématique ne doit pourtant pas voiler des tendances déjà contradictoires au XVe siècle. Au motif que les préceptes de bon aloi des classiques néoconfucéens ne suffisent à guider la conscience morale de tous leurs sujets, les lettrés-fonctionnaires finissent par amender les *Codes pour gouverner le Chosŏn* rebaptisés Code national (경국대전) et promulgués dès 1471. Cette constitution, qui se subdivise en code fiscal *pujon*, code judiciaire *honjon*, code du travail *kongjon* et code gouvernemental[722], entérine en réalité des mesures qui la précèdent largement, comme la réforme des cadastres (科田法 과전법, *kwajŏnbŏp*) visant à confisquer et redistribuer les terres (les fonctionnaires ne reçoivent plus qu'entre 10 et 150 *gyŏl* de « terrains militaires » [軍田 군전, *kunjŏn*]), et la réforme fiscale qui réduisit le taux d'imposition, notamment l'impôt sur le riz (田稅 전세, *chŏnse*) à 10 % au maximum tout en interdisant le système de propriétaires terriens qui, accumulant de vastes parcelles de terres, réduisaient leurs métayers au statut d'esclaves – pratique connue comme *chagyŏng*[723]. Or, même si le code du travail améliore les conditions matérielles des catégories sociales les moins favorisées, en permettant par exemple aux *nobi*, littéralement esclaves, tels que les marchands et artisans d'accéder à des positions officielles connues sous le nom de *chapchik* (雜職 잡직, travaux divers) ou *sinbaekchŏng* (新白丁 신백정) pour les bouchers et troubadours[724], la proportion d'esclaves s'élève à 30 % de la population tandis qu'une proportion somme toute proche de ce que l'on appellera bientôt le tiers état en France est dépourvue de tout pouvoir décisionnaire.

---

721 Pierre CHAUNU, *La France*, *op. cit.*, p. 255-256.

722 Chai-sik CHUNG, « Chŏng Dojŏn: "Architect" of Yi Dynasty Government and Ideology », *op. cit.*, p. 66.

723 Young Woo HAN, *A Review of Korean History*, vol. 2, *op. cit.*, p. 29.

724 *Ibid.*, p. 37.

La portée juridique des couples linguistiques chinois classique-*han'gŭl* et grec/latin-français traverse les cartes de Fine comme de Yi Hoe mais les transcende aussi, et c'est pourquoi nous avons cru bon de dépasser un simple cadre cartographique pour conclure cette troisième partie par un examen de l'instrumentalisation du français et du *han'gŭl* dans le plus large contexte de la Renaissance française et du néoconfucianisme coréen des premiers Yi, mouvements dont nous avions tenté d'ébaucher les premières lois en introduction – lois rétroactives théoriques modélisant des élans spontanés –, alors que nous finissons par leur opposé – les lois réactives juridiques promulguées par anticipation politique. Comme lors des deux parties précédentes, nous rassemblons ces différentes évolutions dans un tableau récapitulatif que voici :

Tableau 5 : Les mutations linguistiques

France		Chosŏn
Antonio de Nebrija, (1492), « la langue est la compagne de l'empire » ; Érasme retraduit la Bible (1516) et critique la Vulgate de saint Jérôme ; la bataille du grec : le concile de Trente (1545-1563) interdit l'enseignement et l'impression en grec	**La langue comme enjeu politique**	Conflits du *p'yojŏnmunje* 表箋問題 표전문제, (1396-1401) et du *chonggyebyŏnmu* 종계변무 宗系辨誣 (XVᵉ-XVIᵉ siècles) ; requête au roi de Ch'oe Malli contre le *han'gŭl* (1444) ; standardisation de la prononciation comme « voie royale » : *Hongwuzhengyun* (洪武正韻) ou *Dictionnaire des rimes correctes* (1375)
Latin > français : Le latin est la langue de la chrétienté, de l'enseignement à l'Université, la langue juridique et la lingua franca européenne	**Les diglossies avant les Valois et les Yi**	Chinois classique > *idu* (吏讀 이두), *kugyŏl* (口訣 구결), *hyangch'al* (鄕札 향찰) > parler vernaculaire sans alphabet ; la maîtrise du chinois classique est requise aux concours mandarinaux qui donnent accès aux postes de lettrés-fonctionnaires
1525 : 1ère version de la *Nova totius Galliae descriptio* 1539 : ordonnance de Villers-Cotterêts 1538, 1546, 1553, 1557 : rééditions de la *Nova totius Galliae descriptio*	**La promotion d'une langue nationale s'insère entre la première version et la réédition des cartes analysées**	1402 : 1ère version du *Kangnido* 1446 : parution du *Hunminjŏngŭm* (訓民正音 훈민정음) 1485 : 2ème version du *Kangnido* (Ryūkoku)

Néologismes à partir du grec, du latin, des langues ouvrières et vernaculaires ; *Grammatographia* (1529) de Jacques Lefèvre d'Étaples *Champ fleury* (1529) de Geoffroy Tory ; *Dictionnaire françois-latin* d'Estienne (1539), 1er dictionnaire du français au latin ; *De la punctuation de la langue francoyse* (1540) d'Étienne Dolet ; *Défense et Illustration de la langue française* (1549) de Joachim du Bellay ; grammaires de Louis Meigret (1550) et Pierre de La Ramée (1562)	**Procédés de consolidation de la langue et ouvrages la codifiant**	Création d'un alphabet de 28 lettres nécessaires à la retranscription phonétique de la langue coréenne ; *Tonggukchŏngun* (東國正韻 동국정운) : le *Dictionnaire de la prononciation coréenne standardisée des caractères chinois* (1448), *Sasŏngt'onggo* (四聲通攷 사성통고) : *Études des quatre tons* (1457), *Sasŏngt'onghae* (四聲通解 사성통해) : *Explications générales des quatre tons* (1517)
Isométrie ; transparence ; rectitude morale : les orbes du grec et du latin tracent la voie du philologue (*De Studio literarum recte et commode instituendo*, Budé, 1527)	**Substrat éthique**	Sens du juste 義 *yi* ; transparence/équité ; rectification des noms (正名 정명) et de l'ordre politico-moral (政/正)
Prérogatives des villes et des Parlements limitées ; renforcement du contrôle des populations (registre de baptêmes, jour et heure de naissance, patronyme et domicile)	**Dérives centralisatrices**	*Han'gŭl* utilisé pour les directives à contenu éducatif, moral ou explicatif, pour le recrutement de fonctionnaires subalternes ; cartes en *han'gŭl* à partir du XVIIIe siècle ; *hanja* utilisé pour le recrutement des hauts fonctionnaires et la rédaction de décrets royaux
Plus de 50 % à partir des années 1550	**Pourcentage de publication en langue nationale**	10 % et seulement dans la capitale au XVe siècle
Diglossie renversée : Français > latin	**Les diglossies après le XVe siècle au Chosŏn et le XVIe siècle en France**	Diglossie préservée : Chinois classique > *han'gŭl*

À première vue, les projets français et coréen peuvent donner l'impression d'être disruptifs des ordres linguistiques – la dominance du chinois classique et du latin – et politiques – la ploutocratie du Koryŏ et le régime féodal – qui les précèdent : même s'ils sont, et nous rejoignons ici Alain Borer et Jean-Michel Delacomptée, « égalitariste(s) par le haut[725] » car impulsés par des monarques entourés d'érudits, ils ne s'alimentent pas moins d'intentions populaires voire populistes : l'instruction du peuple, la diffusion des connaissances, une clarification des mesures politiques et juridiques qui portent toutes la marque d'un rapprochement entre les gouvernants et les gouvernés. Ces déclarations d'intention nous ont amené à ajouter à la comparaison entre le français et le *han'gŭl* une seconde forme de parallélismes entre l'avènement des langues grecque et chinoise et celui de leurs héritiers. Cette comparaison dans la comparaison nous a paru d'autant plus pertinente qu'elle s'inscrivait bien dans l'esprit d'un retour aux racines de l'Antiquité et que les promoteurs du français et du *han'gŭl*, s'ils ne s'en réclamaient pas ouvertement dans le cas des Coréens, usaient bien de tous les recours moraux, philologiques et politiques inhérents à ces langues mères pour faciliter la mise en place d'un nouvel ordre linguistique. En effet, en leurs temps, le grec et le chinois classique avaient mutatis mutandis concouru à une plus grande publicisation des affaires publiques, en partie liée à la meilleure visibilité de leur support, et en cela encouragé des pratiques et l'application de lois tendant vers plus de transparence et d'équité. Notre argumentaire a pourtant mis en avant le fait que si les intentions de certains philologues étaient peut-être pures, dans l'utilisation qu'en firent leurs dirigeants, quelque chose s'était maculé et avait perverti l'essence de langues conçues pour être lues, parlées et écrites par tous. Et ce n'est pas tant dans ce constat irrévocable que dans la manière dont il a pris forme qu'il faut mettre un terme à l'analogie qui nous concerne. Le français est tout aussi visible sur les cartes de Fine que dans les actes juridiques de tout le royaume à partir de 1539 ou encore dans des œuvres littéraires ou politiques comme la *Défense*, *la République* ou *les Essais*. À l'inverse, en Corée, le *han'gŭl* n'apparaîtra sur aucune des rééditions du *Kangnido* et la première carte sino-coréenne date du XVIIIe siècle ; « le *han'gŭl* fut parfois utilisé pour la rédaction d'édits royaux, de messages adressés au peuple et pour la

[725] Jean-Michel DELACOMPTÉE, *Notre langue française*, *op. cit.*, p. 38. Alain Croix détaille la verticalité de ce mouvement en ces termes : « Le succès du français est celui du bilinguisme français-latin, quand il aurait pu l'être du trinlinguisme français-latin-parler local, ou c'est, ce qui revient presque au même, le succès d'un français local sur les autres langues vernaculaires du royaume, le succès de la langue de cour et parisienne, selon la formule de Geoggroy Tory dès 1529, le succès du français de l'Ile-de-France et du Val de Loire : ce n'était peut-être pas un hasard si les chantres du français étaient manceaux ou angevins. Ce succès-là est celui d'une langue minoritaire dans la France du XVIe siècle, et il porte en lui de lourds clivages sociaux et géographiques. » Alain CROIX, « Modèle culturel et autonomie », in Alain CROIX, Jean QUÉNIART, *Histoire culturelle de la France, 2. De la Renaissance à l'aube des Lumières*, Paris, Seuil, 2005, p. 154.

publication de documents éducatifs et de littératures édifiantes[726] », mais le chinois classique restait la langue des classes dirigeantes ; le *han'gŭl* devient certes un véhicule linguistique non négligeable dans le cas de traductions de classiques ou d'une littérature, de concubines essentiellement, mais la maîtrise des *hanja* reste gage d'érudition, à preuve les œuvres des deux grands philosophes coréens du siècle suivant, Yulgok et Toegye, exclusivement rédigées en caractères chinois. Deux anomalies peuvent alors nous interpeller. D'une part, comment se fait-il que le français, ayant remporté la bataille diglossique qui l'opposait au latin, soit entré au service d'une monarchie tendant vers toujours plus d'absolutisme ? D'autre part, comment le Chosŏn, n'étant, lui, pas parvenu à renverser l'ordre diglossique au sommet duquel se maintint le chinois classique, a-t-il su se garder, du moins sur la majeure partie du XVe siècle, des excès absolutistes de son pendant eurasiatique ? À ces deux interrogations, nous avons tenté de fournir des explications d'ordre institutionnel et politique. Bien que le français soit devenu la langue du droit, deux obstacles se sont présentés sur la route qui aurait dû mener vers plus d'ouverture. En privilégiant les circuits sélectifs aux organes consultatifs, la concentration du pouvoir par des monarques comme François Ier et Henri II a fini par en faire un exercice personnel quasiment exclusif. En d'autres termes, les insuffisances institutionnelles ont contribué à faire du français la langue du pouvoir et non celle de contre-pouvoirs qui auraient mieux incarné l'esprit hellénique d'équité et de lisibilité du droit dont le français était pourtant ensemencé. De plus, et malgré des efforts de densification de l'appareil de l'État, la fin du XVIe siècle est marquée par les guerres de religion où l'« impuissance à faire appliquer les ordonnances royales[727] » alterne avec et justifie aux yeux des monarques des mesures de plus en plus autoritaires. En Corée, la complexité de l'exercice du pouvoir exécutif, si elle retarde l'instauration de la constitution, permet aux lettrés-fonctionnaires, dès les réflexions de Chŏng Dojŏn à la fin du XIVe siècle, de s'immiscer dans les affaires politiques et de contenir toute dérive unilatérale. Une analyse attentive du modus operandi des mécanismes institutionnels du Chosŏn brosse en effet un tableau plus modéré où la notion de réciprocité semblerait mieux qualifier la monarchie des Yi, car, contrairement à la France, ces organes tampons ne sont pas contournés par des nominations relevant du favoritisme, des vénalités ou du clientélisme. L'établissement d'organes tampons entre le monarque et le peuple déleste le roi du poids de la tentation de l'absolutisme en même temps qu'il introduit une amorce de débat au moins au sein des différents Bureaux des censeurs, et sur un mode mineur avec le peuple via les tambours pétitionnaires. Au vu de cet institutionnalisme précoce, il est donc d'autant plus surprenant que, un siècle après sa naissance, le Chosŏn n'ait

---

[726] Daeyol KIM, « Les Sons corrects pour l'instruction », *op. cit.*, p. 560.
[727] Bartolomé BENNASSAR, Jean JACQUART, *Le XVIe siècle*, *op. cit.*, p. 431.

pas su faire litière des pratiques oligarchiques du Koryŏ. Les activités du *Chiphyŏnjŏn*, en principe garant d'une curiosité scientifique désintéressée, sont réorientées : « Après la vingt-septième année [1445] de règne du roi Sejong, il [le *Chiphyŏnjŏn*] se convertit en organe politique et de propagande plutôt que d'être centré sur l'étude et la recherche[728]. » Et comme en France, la seconde moitié du siècle est émaillée par des troubles intestins. Or ceux-ci ne sont pas la cause du retour d'une forme d'absolutisme mais plutôt leur conséquence : après les luttes entre conservateurs (les défenseurs de l'examen écrit, 훈구파, *hun'gup'a*[729]) et les adeptes de réformes néoconfucéennes (사림파, *sarimp'a* ou littéralement le clan des lettrés de la forêt, car ils durent s'y réfugier pour éviter les purges), ces derniers, chantres du néoconfucianisme le plus équitable, se retrouvent progressivement évincés de la capitale où régnera une noblesse immobiliste et peu partageuse de ses biens et pouvoirs fraîchement acquis. Mais avant cela déjà, notre analyse de l'ordre linguistique laissait présager une cassure entre dirigeants et dirigés. Dès son apparition, le *han'gŭl* fut l'objet de critiques virulentes comme celles adressées en 1444 par le fer de lance du conservatisme linguistique, Ch'oe Malli (崔萬理 최만리), dans sa requête au roi :

> Comme le nouvel alphabet est si facile à apprendre, je crains que le peuple ne tombe dans la facilité et ne fasse plus d'effort pour apprendre. Ceux qui n'utilisent pas les caractères chinois mais d'autres lettres ou alphabets comme le font les Mongols, les Jurchen, les Japonais ou les Tibétains sont tous des barbares sans exception. L'emploi des nouvelles règles fera de nous des barbares [...]. Pourquoi Votre Majesté cherche-t-elle à transformer un langage qui a été en usage depuis la plus haute antiquité et n'a pas d'effets malsains pour le remplacer par des lettres rudes et vulgaires qui ne valent rien ? Cette écriture est-elle autre chose qu'une simple transcription des mots que les paysans utilisent sans la moindre ressemblance aux caractères chinois originaux ? Le nouvel alphabet n'est en vérité rien de plus qu'une obscénité excentrique et inconsidérée, une obstruction aux progrès littéraires et d'aucun bénéfice possible pour le gouvernement. Je maintiens [...] que nous ne trouverons aucune valeur dans cette écriture, quand bien même nous discuterions longuement sur ce sujet[730].

---

[728] Chung-Hee HAN, « 朝鮮初期集賢殿官硏究 », *op. cit.*, p. 32.

[729] Le conservatisme des défenseurs de l'examen écrit réside dans « le poids du vecteur idéogrammatique [qui] fait basculer plus nettement l'apprentissage du chinois classique hors de l'oralité » et donc hors d'atteinte du peuple. Benoît GRÉVIN, « La lente révolution des cultures linguistiques », *op. cit.*, p. 446.

[730] Kichan BAE, *Le roi Sejong le Grand*, *op. cit.*, p. 96-97.

En dépit de ce qu'a pu en penser Ch'oe Malli, nous avons émis des doutes sur l'idée qu'il n'ait été « d'aucun bénéfice possible pour le gouvernement » et plus généralement sur la thèse présentant le *han'gŭl* comme un vecteur de diffusion des connaissances voire d'une forme de « démocratisation » – de toute façon anachronique – du mode de gouvernance au Chosŏn. Au lieu de cela, il a été démontré que le *han'gŭl* était la soupape par laquelle le gouvernement écoulait des informations d'ordre éthique, juridique et parfois littéraire servant au maintien de l'ordre, tandis que la subtilité des idéogrammes chinois constituait le filtre conservant les directives stratégiques dans les circuits restreints de la haute sphère du pouvoir. Ce dispositif empêchait le *han'gŭl* d'être la langue d'un contre-pouvoir aussi efficacement que le français, par d'autres moyens, écrasait les parlers vernaculaires et s'imposait à la place du latin.

CONCLUSION

Impulsées par un mouvement général qui est parti des dessous scientifiques des cartes, pour ensuite se frayer un cheminement entre leurs reliefs conjoncturels et finalement s'atteler à déchiffrer leurs motifs les plus explicites – les langues –, les quelques réflexions comparatives qui précèdent ont été articulées dans l'espoir de fournir un cadre pour repenser l'instrumentalisation cartographique, réaffirmer l'importance de la Corée dans le plus vaste écheveau des recherches sur l'Extrême-Orient et redéfinir les courants qui traversèrent l'existence et les œuvres de Yi Hoe et Oronce Fine – le néoconfucianisme et la Renaissance. Les conclusions de cette thèse tenteront ici de soupeser la validité des trois ensembles d'hypothèses qui ont constitué le fil rouge de chacune de ses trois parties. Est-il raisonnable d'affirmer que Fine et de Yi Hoe donnent une impulsion synonyme de saut qualitatif dans la cartographie de leur royaume ? Et les connaissances et instruments qu'ils ont en partage sont-ils suffisants pour repenser une notion de modernité commune aux extrémités eurasiatiques ? Ensuite, à quel stade de leur élaboration et à quel degré dans leur finition les cartes cessent d'être les produits d'une science et d'une culture pour devenir l'instrument de commanditaires qui exposent ou voilent à dessein l'anatomie de leur royaume dans son rapport au monde ? Et jusqu'où une lecture des doctrines politiques d'alors élucide-t-elle l'intelligence cachée de la carte sans encourir le blâme d'une surinterprétation ou d'une téléologie rétrospective ? En dernier lieu, de quelle manière les langues relaient-elles, sur et au-delà de la carte, l'objectif des dirigeants consistant à canaliser le rayonnement de leur culture ? Et ce faisant, acheminer leur royaume vers une première forme de nationalisme fut-elle l'irrémédiable rançon d'une geste qui délaissa les valeurs philologiques dont elle se réclamait ?

A. Les orientations d'un saut cartographique

En concevant ses cartes entre les années 1520 et jusqu'à sa mort en 1555 et en raison tant de l'époque à laquelle il vécut que de son approche synthétique, l'œuvre de Fine se situe à un moment charnière de l'histoire de la cartographie occidentale que le lieutenant-colonel Langlois résume ainsi :

> Deux systèmes de construction de cartes se sont trouvés en présence. L'un, nouveau, de la Renaissance des lettres, ressuscite la géographie décrépie gréco-romaine, l'autre ayant son existence depuis plusieurs siècles, encore jeune, plein de vigueur, enrichi d'innombrables connaissances. Le premier soutenu par la crédulité des savants théoriciens et philologues, l'autre par la plus intime

conscience des hydrographes et marins expérimentés. Ces modes marchent un certain temps séparément, ensuite se heurtent et s'embrouillent réciproquement[731].

De même, Yi Hoe, lettré-fonctionnaire de la chute du royaume de Koryŏ à l'inchoation du royaume de Chosŏn, puisant dans les traditions cartographiques de celui-là pour satisfaire les nouvelles exigences administratives de celui-ci, se voit quasiment condamné à innover tant la polysémie de ses sources est dissonante. Doit-on pour autant en conclure que leurs cartes, représentatives de cette transition, ne font que l'incarner ? Penchent-elles plus vers l'amont – le Moyen Âge, l'Antiquité ; la géomancie, le sinocentrisme – ou vers l'aval et les travaux des La Guillotière, Cassini, Chŏng Ch'ŏk, Yang Sŏngji et tant d'autres de leurs illustres successeurs ? Ou bien sont-elles dotées d'une ou plusieurs caractéristiques inédites qui en font des hapax, imperméables à toute taxonomie convenue ?

Malgré la précarité de certaines de ses théories, les limites intrinsèques à ses instruments de mesure et un certain télescopage qui caractérise la rencontre de l'hydrographie marine avec le dépoussiérage de la tradition ptoléméenne sur ses *descriptiones*, Fine n'en incarne pas moins, à nos yeux, la figure de proue de la révolution cartographique dans la France du XVIe siècle. Que le support utilisé, le bois, n'illustre pas « le passage de la gravure sur bois à la gravure sur cuivre » que Monique Pelletier considère « comme une des évolutions majeures de la cartographie française à la fin du XVIe siècle[732] » ne doit pas constituer une tare rédhibitoire stigmatisant les cartes de Fine comme des reliques médiévales. D'ailleurs, à la faveur d'une relecture serrée de Catherine Delano-Smith, Monique Pelletier revient sur ce premier jugement pour dénoncer la tendance « à voir dans les cartes gravées sur bois des documents limitant les moyens d'expression des cartographes et le nombre de données représentées[733] ». En d'autres termes, l'habileté du graveur sur bois en Fine ne dispensait pas ses cartes d'une abondance de détails que le cuivre ne permettra pas systématiquement de dépasser. Cet argument est encore plus valide en Corée, où le passage de la soie de Yi Hoe au bois des Chŏng Ch'ŏk et Yang Sŏngji eut des effets pour le moins surprenants. Le cas le plus flagrant est celui de le *P'aldoch'ongdo* (« Carte complète des 8 provinces »), parue pour la première fois en 1463, puis rééditée en 1481, 1487, 1499 et enfin en 1530 dans le *Tonggugyŏjisŭngnam* (*Encyclopédie actualisée de la géographie de Corée*). Son aspect

[731] Lt-colonel LANGLOIS, « Étude sur deux cartes d'Oronce Fine de 1531 et 1536 », *op. cit.*, p. 85.

[732] Monique PELLETIER, *Cartographie de la France et du monde de la Renaissance au Siècle des lumières*, *op. cit.*, p. 28.

[733] Monique PELLETIER, *De Ptolémée à La Guillotière (XVe-XVIe siècle). Des cartes pour la France, pourquoi, comment ?*, *op. cit.*, p. 116.

extrêmement schématique voire rudimentaire (il est vrai largement compensé par les quelque deux mille pages de gloses adjointes) fait offense à la profondeur des connaissances géographiques dont pouvaient se targuer les Coréens un siècle plus tôt déjà. En d'autres termes, les premiers temps d'une percée technologique peuvent signifier une régression dans la représentation des connaissances, régression en adéquation avec le souci de taire le su. Par ailleurs, si, comme il est souvent avancé, ce recul qualitatif se justifiait par une reproduction plus efficace pour les besoins d'impression en série d'atlas, alors l'argument consistant à nuancer le fait que l'imprimerie n'a non seulement pas conduit au saut qualitatif de la cartographie mais qu'elle a aussi pu, dans un premier temps, être antinomique à la diffusion de ses progrès, prend forme. Aussi la révolution cartographique du XVIe siècle en Europe et en France ne se résume-t-elle pas à un simple saut quantitatif dont l'imprimerie aurait été le moteur. Henri Desbois se fait le chantre de cette thèse lorsqu'il estime que :

> le plus incontestable de ces bouleversements concerne probablement le nombre de cartes en circulation. […] entre le XVe siècle et le XVIIe siècle, le nombre de cartes en circulation passe de quelques milliers à plusieurs millions. Cela traduit non seulement l'effet de la diffusion de cartes imprimées mais aussi la multiplication des usages de la carte, notamment dans l'administration et chez les particuliers[734].

Le raccourci consistant à induire qu'une plus grande quantité de cartes débouche automatiquement sur une diversification de leurs usages, c'est-à-dire en fait de leurs fonctions, s'évite un détour instructif par une cartographie d'auteurs moins généralisante, où les œuvres de Fine et de Yi Hoe dessinent déjà les grandes orientations de la géographie des siècles à venir dont ils sont, sinon les pionniers, du moins les principaux instigateurs. Il s'agit de la conclusion à laquelle nous conduisent les différentes considérations de la première partie que nous résumerons comme suit. Fine possède une érudition et une vision d'ensemble de la science géographique qui lui permettent à la fois de repenser sa discipline par rapport aux autres champs de la connaissance, de fabriquer les outils de son émancipation et enfin de réaliser les cartes illustrant ses desseins. Son appartenance à la filiation ptoléméenne n'est pas une forme de servitude intellectuelle empêchant le renouveau de la géographie, car il parvient à y intégrer un nouveau mode de projection unicordiforme récemment théorisé par Johannes Werner (1514) et les données des argonautes avec, certes, plus ou moins de bonheur. En dépit de certains travers ptoléméens – dédain marin, longitudes

[734] Henri DESBOIS, *Les mesures du territoire : aspects techniques, politiques et culturels des mutations de la carte topographique*, *op. cit.*, p. 32.

étirées ou encore oblicité nord-ouest/sud-est des Pyrénées –, il n'en améliore pas moins de nombreuses coordonnées et les acteurs du prétendu saut qualitatif cartographique français comme Guillaume Postel ou François de La Guillotière lui envieraient sa précision au vu des relevés actuels. Or ces coordonnées déjà plus exactes que celles des géographes de son siècle auraient pu être davantage améliorées si Fine avait eu les moyens financiers d'éditer sa *Galliarum chorographia nova, ad justam locorum positionem, summa diligentia aucta emendate et depicta* qui figure dans la liste des œuvres terminées mais non publiées d'une édition d'Euclide de 1544[735]. Qui d'autre avant lui en France rendit compte d'un quatrième continent sur ses mappemondes et de bien d'autres confins encore récemment saturés d'un bestiaire biblique obscurantiste ? Nous rejoignons Lucien Gallois lorsqu'il rend hommage à Fine :

> Il est le premier en France qui ait figuré sur des mappemondes les continents nouveaux, qui ait essayé de coordonner les renseignements fournis par les navigateurs, qui ait répandu ces notions dans le public sur des cartes gravées, enjolivées de dessins qui sont des merveilles de goût. Ainsi se constituait la tradition cartographique française. Mais il n'oubliait pas non plus les pays soi-disant connus. Une de ses premières préoccupations fut de dresser une grande carte de France[736].

Yi Hoe, lui, fut le premier Coréen à dresser une carte dépassant les frontières, non seulement du sinocentrisme, mais également du néoconfucianisme auquel il devait tout de même rendre des comptes. Qu'importe s'il oublie deux pôles, deux continents et deux océans. La péninsule arabique, l'Afrique, l'Europe, découvertes par le truchement arabo-persan, furent son Amérique. Même si les rééditions du *Kangnido* aux XVe et XVIe siècles auraient mérité des mises à jour plus minutieuses – et pourquoi pas l'ajout du sous-continent indien que Zheng He avait bien dû contourner moult fois entre 1405 et 1433 ? –, la représentation du royaume de Chosŏn y révèle la pluridisciplinarité d'un projet néoconfucéen où gestion politique et rayonnement scientifique et culturel s'étayaient mutuellement. De même que Yi Hoe harmonise ses sources par ses talents de peintre, de même il en écarte bon nombre de données mythologiques et géomantiques et en collationne les données scientifiquement ou politiquement sensibles pour offrir à son monarque ce qui s'apparente tout à la fois à un objet de prestige et à une charte de gouvernance. Si des traités ou témoignages attestant que Yi Hoe prétendait aux mêmes compétences mathématiques et techniques que

[735] Lucien GALLOIS, « La grande carte de France d'Oronce Fine », *op. cit.*, p. 338.
[736] Lucien GALLOIS, « Un géographe dauphinois : Oronce Fine et le Dauphiné sur sa carte de France de 1525 », *op. cit.*, p. 3.

son homologue français ne nous sont pas parvenus, ou qu'il nourrissait la même ambition de voir s'émanciper la discipline géographique, ce déséquilibre est largement compensé par l'influence du *Kangnido* à travers les siècles et les typologies cartographiques coréennes – *ch'ŏnhado* et cartes de style Chŏng Ch'ŏk –, influence peut-être plus étendue que la contribution finienne. La dimension collective et pour tout dire institutionnelle pallie également cette asymétrie car du temps de Yi Hoe, géographes et artistes étaient réunis au *Tohwasŏ* (圖畵署 도화서) ou *Bureau des cartes et des peintures* et travaillaient en étroite collaboration avec le Ch'unch'ugwan (春秋館 춘추관) ou *Bureau d'histoire* à Séoul en charge des recherches géographiques. Le Collège de France ne fournissait pas à Fine un département spécialisé en géographie et il dépendait, de ce fait, plus de ses propres ressources, ce qui lui aurait porté préjudice au moment, par exemple, de faire un portrait plus abouti des pais de France.

Mais plutôt que de ressasser les dissemblances dont souffre sa *Nova totius Galliae descriptio* entre les différents pais de France, ne serait-il pas plus judicieux de souligner que Fine amorce, en remplissant les blancs régionaux, l'union de la chorographie des provinces à la géographie mondiale que compléteront les Jolivet, Postel, La Guillotière et Nicolas de Nicolay. Cette volonté de décrire au plus près un nouveau territoire que la dynastie des Yi comme celle des Valois souhaitent ce faisant apprivoiser se manifeste dans les grandes enquêtes géographiques lancées par Sejong en 1424, enquêtes qui, bien que partant de levés topographiques, débordent le simple cadre de la géographie pour se ramifier en diagnostics démographiques et administratifs du nouveau corps de la nation. À l'image des successeurs de Fine, Chŏng Ch'ŏk et Yang Sŏngji bénéficièrent de l'intégration d'un éventail de compétences visant à ce que les disciplines et leurs spécialistes s'émulent et s'enrichissent au contact les uns des autres. Han Young-woo nous relate cette anecdote révélatrice du modus operandi de ces enquêtes géographiques :

> En 1454, avant d'accéder au trône [...] le futur roi Sejo participa à la confection de la carte de Séoul *Kyŏngsŏngdo* (京城圖 경성도). Il escalada Pohyonbong, le pic du mont Samgak, se faisant escorter par Chŏng Ch'ŏk et Yang Sŏngji, tous les deux versés en géographie ; Kang Huian aux talents de peintre reconnus ; An Hyorye et Pak Sumi respectivement experts en géomancie et mathématiques [...]. Cela indique le degré de collaboration qui présidait aux affaires cartographiques[737].

737 Young-woo HAN, « The historical development of Korean cartography », *op. cit.*, p. 18.

Cet engouement pour inventorier la péninsule se sera manifesté en partie dans le sillon de la *Carte des 8 provinces* de Yi Hoe à laquelle succéderont le *P'altodo* de Chŏng Ch'ŏk, les *P'altodo, Chirichinaep'altochugundo, P'altosanch'ŏndo, P'altokagilyanggyedo* de Yang Sŏngji ou encore le *P'aldoch'ongdo* du *Tonggugyŏjisŭngnam.* Mais derrière ce titre consensuel se profilent différentes tendances : tandis que Chŏng Ch'ŏk et le *P'altoch'ongdo* perpétuent la description administrative de Yi Hoe tout en l'esthétisant, ils mettent à l'honneur une cartographie shamanique épurée que Yi Hoe avait partiellement refoulée. C'est une autre voie qui s'ouvre, et qui prédominera avec les *hyŏngsedo*, reprises de loin en loin par les *ch'ŏnhado* dès le XVIIe siècle en Corée (d'après les cartes qui nous restent, mais probablement bien avant) et les efforts d'une cartographie administrative exhaustive ne seront réitérés qu'avec le *Munhŏnp'igo* (1770). Est-ce en raison d'une ramification typologique que l'influence de Yi Hoe est minorée alors qu'elle marque encore les versions ultérieures du *Kangnido* au XVIe siècle, la cartographie administrative du long Chosŏn et la forme des masses continentales dans les *ch'ŏnhado* ? Ou, au contraire, doit-on considérer que les instruments qui avaient donné leurs lettres de noblesse aux géographes coréens du XVe siècle étant tombés en désuétude, les conditions matérielles ne permettaient plus aux cartes de prétendre à la précision qu'ils dispensaient ? Toujours est-il que les *kirigoch'a*, *kanŭi* et autres *kyuhyŏng* disparaissent des Annales de la dynastie et ce n'est qu'avec l'introduction des technologies occidentales au XVIIIe siècle que les Coréens renoueront avec le positivisme géographique. Cette obsolescence technologique aura sans doute fait pencher la balance vers le symbolisme des cartes géomantiques et cosmogoniques.

L'influence de Yi Hoe et Fine est bien palpable au cours des longs XVe et XVIe siècles coréen et français. S'agissant de celle de Fine, Jean Jolivet et La Guillotière vont même jusqu'à imiter ses symboles fluviatiles : ainsi on notera que les affluents sont représentés par deux traits parallèles serrés tandis que ces deux traits sont plus écartés pour les principaux fleuves. Paradoxalement, le meilleur tribut à l'œuvre de Fine réside dans le fait que, tout comme Ptolémée, leurs visions de la géographie, jusque dans les erreurs qu'elles engendrèrent, encouragèrent toute une génération de géographes à s'inspirer de leurs cartes pour les parfaire et toutes deux peuvent donc être appréciées au sillage imprescriptible qu'elles laissèrent encore, longtemps après que leur dernière carte fut levée. Nous pensons ici notamment à la *Nouvelle description des Gaules (1560)* de Jean Jolivet – qui s'inspire fortement de la *Nova totius Galliae descriptio* de Fine – et dont le succès fut inversement proportionnel à son apport qualitatif puisque sa reproduction agrandie fut peinte dans la galerie du prieuré (la *Loggia Bella*) au Vatican vers 1565. De la prise de relevés du point le plus élevé des villes (le haut des clochers ou des beffrois) jusqu'à la reconnaissance indirecte de l'œuvre de

Fine exposée au siège de la chrétienté, c'est une forme de consécration posthume pleine d'ironie pour le géographe humaniste qui, bien qu'il prétendît à la complémentarité de la théologie et de la cosmographie, ne fit concrètement aucun cas de l'héritage cartographique des *mappae mundi* médiévales en procédant à l'évacuation en règle du religieux du champ de ses *descriptiones*. Ses cartes furent également imitées à l'étranger (Paolo Forlani et sa *Totius Galliae exactissima descriptio*, en 1566) mais ce sont surtout ses projections cordiformes qui inspirèrent artistes et géographes. Ainsi, Giovanni Paolo Cimerlino s'essaya à une projection unicordiforme du monde en 1566 – reproduite en Italie du Nord jusqu'en 1587 – qui reprend à l'identique les perspectives finiennes. Et, hommage suprême, Mercator, dont la projection éponyme fixera l'acte de naissance de la conformité des angles sur un plan bidimensionnel, calquera en 1538 la projection bicordiforme de la *Nova et integra universi orbis descriptio* (1531) de Fine tout en redessinant certains contours continentaux tels que les dernières expéditions maritimes les dévoilèrent. Quant au *Kangnido*, outre le moule cartographique qu'il lègue aux premiers cartographes du Chosŏn et sur lequel nous ne nous appesantirons plus (épaisseur longitudinale, tassement septentrional mais aussi scrupuleux recensement toponymique dans comme en dehors de la sphère néoconfucéenne), son influence transcende les siècles, les frontières et les genres. Les siècles et les frontières, de façon évidente, car toutes les versions qui nous en restent sont au Japon. Si l'exemplaire de l'université de Ryūkoku a probablement été copié sur l'original en Corée entre 1479 et 1485[738], les trois autres versions (Honmyōji, Honkōji et Tenri) furent, elles, probablement reproduites dans les années 1560 puis dérobées lors des invasions de Hideyoshi (1592-1598). Mais, avec le temps et les distances, Gari Ledyard remarque qu'un glissement s'opère : dans la copie de Tenri la masse continentale eurasiatique est entourée d'eau, renouant ainsi avec les croyances mythologiques d'une Terre-Chine entourée par les quatre mers ne formant qu'un grand océan circulaire ; et de manière plus convaincante encore, il compare la forme de la principale masse continentale du *Kangnido* et des *ch'ŏnhado* en fractionnant le passage de l'une à l'autre[739]. Ceci tendrait à prouver que le *Kangnido* aurait également influencé de manière sous-jacente une tradition singulièrement distincte de la sienne puisque auréolée de croyances bouddhistes et mythologiques. En plus d'avoir eu une incidence directe sur les cartes administratives et pseudo-géomantiques de style Chŏng Ch'ŏk lui succédant, le *Kangnido* aurait donc également trouvé refuge au sein de la cosmogonie des *ch'ŏnhado*. Soit qu'ils aient optimisé les traditions auxquelles ils s'abreuvent, soit qu'ils aient influencé leurs successeurs ou ceux qui ne pensaient pas l'être, Yi Hoe et Fine contribuent tous deux à la renaissance cartographique de leur siècle à

---

[738] John Rennie SHORT, *Korea, A Cartographic History*, *op. cit.*, p. 4.
[739] Gari LEDYARD, « Cartography in Korea », *op. cit.*, p. 265.

laquelle s'ajoute une dimension aussi inédite que le pouvoir qu'ils servent désormais : son instrumentalisation par un royaume en pleine édification.

B. Les prémices d'un soft power *cartographique*

Une partie de l'inventivité des cartographes et de la profusion interprétative de leur œuvre tient au fait qu'ils ont du élaborer une nouvelle stratégie lorsque leurs dirigeants se heurtèrent aux limites de ce que les théoriciens du *soft power* appelleraient aujourd'hui les « moyens durs » – la force, la contrainte ou la menace, soient-elles militaires ou économiques – et se virent contraints d'adopter des « arguments doux » que Joseph Nye définit ainsi :

> Le *soft power* est la capacité d'obtenir des résultats désirés par le simple fait que d'autres veulent ce que vous voulez. Il s'agit de la capacité d'atteindre ses objectifs par l'attraction plutôt que par la coercition. Il s'exerce en convainquant les autres de vous suivre ou d'accepter des normes et des institutions qui produisent l'attitude désirée. Le *soft power* peut émaner de l'attrait de ses idées ou de sa culture ou de la capacité de fixer l'ordre du jour grâce à des normes et des institutions qui façonnent les préférences des autres. Il dépend en grande partie du pouvoir de persuasion des informations qu'un acteur cherche à transmettre[740].

Par le pouvoir de persuasion de leur carte, voire d'un nationalisme qui suscite l'admiration et non l'hostilité, les néoconfucéens, contraints par leur manque d'ouvertures militaires, ont cherché ainsi à pacifier leur frontière septentrionale en assimilant les Jurchen par des politiques d'intégration commerciales, linguistiques et culturelles. La deuxième partie aura servi à démontré que la Corée du Chosŏn, tout en se donnant beaucoup de peine pour éviter de donner l'impression de remplacer la Chine au centre de l'échiquier géopolitique de l'Extrême-Orient, ne se contente certainement pas d'un statut d'importateur culturel. Loin d'être en marge du monde néoconfucéen, elle en cadence la marche. Pour sa part, François Ier importe d'abord la Renaissance italienne à Fontainebleau ou dans les châteaux de la Loire, mais ils deviendront bientôt des foyers d'un rayonnement culturel de plus en plus associé à la France. Derrière un leurre historique, les cartes de Fine rapatrient aussi le foyer renaissant qu'elles axent sur un centre du pouvoir français et non gaulois. Tout cela revient à dire que l'instrumentalisation politique de distorsions cartographiques intentionnelles constitue un saut qualitatif dans la science cartographique du Chosŏn par

[740] Joseph NYE, « Power and interdependence in the Information Age », *Foreign Affairs*, vol. 77-5, 1998, p. 86.

rapport à celle des royaumes précédents (Koryŏ, Paekche) et de la France renaissante par rapport à la cartographie médiévale. Il semblerait en effet qu'une lente prise de conscience amène les souverains français, mais surtout coréens, à abandonner, ou en tout cas à mettre temporairement entre parenthèses, une stratégie militaire expansionniste certes directe et efficace en cas de supériorité puis de victoire immédiate, mais le plus souvent coûteuse et contre-productive à moyen terme. Cette stratégie fut notamment privilégiée par la France et trouve sa logique dans le jeu d'échecs dont le but est une victoire absolue sur l'adversaire par la destruction de ses ressources et l'annihilation de son roi[741]. Par opposition le *weiqi* (围棋) chinois ou *paduk* coréen (바둑), c'est-à-dire le jeu des pièces qui encerclent, vise un évitement stratégique par gains relatifs et occupation des espaces vides de l'échiquier. Face à l'impossibilité d'anéantir la Chine des Ming ou l'empire des Habsbourg, les dirigeants Valois et du Chosŏn glissent progressivement vers des espaces vides géographiques (domaines sous autorité ecclésiastique, noble, Jurchen, Mongols) mais aussi des domaines vides, au sens non spatial du terme, où ils bénéficient d'une plus grande marge de manœuvre que dans des affaires strictement militaires : la diplomatie d'influence, le commerce et la culture. Tout en « laissant de la place à l'autre[742] » dans le champ où ce dernier domine, France et Corée compensent leur désavantage en remplissant des zones sous-exploitées en fonction de leurs ressources matérielles ou immatérielles, en vue pour la France de subvertir le statu quo, pour la Corée de maximiser son influence sans y paraître. Le saut cartographique du XVIe siècle est alors flagrant si l'on considère la position que s'attribue la France dans le monde : jusqu'au XIIe siècle, elle se pense et se représente encore comme étant décentrée par rapport aux axes symboliques et spirituels que sont Rome, Constantinople ou Jérusalem ; elle apparaît au couchant du monde, c'est-à-dire tout en bas de cartes orientées vers un levant rédempteur. Même si, au XIIIe siècle, le prestige des rois de France tente de la convertir en centre de la chrétienté, ce centre symbolique n'est pas retranscrit sur les cartes médiévales et Fine ouvre la voie d'une cartographie qui change d'orientation – littéralement de 90 degrés – et requiert un nouvel appareil analytique pour la déchiffrer : la France est non seulement au centre du monde dans la représentation que s'en font cartographes et commanditaires, mais ce centre a vocation à s'accroître et à redéfinir ce qui constitue ses marches. Si cet objectif ne peut être atteint par la force, tous les autres moyens vaudront à ses poursuivants. Il est même possible de tirer un parti psychologique des victoires militaires puisque, tel « l'empereur en marche », les campagnes victorieuses font l'objet de tableaux en France. Dans le cas du Chosŏn, John Short précise que « les

---

741 Henry KISSINGER, *On China*, *op. cit.*, p. 23-25 ; Philippe PELLETIER, *L'Extrême-Orient. L'invention d'une histoire et d'une géographie*, *op. cit.*, p. 66.
742 *Ibid.*, p. 66.

descriptions de paysage faisaient également partie de peintures documentaires *gyehadeo* qui servaient à recenser et célébrer des événements politiques comme l'inauguration d'un gouverneur provincial ou les concours dans la fonction publique[743] ». La prise de conscience de son influence idéologique a été précoce en Corée et le néoconfucianisme a en grande mesure servi à légitimer la transition du Koryŏ au Chosŏn. La Corée du Chosŏn est souvent citée comme l'une des rares illustrations de la première modernité où un régime politique a été fondé sur une idéologie spécifique, en l'occurrence l'hégémonie du néoconfucianisme sur ses rivaux[744]. Ce dilemme entre la force brute et, pourrait-on dire, la force de la culture est présent dès l'avènement de la dynastie Yi où un roi guerrier Yi Sŏnggye prend le pouvoir par la force mais le pérennise en permettant l'ascension au pouvoir d'une nouvelle classe de lettrés-fonctionnaires néoconfucéens. Il remonte au cas paradigmatique des rois Wu (武) et Wen (文), Wu renvoyant à une sujétion par les armes (武功 *wugong*), et Wen au *wenhua* (文化), ou transformation par les lettres, terme qui prendra l'acception de culture dans toutes les langues descendant du chinois classique. En dessinant pour son roi et en lui fournissant des informations sur le monde – soit une manière indirecte de le conseiller – Yi Hoe aurait alors accompli le souhait de Confucius qui, frustré dans ses ambitions politiques, s'était résigné à se jeter sur les routes pour mener une vie de philosophe itinérant. Les cartes de Yi Hoe reflètent ce cheminement mental d'inspiration confucéenne où l'influence grandissante des lettres et de la culture doit guider la conduite de la politique. Nous nous joignons donc à Gari Ledyard et à Yang Bo-kyung pour insister sur le fait que ces conseils ne restent pas toujours intangibles et subjectifs mais se matérialisent bien sur des cartes au cours du XVe siècle. Gari Ledyard souligne ainsi :

> L'essentiel des rapports de Yang [Sŏngji] se concentrait sur des thèmes culturels et religieux, sur ce qui faisait de la Corée la Corée. Il considérait cela comme une combinaison de géographie et de culture. [Pour chaque montagne et rivière] le contenu cartographique tenait en un paragraphe à peine, venant conclure de nombreuses pages consacrées à la religion et à la culture[745].

Yang Bo-kyung confirme cette tendance qui s'accentue au cours du XVe siècle :

743 John Rennie SHORT, *Korea, A Cartographic History*, *op. cit.*, p. 17.

744 Ja-Hyun KIM HABOUSH, Martina DEUCHLER, *Culture and the state in late Chosŏn Korea*, *op. cit.*, p. 2.

745 Gari LEDYARD, « Cartography in Korea », *op. cit.*, p. 283.

> Les encyclopédies chorographiques du règne de Sejong comme *Sinch'anp'aldojiriji*, *Kyŏngsangdojiriji* et *Sejongsillok* diffèrent par nature de celles du règne de Sŏngjong comme *P'aldojiriji*, *Kyŏngsangdosokchanjiriji* et *Sinjŭngdonggugyŏjisŭngnam*. Tandis que celles du roi Sejong étaient détaillées dans les domaines économique, militaire et de la gouvernance, celles de Sŏngjong représentées dans le *Tonggugyŏjisŭngnam* étaient plus disertes en matière culturelle[746].

La Corée franchira le cap de l'assimilation du néoconfucianisme à la diffusion régionale de sa culture, notamment vers le Japon mais aussi, par un retour de flamme, en Chine[747], tandis qu'en France il faudra attendre le XVIIe siècle pour pouvoir parler d'un rayonnement dont le contenu ne fut autre que le produit fini de la Renaissance, le Classicisme. Mais plutôt que de développer ces considérations qui dépassent le cadre de notre étude, revenons sur celles qui se dégagent de notre recherche et qui constituent le noyau de ce que nous avons appelé l'instrumentalisation cartographique.

Loin d'être une extrapolation hasardeuse d'analyses insoupçonnées par nos cartographes car anachroniques, comme celles du *soft power* ou des gains relatifs et absolus chers aux néolibéraux et néoréalistes, il s'est agi, pour Oronce Fine et Yi Hoe, non pas de briser les miroirs au prince rédigés au Moyen Âge en Europe ou les miroirs du royaume de l'est en Corée[748], mais plutôt de les préserver à tout prix pour mieux passer au travers et les polir depuis leur verso afin que s'y réfléchissent, d'un côté, l'image idoine

---

746 Bo-kyung YANG, « Traditional Geography, Korean Geography and Geographers », *op. cit.*, p. 28.

747 Le rôle de la Corée comme pôle de diffusion culturelle n'a rien d'inédit dans l'histoire des relations extrême-orientales. Un premier transfert remonte au IVe siècle où l'aristocratie de Paekche transmit une partie de ses acquis civilisationnels à l'archipel japonais en y immigrant. Puis, la renommée du royaume de Silla et de sa capitale, Bulguk, gagna la Chine, l'Inde et la Perse grâce notamment à l'habileté de ses forgerons, de ses tisserands, de ses tanneurs et surtout de ses orfèvres. Pascal Dayez-Burgeon, *Histoire de la Corée, Des origines à nos jours*, *op. cit.*, p. 59. Dans le *Devisement du monde*, Marco Polo évoque Caoli, corruption de Koryŏ, et permet ainsi de faire connaître la Corée à l'Occident. Au XVe siècle, l'impression des plusieurs copies du Tripitaka contribue à l'influence du bouddhisme coréen au Japon. Enfin, les invasions de Hideyoshi à la fin du XVIe siècle eurent pour conséquences secondaires l'exportation de toutes les versions du *Kangnido* ainsi que le développement des études néoconfucéennes par des lecteurs assidus de Toegye comme Hatashi Razan (1583-1657) et Yamazaki Hansai (1618-1682). Philippe THIÉBAULT, *La pensée coréenne, Aux sources de l'Esprit-Cœur, op. cit.*, p. 140.

748 Nous avons fait référence dans cette étude au *Miroir complet du royaume de l'Est* (1484) et à sa nouvelle édition (1485). Nous pourrions également évoquer la *Synthèse de bonne gouvernance* (治平要覽 치평요람, 1441, ouvrage d'histoire politique entre la Chine et la Corée) ou plus en amont de notre périodisation et de conception chinoise le *Précis du miroir de bonne gouvernance* (資治通鑑綱目 자치통감강목, 1172) qui ne fait que compiler le *Miroir de bonne gouvernance* (資治通鑑 자치통감, 1084).

d'une morale immaculée et, de l'autre, les véritables intentions des cartographes et commanditaires postés derrière les miroirs sans tain que furent leurs cartes. Cette dualité marque une césure, la fin de la politique royale comme prolongement des vertus personnelles par d'autres moyens. Le report de ce clivage sur la carte n'est pas le produit d'une interprétation échevelée. Il est tissé par la trame événementielle de la grande Histoire des XVe et XVIe siècles et le fil de l'historique même des œuvres de Fine et Yi Hoe. Le fait que dix années s'écoulent entre l'instauration de la dynastie Yi et sa reconnaissance par les Ming (1392-1401) montre que si les lettrés-fonctionnaires néoconfucéens souhaitaient réformer le royaume de Chosŏn, voire son statut dans la grammaire des relations extrême-orientales, une stratégie frontale face à un voisin autrement plus puissant aurait supposé leur ruine. S'est alors imposée la duplicité, non comme souillure originelle ni vocation première, mais par le souci d'efficience politique qui découle de la nécessité : la maximisation souterraine de l'influence commerciale, culturelle et diplomatique sur d'autres puissances régionales requérait la stabilité garantie par l'acceptation d'apparat du statut de vassal de l'Empire du milieu dans l'ordre du système tributaire. Dans ces *Storie fiorentine*, Francesco Guichardini avait compris avant bien d'autres qu'avec Charles VIII « était entrée en Italie une flamme, une peste qui non seulement changea les États, mais les façons de les gouverner et les façons de faire la guerre[749] ». Traduisons entre ces lignes que l'incipit des guerres d'Italie accélère l'obsolescence des notions de bien et de mal rendues inopérantes dans les affaires publiques. Les cartes que nous avons choisies naissent et se nourrissent de ce clivage. On ne sait si Fine et François Ier étaient des lecteurs assidus de leur contemporain Machiavel mais ils recourent intuitivement au dédoublement de ce que l'on exhibe et de ce que l'on masque dans le but d'optimiser des intérêts gravitant autour de la notion de raison d'État. Du fait que le statut des langues classiques et nationales ait été sujet à des altérations courant sur toute la chronologie allant des confections initiales aux éditions ultérieures des cartes analysées, et du fait de la consubstantialité du graphisme de la langue et de la cartographie, notre examen a tenté de sonder ces évolutions linguistiques à l'aune des valeurs incrustées dans les langues que furent le grec ancien et le chinois classique, et de celles du français et du *han'gŭl* une fois sertis, peints, gravés et imprimés dans de nouveaux supports matériels. Ce faisant, nous nous sommes moins attaché à contempler les atours linguistiques taillés dans le marbre des pictogrammes et des écrits greco-latins qu'à réassembler les composantes éthiques et symboliques des dits blocs pour mesurer à quel point l'instrumentalisation des XVe et XVIe siècles s'ornait de ces valeurs antiques pour en réalité s'en écarter, s'en réclamait pour mieux s'en démarquer, et s'en armait tout en réorientant l'éclairage du palimpseste

---

[749] Francesco GUICCIARDINI, *Storie fiorentine*, Torino, E. Scarano TEA, 1991, p. 185.

originel pour y cacher, dans l'ombre de ses stries, le nexus politisé qui l'anime. Dans cette entreprise, la carte servit de moyen de transport – au sens poétique du terme – pour imaginer non pas le monde, car on se le figurait de mieux en mieux aux XVe et XVIe siècles, mais la voie royale la plus efficace, sinon pour le gouverner, du moins pour que la manne de son influence chût dans le royaume depuis lequel *descriptiones* et *to* avaient été levés.

C. Les devenirs d'un rayonnement par la langue et l'institutionnalisation

Suite aux efforts consentis par les philologues et cartographes humanistes du XVIe siècle, et sensible à une éloquence mise au service de l'efficience, le cardinal Richelieu donnera une nouvelle impulsion aux desseins qui voient dans la langue la meilleure compagne de l'empire en cherchant à protéger puis formaliser les réunions littéraires qui se tiennent au domicile de Valentin Conrart en approuvant leurs statuts. La première assemblée se réunit le 13 mars 1634 ; huit jours plus tard, elle se donne pour nom « Académie française[750] ». Et en 1672 Louis XIV en deviendra le protecteur et l'installera au Louvre. En s'épurant et se débarrassant d'hyperboles, de métaphores forcées, de périphrases, longues périodes, équivoques et mots composés[751], la langue française gagne en clarté et en éloquence. En 1694, l'Académie française publie son *Dictionnaire de l'Académie française* mais se convertit aussi en tribune de débats d'actualité animés comme la querelle des Anciens et des Modernes. Même si le latin reste la langue de la Chrétienté et de l'enseignement dans les collèges, le français devient progressivement la nouvelle lingua franca européenne, et ce jusque dans la graphie puisque les caractères latins, c'est-à-dire français, ont remplacé les caractères gothiques alors préférés en Angleterre et dans les Province-Unies. « Par la substitution du français au latin, qui lui même s'est substitué au grec, Paris évince Rome et venge Athènes[752]. » Après avoir été la langue des chevaliers, le français devient la première langue de la vulgarisation et pénètre toutes les classes de la société à travers d'autres langues européennes car il est bon ton de mêler aux vocabulaires indigènes des gallicismes qui envahissent la langue culinaire ou militaire, la langue des coquettes ou celle des ministres[753]. Le règne de Louis XIV consacre en outre le français comme

---

[750] Académie française, « Aperçu historique » dans http://www.academiefrancaise.fr/linstitution/apercu-historique (consulté le 01.09.2020).

[751] Lucien BÉLY, *La France au XVIIe siècle, Puissance de l'État, Contrôle de la société*, Paris, PUF, 2009, p. 677.

[752] René SÉDILLOT, *Survol de l'histoire du monde*, *op. cit.*, p. 245.

[753] « L'anglais dit *alamode*, *apropos*, *badinage*, il dit *gallery*, *bass relief*, il adopte le mot *civilization* qui vient à peine de naître. Le néerlandais dit *theater*, *republikein*, *soevereiniteit*, *general*, *admiraal*... L'allemand dit *blond* et *brünett*, *Mode*, *Dame*, *Delikatesse*, *Toilett*, mais aussi *Armee*, *Marshall*, *Marine*, *Cavallerie*, *Politik*, et même

langue de la diplomatie du Traité de Rastatt (6 mars 1714) au Traité de Versailles (28 juin 1919). Échanges d'idées, d'édits ou d'informations, le français devient le vecteur de l'influence française en Europe et le véhicule dominant de sa culture[754]. Le style classique s'exprime à travers des domaines convenus et limités qui constitueront ce que l'on nommera plus tard la Haute Culture (littérature, musique et danse classiques, Beaux-Arts). Mais en s'en affranchissant, l'art épistolaire, plus libre dans sa forme et dans son contenu, ou à certains égards la galanterie, qui constitue l'ébauche d'un art de vivre, d'être et d'agir entendu comme expression culturelle, anticipent peut-être déjà l'expansion anthropologique de la culture au XXe siècle.

En dépit d'une gestion centralisée de l'économie à travers les grandes manufactures et d'un accès plus limité au pouvoir suite aux purges de 1498, 1504, 1519 et 1545, ce qui caractérise l'évolution du règne du Chosŏn au XVIe siècle est le développement parallèle de l'influence du néoconfucianisme à un niveau plus décentralisé qu'au siècle précédent. L'émergence des chartes villageoises (鄕約 향약, *hyangyak*) témoigne des efforts d'ingénierie socio-politique pour remettre le pouvoir entre les mains du peuple : en s'organisant en communautés coopératives et en s'autogérant, elles régissaient la vie morale et sociale des villages, fixaient leurs propres critères quant aux pratiques civiques et s'adonnaient à la publication d'ouvrages en *han'gŭl* sur l'agriculture, la médecine ou la piété filiale. Ce bras de fer entre le gouvernement central et les provinces, qui finira par déboucher sur l'officialisation tardive du *han'gŭl* comme langue officielle en 1894, se déclinera également sur le terrain éducatif et notamment au sein des instituts confucéens, points névralgiques de la diffusion d'un savoir revendiquant un plus grand partage du pouvoir. La naissance des sŏwŏn est en effet étroitement liée au désenchantement vis-à-vis des postes officiels causé par les purges évoquées. Mais elle reflète en outre les carences intrinsèques du système national : la forme des compositions littéraires était devenue plus importante que leur contenu ; les descendants des *yangban* (兩班 양반, lettrés de la classe dominante) pouvaient s'inscrire à l'Institut Royal sans concours d'entrée et l'inscription aux écoles publiques était synonyme d'exemption de service militaire. En 1548, Toegye réclame l'obtention des statuts éducatifs pour les instituts et en 1550 le *Paegundong* (白雲洞 백운동) devient le premier institut officiel. Alors qu'ils n'étaient à

Conzert, *Romanze*, *Melodie*... [...] le suédois *adjö*, *byra* (bureau), *etikett*, *parfym*, *toilett*... Le russe multiplie les termes d'importation française : *kourtisany*, *tseremonia*, *equipage*, *soldaty*, *batailly*... Le hongrois dit *ombrelle*, *alamode*, *billet*, *artillerie*... L'italien dit *toelette*, l'espagnol dit *libertinage* ou *etiquetta*, le portugais dit *dessert* ou *belas letras*. Tous disent *fricandeau*. » *Ibid.*, p. 244.

754 Ces réfléxions sont tirées d'un article qui les approfondit davantage : Jérémie EYSSETTE, « L'instrumentalisation culturelle sous Louis XIV ou la théâtralisation de l'absolutisme », *Association coréenne d'études françaises*, 2017, vol.97, p. 153-186.

l'origine que de simples lieux de retraite et d'études dotés d'une bibliothèque et éventuellement d'une presse, leur nombre va se multiplier et sous l'impulsion de Yulgok ils vont devenir l'organe permettant de mettre en œuvre le programme de ces mêmes chartes villageoises qui avaient été interdites lors de la purge de 1519. Foyers de la floraison philosophique coréenne au XVIe siècle, ils deviennent progressivement des foyers de dissidence politique échappant au pouvoir central. En cumulant les privilèges et dysfonctionnements qu'ils reprochaient au système public (passe-droits, exemption du service militaire, baisse du niveau scolaire, intervention en politique dès la controverse des rituels de 1666) et au bouddhisme sous Koryŏ (spoliation de terrains, exploitation d'esclaves, subventions généreuses), les instituts exercèrent certes un contre-pouvoir face à un gouvernement qui les avait paradoxalement légitimés mais ils participèrent surtout, dans la deuxième moitié du Chosŏn, au délitement de l'essence du néoconfucianisme coréen. Dans les siècles qui suivent ceux de notre étude, la langue restera un enjeu central et contribuera à la classicisation de la Renaissance et du néoconfucianisme, à la saisie par le verbe du 풍속 (*p'ungsok*), les mœurs ou « l'énergie morale de l'État[755] ». Les régimes politiques qui tentent de l'instrumentaliser sont pourtant diamétralement opposés : en France, un absolutisme de fer qui resserre les rênes du pouvoir autour de la personne du roi et de quelques conseillers et intendants ; en Corée, une décentralisation échafaudée dans l'ombre officieuse de la capitale et articulée autour des *hyangyak*, *sŏwŏn*, greniers de village (社倉 사창, *sachang*), tribunaux de province (餉廳 향청, *hyangch'ŏng*), et d'autres rituels tels que les fêtes des fonctionnaires locaux (鄉飮酒禮 향음주례, *hyangŭmjurye*) et les fêtes et concours de tir à l'arc (鄉射禮 향사례, *hyangsarye*).

Plusieurs horizons se dégagent de cette péroraison et pourraient tracer les pourtours de futurs travaux comparatifs. En premier lieu, nous espérons avoir montré que les cartes, prises par le chercheur comme objets d'étude, ne doivent pas être compartimentées dans une simple historicisation des thèmes ou des objets qui tendrait vers une approche métahistorique trop floue[756], car

---

[755] Martina Deuchler détaille la portée de ce concept, qui signifie dans la langue courante « les coutumes », comme suit : « The term *p'ungsok* denoted the interdependence of the ruler and his subjects : *pung* was interpreted as the civilizing influence of the ruler, whereas *sok* meant the people's habits. The ruler's first care had to be to win over the people's hearts by the rectitude and integrity of his own mind. The people's compliance thus was intimately linked to the ruler's moral leadership. » Martina DEUCHLER, *The Confucian transformation of Korea*, *op. cit.*, p. 110.

[756] « L'historicisation des thèmes établit des thèmes particuliers au sein des changements du quotidien culturel et de la naissance de nouvelles technologies culturelles découvertes dans des époques de changement historique. Il s'agit de la méthode qui décrit l'histoire des thèmes (par exemple, l'histoire du café, l'histoire des salons de thé, l'histoire des trains). » Dong-Yeon LEE, « 한국 대중문화 통사연구방법론 서설 », 한국언론학회, Vol.10 No.4

les claquemurer dans un cadre stérile les priverait de l'oxygène nécessaire au dialogue interdisciplinaire. En appréhendant les cartes comme des vecteurs culturels et linguistiques mais aussi comme des passerelles vers des disciplines plus scientifiques et techniques, il nous est apparu que les humanités et les sciences dites dures pouvaient, conformément à l'esprit du XVe siècle coréen et du XVIe siècle français, mais peut-être également à celui du transhumanisme et de tant d'autres problématiques transversales actuelles, renouer avec le souci de la polymathie qui inspira Yi Hoe et Fine en leur temps. Dans cette optique, nous avons bâti un cadre analytique étagé sur trois niveaux : les théories et les technologies de la première partie, soit l'instrument pensé en dehors de son instrumentalisation ; les concepts politiques en contexte de la deuxième partie dont l'examen révèle la double signification de motifs codés ; l'analyse du langage des cartes en troisième partie car c'est du va-et-vient entre le recours aux langues et les plus vastes graphies éthico-juridiques qu'il fallait espérer percer le message dont les œuvres de Fine et Yi Hoe sont porteuses. Nous souhaiterions que ce modèle puisse servir, bien entendu, à mieux saisir la notion d'instrumentalisation politique, mais aussi à faciliter les modalités de dialogues cartographiques interculturels pour donner lieu à des recherches qui n'ont pas été conduites à ce jour faute d'un impensé comparatif et non faute de ressources cartographiques abondantes. Suivant une logique contre-intuitive, nous avons préféré aller de l'implicite à l'explicite pour démontrer que des ressorts techniques, plus que théoriques, sous-tendaient la cartographie eurasiatique. Cet ordre n'était donc pas arbitraire, mais il n'a rien d'obligatoire non plus et d'autres chercheurs pourraient tout aussi bien prendre comme points de départ les ancrages peut-être moins équivoques que sont la langue ou le contexte géopolitique. En deuxième lieu, et à rebours d'une vision spécieuse qui verrait dans la modernité une notion occidentale plus ou moins exportable, il résulte de notre étude que la modernité est plutôt un enfantement métis – et pour cela souvent désavoué – qui s'est décliné au gré d'imbrications fluctuantes entre différentes temporalités et sphères culturelles. Récemment, la Corée a adopté des concepts – 4 차 산업혁명 (4ème Révolution Industrielle), 트랜스휴머니즘 (transhumanisme) – qui ne correspondent pas à son histoire puisqu'elle ne fut le berceau ni des trois premières révolutions industrielles ni de l'humanisme. Et la manière dont les différentes étapes de la modernisation sont enseignées soulèvent encore des souvenirs où la douleur le dispute à

[2014], p. 76. Ainsi définie, l'historicisation des thèmes enlèverait aux cartes l'un de leurs principaux attraits, la pluridisciplinarité dont elles se nourrissent. À cette approche métahistorique, telle que Sang-Kil Lee et bien d'autres études cartographiques la proposent, nous avons préféré la prise en compte d'un contexte en nous centrant, autant que faire se peut, sur une période définie. Sang-Kil LEE, « 문화연구의 아포리아 : '위기담론'에 대한 반성을 중심으로 », *韓國言論學報* 제 48 권 5 호, 2004.10, p. 104.

l'aliénation : « L'expérience de la modernité formée par la période d'ouverture des ports durant l'occupation japonaise en Corée a été vécue de manière traumatique et a généré une réaction violente, de la curiosité, une non-acceptation [du Japon], de l'aversion et de l'admiration pour l'Occident, ainsi que la plainte d'un sentiment d'infériorité[757]. » Qu'elle ait été perçue comme une imposition provenant de l'étranger ou comme une superposition[758] hybride propice à l'émergence d'une identité nationale, cette modernité-là ne s'est guère souciée de l'apport originel de l'idiosyncrasie péninsulaire, ni du temps long dans lequel nous avons ancré notre étude, et encore moins des décentrements nécessaires à l'écriture d'une histoire commune. Récemment, Lee Chong-Chan [759] a par exemple cherché à démontrer que la modernité avait aussi été polie à d'autres latitudes et à d'autres dates que celles où nous sommes habitués à camper l'Extrême-Orient et l'Occident en puisant certains de ses ressorts dans les régions tropicales. En explorant les dessous matériels des cartes examinées, nous avons également suggéré qu'il était peut-être vain de tenter de chercher le point de départ de la modernité à l'est comme à l'ouest tant l'historique des astrolabes et autres méthéoroscopes pointe autant vers la course des astres que vers les flux incessants qui ont irrigué les connaissances d'une Eurasie qui n'a jamais cessé d'être, d'un bout à l'autre, connectée. En dernier lieu, et sans minorer l'apport des marchands, marins, militaires, pèlerins ou simples aventuriers, les savoirs et informations qu'ils colportèrent furent souvent collationnés, confrontés entre eux, conservés pour surmonter l'épreuve du temps, puis disséminés par des centres culturels tels que la bibliothèque d'Alexandrie, la maison de la sagesse de Bagdad, l'observatoire de Maragha en Iran, les cours de Chine et de Corée et les Universités et Collèges d'Europe. Dans leur lignée plus ou moins directe, le *Chiphyŏnjŏn* et le Collège de France ont été conçus comme les laboratoires idéologiques et politiques d'entreprises d'autant plus chères à leur monarque qu'elles visaient à renverser le statu quo à leur avantage. Ayant identifié une dialectique entre ce qui était enroulé et déroulé sur la soie des cartes de Yi Hoe ou entre ce que Fine nommait, au sens littéral lorsqu'il manipulait

---

757 Seong-Il KIM, « 식민지시대 한국 문화의 전개 : 사상-문예운동을 중심으로 », *문화과학사*, *문화과학* 80, 2014.12, p. 235.

758 « En Corée, après la guerre, la conscience d'un processus de formation de culture nationale a émergé par opposition à l'américanisation alors ressentie comme un problème. On pensait que la vague coréenne (한류) n'était pas un simple phénomène de consommation des produits culturels asiatiques en Asie, mais un acte important qui prouvait que la culture, ou culture nationale, se composait dans un processus de superposition des ères coloniale, post-coloniale et de la guerre froide sur la péninsule coréenne ou en Corée. » Won-Dam BAEK, « 아시아 문화연구는 지속 가능한가?, 다시 문화연구 말하기 », 성공회대학교 인터뷰, 2015 년 5 월 14 일, p. 182-183.

759 Chong-Chan LEE, *열대의 서구 朝鮮의 열대: 근대 학문과 예술은 어떻게 열대를 은폐했는가*, 서울 : 서강대학교출판부, 2016.

quadrants et astrolabes, *umbra versa* et *umbra recta* – ombres dont nous avons cru bon d'étendre la portée figurative à une cartographie du consensus et une cartographie du dissensus au moins aussi expressives dans ce qu'elles taisaient que dans ce qu'elles disaient –, nous sommes convaincu que cette démarche peut s'appliquer à la plus vaste instrumentalisation des savoirs et des valeurs que ceux que nous avons détectés dans le domaine cartographique, c'est-à-dire à l'humanisme et au néoconfucianisme dans leur ensemble selon qu'ils disséminaient ou thésaurisaient leurs acquis. À cet effet, et si besoin est en réfractant l'analyse en dehors de la sphère du pouvoir en place, une comparaison des projets éducatifs des *sŏwŏn* en Corée et des collèges et gymnases en France contribuerait sans doute à expliquer en quoi les valeurs véhiculées par le message humaniste et néoconfucéen constituaient une menace pour le pouvoir en place et comment ce dernier les a diluées pour préserver ses privilèges. Cet angle d'approche ouvrirait alors une dernière thématique comparative plus en aval de notre périodisation : la coréanisation de l'orthodoxie néoconfucéenne au XVIe siècle et la transition de la Renaissance au Classicisme au XVIIe siècle.

Bien que la Corée ait échappé au colonialisme jusqu'à la fin du XIXe siècle, les études comparatives focalisées sur des périodes lui étant antérieures en chaussent encore trop souvent les œillères – une modernité eurocentrée, un Extrême-Orient que s'accaparent sinologues et japonologues, et une histoire qui ne parvient que difficilement à nuancer les récits manichéens du « royaume ermite » et du royaume « creuset des relations régionales de l'Asie du Nord-Est[760] » que furent dans une certaine mesure les trois royaumes de Paekche, Kaya, Silla, puis ceux de Koryŏ et de Chosŏn. Somme toute, la Corée ne cesse d'être ballottée entre un Extrême-Orient auquel elle devrait tout au point de s'y diluer et des périodes fastes comme le premier Chosŏn où elle n'aurait dû tant d'inventions qu'à son propre génie et rejoindrait en cela, par les voies d'une historiographie cocardière, le mythe du royaume rendu cette fois-ci ermite par l'éclipse de toute son orbite. Différents cadres antagonistes ont également été apposés sur une Renaissance trop redevable à l'Antiquité pour tolérer une aînée médiévale ; trop orientale au goût d'un Occident prétendument hermétique ; et désormais trop globale ou connectée pour souffrir les corsets du micro et des particularismes. Prendre conscience de ces miroitements aiderait ainsi à s'en prémunir. Car des cartes posées pour la postérité par Fine et Yi Hoe continueront de s'élever tout un faisceau de réflexions.

[760] Pascal DAYEZ-BURGEON, *Histoire de la Corée, Des origines à nos jours*, *op. cit.*, p. 55.

I – Bibliographie

Ouvrage sur la Corée et l'Extrême-Orient

BAE Kichan, *Le roi Sejong le Grand*, Séoul, Diamond Sutra group, 2001.

BARY Theodore (de), *Asian values and human rights, A Confucian communitarian perspective*, Cambridge, Harvard University Press, 1998.

BOUVIER Nicolas, *Les Chemins du Halla San*, Genève, éditions Zoé, 1994.

CHENG Anne, « Introduction », in CONFUCIUS, *Entretiens de Confucius*, Paris, Seuil, 1981.

CHENG Anne, *Histoire de la pensée chinoise*, Paris, Seuil, 1997.

CHENG François, *Vide et plein, le langage pictural chinois*, Paris, Seuil, 1991.

CHIN Annping, *Confucius, Un sage en politique*, Paris, Seuil, 2010.

CHO Chong, PYONG Hyonun, « Nongsa Chiksol », in Kichan BAE, *Le roi Sejong le Grand*, Séoul, Diamond Sutra group, 2001.

CHŎNG Inji, *Excerpts from Chŏng Inji's postscript to the Hunminjŏngŭm*, Columbia University, 2009.

CHUNGJONG SILLOK, 29, "Chungjong12, 8, musin", in Tae-Jin YI, *The Dynamics of Confucianism and modernization in Korean History*, New York, The Cornell East Asia Series, 2007.

CONFUCIUS, *Entretiens de Confucius*, Paris, Seuil, 1981.

DAYEZ-BURGEON Pascal, *Histoire de la Corée, Des origines à nos jours*, Paris, Tallandier, 2012.

DEUCHLER Martina, *The Confucian transformation of Korea*, Cambridge, Harvard University Press, 1992.

GHEORGIU Virgil, *La Corée, la belle inconnue de l'Extrême-Orient*, Paris, Plon, 1987.

HAN Young Woo, *A Review of Korean History*, Vol.2, Chosŏn Era, Gyeongi, Kyongsaewon, 2010.

JOE Wanne J., CHOE Hongkyu A., *Traditional Korea, A Cultural History*, Séoul, Hollym, 1997.

KANG David C., *East Asia before the West. Five centuries of trade and tribute*, New York, Columbia University Press, 2010.

KEUM Jang-Tae, *Confucianism and Korean thoughts*, Seoul, Jimoondang, 2000.

KIM HABOUSH Ja-Hyun, DEUCHLER Martina, *Culture and the state in late Chosŏn Korea*, Cambridge, Harvard University Press, 1999.

KIM Tae-Joon, *Korean Travel Literature*, Seoul, Ewha Womans University Press, 2006.

KISSINGER Henry, *On China*, New York, Penguin Press, 2011.

KWŎN Kŭn, « Préambule du *Kangnido* », in Jerry BROTTON, *Une histoire du monde en 12 cartes*, Paris, Flammarion, 2012.

LAVIS Alexis, *Paroles de sages chinois*, Paris, Seuil, 2013.

LEVI Jean, *Confucius*, Paris, Albin Michel, 2003.

LEW Seung-kook, *Hanguk Yuhaksasangsa* [*Histoire de la pensée confucéenne coréenne*], Séoul, éditions Asea Munhwa Hwoesa, 1996, vol.I.

LI Ogg, *La Corée des origines à nos jours*, Paris, Léopard d'Or, 1989.

MACOUIN Francis, *La Corée du Chosŏn, 1392-1896*, Paris, Les Belles Lettres, 2009.
NEEDHAM Joseph, « La tradition scientifique chinoise », in Philippe PELLETIER, *L'Extrême-Orient. L'invention d'une histoire et d'une géographie*, Paris, Gallimard, 2011.
SANCHO Isabelle, «Introduction », in YI I, *Principes essentiels pour éduquer les jeunes gens*, Paris, Les Belles Lettres, 2011.
SHORT John Rennie, *Korea, A Cartographic History*, Chicago, University of Chicago Press, 2012.
SINGARAVÉLOU Pierre, ARGOUNÈS Fabrice, *Le monde vu d'Asie*, Paris, Seuil, 2018.
SMITH Jr. Warren. W., *16th century sŏwŏn*, Suwon, Sosung Institute of Advanced Studies, 2003.
SOUYRI Pierre F., « Japon, Corée, Okinawa : des monarchies aux confins du monde chinois », in Patrick BOUCHERON, *Histoire du monde au XVe siècle. 1. Territoires et écritures du monde*, Paris, Fayard, 2012, p. 366-399.
THIÉBAULT Philippe, *La pensée coréenne, Aux sources de l'Esprit-Cœur*, Paris, Autres Temps, 2006.
WIEGER Léon, *Chinese characters, Their origin, etymology, history, classification and signification*, New York, Dover Publications, 1965.
YI Tae-Jin, *The dynamics of Confucianism and modernization in Korean history*, New York, Cornelle East Asia Series, 2007.
YULGOK Yi I, *Anthologie de la sagesse extrême-orientale*, Gémenos, Autres Temps, 2009.

Ouvrages sur la France et l'Occident

ARASSE Daniel, *Histoires de peintures*, Paris, Gallimard, 2004.
ATHANASIUS Kircher, « Athanasij Kircheri ars magna lucis et umbræ in decem libros digesta », Rome, H. Scheus, 1646, p. 507, in Angela AXWORTHY, *Le mathématicien renaissant et son savoir. Le statut des mathématiques selon Oronce Fine*, Paris, Classiques Garnier, 2016.
AXWORTHY Angela, *Le mathématicien renaissant et son savoir, Le statut des mathématiques selon Oronce Fine*, Paris, Classiques Garnier, 2016.
BAINVILLE Jacques, *Histoire de France*, Paris, Arthème Fayard & Cie, 1924.
BÉLY Lucien, *La France au XVIIe siècle, Puissance de l'État, Contrôle de la société*, Paris, PUF, 2009.
BENNASSAR Bartolomé, *Un siècle d'or espagnol*, Paris, Robert Laffont, 1982.
BENASSAR Bartolomé, JACQUART Jean, *Le XVIe siècle*, Paris, Armand Colin, 2013.
BORER Alain, *De quel amour blessée, Réflexions sur la langue française*, Paris, Gallimard, 2014.
BORREL Jean, *Confutatio quadraturæ circuli libri ab Orontio Finæ factæ, in Opera geometrica, quorum tituli sequuntur*, Lyon, T. Bertellus, 1554.
BOSSUET Jacques Bénigne, *Politique tirée des propres paroles de l'écriture sainte*, in Œuvres complètes, vol. 4, Besançon, Outhenin-Chalandre fils éditeur, 1836.
BURCKHARDT Jacob, *Die Kultur der Renaissance in Italien*, Basel, Phaidon, 1860.

BURKE Peter, *La Renaissance européenne*, Paris, Seuil, 2000.

CARON François, *La dynamique de l'innovation, Changement technique et changement social (XVIe-XXe siècle)*, Paris, Gallimard, 2010.

CASSAN Michel, *La France au XVIe siècle*, Paris, Armand Colin, 2015.

CHAUNU Pierre, *La France*, Paris, Robert Laffont, 1982.

CHIFFOLEAU Jacques, *La comptabilité de l'au-delà*, Paris, Albin Michel, 2011.

COHEN Déborah, DESTEMBERG Antoine, DUSSERRE Aurélia, HOUTE Arnaud, *Nouvel Atlas de L'histoire de France*, Paris, Autrement, 2016.

DAUPHANT Léonard, *Le royaume des Quatre Rivières. L'espace politique français 1380-1515*, Seyssel, Champ Vallon, 2012.

DAUPHANT Léonard, *Géographies, Ce qu'ils savaient de la France (1100-1600)*, Paris, Champ Vallon, 2018.

DE RONSARD Pierre, *Institution pour l'adolescence du Roi très chrétien Charles neuviesme de ce nom*, in Michel CASSAN, *La France au XVIe siècle*, Paris, Armand Colin, 2015.

DELACOMPTÉE Jean-Michel, *Notre langue française*, Paris, Fayard, 2018.

DESBOIS Henri, *Les mesures du territoire : aspects techniques, politiques et culturels des mutations de la carte topographique*, Villeurbanne, Presses de l'Enssib, 2015.

DOUCET Roger, ZELLER Gaston, « Les institutions de la France au XVIe siècle », in Arlette JOUANNA, *La France du XVIe siècle*, 1483-1598, Paris, PUF, 2016.

DUBOIS Jean, MITTERAND Henri, DAUZAT Albert, *Dictionnaire étymologique*, Paris, Larousse, 2007.

DUBY Georges, *Dimanche de Bouvines, 27 juillet 1214*, Paris, Gallimard, 1973.

ÉRASME, *Éloge de la Folie*, Paris, Livre Club du Libraire, 1957.

FINE Oronce, « Cosmographia », in Angela AXWORTHY, *Le mathématicien renaissant et son savoir. Le statut des mathématiques selon Oronce Fine*, Paris, Classiques Garnier, 2016.

FINE Oronce, « De Mundi sphaera, sive Cosmographia », in Angela AXWORTHY, *Le mathématicien renaissant et son savoir. Le statut des mathématiques selon Oronce Fine*, Paris, Classiques Garnier, 2016.

FINE Oronce, « Epistre exhortative, Touchant la Perfection & Commodite des Arts Liberaulx et Mathematiques », in Angela AXWORTHY « The Epistemological Foundations of the Propaedeutic Status of Mathematics according to the Epistolary and Prefatory Writings of Oronce Fine », in Alexander MARR, *The worlds of Oronce Fine, Mathematics, Instruments and Print in Renaissance France*, Donington, Shaun Tyas, 2009, p. 31-51.

FINE Oronce, « Epistre exhortative, Touchant la Perfection & Commodite des Arts Liberaulx et Mathematiques », in Lucien GALLOIS, « Un géographe dauphinois : Oronce Fine et le Dauphiné sur sa carte de France de 1525 », *Recueil des travaux de l'Institut de géographie alpine*, t. 6, n° 1, 1918, p. 8.

FINE Oronce, « L'art et maniere de trouver certainement la longitude ou difference longitudinale », in Angela AXWORTHY, *Le mathématicien renaissant et son savoir. Le statut des mathématiques selon Oronce Fine*, Paris, Classiques Garnier, 2016.

FINE Oronce, « La theorie des cielz, mouvemens, et termes practiques des sept planetes », in Angela AXWORTHY, *Le mathématicien renaissant et son savoir. Le statut des mathématiques selon Oronce Fine*, Paris, Classiques Garnier, 2016.

FINE Oronce, « Légende de la *Nova totius Galliae descriptio* » (1538), in Lucien GALLOIS, « Oronce Fine et sa grande carte de France de 1525 », Bulletin de l'Association de géographes français, n° 99, 13e année, juillet-octobre 1936.

FINE Oronce, « Légende de la *Recens et integra orbis descriptio* », in Lt-colonel LANGLOIS, « Étude sur deux cartes d'Oronce Fine de 1531 et 1536 », Journal de la Société des Américanistes, t. 14-15, 1922.

FINE Oronce, « Protomathesis », in Angela AXWORTHY, *Le mathématicien renaissant et son savoir. Le statut des mathématiques selon Oronce Fine*, Paris, Classiques Garnier, 2016.

GAFFIOT Félix, *Dictionnaire LATIN FRANÇAIS*, Paris, Hachette, 1990.

GALLOIS Lucien, *De Orontio Finaeo gallico geographo*, Paris, Ernest Leroux, 1890.

GALLOIS Lucien, *Les géographes allemands de la Renaissance*, Paris, Ernest Leroux, 1890.

GARIN Eugenio, *L'homme de la Renaissance*, Paris, Seuil, 2002.

GARNIER Édith, *Guillaume du Bellay, l'ange gardien de François Ier*, Paris, Éditions du Félin, 2016.

GOUGUEHEIM Sylvain, A*ristote au Mont Saint-Michel. Les racines grecques de l'Europe chrétienne*, Paris, Seuil, 2008.

GRILLET Thierry, *Homère, Virgile, Indignez-vous !* Paris, First, 2015.

GRIMAL Pierre, *Histoire de Rome*, Paris, Fayard, 2003.

GUICCIARDINI Francesco, *Storie fiorentine*, Torino, E. Scarano TEA, 1991.

HAMON Philippe, *L'or des peintres : l'image de l'argent du XVe au XVIIe siècle*, Rennes, Presses universitaires de Rennes, 2010.

HELLER Agnès, « L'Homme de la Renaissance », in Eugenio GARIN, *L'homme de la Renaissance,* Paris, Seuil, 2002.

HONDIUS Henri, « Nouveau théâtre du monde » (1639, préface au lecteur), in Jean-Marc BESSE, « Vermeer le cosmographe », in Catherine HOFMANN, *Artistes de la carte. De la Renaissance au XXIe siècle*, Paris, Autrement, 2012.

HUIZINGA Johan, *Le problème de la Renaissance*, Paris, Casimiro, 2015.

LE ROY LADURIE Emmanuel, L'État *royal de Louis XI à Henri IV*, Paris, Hachette, 2003.

JOUANNA Arlette, *La France du XVIe siècle*, 1483-1598, Paris, PUF, 2016.

KISSINGER Henri, *Diplomacy*, New York, Simon & Schuster, 1994.

LE GOFF Jacques, *L'Europe est-elle née au Moyen Âge ?*, Paris, Seuil, 2003.

MACHIAVEL Nicolas, *Le Prince*, Paris, Livre Club du Libraire, 1956.

MACHIAVEL Nicolas, « Histoires florentines », livre VI, chap.I, in Gérard CHALLAND, *Anthologie mondiale de la stratégie, Des origines au nucléaire*, Paris, Robert Laffont, 1990.

MACHIAVEL Nicolas, « L'art de la guerre », livre I, chap. II, in Gérard CHALLAND, *Anthologie mondiale de la stratégie, Des origines au nucléaire*, Paris, Robert Laffont, 1990.

MANDROU Robert, *Introduction à la France moderne (1500-1640), Essai de psychologie historique*, Paris, Albin Michel, 1998.

MASSE Marie-Sophie, PAOLI Michel, *La Renaissance ? Des Renaissances ?*

(VIIIe-XVIe siècles), Paris, Klincksieck, 2010.
MAUROIS André, *Histoire de la France*, Paris, Éditions Dominique Wapler, 1947.
MICHELET Jules, *Histoire de France au XVIe siècle*, La Renaissance, 1855.
MICHON Pierre, *Vies minuscules*, Paris, Gallimard, 1996.
MONTAIGNE Michel (de), *Les Essais*, Paris, Pocket, 1998.
NUNES Pedro, *De erratis Orontii Finæi Regii Mathematicarum Lutetiæ Professoris*, Coimbra, J. Barreira et J. Alvares, 1546.
OLENDER Maurice, *Les langues du Paradis*, Paris, Seuil, 1989.
ONFRAY Michel, *Décadence*, Paris, Flamarion, 2016.
ORY Pascal, *L'Histoire culturelle*, Paris, PUF, 2011.
PANTIN Isabelle, AXWORTHY Angela, BRIOIST Pascal, et al., *The worlds of Oronce Fine*, Donington, Alexander Marr, 2009.
PELLETIER DU MANS Jacques, *L'intelligence de la langue*, in Alain BORER, *De quel amour blessée, Réflexions sur la langue française*, Paris, Gallimard, 2014.
PELLETIER Monique, *Cartographie de la France et du monde de la Renaissance au Siècle des lumières*, Paris, Éditions de la Bibliothèque nationale de France, 2002.
PELLETIER Monique, *De Ptolémée à La Guillotière (XVe-XVIe siècles). Des cartes pour la France, pourquoi, comment ?* Paris, CTHS, 2009.
PTOLÉMÉE Claude, *Géographie*, traduit par M. l'abbé HALMA, Paris, Eberhart, imprimeur du Collège royal de France, 1828.
PTOLÉMÉE Claude, « Géographie », in Daniel BOORSTIN, *Les découvreurs*, Paris, Robert Laffont, 1988.
PTOLÉMÉE Claude, « Tétrabible », in Daniel BOORSTIN, *Les découvreurs*, Paris, Robert Laffont, 1988.
RONSARD Pierre de, *L'institution pour l'adolescence du Roi très chrétien Charles neuviesme de ce nom* (1562), in Michel CASSAN, *La France au XVIe siècle*, Paris, Armand Colin, 2015.
SAUPIN Guy, *La France à l'époque moderne*, Paris, Armand Colin, 2016.
SEYSSEL (de) Claude, « Écrits », in Bartolomé BENNASSAR, Jean JACQUART, *Le XVIe siècle*, Paris, Armand Colin, 2013.
SEYSSEL (de) Claude, « La Grande Monarchie de France », in Guy SAUPIN, *La France à l'époque moderne*, Paris, Armand Colin, 2016.
THUAU Étienne, *Raison d'État et pensée politique à l'époque de Richelieu*, Paris, Albin Michel, 2000.
VERNANT Jean-Pierre, *Entre mythe et politique*, Paris, Seuil, 1996.
VERNANT Jean-Pierre, *Mythe et pensée chez les Grecs, Études de psychologie historique*, Paris, La Découverte, 1996.
VERNANT Jean-Pierre, *Les origines de la pensée grecque*, Paris, PUF, 2004.

Articles et contributions à des ouvrages collectifs sur la Corée et l'Extrême-Orient

AHN Hwi-Joon, « Early cartography and painting », in Young-woo HAN, Hwi-Joon AHN, Woo Sung BAE, *The artistry of early Korean Cartography*, Honolulu, University of Hawai'i Press, 2009, p. 133-155.
BARY Theodore (de), « Introduction », in Theodore de BARY, Jahyun KIM

HABOUSH, *The rise of Neo-Confucianism in Korea*, New York, Columbia University Press, 1985, p. 1-58.

BIDET Éric, BOIS Stéphane, « Au pays du matin clair », in Éric BIDET, Stéphane BOIS, *La Corée, le voyage vers l'Est*, Paris, Éditions la Bibliothèque, 2007, p. 5-14.

BOURDARET Emile « L'esprit de la montagne », in Nicolas BOUVIER, Alexandra DAVID-NÉEL, Pierre LOTI, *La Corée le Voyage vers l'Est*, Paris, Éditions la Bibliothèque, 2007, p. 67-70.

CHA Hyewon, « Was Chosŏn a Model or an Exception ? Reconsidering the Tributary Relations during Ming China », *Korea Journal*, vol. 51, n° 4, Winter 2011, p. 33-58.

CHE Honggyu, « Map commentaries », in Chan YI, *Old Maps of Korea, Han'guk ko chido*, Seoul, Han'guk Tosogwanhak Yon'guhoe, 1977, p. 221-230.

CHOI Byonghyon, « Translator's Preface », in Young-woo HAN, Hwi-Joon AHN, Woo Sung BAE, *The artistry of early Korean Cartography*, Honolulu, University of Hawai'i Press, 2009, p. vii-viii.

CHUNG Chai-sik, « Chŏng Dojŏn: 'Architect' of Yi Dynasty Government and Ideology », in Theodore de BARY, *The rise of Neo-Confucianism in Korea*, New York, Columbia University Press, 1985, p. 59-88.

GRÉVIN Benoît, « La lente révolution des cultures linguistiques », in Patrick BOUCHERON, *Histoire du monde au XVe siècle. 2. Temps et devenirs du monde,* Paris, Fayard, 2012, p. 437-465.

HAN Young-woo, « Author's Preface », in Young-woo HAN, Hwi-Joon AHN, Woo Sung BAE, *The artistry of early Korean Cartography*, Honolulu, University of Hawai'i Press, 2009, p. ix-x.

HAN Young-woo, « The historical development of Korean cartography », in Young-woo HAN, Hwi-Joon AHN, Woo Sung BAE, *The artistry of early Korean Cartography*, Honolulu, University of Hawai'i Press, 2009, p. 3-92.

KAWAMURA Hirotada, « 川 村博忠, 近世絵図の地図性 一 地図の向き一 », *地理科学*, vol. 45, n° 3, 1990, p. 137-143.

KENZHEAKHMET Nurlan, « The place names of Central Asia in the *Kangnido* », *Journal of Asian History* (49) 2015, 1/2, p. 141-160.

KENZHEAKHMET Nurlan, « The Place Names of Euro-Africa in the *Kangnido* », *The Silk Road*, n° 14, 2016, p. 106-125.

KERLOUÉGAN Jérôme, « L'empire des premiers Ming », in Patrick BOUCHERON, *Histoire du monde au XVe siècle. 1. Territoires et écritures du monde*, Paris, Fayard, 2009, p. 332-365.

KIM Baek-Yung, « Korean Studies between the Social Sciences and Historical Studies: Debates over Modern and Contemporary Korean History », *Korea Journal*, vol. 51, n° 3, Autumn 2011, p. 104-139.

KIM Daeyeol, « Les sons corrects pour l'instruction », in Patrick BOUCHERON, *Histoire du monde au XVe siècle. 1. Territoires et écritures du monde*, Paris, Fayard, 2009, p. 552-561.

KIM Sun-Bae, « The Confucian Transformation of Toponyms and the Coexistence of Contested Toponyms in Korea », *Korea Journal*, vol. 52, n° 1, Spring 2012, p. 105-139.

KIM Sun-Bae, « The Cultural Politics of Place Names in Korea: Contestation of Place Names' Territories and Construction of Territorial Identity », *The*

Review of Korean Studies, vol. 13, n° 2, June 2010, 161-186.
KIM-RENAUD Youg-Key, « Sejong's theory of literacy and writing », *Studies in the Linguistic Sciences*, vol. 30, n° 1, Spring 2000, p. 13-45.
KOBILJSKI Aleksandra et SCHÄFER Dagmar, « Techniques et territoires en Asie orientale », in Guillaume CARNINO, Liliane HILAIRE-PÉREZ et Aleksandra KOBILJSKI, *Histoire des techniques, Mondes, sociétés, cultures (XVIe-XVIIIe siècle)*, Paris, PUF, 2016, p. 25-52.
KWON Young-Pil, "Ancient Korean Art and Central Asia : Non-Buddhist Art Prior to the Tenth Century », *Korea Journal*, vol. 31, n° 2, Summer 1991, p. 5-21.
LEDYARD Gari, « Cartography in Korea », in Catherine DELANO SMITH, Nathan SIVIN, Cordell YEE, et al., *The History of Cartography*, vol. 2, livre 2, Chicago, J.B. Harley et D. Woodward, 1994, p. 235-345.
LEDYARD Gari, « A unique 18 th-century Korean map », *East Asia Institue special report*, June 2013, p. 1-10.
LEE Hee-Soo, « Early Korea-Arabic Maritime Relations Based on Muslim Sources », *Korea Journal*, vol. 31, n° 2, Summer 1991, p. 21-32.
LEE Injae, MILLER Owen, PARK Jinhoon et YI Hyun-Hae, *Korean History in Maps, from prehistory to the twenty-first century*, Cambridge, Cambridge University Press, 2014.
LEE Jungshin, « Korean's Perception of the Liaodong Region During the Chosŏn Dynasty », *International Journal of Korean History*, vol. 21, n°1, February 2016, p. 47-85.
LEVI Jean, « Quelques aspects de la rectification des noms dans la pensée et la pratique politiques de la Chine ancienne », », in Karine CHEMLA, François MARTIN, « Le juste nom », *Extrême-Orient, Extrême-Occident, Cahiers de recherches comparatives*, Paris, Presses universitaires de Vincennes, Vol. 15, 1993, p. 23-54.
NEEDHAM Joseph, « Science and Society in East and West », *Centaurus*, vol. 10, 1964, p.174-197.
OH Suk-won, « *Dohak* in Korean Confucianism », in Flora BLANCHON, Rang-Ri PARK-BARJOT, *Le nouvel âge de Confucius, Modern Confucianism in China and South Korea*, Paris, PUPS, 2007, p. 105-118.
PANGE Jean de, « En Corée » in Loïc MADEC, Charles-Edouard SAINT-GUILHEM, *Corée, Voyageurs au Pays du Matin Calme, Récits de Voyage 1788-1938*, Paris, Omnibus, 2006, p. 505-534.
PARK Hee-Byoung, « Korean Studies as Integrated Humanities », *Korea Journal*, vol. 46, n° 1, Spring 2006, p. 225-242.
ROBINSON Kenneth R., « Chosŏn Korea in the Ryūkoku *Kangnido* : Dating the Oldest Extant Korean Map of the World (15th century) », *Imago Mundi*, vol. 59, n° 2, 2007, p. 177-192.
ROBINSON Kenneth R., « Yi Hoe and His Korean Ancestors in T'aean Yi Genealogies », *Seoul Journal of Korean Studies 21*, no. 2, December 2008, p. 221-250.
ROBINSON Kenneth R., « Gavin Menzies, *1421*, and the Ryūkoku *Kangnido* », *Ming Studies*, 61, April 2010, 56-70.
ROBINSON Kenneth R., « Daoist Geographies in Three Korean World Maps », *Journal of Daoist Studies*, vol. 3, 2010, p. 91-117.
ROSIER Irène, « Quelques remarques comparatives à partir de la tradition

sémantique occidentale médiévale », *Extrême-Orient, Extrême-Occident, Cahiers de recherches comparatives*, 15, Paris, Presses universitaires de Vincennes, 1993, p. 163-169.

RYU Je-Hun, « A Cultural History of Korean Toponyms», *Korea Journal*, Vol. 52, n° 1, Spring 2012, p. 5-10.

SANCHO Isabelle, « L'orthodoxie néo-confucéenne coréenne de la première moitié de Chosŏn (XIV-XVI siècles) et les interrogations de type religieux : le cas de Yulgok, Yi I (1536-1584) », in Flora BLANCHON, Rang-Ri PARK-BARJOT, *Le nouvel âge de Confucius, Modern Confucianism in China and South Korea*, Paris, PUPS, 2007, p. 145-154.

SCHIPPER Christofer, « Le chinois », in Pierre LEGENDRE, *Tour du monde des concepts*, Paris, Fayard, 2013, p. 137-188.

SHIM Jae-Kee, « Formation of Korean alphabet », *Colloquium of the Center for Korean studies*, Berkeley, University of California, on March 27, 1986, p. 527-537.

SUNG Bae Woo, « Chosŏn Maps and East Asia, Mapping the World : the Chosŏn Worldview as seen through old Maps », », *Korea Journal*, vol. 48, n° 1, Spring 2008, p. 46-79.

VANDERMEERSCH Léon, « Avant-propos », in Yuzo MIZOGUCHI, Léon VANDERMEERSCH, *Confucianisme et sociétés asiatiques*, Paris, L'Harmattan-Sophia University, 1991, p. 9-12.

VANDERMEERSCH Léon, « Rectification des noms et langue graphique chinoises », *Extrême-Orient, Extrême-Occident, Cahiers de recherches comparatives*, 15, Paris, Presses universitaires de Vincennes, 1993, p. 11-22.

VANDERMEERSCH Léon, « La lettre qui révèle et la lettre révélée. La glose confucianiste aux antipodes de l'herméneutique biblique », in Flora BLANCHON, Rang-Ri PARK-BARJOT, *Le nouvel âge de Confucius, Modern Confucianism in China and South Korea*, Paris, PUPS, 2007, p. 65-72.

VANDERMEESCH Léon, « Un détournement social de la religion : le ritualisme confucianiste », in Flora BLANCHON, Rang-Ri PARK-BARJOT, *Le nouvel âge de Confucius, Modern Confucianism in China and South Korea*, Paris, PUPS, 2007, p. 73-84.

VARAT Charles, « Le tour du Monde », in Nicolas BOUVIER, Alexandra DAVID-NÉEL, Pierre LOTI, *La Corée, le Voyage vers l'Est*, Paris, Éditions la Bibliothèque, 2007, p. 113.

YANG Bo-kyung, « Traditional Geography, Korean Geography and Geographers », *The organizing committee of the 29th international geographic congress*, Seoul, Hanul Academy, 2000, p. 19-81.

YI Songmu, « The influence of Neo-confucianism on education and the civil service examination system in fourteenth and fifteenth century Korea », in Theodore de BARY, *The rise of Neo-Confucianism in Korea*, New York, Columbia University Press, 1985, p. 125-160.

YU Woo-ik, « Preface », in « Korean Geography and Geographers », *The organizing committee of the 29th international geographic congress*, Seoul, Hanul Academy, 2000, p. 9-15.

Articles et contributions à des ouvrages collectifs sur la France et l'Occident

ALVAR EZQUERRA Antonio, « Le modèle universitaire d'Alcala de Henares », in Marc FUMAROLI, *Les origines du Collège de France (1500-1560)*, Paris, Éditions Klincksieck, 1998, p. 209-256.

AXWORTHY Angela, « The Epistemological Foundations of the Propaedeutic Status of Mathematics according to the Epistolary and Prefatory Writings of Oronce Fine », in Alexander MARR, *The worlds of Oronce Fine, Mathematics, Instruments and Print in Renaissance France*, Donington, Shaun Tyas, 2009, p. 31-51.

BASCHET Jérôme, « Le Journal de bord de Christophe Colomb », in Patrick BOUCHERON, *Histoire du monde au XVe siècle. 1. Territoires et écritures du monde*, Paris, Fayard, 2012, p. 706-715.

BESSE Jean-Marc, « Cosmography and Geography in the Sixteenth Century : the Position of Oronce Fine between Mathematics and History », in Alexander MARR, *The worlds of Oronce Fine, Mathematics, Instruments and Print in Renaissance France*, Donington, Shaun Tyas, 2009, p. 100-113.

BOCHART Samuel, « Lettre à Johan Smit de 1621 », in Pierre AGERON, « Dans le cabinet de travail du pasteur Samuel Bochart, L'érudit et ses sources arabes », in François BRIZAY, Véronique SARRAZIN, *Érudition et culture savante de l'Antiquité à l'époque moderne*, Rennes, Presses Universitaires de Rennes, 2015.

BOUCHERON Patrick, « 1539, L'empire du français », in Patrick BOUCHERON, *Histoire mondiale de la France*, Paris, Seuil, 2017, p. 272-276.

BOUCHERON Patrick, « 1494, Charles VIII descend en Italie et rate le monde », in Patrick BOUCHERON, *Histoire mondiale de la France*, Paris, Seuil, 2017, p. 247-251.

BOUVRANDE Isabelle, « *De pictura* de Leon Battista Alberti », in Patrick BOUCHERON, *Histoire du monde au XVe siècle. 1. Territoires et écritures du monde*, Paris, Fayard, 2012, p. 562-571.

BRAY Francesca et HILAIRE-PÉREZ Liliane, « Les techniques et l'histoire globale », in Guillaume CARNINO, Liliane HILAIRE-PÉREZ et Aleksandra KOBILJSKI, *Histoire des techniques. Mondes, sociétés, cultures (XVIe-XVIIIe siècles)*, Paris, PUF, 2016, p. 7-22.

BRIOIST Jean-Jacques, « Entre astrologie et cartographie, la genèse des logarithmes », *Journal de la Renaissance*, 2004, vol. 2, p. 63-74.

BRIOIST Jean-Jacques, « Oronce Fine and cartographical methods », in Alexander MARR, *The worlds of Oronce Fine, Mathematics, Instruments and Print in Renaissance France*, Donington, Shaun Tyas, 2009, p. 137-155.

BRIOIST Pascal, « Oronce Fine's practical geometry », in Alexander MARR, *The worlds of Oronce Fine, Mathematics, Instruments and Print in Renaissance France*, Donington, Shaun Tyas, 2009, p. 52-63.

BROC Numa, « Quelle est la plus ancienne carte "moderne" de la France ? », *Annales de Géographie*, t. 92, n° 513, 1983, p. 513-530.

CARNINO Guillaume et HILAIRE-PÉREZ Liliane, « Les temps longs, l'histoire globale et la complexité en histoire des techniques », in Guillaume CARNINO, Liliane HILAIRE-PÉREZ et Aleksandra KOBILJSKI, *Histoire des techniques, Mondes, sociétés, cultures (XVIe-XVIIIe siècles)*, Paris, PUF,

2016, p. 485-490.

CIFOLETTI Giovanna, « Oronce Fine's Legacy in the French Algebraic Tradition : Peletier, Ramus and Gosselin », in Alexander MARR, *The worlds of Oronce Fine, Mathematics, Instruments and Print in Renaissance France*, Donington, Shaun Tyas, 2009, p. 172-190.

CLUCAS Stephen, « Epilogue », in Alexander MARR, *The worlds of Oronce Fine, Mathematics, Instruments and Print in Renaissance France*, Donington, Shaun Tyas, 2009, p. 206-212.

CORON Antoine, « Collège royal et Bibliotheca regia », in Marc FUMAROLI, *Les origines du Collège de France (1500-1560)*, Paris, Éditions Klincksieck, 1998, p. 143-184.

COUROUAU Jean-François, « La Deffence de Du Bellay et les apologies de la langue occitane, XVIe-XVIIe s. », in *Bulletin de l'Association d'étude sur l'humanisme, la réforme et la renaissance*, n° 53, 2001, p. 9-32.

COURRIER INTERNATIONAL Hors-Série, *L'atlas des atlas*, Paris, mars-avril-mai 2005.

CROIX Alain, « L'homme et son entourage », in Alain CROIX, Jean QUÉNIART, *Histoire culturelle de la France, 2. De la Renaissance à l'aube des Lumières*, Paris, Seuil, 2005.

CROIX Alain, « Approfondissements », in Alain CROIX, Jean QUÉNIART, *Histoire culturelle de la France, 2. De la Renaissance à l'aube des Lumières*, Paris, Seuil, 2005.

CROIX Alain, « Modèle culturel et autonomie », in Alain CROIX, Jean QUÉNIART, *Histoire culturelle de la France, 2. De la Renaissance à l'aube des Lumières*, Paris, Seuil, 2005.

CROIX Alain, « De la différence à l'intolérance », in Alain CROIX, Jean QUÉNIART, *Histoire culturelle de la France, 2. De la Renaissance à l'aube des Lumières*, Paris, Seuil, 2005.

DAINVILLE François de, « Cartographie historique occidentale », *Annuaire 1969-1970, École pratique des hautes études. 4e section, Sciences historiques et philologiques*, 1970, p. 523-534.

DEBRAY Régis, « Histoire des quatre M », *Cahiers de médiologie*, n° 6, 1998, p. 7-25.

DELANO-SMITH Catherin, « Signs on printed topographical maps, ca. 1470-1640, in Monique PELLETIER, *De Ptolémée à La Guillotière (XVe-XVIe siècles). Des cartes pour la France, pourquoi, comment ?*, Paris, CTHS, 2009, p. 528-590.

DELIVRÉ Fabrice, « *La Donation de Constantin* de Lorenzo Valla », in Patrick BOUCHERON, *Histoire du monde au XVe siècle. 1. Territoires et écritures du monde*, Paris, Fayard, 2009, p. 614-623.

DEMAIZIÈRE Colette, « La langue à la recherche de ses origines : la mode des étymologies grecques », *Bulletin de l'Association d'étude sur l'humanisme, la réforme et la renaissance*, n° 15, 1982. Les rapports entre les langues au XVIe siècle. Actes du colloque de Sommières, 14 - 17 septembre 1981. Tome I, p. 65-78.

DJAMOURI Redouane, « Théorie de la "rectification des dénominations" et réflexion linguistique chez Xunzi », in Karine CHEMLA, François MARTIN, « Le juste nom », *Extrême-Orient, Extrême-Occident, Cahiers de recherches comparatives*, Paris, Presses universitaires de Vincennes, Vol. 15, 1993, p. 55-74.

DOIRON Normand, « Mercure dans l'oeuvre de Guillaume Budé. Pour une herméneutique du déplacement dans l'espace », *Réforme, Humanisme, Renaissance*, n° 61, 2005, p. 13-24.

DUPRÉ Sven, « Printing practical mathematics », in Alexander MARR, *The worlds of Oronce Fine, Mathematics, Instruments and Print in Renaissance France*, Donington, Shaun Tyas, 2009, p. 64-82.

EAGLETON Catherine, « Oronce Fine's Sundials : The Sources and Influences of De solaribus horologiis », in Alexander MARR, *The worlds of Oronce Fine, Mathematics, Instruments and Print in Renaissance France*, Donington, Shaun Tyas, 2009, p. 83-99.

EL MURR Dimitri, « Raison et politique : Jean-Pierre Vernant et la polis Grecque », *Cahiers philosophiques*, 2007/4, n° 112, p. 66-90.

EYSSETTE Jérémie, « La médiologie et le numérique, ou la mutation des technologies en médium culturel », *Association coréenne d'études françaises*, 2016, vol. 93, p. 193-234.

EYSSETTE Jérémie, « L'instrumentalisation culturelle sous Louis XIV ou la théâtralisation de l'absolutisme », *Association coréenne d'études françaises*, 2017, vol.97, p. 153-186.

GALLOIS Lucien, « Oronce Fine et sa grande carte de France de 1525 », *Bulletin de l'Association de géographes français*, n° 99, 13e année, juillet-octobre 1936, p. 107-115.

GALLOIS Lucien, « Un géographe dauphinois : Oronce Fine et le Dauphiné sur sa carte de France de 1525 », *Recueil des travaux de l'Institut de géographie alpine*, t. 6, n° 1, 1918, p. 1-25.

GALLOIS Lucien. « La grande carte de France d'Oronce Fine », in *Annales de Géographie*, t. 44, n° 250, 1935, 337-348.

GENET Jean-Philippe, « France, Angleterre, Pays-Bas : l'État moderne », », in Patrick BOUCHERON, *Histoire du monde au XVe siècle. 1. Territoires et écritures du monde*, Paris, Fayard, 2012, p. 230-265.

HAGUET Lucile, « Les géographes de cabinet, XVIe-XVIIIe siècle. De l'humaniste à l'érudit des Lumières », in Catherine HOFMANN, *Artistes de la carte. De la Renaissance au XXIe siècle*, Paris, Autrement, 2012, p. 14-43.

HOFMANN Catherine, RICHARD Hélène, « La cartographie », *Revue de la Bilbiothèque nationale de France*, n° 24, 2006, p. 3-5.

LA GARANDERIE Marie-Madeleine de, « Émergence de la notion de lecteur royal », in Marc FUMAROLI, *Les origines du Collège de France (1500-1560)*, Paris, Éditions Klincksieck, 1998, p. 3-18.

LANGLOIS Lt-colonel, « Étude sur deux cartes d'Oronce Fine de 1531 et 1536 », *Journal de la Société des Américanistes*, t. 14-15, 1922, p. 83-97.

LE GOFF Jacques, « Du Moyen Âge à l'Europe d'aujourd'hui », *XIVe conférence Marc-Bloch*, juin 1992, p. 1-13.

MARGOLIN Jean-Claude, « Érasme et le "Collegium Trilingue Lovaniense" », in Marc FUMAROLI, *Les origines du Collège de France (1500-1560)*, Paris, Éditions Klincksieck, 1998, p. 257-278.

MARR Alexander, « Introduction », in Alexander MARR, *The worlds of Oronce Fine, Mathematics, Instruments and Print in Renaissance France*, Donington,

Shaun Tyas, 2009, p. 1-12.

MERZEAU Louise, « Ceci ne tuera pas cela », *Cahiers de médiologie*, n° 6, 1998, p. 27-39.

MONET Pierre, « 1452, Le dernier couronnement d'un empereur à Rome », in Patrick BOUCHERON, *Histoire du monde au XVe siècle. 2. Temps et devenirs du monde,* Paris, Fayard, 2012, p. 188-195.

NYE Joseph, « Power and interdependence in the Information Age », *Foreign Affairs*, Vol.77-5, 1998, p. 81-94.

O'BRIEN Patrick, « The Geopolitics of a Global Industry : Eurasian divergence and the Mechanization of Cotton Textile Production in England », in Giorgio RIELLO, Prasannan PATHASARTHI (eds), *The Spinning World : A global history of cotton textiles, 1200-1850*, Oxford, Oxford University Press, 2009, p. 351-365.

PANTIN Isabelle, « Oronce Fine's Role as Royal Lecturer », in Alexander MARR, *The worlds of Oronce Fine, Mathematics, Instruments and Print in Renaissance France*, Donington, Shaun Tyas, 2009, p. 13-30.

PONCHON Pierre, « D'un miracle à l'autre : la tragédie grecque et le tragique selon Vernant », *Cahiers philosophiques*, 2007/4, n° 112, p. 26-41.

POPPLOW Marcus, 2016, « Technology and Technical Knowledge in the Debate on the "Great Divergence" », in *Artefact. Techniques, histoires et sciences humaines*, vol. 4, p. 275-285.

POTIN Yann, « 1380, L'image du Monde dans une bibliothèque », in Patrick BOUCHERON, *Histoire mondiale de la France*, Paris, Éditions du Seuil, 2017, p. 223-227.

POULLE Emmanuel, « Les mécanisations de l'astronomie des épicycles : l'horloge d'Oronce Fine », *Comptes rendus des séances de l'Académie des Inscriptions et Belles-Lettres*, 118e année, n° 1, 1974, p. 59-79.

REVEST Clémence, « Les "sympathisants" de l'humanisme : le cas des frères Giobbe, Lazarino et Giona Resta », in François BRIZAY, Véronique SARRAZIN, *Érudition et culture savante de l'Antiquité à l'époque moderne*, Rennes, Presses Universitaires de Rennes, 2015.

SAINT-GUILLAIN Guillaume, « 1453, Chute de Constantinople », in Patrick BOUCHERON, *Histoire du monde au XVe siècle. 2. Temps et devenirs du monde,* Paris, Fayard, 2012, p. 196-207.

SCHMITT Jean-Claude, « Individuation et saisie du monde », in Patrick BOUCHERON, *Histoire du monde au XVe siècle. 2. Temps et devenirs du monde,* Paris, Fayard, 2012, p. 640-671.

TOULOUSE Sarah, « Les hydrographes normands XVIe et XVIIe siècles », », in Catherine HOFMANN, Hélène RICHARD, Emmanuelle VAGNON, *L'âge d'or des cartes marines, Quand l'Europe découvrait le monde*, Paris, Seuil/BnF, 2014, p. 136-159.

Ouvrages et articles en coréen

BAEK Won-Dam, 백원담, « 아시아 문화연구는 지속 가능한가?, 다시 문화연구 말하기 », *성공회대학교인터뷰*, 2015년 5월 14일, p. 180-221.

CHOI Eun-Hae, 최은혜, « '대중 인문학'을 발명해야 한다 : 2000년대 이후 인문학 열풍에 대한 단상 », *문화과학*, 79호, 2014, p. 122-140.

CHOI Chang-Mo, 최창모, « 조선시대 古地圖의 아라비아 · 아프리카 이해 소고 », *한국고지도연구학회학술대회*, 2012, p. 23-52.
CHOI Ki-Ho, 최기호, « 훈민정음 창제에 관한 연구; 집현전관과 언문반대상소 », *동방학지* 36·37, 1983, p. 531-557.
Encyclopédie des Annales de Chosŏn, « 간의(簡儀) », in http://encysillok.aks.ac.kr/Contents/index?Contents_id=00017354 (consulté le 01.09.2020).
Encyclopédie sur la culture coréenne, « 옥루(玉漏) », in http://encykorea.aks.ac.kr/Contents/Index?contents_id=E0038703 (consulté le 01.09.2020).
HAN Chung-Hee, 한충희, « 朝鮮初期集賢殿官硏究 », *조선사연구* 16, 2007, p. 19-51.
HOE Min, 허민, « 문화를 보호해야 한다-문화융성 시대의 문화적 위기들 », *문화과학 2014년 봄호* (통권 제77호), 2014.03, p. 77-100.
JANG Sang-Hoon, 장상훈, « 참관기 : 일본 류코쿠 대학 『혼일강리역대국도지도』 », *한국고지도연구*, 1(1), 2009, p. 121-122.
KANG Mun-Sik, 강문식, « 集賢殿출신 官人의 學問觀과 政治觀 », *한국사론* 39, 서울대국사학과, 1998, p. 87-135.
KANG Myeong-Gu, 강명구, « 한국문화연구에는 한국이 없다 », *지식생산의 식민성을 넘어서2002년 가을철 정기학술대회*, 2002.10, p. 209-233.
KIM Chu-Yun, 김추윤, « 古測量儀器考(I) », *한국지적정보학회지*, 1, 1999, p. 145-160.
KIM Kyeong-Su, 김경수, « 朴彭年의 生涯와 現實意識 », *조선시대사학보* 11, 1999, p. 31-64.
KIM Nam-Yi, 김남이, *집현전 학사의 삶과 문학 세계*, 파주,태학사, 2004.
KIM Sang-Hyeok, MIN Byeon-Hee, LEE Min-Su, LEE Yong-Sam, 김상혁, 민병희, 이민수, 이용삼, « 조선 천체위치측정기기의 구조 혁신 », *천문학논총*, 27(3), 2012, p. 61-69.
KIM Seong-Il, 김성일, « 식민지시대 한국 문화의 전개 : 사상-문예운동을 중심으로 », *문화과학사*, *문화과학* 80, 2014.12, p. 228-258.
KIM Su-Jeong, KIM Su-A, 김수정, 김수아, « '집단적 도덕주의' 에토스 : 혼종적 케이팝의 한국적 문화 정체성 », *언론과사회* 23권 3호, 2015.8, p. 5-52.
LEE Chong-Chan, 이종찬, *열대의 서구 朝鮮의 열대: 근대 학문과 예술은 어떻게 열대를 은폐했는가*, 서울, 서강대학교출판부, 2016.
LEE Dong-Yeon, 이동연, « 한국 대중문화 통사연구방법론 서설 », *한국언론학회*, Vol.10 No.4, 2014, p. 59-100.
LEE Sang-Kil, 이상길, « 문화연구의 아포리아 : '위기담론'에 대한 반성을 중심으로 », *韓國言論學報* 제48권 5호, 2004.10, p. 79-109.
MIN Byeong-Hee, LEE Ki-Won, KIM Sang-Hyeok et LEE Yong-Sam, 민병희, 이기원, 김상혁, 이용삼, « 조선시대 규표의 대형화와 횡량의 역할 », *천문학논총*, 28(3), 2013, p. 55-63.
National Institute of Korean Language, « Romanization of Korean », in https://www.korean.go.kr/front_eng/roman/roman_01.do (consulté le 01.09.2020).

OH Gil-Sun, 오길순, « 〈元經世大典地理圖〉에 나오는 지명의 조사와 〈混一疆理歷代國都之圖〉 서역지명과의 비교 », *한국고지도연구*, 2(2), 2010, p. 83-105.
OH Gil-Sun, 오길순, « 『혼일강리역대국도지도』 지구본 작도 », *한국고지도연구*, 8(2), 2016, p. 73-95.
OH Sang-Hak, 오상학, « 조선시대의 일본지도와 일본 인식 », *대한지리학회지*, 38(1), 2003, p. 32-47.
OH Sang-Hak, 오상학, « 조선시대 세계지도와 중화적 세계인식 », *한국고지도연구*, 1(1), 2009, p. 5-18.
OH Sang-Hak, 오상학, « 『混一疆理歷代國都之圖』 담론의 비판적 검토 », *한국고지도연구학회학술대회*, 2012, p. 91-109.
OH Sang-Hak, 오상학, « 『혼일강리역대국도지도』의 최근 담론과 지도의 재평가 », *국토지리학회지*, 제50권 1호, 2016, p. 117-134.
OKADA Yoshihiro, 오카다 요시히로, [번역문] « 초고정밀 화상처리에 의한 혼일강리역대국도지도의 과학분석 », *한국고지도연구학회학술대회*, 2012, p. 85-88.
PARK Hong-Gap, 박홍갑, « 집현전 학사 최만리의 정치활동 », *민족문화* 37, 2011, p. 193-220.
Université de Pusan, « Korean Romanization Converter », in http://roman.cs.pusan.ac.kr/input_eng.aspx (consulté le 01.09.2020).
YUN Yong-Hyeon, KI Ho-Cheol, 윤용현, 기호철, « 세종의 흠경각 건립 의미와 옥루의 구조 », *민족문화*, 49, 2017, p. 37-73.

Ressources en ligne

ACADÉMIE FRANÇAISE, « Aperçu historique » in http://www.academiefrancaise.fr/linstitution/apercu-historique (consulté le 01.09.2020).
BOIS Jean-Pierre, « La naissance historique des frontières, de la féodalité aux nationalités », in http://www.pur-editions.fr/couvertures/1220958019_doc.pdf (consulté le 01.09.2020).
Busan Historical and Cultural Collections (부산역사문화대전), « Reproduction of the Ryūkoku *Kangnido* », in http://busan.grandculture.net/Contents/Index?local=busan (consulté le 01.09.2020).
FRÉCHET Guy, « Conférence sur Oronce Fine », Fête de la science à Avignon, le 20 novembre 2009, in http://famillefine.free.fr/Liens/Oronce_Docs/Conference%20Oronce%20Fine.pdf (consulté le 01.09.2020).
Insitute of Korean Studies, Kyujanggak (奎章閣 규장각), « Colored reproduction of the Ryūkoku *Kangnido* », in http://kyudb.snu.ac.kr/book/view.do (consulté le 01.09.2020).
LE BOUVIER Gilles, « Le livre de la description des pays », in http://gallica.bnf.fr/ark:/12148/bpt6k1120936/f9.image (consulté le 01.09.2020).
LE GALL Jean-Marie, « François Ier: la Renaissance et le goût du monde », in

https://www.franceculture.fr/emissions/tout-un-monde/francois-ier-la-renaissance-et-le-gout-du-monde (consulté le 01.09.2020).

MÉDIOLOGIE (site de la) « Humanisme », in *Cahiers de la médiologie*, n° 6, consultable sur : http://mediologie.org/ancien-site/presentation/abecedaire3.html#humanisme (consulté le 01.09.2020).

NATIONAL INSTITUTE OF KOREAN LANGUAGE, « The background of the invention of hangeul », in https://www.korean.go.kr/eng_hangeul/setting/001.html (consulté le 01.09.2020).

Autres lectures transversales

ARMSTRONG Karen, *The great transformation, The beginning of our religious traditions*, New York, Anchor Books, 2007.

BERTRAND Romain, *L'Histoire à parts égales*, Paris, Seuil, 2011.

BOORSTIN Daniel, *Les découvreurs*, Paris, Robert Laffont, 1988.

BOUCHERON Patrick, « Introduction », in Patrick BOUCHERON, *Histoire du monde au XVe siècle, 1. Territoires et écritures du monde*, Paris, Fayard, 2012.

BOUCHERON Patrick, LOISEAU Julien, « L'archipel urbain », in *Histoire du monde au XVe siècle, 2. Temps et devenirs du monde*, Paris, Fayard, 2012,

BOUCHERON Patrick, « Prose du monde : diversité des langues et des écritures », in Patrick BOUCHERON, *Inventer le monde, Une histoire globale du XVe siècle*, Paris, La documentation française, dossier 8090, novembre-décembre 2012.

BOUCHERON Patrick, *Inventer le monde, Une histoire globale du XVe siècle*, Paris, La documentation Française, 2012.

BROTTON Jerry, *Le Bazar Renaissance; Comment l'Orient et l'islam ont influencé l'Occident*, Paris, Les Liens qui libèrent, 2011.

BROTTON Jerry, *Une histoire du monde en 12 cartes*, Paris, Flammarion, 2012.

CATTANEO Angelo, « World Cartography in the Jesuit Mission in China. Cosmography, Theology, Pedagogy », in Artur K. WARDEGA, *Education for New Times: Revisiting Pedagogical Models in the Jesuit Tradition*, Macau, Macau Ricci Institute, 2014, p. 71-86.

CHAUNU Pierre, *Danse avec l'Histoire*, Paris, Éditions de Fallois, 1998.

CHENG Anne, « Chine des Lumières et Lumières chinoises », *Rue Descartes* 2015/1 (N° 84), p. 4-10.

CHILDE Gordon, *Man Makes Himself*, Nottingham, Spokesman, 2003.

CITATI Pietro, SISTI Francesco, *Alexandre le Grand*, Paris, Gallimard, 1990.

CLARK Kenneth, *Civilisation*, Paris, Éditions Hermann et Vera Lounsbery, 1974.

COOPER Robert, *The Breaking of Nations*, Londres, Atlantic Books, 2003.

CORM Georges, *La question religieuse au XXIe siècle*, Paris, La Découverte, 2007.

COUTANSAIS Cyrille, *Une histoire des empires maritimes*, Paris, CNRS Éditions, 2016.

DEBRAY Régis, Tingyang ZHAO, *Du ciel à la terre, la Chine et l'Occident*, Les Arènes, 2014.

EYSSETTE Jérémie, « Charles de Gaulle et Yi Sun-Shin : Étude comparative de deux stratèges face à l'Histoire », *Association coréenne d'études françaises*,

2013, vol.83, p. 385-413.
EYSSETTE Jérémie, *Réflexions comparatives sur l'instrumentalisation du néoconfucianisme au Chosŏn et de la Renaissance en France à travers les cartes de Yi Hoe et Oronce Fine (XVe-XVIe siècles)*, thèse de doctorat soutenue le 23.11.2018 à l'Université de Chosun.
HAMEL Hendrik, *Relation du naufrage d'un vaisseau hollandais sur la Côte de l'île de Quelpaert avec la description du Royaume de Corée* (publiée d'après l'édition française de 1670), Paris, L'Harmattan, 1985.
HOFMANN Catherine, RICHARD Hélène, VAGNON Emmanuelle, « Modes de fabrication et usages des cartes portulans à travers les siècles », in Catherine HOFMANN, Hélène RICHARD, Emmanuelle VAGNON, *L'âge d'or des cartes marines, Quand l'Europe découvrait le monde*, Paris, Seuil/BnF, 2014, p. 30-41.
HAMILTON Édith, *La mythologie, ses dieux, ses héros, ses légendes*, Alleur, Marabout, 1997, p. 97-100.
HARVEY David, « Cosmopolitanism and the Banality of Geographical Evils », in Jerry BROTTON, *Une histoire du monde en 12 cartes*, Paris, Flammarion, 2012.
HUYGHE Édith et François-Bernard, *La route de la soie ou les empires du mirage*, Paris, Payot & Rivages, 2006.
JACQUART Danielle, *L'épopée de la science arabe*, Paris, Gallimard, 2005.
JASPERS Karl, *The Great Philosophers : The Foundations*, Londres, Éditions Hannah Arendt, 1962.
JULLIEN François, *Le détour et l'accès, Stratégies du sens en Chine, en Grèce*, Paris, Bernard Grasset, 1995, p. 129.
JULLIEN François, *Traité de l'efficacité*, Paris, Grasset, 1996.
JULLIEN François, *De l'être au vivre, Lexique euro-chinois de la pensée*, Paris, Gallimard, 2015.
KISH George, *La carte : image des civilisations*, Paris, Seuil.
LE ROY LADURIE Emmanuel, *Un concept : l'unification microbienne du monde (XIVe- XVIIe siècles)*, Berne, Société générale suisse d'histoire, 1973.
LESTRINGANT Frank, « Ouverture océane », in Catherine HOFMANN, Hélène RICHARD, Emmanuelle VAGNON, *L'âge d'or des cartes marines, Quand l'Europe découvrait le monde*, Paris, Seuil/BnF, 2014, p. 10-17.
MAGALHAES GODINHO Vitorino, « Les découvertes, XVe-XVIe siècle. Une révolution des mentalités », in Philippe PELLETIER, *L'Extrême-Orient. L'invention d'une histoire et d'une géographie*, Paris, Gallimard, 2011.
MAKRIS Constantin, « Commentaire sur l'étude de Jérémie Eyssette, *Naissance et renaissance de l'instrumentalisation culturelle : étude comparative entre la France et la Corée* », Taegu, Association culturelle franco-coréenne (한국프랑스문화학회), Symposium du 22.10.2016 *Collision et Communication : L'Orient et l'Occident vus du 130ème anniversaire des relations franco-coréennes*, p. 304-307.
MALRAUX André, *La tentation de l'Occident*, Paris, Grasset, 1979.
MUMFORD Lewis, *Technique et civilisation*, Paris, Seuil, 1950.
PALMER Martin, *Les Évangiles de la route de la soie*, Vannes, Sully, 2004.
PELLETIER Philippe, *L'Extrême-Orient. L'invention d'une histoire et d'une géographie*, Paris, Gallimard, 2011.

RAJ Kapil, « Beyond Postcolonialism… and Positivism. Circulation and the Global History of Science », in Guillaume CARNINO, Liliane HILAIRE-PÉREZ et Aleksandra KOBILJSKI, *Histoire des techniques, Mondes, sociétés, cultures (XVIe-XVIIIe siècles)*, Paris, PUF, p. 337-347.
RICHTHOFEN Ferdinand von, *China, Ergebnisse eigner Reisen und darauf gegründeter Studien*, Berlin, Reimer, 1877.
ROONEY Anne, *Cartes, Chroniques du Monde Connu*, Paris, Chronique Éditions, 2018.
ROUX Jean-Paul, *Tamerlan*, Paris, Fayard, 1991.
SALLMANN Jean-Michel, *Géopolitique du XVIe siècle 1490-1618*, Paris, Seuil, 2003.
SCHÄFER Dagmar et THÉBAUD-SORGER Marie, « Culture et Technique », in Guillaume CARNINO, Liliane HILAIRE-PÉREZ et Aleksandra KOBILJSKI, *Histoire des techniques. Mondes, sociétés, cultures (XVIe-XVIIIe siècles)*, Paris, PUF, 2016, p. 369-396.
SCHÄFER Dagmar, « Technology and Innovation in Global History and in the History of the Global », in Berg MAXINE (ed.), *Writing the History of the Global Challenges for the 21st Century*, Oxford, Oxford University Press, 2013 p. 147-163.
SEDILLOT René, *Survol de l'histoire du monde*, Paris, Fayard, 1949.
TIBERGHIEN Gilles, *Finis Terrae. Imaginaires et imaginations cartographiques*, Paris, Bayard, 2007.
TROTIGNON Guillaume, « L'inégalité face à l'impôt : les visions de François Quesnay et de Chŏng Yagyong », *La Revue de l'étude de la culture française*, vol. 32, 2016, p. 353-383.
TROTIGNON Guillaume, *La vertu et l'homme vertueux selon Jean-Jacques Rousseau et Chŏng Yagyong : comparaisons et mise en perspective*, thèse de doctorat soutenue le 27.09.2019 à l'Université de Montpellier 3.

II – Liste des illustrations et tableaux

III – Index des noms de personnes

Table des matières

Structures éditoriales du groupe L'Harmattan

L'Harmattan Italie
Via degli Artisti, 15
10124 Torino
harmattan.italia@gmail.com

L'Harmattan Hongrie
Kossuth l. u. 14-16.
1053 Budapest
harmattan@harmattan.hu

L'Harmattan Sénégal
10 VDN en face Mermoz
BP 45034 Dakar-Fann
senharmattan@gmail.com

L'Harmattan Cameroun
TSINGA/FECAFOOT
BP 11486 Yaoundé
inkoukam@gmail.com

L'Harmattan Burkina Faso
Achille Somé – tengnule@hotmail.fr

L'Harmattan Guinée
Almamya, rue KA 028 OKB Agency
BP 3470 Conakry
harmattanguinee@yahoo.fr

L'Harmattan RDC
185, avenue Nyangwe
Commune de Lingwala – Kinshasa
matangilamusadila@yahoo.fr

L'Harmattan Congo
67, boulevard Denis-Sassou-N'Guesso
BP 2874 Brazzaville
harmattan.congo@yahoo.fr

L'Harmattan Mali
Sirakoro-Meguetana V31
Bamako
syllaka@yahoo.fr

L'Harmattan Togo
Djidjole – Lomé
Maison Amela
face EPP BATOME
ddamela@aol.com

L'Harmattan Côte d'Ivoire
Résidence Karl – Cité des Arts
Abidjan-Cocody
03 BP 1588 Abidjan
espace_harmattan.ci@hotmail.fr

L'Harmattan Algérie
22, rue Moulay-Mohamed
31000 Oran
info2@harmattan-algerie.com

L'Harmattan Maroc
5, rue Ferrane-Kouicha, Talaâ-Elkbira
Chrableyine, Fès-Médine
30000 Fès
harmattan.maroc@gmail.com

Nos librairies en France

Librairie internationale
16, rue des Écoles – 75005 Paris
librairie.internationale@harmattan.fr
01 40 46 79 11
www.librairieharmattan.com

Lib. sciences humaines & histoire
21, rue des Écoles – 75005 Paris
librairie.sh@harmattan.fr
01 46 34 13 71
www.librairieharmattansh.com

Librairie l'Espace Harmattan
21 bis, rue des Écoles – 75005 Paris
librairie.espace@harmattan.fr
01 43 29 49 42

Lib. Méditerranée & Moyen-Orient
7, rue des Carmes – 75005 Paris
librairie.mediterranee@harmattan.fr
01 43 29 71 15

Librairie Le Lucernaire
53, rue Notre-Dame-des-Champs – 75006 Paris
librairie@lucernaire.fr
01 42 22 67 13

www.ingramcontent.com/pod-product-compliance
Lightning Source LLC
LaVergne TN
LVHW011437061026
849535LV00004BA/848